AF329890

COMMERCE ET INDUSTRIE
LES PROCÉDÉS MODERNES DE VENTE

LA
PUBLICITÉ SUGGESTIVE
THÉORIE ET TECHNIQUE

PAR

Octave-Jacques GÉRIN,

ANCIEN MAITRE DE CONFÉRENCES ET EXAMINATEUR
AUX HAUTES ÉTUDES COMMERCIALES (DE LA CHAMBRE
DE COMMERCE DE PARIS), PRÉSIDENT DE L'ASSOCIATION
PROFESSIONNELLE DES CHEFS DE PUBLICITÉ, PRÉSIDENT
HONORAIRE FONDATEUR DE LA CORPORATION DES TECH-
NICIENS DE PUBLICITÉ (C. T. P., ANCIENNEMENT C. C. P.)

ET

C. ESPINADEL

DIPLOMÉ DE L'ÉCOLE DES HAUTES ÉTUDES COMMERCIALES

DEUXIÈME ÉDITION
AUGMENTÉE D'UN SUPPLÉMENT

Plans et Campagnes de Publicité

Honoré d'une souscription du Ministère du Commerce

PARIS

92, RUE BONAPARTE (VI)
1927

LA

PUBLICITÉ SUGGESTIVE

THÉORIE ET TECHNIQUE

O.

OCTAVE-JACQUES GÉRIN

C. ESPINADEL

COMMERCE ET INDUSTRIE

LES PROCÉDÉS MODERNES DE VENTE

LA
PUBLICITÉ SUGGESTIVE
THÉORIE ET TECHNIQUE

PAR

Octave-Jacques GÉRIN,

ANCIEN MAITRE DE CONFÉRENCES ET EXAMINATEUR
AUX HAUTES ÉTUDES COMMERCIALES (DE LA CHAMBRE
DE COMMERCE DE PARIS), PRÉSIDENT DE L'ASSOCIATION
PROFESSIONNELLE DES CHEFS DE PUBLICITÉ, PRÉSIDENT
HONORAIRE FONDATEUR DE LA CORPORATION DES TECH-
NICIENS DE PUBLICITÉ (C. T. P., ANCIENNEMENT C. C. P.)

ET

C. ESPINADEL

DIPLÔMÉ DE L'ÉCOLE DES HAUTES ÉTUDES COMMERCIALES

DEUXIÈME ÉDITION
AUGMENTÉE D'UN SUPPLÉMENT

Plans et Campagnes de Publicité

Honoré d'une souscription du Ministère du Commerce

PARIS

92, RUE BONAPARTE (VI)
1927

Tous droits de reproduction, de traduction et d'adaptation réservés pour tous pays.
Copyright by Dunod 1927

Cercle des Publicitaires Français

SIÈGE :
25, Rue de Moscou, 25
PARIS

C. P. F.

Mai 1926.

En écrivant "La Publicité Suggestive", O.-J. Gérin a doté le Monde Commercial d'une théorie concrète et homogène de la vente sans vendeur, théorie fondée sur la pratique, l'expérience, théorie solide puisque, depuis, elle a inspiré les meilleurs Publicitaires de langue française.

Quelque temps après, l'auteur a pensé que la même théorie se pouvait préciser encore en un ouvrage d'une autre portée, et plus condensé : " Le Précis Intégral de Publicité ". Du fait, il a renoncé à la réédition de " La Publicité Suggestive " aujourd'hui introuvable, tandis que son cadet, " Le Précis Intégral de Publicité ", en est à son troisième tirage.

Le Cercle des Publicitaires français, qui comporte parmi ses membres les principales autorités des groupements de Publicitaires, estimait que l'auteur, par le geste de repli, privait les jeunes générations d'un enseignement utile.

Les sollicitations amicales ont fait plus que les nombreuses demandes d'ouvrages suivies de la réponse : « Epuisé »... " La Publicité Suggestive " va revoir le jour grâce aux insistances du Cercle Publicitaire français, et au concours éclairé de M. Dunod, éditeur.

Pour ma part, je m'honore d'avoir été le premier, au sein de notre groupement, à insister pour la réédition d'un livre riche d'enseignements pour tous et, ce qui ne gâte rien, d'une lecture particulièrement agréable. J'attends avec impatience un des premiers exemplaires sortis pour le mettre à la place d'honneur dans ma bibliothèque.

J. BONHERBE
Secrétaire Général Permanent,
du Cercle des Publicitaires Français.

PRÉFACE

Vendre ! tel est le problème, parfois difficile à résoudre, qui se présente journellement à l'attention du commerçant. Fabriquer des objets, accumuler des stocks de marchandises ne servirait à rien si, par un moyen quelconque, on ne trouvait la possibilité d'écouler le tout dans la consommation. Aujourd'hui, ce problème est de plus en plus ardu. Il n'est plus permis d'attendre que l'acheteur vienne, il faut aller le chercher chez lui ; parfois même, il faut, pour des objets ou des produits nouveaux, créer un acheteur qui n'existait pas hier.

Cette nécessité de la course au client explique la révolution importante qui, au cours de ces dernières décades, a bouleversé les modes de vente. D'arbitraires et d'incertains qu'étaient ces modes autrefois, ils tendent maintenant à devenir précis et méthodiques ; ils sont totalement différents de ce qu'ils étaient à l'origine.

Le mouvement évolutif le plus apparent, le plus profond, que l'on ait enregistré, est l'apparition de la publicité. A peine celle-ci est-elle entrée dans les mœurs commerciales qu'elle y a pris une place considérable et s'impose pour l'avenir.

Un coup d'œil rétrospectif va nous montrer quelles étapes la vente a dû suivre avant d'arriver aux procédés rationnels et scientifiques auxquels les auteurs de ce livre nous initient.

Si l'on se reporte aux époques les plus reculées, l'on voit que l'achat se fait sur la présentation directe, pure et simple, de la chose au consommateur supposé. Pour cela, le vendeur dispose ses produits de manière à ce que l'acheteur puisse les voir, les manier, les estimer, en un mot. C'est l'étal, moyen primitif, dans lequel la personnalité du vendeur n'a pas d'influence sur l'appréciation, par l'acheteur, des produits exposés. Le consommateur établit d'abord un jugement sur la chose offerte et discute le prix ensuite.

Quant à la réputation du marchand, elle n'ajoute aucune garantie spéciale ; elle ne donne aucune valeur particulière au produit.

Il est aisé de se rendre compte qu'une telle façon de commercer entraîne de grosses pertes de temps. Le nombre des transactions est donc restreint et le marché limité à quelques individus.

Petit à petit, le vendeur, cherchant à élargir son rayon d'action, abandonne le principe de la présentation de la chose en masse pour avoir recours à l'échantillon. L'échantillon, c'est la marchandise unitaire ou fragmentée, mais permettant une identification de la chose et donnant la possibilité de formuler un jugement sur l'achat futur.

Cette nouvelle façon d'opérer permet des ventes plus rapides et assure une plus grande diffusion du produit vendu. Toutefois il est à remarquer que les ventes ne sont possibles qu'autant que l'acheteur sollicité peut être convaincu, par celui qui propose l'achat, de la conformité de la chose livrée ultérieurement à l'échantillon soumis. Un facteur nouveau intervient dans les transactions : c'est la confiance dans le vendeur.

Cet élément non mercantile, étranger en apparence aux affaires, augmente rapidement d'importance par le fait des événements. L'échantillon tend à disparaître et c'est la confiance dans le marchand qui devient le principal élément d'appréciation du produit vendu. Ce dernier n'est souvent vu qu'au moment où on le reçoit, après l'avoir payé à un commerçant dont on ne connaît ni le personnel, ni les magasins. Le prix lui-même n'est plus discuté entre les parties, c'est le vendeur seul qui le détermine ; le prix fixe est venu par les mêmes voies que la publicité. L'ère de cette dernière est donc arrivée.

Nous abandonnons alors les modes simples et primitifs de vente, et nous nous trouvons en face d'une manière de commercer totalement différente. La réclame donne la facilité d'opérer à loisir des ventes rapides, elle permet d'assurer une diffusion mondiale du produit ou de l'objet vendu ; mais elle ne rend qu'autant qu'elle est strictement méthodique.

Est-ce à dire que les moyens employés avant peuvent et doivent disparaître devant la méthode nouvelle ? Certes non. Le voyageur avec sa boîte d'échantillons reste un facteur commercial utile ; les étalages, les expositions, les ventes au comptoir doivent conserver une place importante, mais il faut s'incliner et reconnaître que la publicité, c'est-à-dire la vente par l'imprimé, quelle que soit sa nature, augmente de jour en jour. Les progrès sont faits à pas de géant.

La publicité, comme les autres modes de vente, malgré son éclosion rapide et récente, a passé par différents stades qui représentent des évolutions bien définies. Ces évolutions ne se sont pas faites en même temps dans tous les pays; elles ont marqué partout les diverses étapes du progrès.

Au début, la publicité ne semble avoir comme visée restreinte que les intérêts de la presse et de ceux qui ont des espaces à utiliser, sur les murs ou ailleurs. Les directeurs de journaux incitent les commerçants à annoncer dans leurs colonnes. Les propriétaires d'autres media vendent des emplacements à des gens qui se demandent s'il est réellement utile, pour eux, de faire de la publicité, où que ce soit.

Mais la satisfaction de l'intérêt de l'une des parties seulement rend l'entente précaire. Les propriétaires d'emplacement et les vendeurs de lignes ont tôt fait de penser que le commerçant cessera de remettre ses ordres, si la publicité qu'il fait ne lui procure pas de bénéfices. Ils s'aperçoivent qu'il faut réserver à l'annonceur sa part de profits. Le second stade de la publicité se trouve ainsi avoir comme but principal les intérêts du commerçant.

Une telle conception, si elle en restait là, serait incomplète et par suite dangereuse. En effet, tout individu qui étudie consciencieusement les affaires sait que ce n'est ni l'intérêt du journal ni celui de l'annonceur qu'il faut envisager, mais bien celui du consommateur. Ceci résulte d'une grande loi économique contre laquelle il n'y a pas à lutter.

En outre, si la publicité doit augmenter le prix de vente, elle est immorale et doit, alors même qu'elle serait profitable au journal et au vendeur, être condamnée de ce fait. Elle ne peut, du reste, pour des produits commerciaux soumis à la concurrence ouverte, provoquer l'augmentation des prix; des compétiteurs sont là qui, travaillant avec des moyens moins onéreux, peuvent offrir au public la même marchandise à des prix plus raisonnables. Les auteurs de ce livre, dans l'un des premiers chapitres, se sont attachés à montrer que la publicité tend, au contraire, à l'abaissement des prix de vente des produits commerciaux ou industriels honnêtes.

Dans ces conditions, toute publicité qui ne serait pas une méthode de vente favorisant les intérêts généraux des consommateurs, c'est-à-dire de la Nation, doit être considérée comme indigne de l'attention des hommes de science.

MM. Gérin et Espinadel ont considéré la publicité comme un moyen de développer la suprématie commerciale et industrielle de leur pays et propre à assurer la prospérité de ses habitants. Pour que la publicité réponde à un tel programme et soit en conséquence utile à la France, il est indispensable que les commerçants fassent de la publicité avec méthode et selon des principes scientifiques, faute de quoi ils sont voués aux erreurs les plus désastreuses.

Quelles sont donc les origines scientifiques de la réclame? Tout comme les bases de l'art de l'ingénieur découlent de la physique, tout comme celles de la médecine sont trouvées dans la chimie et la biologie, les seules bases scientifiques de la publicité résident dans la psychologie.

Les auteurs de cet ouvrage ont déterminé et précisé ces bases scientifiques fondamentales. Ils ont appliqué les principes de la psychologie à toutes les parties de la nouvelle méthode de vente.

Il devient donc impossible de lire ce livre sans être pénétré tout d'abord de l'impression de la dignité de l'annonceur coopérant à la prospérité nationale et ensuite de l'importance du travail qui en résulte.

Vous trouverez, dans les pages qui suivent, des indications de haute valeur ; chacune contient des suggestions et des précisions nouvelles et, une fois que vous aurez étudié le volume entier, vous serez à même d'appliquer des principes qui vous conduiront à faire une publicité rationnelle, mais efficace et productive.

12 octobre 1910.

WALTER D. SCOTT,
Professeur de Psychologie,
Directeur du Laboratoire de Psychologie,
Northwestern University, Chicago-Evanston.

LA PUBLICITÉ SUGGESTIVE

LIVRE I

GÉNÉRALITÉS

I

POURQUOI CE LIVRE ?

Nous tenons à vous dire les raisons qui nous ont fait prendre la plume et vous exposer le fruit de longues années de recherche et d'étude.

L'évidence de la publicité. — Pourquoi ce livre, direz-vous? — Tout d'abord parce qu'il nous a été réclamé, à maintes reprises et avec insistance, par les lecteurs des articles que nous écrivons dans diverses revues commerciales; puis parce que l'importance de la publicité à notre époque est telle que, même les plus aveugles et les plus incrédules sont obligés d'avouer qu'il y a là un fait : la publicité est entrée dans nos mœurs. Il faut donc la connaître.

L'annonce, l'affiche, les prospectus du fournisseur qui recherche notre commande, nous suivent partout.

Il n'est pas un journal, si éphémère soit-il, qui n'ait des annonces nous invitant à constater les qualités de tel ou tel produit.

L'affiche s'étale pompeusement en tous lieux. Elle ne connaît aucune gêne, aucune contrainte. Dès qu'un espace est libre, elle s'y installe. Aussitôt qu'une maison en construction est entourée de palissades, elle y pousse comme champignons sous tiède pluie d'automne. Elle s'insinue, se loge dans le moindre recoin et pousse parfois l'insolence et l'audace jusqu'à gâter nos plus beaux paysages.

Quant aux prospectus, plus ou moins bien rédigés, c'est au coin des rues qu'on les met de force dans nos mains. Nous ne parlerons que pour mémoire de ceux qui vous sont envoyés à domicile et qui, pour mieux passer, prennent tour à tour les allures les plus officielles ou les plus intimes. Ils veulent que vous les lisiez, que vous les sortiez de leur enveloppe. Votre courrier vous en apporte ainsi, chaque matin, toute une cargaison qu'il faut subir, malgré soi.

Cela n'est pas tout. Allez au café, le sucre que l'on vous sert est enveloppé dans une fine feuille qui le préserve des souillures et vous vante, en même temps, les avantages d'un pneumatique et les qualités d'un corset spécial.

Et nous oublions les hommes sandwich, sillonnant les rues, les panneaux lumineux qui vous éblouissent le soir dans les grandes artères et quantités d'autres inventions plus ou moins ingénieuses, utiles ou efficaces.

On ne peut plus le nier, la publicité est maîtresse ; elle règne. C'est le commerce descendu dans la rue.

Des sommes énormes, des milliards sont dépensés tous les ans par les annonceurs, pour faire de la réclame, en vue d'augmenter leurs affaires.

Loin de diminuer, ces dépenses ne font que s'accroître avec une rapidité foudroyante. Nulles il y a un demi-siècle, elles ont maintenant une place importante dans les budgets de toutes les maisons, dont les chefs partent à la conquête de nouveaux débouchés.

Toutefois l'on est étonné de constater que ces hommes qui surveillent avec un soin jaloux le prix de revient de leurs produits, cherchant continuellement à l'abaisser, ne connaissent que très rarement la valeur de la publicité.

A côté de ceux qui emploient la publicité sans en connaître la valeur il en est d'autres qui, ayant mis en elle une foi inconsidérée, s'y donnent à corps perdu et souvent courent au devant des pires désastres.

S'il en est qui mettent dans la publicité toutes leurs espérances, il en est d'autres qui, malgré l'évidence des faits, nient son efficacité, prétendant que c'est folie d'y avoir recours.

A tous, quels qu'ils soient, croyants ou sceptiques, cet ouvrage est respectueusement dédié.

Il convaincra les uns, apportera la modération aux autres et montrera à tous les lois qui régissent la publicité. Ce sera un pas fait en commun hors de l'ornière, de l'arbitraire et de la routine. Pour beaucoup, ce livre sera la première envolée vers le succès.

*
* *

Le succès commercial. — Le succès commercial n'est plus, comme on le pensait autrefois, le fait seul du hasard et de l'audace. Les fortunes ne résident plus uniquement dans la continuation d'affaires anciennes se perpétuant à l'infini, ou se transmettant de père en fils.

Chaque jour naissent des hommes qui, à l'aide de procédés nouveaux, révolutionnent le monde et en quelques années arrivent à des résultats fantastiques qu'autrefois on n'aurait jamais pu atteindre, même en accumulant l'effort de plusieurs générations. Le propre de ces individus, c'est de ne pas croire au hasard et de faire fi de l'empirisme de leurs pères. Ils « veulent » le résultat et ne le tentent pas en vain ; mais cette volonté est doublée par une chose nouvelle :

« La Méthode ».

Le succès peut tenter tous les commerçants. Le propre de l'homme d'affaires digne de ce nom est justement de vouloir la réussite brillante, large, sans limite. Les uns y arrivent, les autres ne font que la moitié du chemin, quelques-uns restent en route, toute chose humaine comportant un déchet. Mais ceux qui réussissent sont plus nombreux et leur carrière autrement brillante et féconde. Pour arriver à ce résultat, il faut se servir des armes nouvelles que le progrès exige. Parmi ces armes, la publicité est celle qui tient aujourd'hui le premier rang.

Toutefois, comme la publicité a été envisagée sous des jours différents, comme on lui a prêté des qualités qu'elle n'a pas, comme on lui a refusé parfois une valeur qui est indéniable, il a paru de notre devoir de mettre au point ce qu'elle est et les services qu'elle peut rendre.

Notre prétention n'est pas, dans un ouvrage abondant en apparence, mais en réalité trop exigu pour le sujet, de solutionner complètement la question. Le problème, pour qui le connaît, est tellement vaste qu'il faudrait plusieurs livres pour l'exposer à fond. Nous vous dirons cependant tout ce qu'il est nécessaire de savoir.

Au point de vue théorique et après de longues années d'études nous pouvons présenter une théorie complète en elle-même. L'exposé en sera suffisant pour que vous puissiez, sitôt le livre fermé, mettre à profit ce que vous avez appris. Vous aurez ainsi en mains tous les éléments qui vous permettront d'agir par vous-même.

Toutefois, à l'inverse de toutes les théories émises jusqu'ici et dont le manque de bases précises restreignait le champ d'évolution, la théorie suggestive a l'avantage de s'adapter à tous les cas, de se plier à toutes les mentalités, de toucher tous les degrés sociaux de l'humanité, et d'être de tous les temps.

Cette théorie puissante, merveilleuse dans son unité, est la base de la publicité. Il est obligatoire que vous la connaissiez, que vous la compreniez, pour que vous puissiez vous-même l'adapter à vos besoins.

Sur la théorie vient se greffer une technique délicate, que d'aucuns ignorent et dont la maîtrise est nécessaire. L'ignorer c'est s'exposer à annihiler la plus puissante conception. Nous y avons donc consacré des chapitres encore trop restreints à notre gré, mais ils sont suffisants pour que, si vous ignoriez la publicité avant d'ouvrir ces pages, vous en fassiez demain avec fruit.

Nous sommes heureux de pouvoir ainsi vous faire bénéficier de longues années d'études critiques des faits et de vous donner, en quelques pages, le moyen d'apprendre ce qu'il vous aurait été difficile d'acquérir par votre expérience personnelle au cours de votre existence, expérience venant trop tard, d'ailleurs, pour en profiter.

II

CE DONT NOUS PARLONS

Les mots n'ont que la signification qu'on leur prête. Ceux employés en réclame ont trop souffert de cet arbitraire pour que nous ne donnions pas des termes fixes et justifiés.

LA PUBLICITÉ

Définition de la publicité. — Il est en général très ennuyeux de commencer par un alinéa de dictionnaire un livre cherchant à instruire en intéressant. Cependant nous nous voyons obligés, dès le début, de poser la définition de la publicité, faute de quoi toutes nos études manqueraient de base et n'auraient aucune raison d'être. Il est d'autant plus indispensable de fixer une définition qu'à l'heure actuelle, elle ne peut être trouvée dans aucun ouvrage. D'un autre côté, l'opinion publique est tellement flottante à ce sujet qu'elle prend, suivant les cas, comme publicité, chacun des moyens séparés qui servent à en faire. La plupart même de ceux qui l'utilisent ne la voient que dans le cadre étroit où ils évoluent.

Pour les uns c'est l'affiche ; pour d'autres ce n'est que la presse, alors que les imprimeurs ne voient que brochures. D'autre part, certains annonceurs ne jurent que par le mail order business. Tout ceci est inexact.

« La publicité est l'ensemble de tous les moyens de vente et de prospection de la clientèle, qui ne comportent pas l'intervention de la personne du vendeur. »

La publicité est une vente indirecte. — Cette définition peut vous surprendre de prime abord. Cependant nous allons la justifier en précisant notre point de vue, c'est-à-dire en séparant nettement la vente telle qu'elle était autrefois de celle que la publicité tend à instaurer. La vente, prise au sens étroit et ancien du mot, est effectuée par des hommes — les vendeurs — qui ont un contact direct avec d'autres hommes — les acheteurs. C'est l'action, la persuasion personnelle des premiers qui agit sur les seconds.

Nous trouvons la vente par l'homme, au magasin, au comptoir. Elle se manifeste dans les tournées que fait le voyageur, ou dans les contrats qui s'échangent entre commerçants discutant leurs intérêts. L'action, ici, est directe.

Par contre elle est indirecte, lorsque au lieu de faire agir directement sa pensée, l'homme la confie à un intermédiaire quel qu'il soit, lettre, affiche, brochure, annonce. Il y a publicité lorsque votre pensée commerciale est transmise par annonce ayant le journal comme porte-parole. Il y a publicité lorsque l'étalage est chargé de vous séduire, sans que celui qui l'a composé ne fasse autre chose que cueillir la vente amorcée. Il y a publicité même lorsque vous employez un autre homme, non vendeur, pour lancer vos produits. Les fameux « gentlemen », délégués par Pear, qui abordaient les Londoniens dans les rues en disant : « Have you used Pear's soap? », constituaient un moyen de publicité. Ils n'étaient point des vendeurs, mais simplement des hommes-sandwich verbaux.

Cette définition exacte, précise, n'est peut-être pas celle qu'aurait donné un étymologiste, mais nous vivons dans le domaine des faits et il nous faut des choses dont la logique concorde avec des faits et non pas avec des mots que l'usage a déformés. C'est pour cela que, employée par des commerçants, utilisée par eux, la publicité ne pouvait être exactement et utilement définie que par eux, en vue de leurs besoins.

Dans ces conditions, le champ de la publicité est précis. Si vaste soit-il, il vous sera facile de voir plus tard que toutes les unités, multiples et variées, dont nous parlons, sont de son domaine absolu et obéissent aux mêmes lois.

Disons que publicité et réclame sont synonymes.

LES TERMES EMPLOYÉS

Définir la publicité n'est rien, si nous ne donnons à chaque terme employé un sens précis.

L'annonceur. — On s'est disputé pour savoir comment devaient s'appeler ceux qui font de la publicité.

Celui qui la paie doit s'appeler l'annonceur, traduction préférable du mot « advertiser » qui a déjà fait sa carrière. Nous le préférons au mot annoncier. Il est regrettable que nous ne puissions pas employer les

mots anglais « advertising matter », « advertise », et « ad. » par abrégé,
qui sont bien commodes. Mais nous ne voulons pas créer des néologismes,
sauf dans les cas de stricte nécessité. C'est pourquoi nous aurons principalement recours à notre langue.

Ceux qui s'occupent de publicité. — En dehors de celui qui paie la
publicité, c'est-à-dire en dehors de l'annonceur pour qui nous écrivons,
nous répudierons le mot publiciste qui ne s'applique à personne dans le
monde de la réclame. Pour tous ceux qui gravitent autour d'elle, nous
donnerons les noms précis, représentant la profession.

Celui qui rédige la publicité, compose des annonces, etc..., est un technicien de publicité ; celui qui prend des ordres chez l'annonceur pour
les transmettre aux journaux est, suivant les cas, un courtier ou un agent
de publicité. Celui qui reçoit la publicité dans un journal est pour nous
« le journal », sans plus. Nous trouvons aussi le conseil de publicité qui
est un technicien dont la connaissance générale des affaires lui permet
de diriger la publicité d'autrui. Nous étudierons, du reste, ces physionomies plus tard.

Nous devons vous donner également la signification exacte des mots
« media » et « moyens » qui reviendront constamment.

Le medium. — La publicité, nous l'avons vu, consiste à transmettre
la pensée commerciale à l'aide d'agents divers. Toute chose matérielle,
servant passivement de support à cette pensée, est un medium. Le mur
qui supporte l'affiche est un medium. Le journal, chose matérielle, qui
contient l'annonce est un autre medium. La partie matérielle d'une brochure est le medium. L'être humain, la chose matérielle de l'homme-
sandwich est un medium. Nous avons dû adopter le mot latin (pluriel
media) qui, seul, pouvait définir ce qu'aucun autre n'eût pu préciser.

Le moyen. — Le moyen, par contre, est la partie de la réclame qui
comporte la pensée commerciale que doit véhiculer le support. L'annonce, l'affiche, sont des moyens. Le texte de la brochure est un moyen.
Ce ne sont pas les matérialités du papier que l'on a en vue, mais seulement la pensée agissante qu'ils transmettent. Dans l'homme-sandwich,
c'est la pensée exprimée sur l'affiche réduite, ambulante, qui est le
moyen.

Ces termes vous deviendront de plus en plus familiers, au fur et à mesure que vous pénétrerez dans la théorie et dans la technique où nous
en retrouverons d'autres dont le sens sera précisé au fur et à mesure.

Publicité générale et publicité individuelle. — En dehors des termes ci-dessus, il est nécessaire de préciser les deux grandes classes de publicité : la publicité générale et la publicité individuelle.

Cette division répond non à l'arbitraire, mais à l'action différente de ces deux catégories de publicité.

La publicité générale, qui comprend en principe l'annonce, l'affiche et quelques moyens secondaires, est destinée à frapper l'individu en masse.

La publicité individuelle, au contraire, est celle qui va trouver l'unité individuelle à domicile, chez elle. Elle comporte principalement la vente par correspondance.

III

SON HISTORIQUE

La définition de la publicité que nous venons de donner permettrait une étude historique très vaste. Nous concentrons cette étude sur les points intéressants dans la pratique.

HISTORIQUE GÉNÉRAL

Avant la découverte de l'imprimerie. — Il est curieux qu'en publicité comme en toute matière chaque peuple cherche à assumer la priorité de son emploi. Tous veulent l'avoir découverte. Or, si l'on tient compte que la publicité comporte tous les moyens de vente dans lesquels l'homme n'intervient pas directement, nous devons voir que depuis la plus haute antiquité elle était employée.

L'homme qui, dans les marchés publics, installait à un pieu la bête dépecée qu'il allait vendre, commençait à faire de la publicité. Il avait institué le premier étalage.

Cette publicité devient plus accentuée lorsqu'un crieur avertit les villages voisins de la chose. Le crieur semble avoir été, avec l'étal, le moyen primitif et le plus ancien de publicité. Nous en trouvons aujourd'hui la preuve dans les usages des populations non civilisées du centre de l'Afrique qui opèrent ainsi. Nous pouvons donc, par déduction, juger qu'il en était de même autrefois dans des civilisations de même étiage.

Certes, une telle publicité semble anodine et ne paraît pas devoir être de nature à supporter un parallèle avec l'intensité de la nôtre. Cependant entre une pièce d'étoffe pendue devant la maison d'un Égyptien de la troisième dynastie et les étalages luxueux de nos grands magasins il n'y a, comme différence, que celle de l'amélioration constante que l'on appelle le progrès. Le principe est resté le même ; nous verrons plus loin que c'est la suggestion par la présentation de la chose qui est en jeu.

Baume par le conseil de M. le Marquis de Chamilly dont il a esté guary de ses douleurs.

M. Tarade Ingenieur general d'Alsace par la cheute de son cheval eut de grandes contusions, il a esté guary par ledit Baume par le conseil de M. le Marquis de Chamilly qui est Gouverneur de la Ville & Citadelle de Strasbourg.

M. de la Barre Sous-principal du College de Beauvais dira qu'il a esté guary avec ce Baume. Vn Prestre Aumônier d'un Vaisseau de Guerre qui estoit devant Alger avec Monsieur du Quesne, & qui avoit de trés-grandes douleurs sur une jambe qu'il avoit eu rompuë & ne pouvoit marcher qu'avec grand'peine, ce Baume l'a trés-bien guary.

Madame de Villefrit mere de Madame la Marquise de Chamilly aura la bonté de certifier l'excellence de l'Huile de Baume & onguent.

Madame la Marquise de Chamilly a fait faire par charité à Fribourg plusieurs belles cures sur differentes playes & ulceres, dont un Soldat qui en avoit une & qui estoit abandonné des Chirurgiens en fur guery.

Madame la Comtesse de Chamilly en a fait faire autant sur ses Terres, dont un garçon abandonné des Chirurgiens avoit les écroüelles à une jambe en fut guery.

La fille à Iacques Cherton Vigneron à Montreuil prés Vincennes a esté guarie de cinq trous d'écroüelles qu'elle avoit sous la gorge. Monsieur & Madame Hus, Marchand Mercier au bout du Pont Nostre-Dame le certifieront.

Mademoiselle Goffrois qui est avec Madame la Princesse de Conty a eu une trés-grande fluxion sur un bras & fort enflé avec de grandes douleurs, elle en a esté soulagée de jours à autres, & en est bien guarie.

Iean Daubigny Mareschal à Beaumont sur Oise a eu une grande fluxion sur un bras avec enfleure, auquel les Chirurgiens vouloient faire ouverture, en a esté guary avec ledit Baume: Cela sera certifié par Madame de la Garnalais, qui est avec Madame la Duchesse de Coatlin qui en connoist la bonté.

La Sœur Magdelaine Collet fille aux Incurables a eu trés long-temps un rhumatisme à ne pouvoir marcher. Elle a esté à Bourbon & n'a eu aucun soulagement. On la frotée avec ce Baume plusieurs jours, depuis le col jusques au pied, elle en a esté guarie il y a bien sept. Elle est au premier lit à droit dans la salle des Femmes.

La Femme du sieur Thomas Tailleur de Plomb en moüelle est demeu-

rée au retour d'une couche à ne pouvoir marcher ny porter ses mains à sa bouche pour manger, on la frotée depuis le col jusques au pied avec ledit Baume, elle en a esté trés-bien guarie. Monsieur & Madame Vasse Marchand sous l'Orloge du Palais l'atesteront.

A l'Hostel-Dieu à Blois une Religieuse a esté guarie d'un rhumatisme sur un bras à ne pouvoir s'en servir. Ce qui sera certifié par Madame de Dreux qui demeure à la maison de M. Couturier Faux-bourg S. Michel rue Saint Dominique. Elle a fait par charité plusieurs cures avec ce Baume.

Madame Anglard au Faux bourg S. Antoine, vis à vis l'Abbaye a esté guarie d'une douleur qu'elle avoit au genoüil.

M. Robilliart Marchand Plombier à Paris & plusieurs autres personnes que l'on dira ont esté trés bien guaris de douleurs, de rhumatismes & contusions avec ledit Baume.

Madame Vallot veuve de M. le premier Medecin en a donné à M. de Frouville pour une douleur de rhumatisme sur les reins, a esté trés bien guaris, & plusieurs autres personnes.

Madame la Presidente Bourerot à Langres a esté pensée d'un mal au sein, pendant plus de quatre mois par les Chirurgiens & abandonnée; en a esté guarie avec ce Baume. M. Iacquier le certifiera.

Le Pere Recteur des Iesuites à Langres en 1679 a eu de grandes contusions & douleurs par la cheute d'un cheval sur lequel il estoit monté, a esté trés bien guary. Ce que certifiera aussi M. Iacquier.

La femme d'un nommé Crespin Tonnelier ayant un apostume à la mammelle que les Chirurgiens avoient abandonnée, disant que c'estoit un cancer, a esté guarie. Elle est de Beaumont sur Oise.

La femme de Loüis Choisi ayant un bras gangrené d'une fluxion, & que les Chirurgiens vouloient couper, a esté guarie.

Le sieur Presle Garde des Plaisirs de Madame la Mareschale de la Mothe à Beaumont sur Oise, a esté condamné par les Chirurgiens d'avoir un bras coupé à cause de la gangrenne a esté bien guary. Dans ladite ville de beaumont il y en a bien eu d'autres de guaris, dont on poura s'en informer à S. Christophle rue Montorgueuil, où loge le Coche dudit Beaumont.

Augustin Blanchemin Cordonnier à Beauvais de la Paroisse de S. Estienne ayant la main toute gangrenée d'une blessure, auquel on vouloit couper le bras, a esté guary avec ce Baume.

Pierre Marie Iardinier de la Paroisse de S. André d'une fluxion sur un bras, qui en quatre jours a esté gangrené jusques à l'épaule, & on luy vouloit couper le bras, ils estoient tant Medecins, qu'Apothicaires & Chirurgiens au nombre de neuf, lequel a esté guary. Il

FIG. 1. — Hauteur de l'original : double.

Après la découverte de l'impression. — Cependant il serait futile de se livrer longuement à une telle rétrospectivité que nous abandonnons aux archéologues. Aussi faut-il dire que la publicité commerciale, telle que nous la comprenons aujourd'hui, n'a été possible qu'à partie de la découverte de l'imprimerie dont elle a suivi les développements.

Ce que l'on a pu produire, avant cette époque, ne saurait avoir aucun intérêt pour nous.

Presque tous les grands moyens que nous connaissons sont nés alors: affiches, annonces, prospectus.

On pourrait à titre de curiosité désirer savoir qui, de l'annonce ou de l'affiche, a eu la première place. Les documents manquent à l'heure présente pour que l'on puisse se prononcer en toute certitude. Et, aujourd'hui en eût-on dans un sens, que rien ne prouve que.

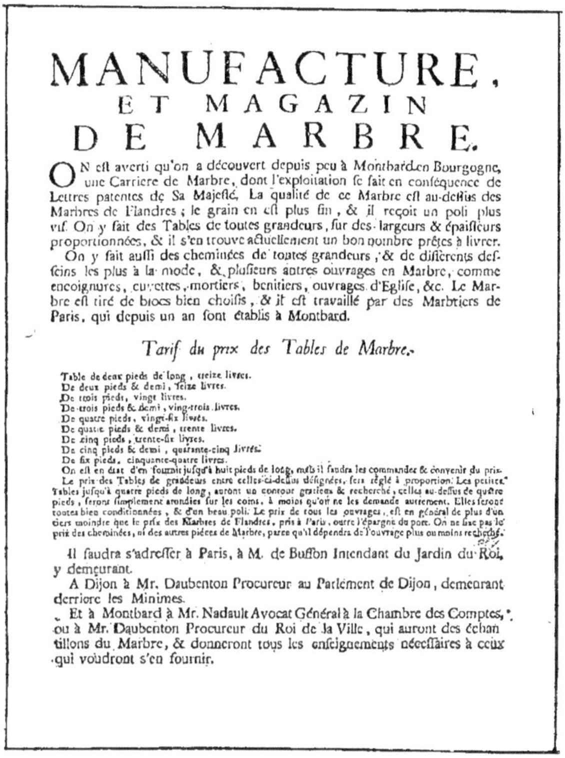

MANUFACTURE,
ET MAGAZIN
DE MARBRE.

ON est averti qu'on a découvert depuis peu à Montbard en Bourgogne, une Carriere de Marbre, dont l'exploitation se fait en conséquence de Lettres patentes de Sa Majesté. La qualité de ce Marbre est au-dessus des Marbres de Flandres ; le grain en est plus fin , & il reçoit un poli plus vif. On y fait des Tables de toutes grandeurs , sur des largeurs & épaisseurs proportionnées , & il s'en trouve actuellement un bon nombre prêtes à livrer.

On y fait aussi des cheminées de toutes grandeurs , & de différents desseins les plus à la mode , & plusieurs autres ouvrages en Marbre, comme encoignures, cuvettes, mortiers, benitiers, ouvrages d'Eglise, &c. Le Marbre est tiré de blocs bien choisis , & il est travaillé par des Marbriers de Paris, qui depuis un an sont établis à Montbard.

Tarif du prix des Tables de Marbre.

Table de deux pieds de long , treize livres.
De deux pieds & demi , seize livres.
De trois pieds, vingt livres.
De trois pieds & demi , vingt-trois livres.
De quatre pieds, vingt-six livres.
De quatre pieds & demi , trente livres.
De cinq pieds , trente-six livres.
De cinq pieds & demi , quarante-cinq livres.
De six pieds, cinquante-quatre livres.
On est en état d'en fournir jusqu'à huit pieds de long, mais il faudra les commander & convenir du prix. Le prix des Tables de grandeurs entre celles-ci-dessus désignées, sera réglé à proportion. Les petites Tables jusqu'à quatre pieds de long, auront un contour gracieux & recherché, celles au-dessus de quatre pieds , seront simplement arondies sur les coins, à moins qu'on ne les demande autrement. Elles seront toutes bien conditionnées , & d'un beau poli. Le prix de tous les ouvrages , est en général de plus d'un tiers moindre que le prix des Marbres de Flandres, pris à Paris , outre l'épargne du port. On ne fixe pas le prix des cheminées, ni des autres pièces de Marbre, parce qu'il dépendra de l'ouvrage plus ou moins recherché.

Il faudra s'adresser à Paris, à M. de Buffon Intendant du Jardin du Roi, y demeurant.

A Dijon à Mr. Daubenton Procureur au Parlément de Dijon , demeurant derriere les Minimes.

Et à Montbard à Mr. Nadault Avocat Général à la Chambre des Comptes, ou à Mr. Daubenton Procureur du Roi de la Ville , qui auront des échantillons du Marbre, & donneront tous les enseignements nécessaires à ceux qui voudront s'en fournir.

Fig. 2. -- Hauteur de l'original : 50 centimètres.
(Collection O.-J. Gérin.)

demain, des documents antérieurs ne viendraient pas modifier les données acquises.

Il faut citer, pour les annonces, la feuille spéciale de Théophraste Rénaudot, comme un des premiers media.

Au surplus, la question de priorité semble puérile, et nous constatons, à peu près parallèlement, l'annonce et l'affiche aux xvii° et xviii° siècles.

Rares au début, les progrès quantitatifs de l'annonce ont dû être rapides, car nombreux sont les livres où l'on trouve de la publicité. Le livre a mieux conservé sa réclame que les murs d'où les affiches ont été lavées par des pluies séculaires.

Il faut ajouter que le prospectus, tel que nous le concevons, se manifeste à la même époque. Le curieux verso d'une réclame pour une drogue (*fig.* 1) nous montre des cures faites en 1679, ce qui laisse supposer une exécution à peine postérieure. Quelques autres prospectus datent de la même époque. Celui-ci présente cette particularité, de montrer que la publicité pharmaceutique de l'époque employait, comme aujourd'hui, l'attestation.

Fig. 3. — Hauteur de l'original : 80 centimètres.
(Collection O.-J. Gérin.)

A la fin du XVIII⁰ siècle. — Ce n'est vraiment qu'à la fin du xviiⁱᵉ siècle, que l'on voit réellement des opérations commerciales être portées sérieusement à la connaissance des intéressés, par la voie de la presse, du livre ou par les affiches.

Il nous a paru intéressant de vous soumettre des affiches, signées de noms connus comme Buffon et Daubenton (*fig.* 2), ou telles que celle que l'Académie Royale d'Architecture (*fig.* 3) faisait paraître en 1759. Elles sont la caractéristique de ce qui se faisait en un temps où rien de spécial, en dehors de la bonne présentation typographique, ne venait appeler l'attention.

⁎
⁎ ⁎

L'Amérique commence dans la seconde moitié du XIX⁰ siècle. — Somnolant toujours à travers le début du xixᵉ siècle, la publicité ne prend son intensité définitive qu'avec la seconde moitié de ce siècle. C'est l'Amérique qui commence; derrière elle toutes les nations suivront, prises dans un engrenage heureux.

A ce moment, il est possible de déterminer la raison d'être de cette réclame ; c'est ce qui nous permet de comprendre pourquoi l'Amérique fut la première à utiliser la publicité intense, tapageuse et de comprendre aussi comment, plus tard, elle est arrivée à la faire rationnelle.

Les Américains se sont trouvés avoir, à un moment donné, un outillage industriel parfait mais surproducteur pour les besoins locaux immédiats, alors que les débouchés étaient à des distances très grandes. Les densités de population très faibles à l'époque et l'éloignement des localités étaient tels que le client, par suite de la rareté des moyens de communication, n'était même pas à la portée normale des tournées d'un voyageur. Il était impossible d'en déplacer un, pour traiter certaines affaires, les frais de voyage rendant la chose impossible.

Pour atteindre la clientèle, il n'y avait qu'un moyen économique : la publicité. Et c'est pour cela, en raison d'un besoin impérieux, que la publicité est née aux États-Unis et s'y est rapidement développée : « Le besoin a créé l'organe. »

Puis, en raison de la production croissante résultant de leur activité industrielle, les États-Unis ont eu besoin de débouchés plus considérables que ceux offerts par leur propre pays, et ils ont dû s'attaquer aux marchés étrangers.

Jusqu'à ce moment, la publicité américaine n'avait servi qu'à ouvrir des débouchés que personne ne se disputait ; mais ensuite la concurrence intervenait et l'Amérique amenait avec elle sa remarquable avance en publicité. Cette avance a été une de ses forces agissantes, contre les vieilles maisons européennes : c'est un fait reconnu par les Consuls étrangers établis aux États-Unis.

Les autres nations ne devaient pas, d'ailleurs, lui laisser longtemps l'apanage de pareilles armes. Sous la poussée américaine toutes les nations ont employé la publicité, soit par esprit d'imitation, soit par émulation, mais toujours par suite d'une impérieuse nécessité.

L'Angleterre, par la similitude de langue et l'intimité des relations, fut la première à imiter l'Amérique. Elle y fut aussi incitée par l'intensité de son développement industriel. Toutefois, jusqu'en 1900, elle ne comptait surtout que sur sa production économique et son renom ancien pour faire ses affaires.

Depuis, tous les pays entrent en ligne et l'Allemagne, jeune au point de vue industriel et pourtant déjà puissante, se lance avec audace dans la mêlée. Et l'on peut dire que c'est simultanément que les pays latins, la France en tête, adoptent la méthode nouvelle qui, de suite, va susciter des polémiques, mais viendra régénérer bientôt les moyens de vente.

CARACTÈRE NATIONAL

Comme toutes les choses humaines, la publicité garde, au début, un caractère propre qui est celui de sa nationalité.

Fɪɢ. 4. — Hauteur de l'original : 15 centimètres.

Annonce anglaise type, suggestion illustrée directe par la chose en action. La phrase : « Et je ne l'ai pas encore brossé », nous montre que le résultat n'est pas encore acquis, mais cette absence de résultat définitif est très ingénieuse et laisse supposer que le brillant serait encore beaucoup plus beau après. La légère pointe d'humour que le dessinateur a glissée dans ce cliché ne détruit pas l'effet cherché. La suggestion indirecte par le milieu existe par le jeune groom qui laisse supposer une grande maison. Au point de vue technique, tout le texte au-dessus de l'illustration aurait gagné à être déplacé.

Le caractère américain. — L'Amérique se lance dans des débauches d'illustration vive et violente. Elle emploie des phrases incisives ; elle cherche l'originalité et, en tous cas, mène grand bruit. Son but est de vous arrêter au passage. Elle veut vendre ; elle ressemble aux commis de certains magasins qui vous prennent par la manche pour vous retenir. La nuance artistique, purement schématique au début, atteint un haut degré de perfection, par la suite. C'est chez elle que le souci de la technique est le plus soutenu.

Le caractère anglais. — L'Angleterre, par contre, apporte une pondération et un calme dont elle semble, même à l'heure actuelle, ne pas vouloir se départir. Sa phrase est sobre, son illustration est soignée dans le détail. Elle ne fait pas de tapage, mais elle n'hésite pas à employer de grands espaces aussi bien dans les journaux que sur les murs. La technique est flottante.

Le caractère allemand. — L'Allemand conserve toujours son caractère. Il emprunte à l'Amérique l'esprit tapageur, mais il l'alourdit. Bien que le mot « neu » se rencontre partout, la nouveauté est la moindre des choses que l'on trouve dans sa publicité. Économe des espaces, l'Allemand parfois entasse tout ce qu'il peut, en des textes amorphes. Cependant, la lourdeur générale, l'épaisseur des cadres et du texte réduisent le nombre des choses contenues. La technique, sans aucune rationalité, est presque toujours simplifiée.

Le caractère français. — La France, de suite, donne à la publicité un cachet artistique spécial. Ses affiches ont une grande valeur; elles sont signées

FIG. 5. — Hauteur de l'original : 25 centimètres

Type d'annonce allemande de texte.
Cadre lourd, emploi de masses noires inutiles.

FIG. 6. — Grandeur naturelle.

Cette annonce est le type de l'annonce allemande, à technique très simple, mais au cadre exagérément épais.

par des maîtres. L'artiste cherche à accaparer les murs. Les annonces usent largement de l'illustration, les imprimés se présentent avec soin. L'originalité et la personnalité, c'est-à-dire la note propre de chaque annonceur, commencent à remplacer la fadeur ancienne. Mais la technique est le moindre souci du concepteur, et les heurts, les enchevêtrements, les juxtapositions douteuses sont la règle. Ils infériorisent la publicité. L'art devient inutile puisque inefficace.

Il n'est pas jusqu'à l'Italie, au sens artistique développé, qui ne se soit lancée avantageusement dans la mêlée.

Fig. 7. — Hauteur de l'original : 15 centimètres.

Bon type d'annonce française artistique. Illustration décorative sans exagération. Suggestion illustrée directe par la chose : le parfum ; la chose est en action puisqu'elle brûle ; nous avons les résultats par l'impression de plaisir de la jeune femme. Suggestion indirecte indécise. Texte typographique assez bien disposé.

La technique générale est défectueuse. — D'une façon générale, à part la maîtrise américaine au point de vue des principes, maîtrise que l'on ne trouve pas toujours dans l'exécution, on peut dire que la publicité, bien qu'audacieuse dans ses tendances, est, à l'heure actuelle, par suite d'une technique

Le sieur Adenis Colombeau donne avis au public qu'il tient un chantier rue des Jacobins, où l'on trouvera en tous temps, toutes sortes de bois à brûler et de charpente à justes prix.

Fig. 8. — Grandeur naturelle.

hésitante, inopérante dans la recherche du client.

Ceux qui veulent la faire apparente, visible, démarquent l'américanisme. Ceux qui prétendent la faire sobre tombent dans les erreurs de l'annonce de Colombeau (*fig.* 8) qui, si elle était bonne à son époque, si elle valait mieux que quelques productions amorphes de notre temps, est loin d'avoir la puissance de celle que des techniciens peuvent faire. Et c'est ainsi que l'on voit, d'une part, les industriels employer un faux sérieux, guindé et inutile, alors que certains astucieux, vendeurs d'orviétan, emploient avec succès la technique, pour tromper leurs concitoyens.

Dans ces conditions, on s'explique pourquoi des gens disent encore que la publicité est au service exclusif des voleurs et pourquoi d'autres, qui en ont fait sous une forme dénuée de verve et d'activité, disent qu'elle ne vaut rien.

Nous verrons plus loin quelle chose merveilleuse elle est, non seulement pour le commerçant dans la prospection de la richesse, mais aussi quel facteur économique puissant elle constitue.

IV

SON UTILITÉ

Entreprendre l'étude de la publicité sans savoir les services
qu'elle peut rendre, c'est-à-dire sans connaître le champ
complet de son évolution, c'est s'exposer à ne pas savoir
en tirer tout le parti possible.

La publicité est utile et obligatoire. — Le développement rapide de
la publicité est, a priori, une preuve qu'elle est un mode de vente utile.
Il est donc intéressant d'examiner si elle est utile à tous, le point critique
où cesse son rendement, de même que le moment où elle peut devenir
nuisible.

Il ne faut pas croire, en effet, comme certains enthousiastes, que la
réclame est la panacée de tous les maux commerciaux. Elle ne sauve
pas des faillites ; elle ne fait pas vendre des articles sans valeur.

Cependant on peut dire, d'une façon générale, qu'elle est utile et
indispensable à tous, bien que dans des proportions variables. Elle
devient aujourd'hui obligatoire pour tous ceux qui vendent.

POUR LE PRODUCTEUR

Elle diffuse plus que le voyageur. — Elle est utile tout d'abord, au
commerçant producteur, c'est-à-dire au fabricant ainsi qu'à celui qui,
immédiatement derrière lui, se charge de lancer le produit fabriqué, de
le faire connaître et de le faire acheter.

La première raison militant en faveur de la publicité est son immense
puissance de diffusion. Il suffit de comparer la façon dont un voyageur
travaille avec les résultats obtenus par la publicité, pour être surpris du
monde qui sépare ces deux modes de vente.

Le voyageur ne peut aller à domicile. — Dans la plupart des cas, le
voyageur ne peut que très rarement aller trouver le client définitif : le

consommateur. Les articles sont délivrés à ce dernier par un détaillant ou un entrepositaire. C'est donc à un détaillant, qui n'a à sa disposition que sa clientèle personnelle, que le voyageur est obligé de s'adresser.

Avant que la réclame fût entrée en jeu, on comptait précisément sur la clientèle du détaillant pour créer la sienne propre.

Le détaillant auxiliaire instable. — Le voyageur, en attachant un détaillant à sa maison, attachait aussi la clientèle de ce dernier. Mais si le fabricant bénéficie d'une chose acquise, nous devons bien vous faire remarquer que le détaillant n'a jamais su augmenter sa clientèle. Et comme, d'un autre côté, celle-ci devient moins stable sous les efforts de la publicité des concurrents, il serait aujourd'hui téméraire de compter sur elle.

Le voyageur et le détaillant impuissants auprès du public. — De plus, lorsqu'il s'agit de faire prendre un article nouveau ou une marque nouvelle de produits connus, c'est-à-dire lorsqu'il s'agit non pas de créer un besoin chez le public, mais de le canaliser en votre faveur, la publicité agira là où la science et la ténacité de l'homme, employées sous forme de voyageur, seront impuissantes.

L'un de nos amis, intéressé dans une grande maison de sous-vêtements, s'était décidé à voir lui-même la clientèle pour une marque qu'il lançait. Après avoir passé une heure à lutter contre un détaillant d'une petite ville, il avait réussi à faire entrer, un à un, ses arguments dans un cerveau un peu obtus. Les arguments étaient si bien entrés que le négociant, finalement, reconnaissait que l'article était supérieur à ceux qu'il tenait. Seulement, cet homme eut un complément de réponse terrible : « Vous avez eu l'amabilité de passer une heure à me convaincre, pensez-vous que je puisse passer une heure à convaincre chacun de mes clients? » L'argument était péremptoire. Le détaillant ne pouvait perdre un si grand nombre d'heures et voilà comment une vente fut manquée.

La publicité viendra faire ici un travail utile et prendra en mains le rôle que le détaillant ne peut jouer, parce que le temps matériel lui fait défaut, parce qu'il n'a pas un intérêt immédiat à défendre la marque nouvelle, parce qu'il n'aime pas changer ses habitudes.

Ainsi donc, le voyageur aujourd'hui ne peut faire qu'une œuvre incertaine et limiter son action directe à un nombre d'individus intermédiaires très restreint par rapport à ceux que le produit doit conquérir.

La publicité touche tous les individus. — Par contre, la publicité s'immisce partout. Elle sollicite la clientèle ancienne ou éventuelle à l'aide de l'affiche par exemple, et la touche en toute certitude. Cette affiche s'impose à l'habitant du moindre hameau, comme au citadin, comme au châtelain isolé, tout comme à l'industriel pressé même. Son inertie apparente est opérante. Un pot de colle, un pinceau et des affiches dans les mains de manœuvres font de meilleure besogne qu'une équipe de voyageurs.

L'annonce viendra augmenter cet effet, et l'on peut dire qu'elle touchera aussi tout le monde. Le nombre d'illettrés ou de gens qui ne lisent pas un journal est aujourd'hui presque nul ; leur puissance d'achat est en somme insignifiante.

Le représentant ne peut aller solliciter dans les coins les plus reculés les usagers de vos produits. Il doit se borner à suivre les grandes lignes de chemins de fer. Il ne peut descendre souvent qu'aux stations les plus importantes.

Par contre, une simple circulaire à deux centimes pourra aller enlever une commande de vingt francs dans une maison isolée, tandis que le voyageur, employé dans un cas semblable, serait une ruine véritable. Du reste, son rôle ne permet pas cette action. S'il fallait qu'une maison importante cherche à vendre au consommateur, ce ne serait pas cinq, dix voyageurs qu'il lui faudrait, mais bien un régiment.

Toutefois, comme c'est à rassembler les clients épars que l'on augmente son chiffre d'affaires dans une proportion considérable, le commerçant devra se rappeler qu'il faut autre chose que le représentant itinérant pour la défense de ses affaires et il aura recours à la réclame.

Le représentant cesse d'être itinérant. — La puissance de pénétration de la publicité est telle qu'elle a modifié nos mœurs commerciales. L'agent itinérant d'autrefois, le commis voyageur, se transforme en agent régional fixe, secondé par tous les moyens de publicité et de réclame possibles et imaginables.

Il ne nous appartient pas d'examiner, pour l'instant, les moyens employés et qui seront étudiés en détail. Il suffit de regarder autour de soi pour se rendre compte qu'il n'est pas une maison, si pauvre et si isolée soit-elle, qui ne connaisse la circulaire et qu'il n'est pas un homme qui n'ait été touché par une affiche, devant laquelle il est passé.

Création de la marque. — Dans beaucoup de cas, nous l'avons vu, le détaillant, comme seul intermédiaire, tient en mains les intérêts du producteur. Du jour où vous disposez de la publicité, il n'en est plus ainsi et, si l'on continue à s'approvisionner chez le détaillant, c'est la marque que vous lancez que l'on demandera. Le client cesse alors d'être sous la dépendance et l'influence d'un détaillant souvent retardataire.

Sollicitation du besoin. — Si l'on peut constater, de visu, la puissance de diffusion de la publicité, il n'est pas plus difficile de se rendre compte de son action puissante dans la sollicitation des besoins existants. En tenant compte de cette puissance, on arrive à voir ce qu'elle peut être dans la sollicitation du besoin latent ou la création du besoin nouveau.

Nous avons tous besoin, quotidiennement, de différents produits, objets de première nécessité. Nous nous habillons le matin, nous déjeunons, nous allons nous promener. Ceci représente en réalité, pour nous, le besoin de manger, le besoin de nous vêtir, le besoin de nous mouvoir. La publicité, à l'affût de ces différents besoins, vient nous présenter, à l'aide de ses divers moyens, la possibilité d'y satisfaire. Elle s'ingénie à nous montrer du chocolat en tasses d'où s'échappe un fumet auquel suggestivement on donnerait presque une odeur. Elle nous montre des vêtements si bien faits que l'on est tenté d'en user.

Quant au besoin de se mouvoir, les Américains nous ont montré comment, même en France, ils pouvaient le solliciter. Leurs annonces influent sur nous, en vue de nous emmener chez eux, goûter le confort, la rapidité de leurs voies ferrées, ainsi que la splendeur de leurs sites.

Anticipation sur le besoin. — Vous voyez donc qu'au lieu d'attendre tranquillement que, sur l'acuité du besoin manifesté, le public aille chez le vendeur, c'est ce vendeur qui, loin d'attendre cette manifestation, sollicite le besoin. Il l'amplifie, l'exacerbe et obtient l'achat du produit qui calmera la surexcitation et le satisfera. L'achat par la publicité, dans beaucoup de cas, est fait d'une façon anticipée, avant la réalité du besoin et ce, bien entendu, au profit de celui qui a fait la réclame.

Modification du besoin. — Tenant compte de ce qui précède, l'annonceur n'en est pas resté là. Il sait qu'en tout être humain sommeillent des désirs plus ou moins précis, mais que l'on peut éveiller. Il sait également qu'avec certaines audaces, certaines préparations de la mentalité du public, il arrivera à créer des besoins nouveaux, ou à changer ceux qui existent.

Si vous doutez de la possibilité de modifier un besoin, il suffit de voir ce qui se passe en matière de mode.

La mode est tellement dans les mains de ceux qui la dirigent, c'est-à-dire des commerçants qui l'exploitent et qui sollicitent nos sens par la presse ou les catalogues luxueux, que vingt modes diverses aujourd'hui se côtoient et que chaque intéressé crée sa mode. Il arrive même que leur publicité agit au delà de leurs prévisions.

Un fabricant de corsets réputés, fatigué de la forme extra-droite qui se portait depuis longtemps et ne permettait plus l'ingéniosité sans tomber dans le « déjà vu », eut envie de provoquer une réaction complète. Pour cela, il fit exagérer tellement les formes et les dessins de ses modèles nouveaux que, dans son esprit, les femmes devaient les refuser, et condamner ainsi le corset droit. Or, la puissance suggestive fut telle que, dès l'apparition du modèle, les élégantes trouvèrent le nouveau corset parfait. Rien n'était mieux, rien n'était plus souple, ni plus agréable!... Ce fait est une preuve manifeste, croyons-nous, que la publicité crée le besoin, quelquefois même au delà des prévisions de ceux qui la manient.

Il est donc évident que ceux qui savent utiliser cette puissance de la réclame en tireront un profit énorme.

Création du besoin. — Pour se rendre compte que le besoin latent s'éveille par la publicité, il suffit de songer à la quantité de magazines illustrés dont nous sommes avides à l'heure actuelle et qui, il y a une vingtaine d'années, étaient inconnus de nous. Le besoin de revues illustrées n'est né, chez nous, qu'en raison du désir d'un éditeur intelligent de vendre ses publications et de les lancer par la publicité beaucoup plus rapidement que par les modes anciens de diffusion.

Comme le besoin nouveau n'est qu'une modalité d'un besoin avéré ou latent, les annonceurs savent qu'ils peuvent tenter tout, à la condition de faire une publicité active et intelligente.

Éducation du public. — Vous avez vu plus haut que le représentant est impuissant devant l'inertie du détaillant. Ceci est moins inquiétant lorsqu'on sait de quelle façon impérieuse la réclame agit sur nous. C'est elle qui fait l'éducation du public, impose au revendeur réfractaire le produit, la marque que ce dernier ne veut pas tenir, soit parce qu'elle est moins avantageuse, soit par simple paresse.

Dans ces conditions, lorsque le consommateur a été persuadé par vous de la valeur de votre marque, il lui est facile d'aller chez le détaillant. Les opérations de vos voyageurs sont, en conséquence, de beaucoup plus profitables. La publicité, allant dans la masse, finit par user les préjugés, vaincre les habitudes, émousser les résistances. Elle fait l'éducation du public en secondant l'action du vendeur et du voyageur.

La publicité prospecte, le vendeur conclut. — Nous sommes heureux de pouvoir constater cette action de la publicité au service du représentant itinérant. On nous a reproché quelquefois, et ce d'injuste façon, de désirer la suppression du voyageur. Si, nous inclinant devant les faits, nous avons reconnu plus haut que celui-ci, selon la loi du progrès, se transformait, nous constatons aussi le fait qu'il faudra pendant longtemps encore des voyageurs.

Le représentant itinérant devrait même se féliciter de voir la publicité seconder son action et limiter ses efforts. Nous n'en voulons d'autre preuve que cette déclaration de beaucoup de maisons américaines touchant une clientèle nouvelle : « Pourquoi faire perdre le temps des voya-

FIG. 9. — Hauteur de l'original : 10 centimètres.

Suggestion illustrée directe par la chose sans aucune action. Les résultats, ici, sont difficiles à exprimer. On comprend leur absence. Aucune suggestion indirecte. Visibilité spéciale créée par un fond peu employé. Disposition ingénieuse des divers modèles d'automobiles.

« geurs à solliciter des gens qu'ils ne connaissent pas? Ils feront tout « au moins une première visite sans résultats, sinon plusieurs. Laissez « donc à votre publicité le soin de faire la présentation et de nouer con- « naissance. » Nous ajoutons que le voyageur est un agent de conclusion, un vendeur seulement et que la publicité doit faire la prospection.

Un voyageur, qui a déjà été précédé par une réclame donnant des arguments en faveur des objets qu'il vend, se trouvera certainement mieux accueilli que s'il arrive de but en blanc et que rien n'ait plaidé en faveur de lui-même et de ses articles. Il paraîtra représenter, par la force de la réclame, une maison connue et importante.

Facteur moral. — Dans l'ordre d'idées qui précède et, en dehors de ses effets directs, la publicité agit d'une façon spéciale, purement morale, notamment sur les représentants locaux. Bien souvent lorsqu'on examine dans un plan l'opportunité de tel ou tel moyen de réclame, on est tenté de l'écarter, rien ne justifiant, en effet, son emploi.

Cependant il peut se faire que votre vendeur, sur place, vous demande soit des affiches, soit des catalogues, soit des prospectus, soit des annonces. Vous ne devez pas les lui refuser si la dépense qu'entraînent ces moyens n'est pas considérable. En effet, le vendeur se sentant soutenu, bénéficiant en somme de la notoriété que vous créez pour vous-même, prend à ses propres yeux et à ceux de l'acheteur une importance d'autant plus grande. Par suite, il aura plus de courage à la vente, d'une part; d'autre part, l'acheteur sera plus facile à fléchir, du fait de l'action de la publicité sur lui.

Dans ce cas, ce n'est donc que comme facteur d'encouragement principalement que la publicité a opéré.

Il est utile de noter cet effet pour l'utiliser chaque fois que cela sera nécessaire.

L'action du non-acheteur. — La publicité, dans ces conditions, semble déjà posséder une certaine utilité. Cependant elle compte à son actif d'autres raisons d'être, aussi puissantes.

Un de ses effets les plus bizarres, résultant de sa puissance de diffusion, est le suivant : souvent, surtout par suite de la publicité générale, le public non acheteur est touché et son éducation se fait à son insu. Les hommes non acheteurs, habitués à certaines marques par la publicité, en parlent constamment, accolent le nom de la maison à celui de l'objet, si bien qu'ils deviennent, eux-mêmes, des facteurs de diffusion.

C'est ainsi qu'au point de vue « Moteur à gaz », nous avions tellement associé, dans notre idée, une marque à ce moteur que, pendant bien longtemps, nous ne voyions comme moteur à gaz possible que celui qui nous poursuivait dans toutes les gares où nous passions. A l'époque, pas plus que maintenant, nous n'étions acheteurs. Cependant nous avons donné maintes fois des conseils dans lesquels nous recommandions la marque en question. Sa préexistence et sa prédominance en notre cerveau résultaient de la ténacité de son affichage.

La publicité transforme donc le public en agent de vente. Combien de gens jurent aujourd'hui par l'Onoto, sans jamais en avoir possédé ni même songé à en acheter un ! Il faut voir, là, l'un des côtés cumulatifs de la publicité. Si son action s'augmente de sa répétition, elle bénéficie également des non-acheteurs aussi bien que de la réclame faite par les acheteurs satisfaits.

La notoriété. — Nous avons vu que les représentants et voyageurs ont à leur ressource une notoriété et une force par la réclame de leur maison. Si puéril que cela paraisse, les annonces dans les journaux, les affiches sur les murs finissent par donner, en dehors de l'action commerciale directe qu'elles ont, cette même notoriété et cette même force à ceux qui la font. Il est certain que, lorsqu'une maison a fait une réclame solide, soutenue pendant un certain temps, c'est qu'elle offre certaines garanties financières. Or le public en déduit de suite que les gens ayant des capitaux devant eux sont à même de mieux travailler, leurs produits ne souffrant pas de la pénurie de capital et de machines.

Il arrive même qu'en raison de ce phénomène nous prenons pour importantes des maisons qui ne le sont pas. Pourquoi donc les bonnes se laisseraient-elles handicaper? Notons que le public s'accoutumera par votre publicité à vous juger sous un angle plus favorable.

Abaissement des prix de revient. — Un avantage résultant de la diffusion des produits et de l'augmentation des débouchés est de provoquer dans certains cas, par suite d'une production plus importante, la diminution du prix de revient. Lorsqu'une maison double ou triple sa production, ses frais généraux n'augmentent pas de ce fait; la marge des bénéfices est plus grande. Par cette action indirecte, la publicité permet à qui en fait de lutter contre la concurrence et d'obtenir une amélioration de bénéfices importants augmentant la vitalité commerciale.

La publicité, loyale, garde votre clientèle. — Puis, pour les adversaires de la publicité, nous avons réservé le motif qui, à lui seul, prime les autres et devant lequel tout s'efface.

Vous avez remarqué que, chaque fois que des voyageurs, des représentants, des vendeurs au magasin, chaque fois en un mot que des êtres humains ont été chargés de vendre les produits d'une maison, il y en a presque toujours eu un au moins qui a monté boutique à côté et est devenu le plus redoutable des concurrents.

L'homme à votre service travaille bien pour vous, mais avant tout pour lui. Il cherche à gagner le plus possible et, pour cela, à augmenter sa valeur personnelle. Il a donc intérêt à faire le plus d'affaires qu'il peut. En outre, il est tenté de jeter dans la balance, pour la faire pencher en sa faveur, le « Væ victis » qu'est pour lui l'accaparement de la clientèle. Sous prétexte d'être l'intermédiaire aplanissant les difficultés entre le client et vous, lorsqu'il voyage, sous prétexte d'amabilité utile, lorsqu'il est au comptoir, il veut d'abord plaire à celui qui sera pour lui, plus tard, un moyen de lutte contre vous. Plaire au client, pour vous l'enlever un jour, voilà le but de beaucoup de vendeurs.

La publicité ne peut faire semblable chose. C'est elle l'employé loyal et fidèle qui travaille pour vous seul. Elle fait connaître votre nom, votre produit, votre marque et remet au second plan l'action du vendeur.

La clientèle que fait la publicité est à vous, c'est votre bien propre, c'est un actif, un capital inaliénable que vos vendeurs n'emporteront pas quand ils vous quitteront. La clientèle des gens qui ne font pas de la publicité appartient à qui la visite ou la sert.

A vouloir procéder exclusivement de cette façon, on s'expose à payer, pendant plusieurs années, les frais d'études et de premier établissement du concurrent auquel on a constitué une clientèle. Cela n'est ni agréable, ni avantageux.

Dans de telles conditions, au point de vue étroit de chaque commerçant, nier l'utilité de la publicité semble toucher à la mauvaise foi.

UTILE AU PUBLIC

Diminution des prix d'achat. — Le public ne voit, dans la réclame, qu'une puissance considérable et troublante servant à édifier de grosses fortunes. Il ne remarque pas le côté utilitaire qui l'intéresse et qui contribue à son bien-être.

A première vue, il peut sembler paradoxal qu'un même moyen puisse rendre des services à la fois au producteur et au consommateur, c'est-à-dire à des intérêts opposés en apparence. C'est pourtant le cas de la réclame.

Vous avez vu qu'elle contribue à l'abaissement des prix. Rien que ce seul fait permet au public d'utiliser, dans une certaine mesure, la différence pour augmenter sa consommation. Innombrables sont les objets qui, par suite de leur bon marché, se rapprochent de la portée de toutes les bourses et peuvent se répandre ainsi partout.

Augmentation du bien-être. — En outre, en vulgarisant par l'annonce ou l'affiche les nouveautés indispensables ou utiles à la vie, la réclame augmente le bien-être et le confort de la masse. Les voyages d'agrément, la photographie, les sports, etc..., ont été lancés par la publicité. La foule a suivi l'impulsion qui lui était donnée ; son domaine de sensations agréables en a été ainsi accru.

Ce que le public ne voit pas toujours dans la publicité, c'est qu'elle lui permet, toutes les fois qu'il a besoin de quelque chose, de réduire au minimum ses recherches.

Documentation spontanée. — Il fut un temps où, lorsque l'acheteur désirait quelque objet nouveau, il avait des difficultés énormes à se documenter pour connaître la valeur des différentes fabriques ou maisons de vente. Il avait recours à l'opinion de ses amis qui n'était pas toujours justifiée. Ceux-ci n'en savaient pas plus que lui et sa seule ressource était de s'en remettre aux indications plus ou moins parfaites des annuaires.

La publicité a changé cela et le public, en puissance d'achat, consulte de moins en moins les annuaires commerciaux. Les maisons modernes prévoient les possibilités de la clientèle et aussitôt elles cherchent à s'introduire auprès du futur consommateur. Les catalogues, les prospectus, les circulaires l'assiègent en grand nombre chez lui et lui donnent, non seulement l'adresse cherchée, mais également tous les arguments militant en faveur de chaque objet annoncé. Il choisit sans bouger de chez lui et se forme une opinion plus indépendante. Il y économise le temps passé en recherches souvent vaines.

Garantie de loyauté. — De plus, comme nous l'avons vu et comme nous aurons l'occasion d'y revenir plus tard, la publicité suivie est en général, pour le client, une garantie de loyauté.

Il est rare de voir une maison faire longtemps de la publicité pour des objets dont la consommation est renouvelée, si elle n'est pas sérieuse à la fois par la qualité de ses produits et par sa loyauté vis-à-vis de ses clients.

Prix fixe et marque. — L'acheteur a contracté, sans s'en douter, une dette de reconnaissance, vis-à-vis de la réclame qui a créé et imposé deux facteurs commerciaux qui sont aujourd'hui sa sauvegarde : le prix fixe et la marque.

La marque est une garantie de valeur de l'objet. Elle crée un type connu qui ne peut comporter de substitution. La marque tend à supprimer la fraude commerciale.

Quant au prix fixe, celui-ci a soulagé l'acheteur du marchandage dont il sortait souvent victime et toujours avec l'impression défavorable qu'il devait rester, malgré tout, la dupe du vendeur.

Voici donc ce que la publicité fait pour ceux qui ne voient en elle qu'un moyen pour les commerçants de s'enrichir à leurs dépens.

UTILE AU DÉTAILLANT

La publicité de la marque profite au détaillant. — Si la publicité apporte au public un bien-être nouveau, si elle est utile aux grandes maisons, elle est non moins indispensable aux détaillants.

Nous pouvons surprendre un grand nombre de nos lecteurs, à cet égard. Ils ont la plus intime conviction que la publicité est l'apanage des maisons énormes et qu'elle constitue pour celles-ci une espèce de privilège particulier à leur service pour réaliser l'anéantissement des petites maisons. Les faits et notre expérience personnelle nous permettent d'affirmer le contraire. Mais, comme il ne suffit pas d'affirmer, nous tenons à apporter des preuves permettant au détaillant de changer d'opinion. Ainsi il pourra profiter de moyens qui lui sont indispensables, s'il veut arriver à prendre sa place au soleil. Il peut faire comme les autres et se transformer de petit en grand magasin.

Presque tous nos magasins colosses ont débuté, en effet, par d'humbles maisons ayant de petits boutiquiers intelligents à leur tête.

Le petit commerçant proteste contre la « marque » et le prix fixe qu'il accuse de son malheur tout simplement parce que ses notions d'économie politique sont rudimentaires. Il devrait voir là le moyen de créer la confiance et d'augmenter sa clientèle. Il ne doit pas oublier non plus que celui qui lance la marque lui réserve, en général, un bénéfice très rémunérateur. Il a ensuite à sa disposition une publicité qui avantage le vendeur de la marque sur celui qui n'en tient pas.

L'attraction de la clientèle. — En dehors de ces cas, le détaillant peut désirer faire sa propre publicité et lancer sa maison, plutôt que les produits qu'il tient.

C'est alors qu'il possède, en dehors des moyens qu'emploie le gros annonceur, une série de petits moyens pratiques, bon marché, dont le grand magasin ne peut se servir.

Vous avez certainement entendu parler de l'idée ingénieuse qu'eut un bureau de tabac étranger. Cette idée consistait à fermer entièrement sa vitrine par un store intérieur. Dans ce store était percé un trou, large comme une pièce de cinq francs, par où le regard pouvait pénétrer. Sur le store était peinte cette unique phrase : « For Gentlemen only » (Pour Messieurs seulement). Inutile de dire que la curiosité des hommes put s'exercer et que celle des femmes, bien qu'écartée par la pancarte, fut suffisamment éveillée pour que tous se rendissent compte que le magasin en question ne vendait, comme d'habitude, que des cigares, mais qu'il tenait à appeler l'attention plus particulièrement sur une marque.

Or, ce moyen, qui est à la portée des petites maisons, ne peut être employé par les grands magasins. Il est évident que si un Louvre ou un Bon Marché s'avisait de mettre des centaines de stores percés à toutes ses vitrines, les clients s'en iraient, trouvant la plaisanterie de mauvais goût. Si le store n'était qu'à une seule devanture, l'attention serait sollicitée par les choses intéressantes dans les autres vitrines. On ne prêterait plus à ce procédé l'attention qu'on lui donne lorsqu'il est employé par le boutiquier. Dans un cas il cache tout ce que contient la boutique et pique réellement la curiosité. Dans l'autre, il ne cache qu'une très faible partie de l'étalage et la curiosité n'a plus aucune raison de s'exercer. L'intensité de la curiosité, en publicité comme en psychologie pure, est en rapport inverse du commencement de satisfaction qu'elle peut obtenir.

Fig. 10. — Hauteur de l'original : 17 centimètres.
Annonce très visible. Suggestion illustrée directe par la chose en action. Les résultats, ici, sont difficiles à exprimer. Suggestion indirecte très imprécise. Ligne d'orientation également imprécise. Utilisation fâcheuse de caractères anormaux.

Les moyens simples. — Du reste, le détaillant, sans s'en douter, a été le premier à faire de la publicité pratique et utile. C'est lui qui eut l'idée ingénieuse de mettre une glace à côté de sa vitrine. Celui qui débuta était un fin psychologue connaissant l'âme féminine. Il était doublé d'un homme pratique. Il savait que toutes les passantes sollicitées se regarderaient et, involontairement, verraient ses marchandises. De là à acheter, il n'y avait qu'un pas. La glace n'avait pas ruiné le vendeur et avait fait prospérer ses affaires. Seulement la glace a eu beaucoup d'imitateurs et il a fallu trouver mieux depuis.

L'ingéniosité américaine. — C'est donc dans le domaine de l'ingéniosité que le détaillant peut lutter avantageusement contre les grands magasins. L'Amérique a employé quantité de procédés dont quelques-uns cités ci-dessous montrent que le petit détaillant peut, sans frais, conserver sa clientèle, en attirer chez lui une nouvelle et ne pas conserver de vieux stocks.

Toute la science consiste à réveiller, d'une façon quelconque, la curiosité de l'acheteur.

*
* *

Une maison de Boston, pour remédier à l'envahissement de ses magasins, à certaines heures de la journée, accorde une remise toute spéciale à tous les acheteurs qui feront leurs emplettes, le matin avant dix heures. Cela permet ainsi une répartition plus égale du travail pendant la journée et les recettes s'en trouvent augmentées. (La Publicité.)

*
* *

Un marchand de confiserie de New-York emploie, comme leit motiv de sa publicité, une phrase bien connue en Amérique : « Penny a pound profit », autrement dit : Notre bénéfice n'est que de 0 fr. 10 par livre. Il paraîtrait que cela lui procure une nombreuse clientèle. (La Publicité)

*
* *

De petites circulaires annonçant qu'un mouchoir serait donné à chaque femme présentant cette circulaire aux magasins J.-N. Freeland and Son ont obtenu un succès considérable à Blockton (Iowa).

Cent pour cent furent obtenus par cette réclame, car chaque circulaire envoyée fut retournée.

Les bénéfices subséquents réalisés par ce procédé dépassèrent tous ceux obtenus précédemment par la maison. (La Publicité.)

*
* *

Une maison de quincaillerie de Kansas City a pratiqué dernièrement un procédé de publicité assez nouveau. Un millier d'articles de toutes sortes furent enveloppés séparément, chaque paquet portant une étiquette spéciale et un numéro. A chaque personne qui venait à une date fixée au magasin, pour y faire une acquisition quelconque, il était remis, au hasard, un carton portant un des numéros correspondant à ceux que portaient les paquets, et cet acheteur était alors autorisé à chercher, dans le tas, le paquet qui portait le même numéro que son étiquette. Il y avait là des articles dont la valeur variait entre 1 franc et 150 francs. En une seule journée, cent cinquante paquets furent distribués en prime à cent cinquante acheteurs différents. (La Publicité.)

***

Les détaillants américains cherchent toute espèce d'occasions pour attirer à leurs magasins des acheteurs plus nombreux. Tout leur est bon. La date anniversaire de la création de leurs magasins, la fête du saint de leur premier enfant, la majorité du fils aîné, etc..... MM. Stone et Thomas, de Wheeling, pour fêter le soixante-deuxième anniversaire de la fondation de leur maison, firent annoncer par la voie des journaux et pendant une semaine, qu'ils remettraient à chaque vingtième client qui se présenterait à leurs rayons, le montant total de ses achats, et à chaque soixante-deuxième, une pièce d'or de un dollar. Cette offre eut le plus brillant succès. (La Publicité.)

L'action personnelle. — Les exemples qui précèdent sont pris pour rendre objectif le fait que le détaillant peut utiliser une publicité peu coûteuse, intense dans son action, et effective.

Ajoutons que, d'une façon générale, le petit commerçant ayant en mains sa clientèle, la connaissant, peut garantir et donner à ceux qui viennent chez lui l'amabilité, la politesse et la courtoisie que ses annonces, ses prospectus ou ses affiches promettent. Il y a, entre la pensée génératrice de sa réclame et l'exploitation de sa maison, une unité absolue. Cette unité ne saurait se trouver dans les grands magasins où celui qui vend au public ignore totalement ce que dit la publicité.

Publicité économique. — Dans un autre ordre d'idées, nos plus petits fournisseurs : le boucher, le boulanger peuvent utiliser fructueusement certains moyens dont se servent les grandes maisons.

A l'aide du calendrier illustré, un peu artistique, le petit commerçant fait une publicité intéressante et effective. Votre blanchisseuse même peut vous offrir, tous les ans, un calendrier marqué à son nom. En apparence, ce bout de carton colorié ne dit rien ; toutefois il représente le maximum d'audace en matière de réclame.

Songez qu'alors votre fournisseur, dans ses dépenses, n'inscrit plus que le prix de ses calendriers, affiches en réduction. Il ne les colle pas sur les murs de la ville. Il ne paie pas d'emplacement. Il ignore les frais de pose. C'est vous qui fournissez l'emplacement chez vous, posez le calendrier et préservez sous votre toit, cette affiche en miniature, du lavage des pluies et des intempéries et de l'action de l'afficheur qui surcharge tous les jours d'une autre affiche celle qu'il a posée la veille.

Ce calendrier peut rester trois cent soixante-cinq jours sous votre toit où vos amis le contempleront. Vous vous êtes fait ainsi, sans le savoir, l'agent de publicité de votre fournisseur.

Pour terminer, il suffit d'ajouter que, par son étalage, le détaillant peut faire une publicité très fructueuse. Il n'a qu'à y apporter une certaine ingéniosité et un peu d'originalité dans la composition. Dans beaucoup de petites villes, la clientèle du détaillant, acquise ou éventuelle, ne se trouve que dans un rayon déterminé. Or cette clientèle passe naturellement devant chez lui. Il n'a pas à aller la chercher à domicile. Son but principal se borne à l'arrêter au moment où elle passe.

Bien souvent même l'étalage sera la base de la publicité du détaillant, et c'est vers ce point que convergeront tous les moyens qu'il pourra employer incidemment.

Il serait, du reste, inutile pour l'instant d'envisager l'ensemble des moyens à la disposition du détaillant pour capter l'attention du public. L'étude en sera faite ultérieurement au fur et à mesure de l'examen de chaque moyen.

*
* *

Il était bon de faire ressortir, cependant, que la publicité n'est pas une ingrate et qu'elle travaille pour le bien de tous. Le public en bénéficie inconsciemment ; tous les commerçants peuvent en tirer parti, ils n'ont qu'à vouloir d'abord et savoir ensuite. Ils peuvent effectuer d'euxmêmes la première partie du programme, nous leur donnons le moyen de réaliser la seconde.

UTILITÉ COMPROMISE

Imprévision. — Après ce qui précède il est facile de se rendre compte, au point de vue commercial, que non seulement la publicité est un facteur utile, mais qu'elle devient en outre obligatoire, dans une maison, au même titre que les autres services de vente.

Autrefois, avant de créer une entreprise commerciale, l'on prévoyait dans un magasin de détail la vente au comptoir et l'on déterminait alors les appointements des commis à poste fixe employés dans ce but. Il en était ainsi pour les voyageurs chargés de prospecter la clientèle. Aujourd'hui, il faut absolument prévoir de la même façon une place pour la publicité et, toute maison qui se crée ou qui se perfectionne, commet une faute en ne prévoyant pas, dans son budget, la publicité, au même titre que ses employés ordinaires.

Nous l'avons vu plus haut, la publicité est un agent de vente; son importance s'augmente de plus en plus, il faut donc lui réserver sa place.

Toutefois, ce n'est pas parce que la publicité devient un facteur commercial obligatoire qu'il faille s'y lancer à corps perdu et sans réflexion. Il ne faut pas non plus se figurer que, du moment que l'on en fait, même avec profit, on possède la science infuse et que l'on est à même de l'utiliser pour en obtenir des résultats toujours heureux.

Il ne faut voir en général, dans les résultats heureux inscrits à son actif, que le fait de sa dynamique d'achat, mais non une preuve de sa bonne conception.

Parmi ceux qui noircissent les journaux, colorient les murs ou surchargent les postiers de travail, il en est qui font trop de réclame, tandis que d'autres n'en font pas assez. Ces deux façons d'agir sont mauvaises, bien qu'elles le soient inégalement. Ajoutez à cela qu'en dehors de la quantité, la réclame est souvent sans valeur au point de vue qualitatif et vous aurez une idée de ce que peut être cet agent commercial, tel qu'il est utilisé actuellement.

Fig. 11. — Hauteur de l'original : 15 centimètres.
Annonce illustrée anglaise, type. Absence de la suggestion directe par la chose. Essai de suggestion indirecte par le milieu, déformée par une légère tendance satirique. Tout l'effort de cette annonce porte dans l'originalité. L'homme âgé demande à l'enfant comment s'épelle le mot « Whisky » et l'enfant répond en épelant le nom de la marque. Au point de vue technique le texte du haut aurait dû être sous l'illustration.

Ce sont, en effet, la réclame insuffisante, la dépense exagérée et les rédactions mauvaises qui ont déconsidéré parfois la publicité et fait dire que sa valeur était une chimère.

Trop de réclame. — Il est permis de se demander si, réellement, une maison peut faire trop de réclame. Cette chose qui, à première vue, paraît paradoxale est fréquente et souvent plus désastreuse que de n'en pas faire assez.

Puisque nous avons comparé la publicité à un agent de vente, que diriez-vous d'un grand magasin qui mettrait à ses comptoirs un nombre d'employés double de celui qui est nécessaire pour satisfaire la clientèle ?

Évidemment les clients seraient servis, mais ni mieux ni plus vite que si le nombre exact était au travail. Le bilan pourrait se ressentir d'une façon désagréable de cette erreur de jugement. Or, il est de la publicité utile et d'autre qui ne porte pas du tout. Certains moyens se superfètent entre eux. D'autres ont un point critique où ils cessent d'opérer. Nous verrons qu'il y a des milieux qui peuvent leur être défavorables. Il faut donc éviter tout ce qui est exagération et qui, sans produire, coûte. Il est des grandeurs d'annonces et d'affiches que seul l'orgueil ou l'erreur entraîne à dépasser, alors que leur nombre exagéré ne saurait rendre.

Pas assez de réclame. — Ceux qui, à l'inverse, ne font pas suffisamment de publicité s'infériorisent. Il y a pour eux, de ce fait, un préjudice plus grand qu'un manque à gagner, car ce préjudice s'augmente de dépenses stériles. L'économie, comme la prodigalité, est une faute. Les commerçants qui, au lieu d'exécuter un plan où tout s'enchaîne, n'en exécutent que des parties sans homogénéité, courent à l'insuccès.

Publicité dangereuse. — Quant à la réclame mal faite, il suffit d'ouvrir tous les jours des journaux, de regarder les murs, de lire son courrier, pour en avoir la sensation.

Certaines annonces ne nous disent rien, sont incapables de nous intéresser au produit qu'elles vantent et ne peuvent saillir de leur cadre où il faut que la volonté aille les chercher.

Que d'affiches sont sans signification ! Elles ne nous donnent que l'impression d'être « le salon du pauvre », expression qui, involontairement ironique, montre que l'artiste illustre le mur, le transforme en fresques, oubliant le but, l'inexorable but de la publicité : la vente.

Quant aux imprimés de toute nature, les uns sont repoussants dans leur présentation et ne peuvent inspirer le désir de les lire. D'autres ont une rédaction telle que leur lecture est le meilleur moyen à employer pour vous conduire partout, sauf chez ceux qui les ont rédigés.

Indécise, tâtonnante, notre réclame en est encore aux rédactions néfastes, aux illustrations dangereuses, à l'empirisme devenu véritable loi.

Or, il se dépense tous les ans, en France et à l'étranger, des sommes qui se chiffrent par milliards de francs. L'on peut dire que si ces sommes

:étaient employées rationnellement, comme les autres agents commerciaux, elles rendraient au décuple, au moins, ce qu'elles donnent à l'heure
actuelle. Certaines maisons augmenteraient leurs bénéfices ; d'autres
éviteraient souvent des pertes considérables et quelquefois la ruine à
laquelle elles courent, par le fait d'une publicité inconsidérée.

Là, comme ailleurs, il faut, avant tout, savoir et savoir où l'on va.

Les mauvais critériums. — Tout individu qui, de bonne foi, a reconnu
l'utilité et la nécessité de la publicité, peut se demander quel sera le critérium de la valeur de celle qu'il fait ou va entreprendre.

Beaucoup croient utile de se baser simplement sur les faits pour
déterminer l'ampleur et la valeur de leur publicité. Or, ce qu'ils croient
être des faits ne sont souvent que des apparences.

Ainsi Menier et Michelin ont fait leur fortune en employant la publicité. L'on ne doit pas en inférer que celle employée était bonne en elle-
même, ou la meilleure. Certaines grandes maisons font de la réclame
mauvaise et vivent plus par leur organisation intérieure et la vitesse
acquise que par la réclame employée.

De plus, certains moyens s'usent. Bons pour le premier qui s'en est
servi, ils se trouvent déflorés aussitôt après leur utilisation. Certaines
idées originales ne peuvent vivre deux fois.

Puis, ce qui est bon pour le pneumatique ne vaudra rien pour le chocolat ou ne pourra pas s'y appliquer.

Les méthodes des autres ne valent pour nous que si nous pouvons en
contrôler la portée par une connaissance parfaite de la technique.

La façon de concevoir ci-dessus a été celle des timides et des gens à
l'allure raisonnable qui, ne connaissant pas les règles, se sont fiés aux
apparences. En se laissant aller à la suggestion des faits du dehors,
ils ont souvent risqué gros. Le hasard ne peut être une méthode pour
personne, moins encore pour le commerçant.

Si le hasard n'est pas une méthode, l'expérience personnelle peut en
constituer une. C'est celle des audacieux qui se figurent pouvoir aller carrément et innover de toutes pièces. Ceux-là laissent au rendement le
soin de les fixer. Ils opèrent par simple élimination. Ce qui ne rend pas
est condamné, ce qui rend est conservé.

Cette méthode a été, en général, néfaste. Pour en supporter le poids
jusqu'au moment de la réussite, il faut avoir de gros capitaux. L'annonceur opérant ainsi n'est pas toujours sûr de trouver au bout du rouleau
le moyen, compensateur des dépenses.

Pour juger de la nature de la publicité à entreprendre, il est nécessaire de tenir compte d'une quantité de facteurs qui sont du domaine
propre de la publicité.

Dans ce domaine, les principes sont immuables. Quant aux moyens, à leur application, à leur façon d'être et de se comporter, tout est relatif. Les produits, les temps, l'apparition de moyens nouveaux et le progrès incessant influent. Il faut connaître les principes pour déterminer le jeu de ces facteurs et en maîtriser l'action à son profit.

LIVRE II

LA THÉORIE

V

LA RECHERCHE DES LOIS

Nous montrons comment nous sommes arrivés à trouver
et à établir les lois générales qui régissent la publicité.

TRAVAUX PRÉLIMINAIRES

Empirisme. — A l'heure actuelle, beaucoup de gens ne peuvent croire
que la publicité ait des règles fermes, précises, dont il est impossible de
se départir si l'on veut réussir. Quelques-uns même se figurent que
l'empirisme auquel ils ont recours et qui leur a rendu quelques services
peut leur suffire. Ils s'imaginent volontiers que la réclame est une simple
affaire d'inspiration.

Cependant, dès que l'on a utilisé la publicité pour développer les
affaires, les commerçants sérieux, habitués à travailler rationnellement,
ont cherché à se rendre compte parmi les moyens employés dans un
même but, si tel moyen ne valait pas mieux que tel autre, et si un
même moyen rendait les mêmes services dans des occasions différentes.

L'affiche vaut-elle l'annonce, la circulaire est-elle aussi bonne que la
lettre personnelle ? Les rédactions osées sont-elles supérieures, comme
effectivité, aux textes falots ? L'illustration est-elle utile ? Voici
quelques-unes des questions angoissantes que se posaient les annonceurs dignes de ce nom et qui, en cherchant des rendements, élevaient
leur tâche au-dessus de la besogne d'un vulgaire noircisseur de papier.

Cependant ce n'est que devant la brutalité de certains faits que l'annonceur s'est décidé à jouer le rôle qu'il aurait dû prendre dès le début.

Visibilité coûteuse. — A l'origine, le premier pas fait par l'annonceur,
en dehors de l'ornière pour augmenter le rendement, a consisté à provoquer l'attention du public. Aussi bien dans les journaux que sur les

murs, les efforts ont tendu à créer la visibilité. Cette visibilité était facilelement obtenable, en raison de la rareté de la réclame. A l'époque, il suffisait de s'affirmer, de se montrer, pour que l'on soit vu.

Il est évident qu'une seule affiche posée sur un panneau plaidait pour celui qui la posait, si petite soit-elle. Il en était de même pour l'annonce isolée dans un journal.

Dès que des compétiteurs sont venus se mettre à côté, on a cherché à accroître la visibilité en donnant une dimension plus grande à l'affiche et à l'annonce.

Mais, au fur et à mesure que l'on augmentait la masse du moyen, les propriétaires des murs d'un côté, et les journaux de l'autre, augmentaient leurs tarifs.

Une telle course devenait donc périlleuse, car la dépense, au lieu de croître uniquement en raison de la masse du moyen, augmentait dans une proportion imprévue. Il fallait donc limiter la visibilité au strict nécessaire et augmenter le rendement au maximum possible, pour que la puissance ne devînt pas onéreuse et hors de proportion avec les résultats.

Le critérium du rendement. — Il est curieux de constater que là recherche de la rationalité en réclame n'est pas le fait d'une décision préméditée et mûrie. Elle n'a commencé à naître que par l'obligation matérielle, née de l'impossibilité de dépenser davantage d'argent.

L'annonceur a cherché à se perfectionner non point parce qu'il voulait faire mieux, mais parce qu'il ne pouvait faire plus.

Nous retrouvons, ici, la fâcheuse tendance commerciale qui ne veut connaître aucune règle précise. Peut-être les ancêtres de la publicité avaient-ils l'excuse de dire que les lois ne sont que l'enregistrement de l'expérience acquise et qu'il fallait bien que quelqu'un fît les premières expériences.

Non seulement il est devenu nécessaire à un moment donné d'enrayer l'exagération de la masse d'un moyen et de limiter sa multiplicité à un nombre d'unités nécessaires, mais il a fallu départir le rôle joué par chacun des moyens employés isolément ou conjointement de manière à déterminer les sommes que l'on devait employer pour chacun d'eux.

Si le premier pas vers l'augmentation du rendement n'avait eu en vue que la masse et comportait une erreur en soi, le second pas, qui en est dérivé, le contrôle du rendement, a ouvert les portes de la sagesse. C'est l'esprit de contrôle qui, réellement, a présidé à la recherche des lois de la publicité. Il a insensiblement amené à leur découverte. Malheureusement les contrôles de certains moyens sont délicats ou impossibles. Ainsi le contrôle de l'affiche ne peut être enregistré d'aucune façon pratique. Employée seule, on voit son effet par l'augmentation du chiffre d'affaires à la fin d'un exercice, mais il est impossible de savoir quelle est sa valeur dans un plan général.

L'annonce, par contre, a pu être contrôlée à l'aide de clefs spéciales, et l'on a pu, pour elle, procéder par élimination.

FIG. 12. — Hauteur de l'original : 8 centimètres.

Annonce anglaise. Cette annonce essaie de suggérer par la chose, mais ce n'est pas celle-ci qui crée la visibilité, laquelle résulte de l'emploi de caractères gothiques. Cette annonce a l'inconvénient d'être d'une lecture difficile. Il n'y a pas de ligne d'orientation.

Tâtonnements et aléas. — Si donc l'on n'avait à sa disposition que le critérium du rendement, l'annonceur timide devrait se résoudre à employer l'annonce, moyen contrôlable. Or l'annonce, dans la majorité des cas ne peut être utilisée seule. Puis, l'affiche, le prospectus, le M. O. B. (¹) peuvent rendre des services considérables, puisqu'ils sont parfois employés avec succès. Employés seuls ces moyens sont contrôlables ; mais employés simultanément, le contrôle devient très difficile. Il devient donc nécessaire de connaître autrement les facteurs qui, dans toute publicité, agissent sur le public et l'amènent à l'achat.

Du reste, le contrôle de l'annonce a une valeur limitée. Il indique les media qui rapportent. L'on a ainsi évité des efforts stériles. Le contrôle a engendré, dans ce cas, l'économie rationnelle, mais il n'a pas encore amené la valorisation. Ce n'est que par des essais sur des annonces différentes faites dans de mêmes media, que l'annonceur a pu se rendre compte qu'il y avait des présentations qui paient et d'autres qui ne paient pas.

Ce procédé de tâtonnement et d'élimination était dangereux, laissant place à toutes les incertitudes et aux aléas. Cependant le commerçant avait fait tout ce qui est normalement de son domaine et il devenait

______

(¹) Mail order Business (vente par correspondance).

alors évident qu'entre la réclame et le public d'une part, et entre la réclame et l'annonceur de l'autre, il y avait des facteurs qui échappent aux lois usuelles du commerce.

La méthode. — Il convenait donc d'appliquer la méthode de travail scientifique qui consiste dans l'observation des faits et l'application des déductions qu'on peut en tirer. Nous croyons utile de l'exposer, car elle ne peut manquer de servir à nos lecteurs, le cas échéant.

Il faut d'abord « observer ». C'est un point délicat. En effet, il ne faut pas se borner à observer par soi-même. Malgré l'impartialité dont on tient à faire preuve, on est toujours influencé, sans s'en rendre compte, par les connaissances préalables que l'on possède. Il est donc indispensable de faire observer par les autres, et surtout par ceux qui sont le plus intéressés aux faits sur lesquels on veut être renseigné.

Une fois que l'on a en mains les éléments d'observation, il faut les classer. Il semble suffisant d'ouvrir une série de catégories et de partager entre elles les éléments réunis. En fait, il y a souvent des tâtonnements avant d'arriver à un classement définitif. Il est difficile parfois de déterminer dans quelle catégorie rentre telle observation. D'autres fois, la détermination même de ces catégories présente de grandes difficultés. Il importe donc de ne pas classer à la légère mais, au contraire, de mûrir sa façon d'opérer.

Nous possédons alors les données qui permettent de tirer des déductions. Le plus souvent elles découlent naturellement des travaux précédents. Néanmoins il importe de les examiner toujours avec soin, au cas où il y aurait eu erreur dans les premières opérations.

On arrive enfin au point final ; on a trouvé, suivant les cas, les moyens ou les causes que l'on cherchait. Il ne reste plus qu'à les appliquer, soit pour reproduire les faits, soit pour les améliorer dans le sens donné par les conclusions tirées de la méthode expérimentale.

Une fois améliorés, les faits peuvent donner lieu à de nouvelles observations qui entraîneront de nouvelles applications. Ainsi, peu à peu, l'on arrive au but.

Telle est la méthode pratique pour avancer dans l'étude de toutes les questions scientifiques.

Son application à la publicité a permis d'en découvrir les règles.

La psychologie entre en jeu. — Le but de la publicité suggestive est de faire vendre mais, comme nous l'avons dit au début, elle vend sans l'intervention de l'être humain matériel. Par contre, c'est continuellement la pensée du vendeur qu'elle se charge de transmettre à l'acheteur. Dans ces conditions, la publicité ressort du domaine de la pensée et elle appartient au laboratoire de psychologie. Ce point transitoire entre le commerce et la philosophie a échappé à beaucoup. Cependant, il est évident que du moment où le facteur « pensée » intervient, nous devons connaître ses habitudes, ses lois et les moyens de l'utiliser.

Travaux de M. Walter D. Scott. — La solution aurait été donnée depuis longtemps, si les maîtres ordinaires de la psychologie n'étaient, en général, habitués à regarder de haut le monde commercial. Il faut donc savoir gré à un professeur de psychologie, directeur du Laboratoire spécial de l'Université nord-ouest à Chicago, M. Walter D. Scott, d'être descendu de sa chaire pour examiner la question. Le terrain certes avait déjà été préparé par quelques commerçants intelligents. Des revues techniques d'impression ou de publicité avaient balbutié sur le sujet; mais le tout se perdait dans un désordre merveilleux manquant de base et de point d'appui. Un tel travail était condamné d'avance à la stérilité. Aussi pouvons-nous dire qu'à l'heure actuelle, en dehors des travaux de M. W. D. Scott, tout ce qui est examiné, étudié,

Fig. 13. — Hauteur de l'original : 17 centimètres.

Annonce illustrée sympathique. Suggestion illustrée directe avec les résultats de la chose seulement. La chose elle-même et son action ne sont mentionnées que par le texte. Le paquetage de la chose, permettant de l'identifier à l'achat, a été utilisé. La ligne d'orientation, descendant du regard du personnage sur le drap et s'enchaînant sur la boîte, empêche la lecture du texte au-dessus. Emploi exagéré de la réserve blanche sur fond noir dans les mots « Savon Sunlight ».

écrit en matière de publicité psychologique se débat dans l'empirisme le plus complet.

Solution incomplète. — Nous ne pouvons, pour le détail des travaux de M. W. D. Scott, que renvoyer à l'auteur lui-même. Celui-ci est abondant, précis, agréable à lire. Après avoir, avec une minutie consciencieuse, examiné expérimentalement la question, tant au point de vue physiologique que psychologique, après avoir patiemment étudié les faits nouveaux, il n'en a pas tiré la conclusion que nous aurions désiré y trouver.

La solution est dans le cerveau de l'auteur, les termes le prouvent à chaque page et l'on peut se demander pourquoi et comment la théorie suggestive n'a pas jailli de la plume de M. W. D. Scott. Cependant, nous avons le plaisir de voir que les développements que nous donnons plus loin, développements qui nous sont personnels depuis plusieurs années, sont aujourd'hui préconisés par lui. Cette communion d'idées nous amène à pouvoir formuler avec certitude les lois de la théorie purement suggestive de la publicité. Cette théorie demeure la seule vraie et possible en raison de son unité absolue.

M. W. D. Scott, dans ses ouvrages, comme beaucoup d'auteurs, a fait exclusivement de la psychologie expérimentale dont il a déduit des règles fort utiles mais qui ont l'inconvénient de ne s'appliquer qu'à des cas particuliers.

Lorsque certains auteurs nous disent : « Sollicitez la curiosité, faites appel à la bonté, à la gourmandise des gens, à leurs défauts et à leurs qualités en général », ils nous donnent tout au plus des possibilités d'agir sur chaque cas cité, mais nous laissent dans l'embarras pour les autres cas beaucoup plus nombreux qu'ils n'ont pas prévus. Ce ne sont que des modes opératoires de détail qu'ils indiquent.

Nous avons besoin, au contraire, en publicité, d'une théorie qui soit un modus operandi en soi et qui puisse valoir pour la multitude considérable des cas que l'annonceur doit solutionner chaque jour.

La théorie suggestive répond à tous les desiderata.

ÉCLOSION DE LA THÉORIE

Recherche difficultueuse. — On comprend assez facilement que la théorie suggestive ait eu de la difficulté à éclore dans les milieux commerciaux, où l'étude de la suggestion n'est pas inscrite au programme.

Sans cela, tout auteur averti comme nous eut, dès ses premières études, été frappé de l'analogie d'action de la publicité et de la suggestion.

C'est, en effet, il y a plusieurs années déjà, que nous avons fait le premier parallèle. Dès que nous avons posé la question, elle s'est trouvée résolue. Le parallélisme était tel que l'on peut dire que la publicité n'est que suggestion.

En effet, en examinant soigneusement les faits, nous avons été amenés à conclure que tout ce qui est « pensée », dont le but est d'entraîner un acte humain, dépend de la suggestion. Or, rappelez-vous que la publicité, c'est la vente par la pensée seulement. Du reste, le vendeur, quand il est habile, opère intuitivement par suggestion.

La suggestion est du domaine général. — Proposer à quelqu'un d'aller se promener en voiture est une suggestion de promenade. Offrir à un enfant du chocolat pour le lui vendre, ou le lui donner, est une suggestion de manger du chocolat. L'effet de cette suggestion est d'autant plus grand que la façon de la faire et de mettre en jeu le besoin latent vient rendre plus pressante son action. Ainsi la personne qui offre simplement une croquette de chocolat à un bambin fait une suggestion peu intense. Par contre, lorsque nous commençons par rappeler à l'enfant que l'heure du goûter est proche, que son appétit doit être presque une faim canine, nous obtenons le réveil de l'habitude qui pouvait être oubliée par le fait du jeu ou de l'étude.

Puis, lorsque l'habitude et le besoin sont mis en éveil, on excite ce dernier en chatouillant son hypertrophie qui s'appelle la gourmandise.

« Tu aimes bien le chocolat, n'est-ce pas? Eh bien ! celui-là est bon. Il est exquis, il fond dans la bouche et embaume la vanille. Ta petite sœur en a déjà eu un morceau. En veux-tu? »

La suggestion exacerbe ainsi le désir que l'on peut augmenter encore en déployant lentement, pendant que l'on parle, la fine feuille de papier d'étain enveloppant l'aromatique chocolat et en brisant la tablette en deux.

Une tablette brisée en deux, pour un enfant, représente autre chose qu'une offre. C'est un commencement de satisfaction du besoin.

L'enfant, à qui la proposition a été faite sous cette forme, pleurera, regrettera amèrement son chocolat, si vous ne le lui donnez pas. Il aurait peut-être été indifférent à une proposition banale, surtout si son cerveau eût été occupé par une autre chose, plus immédiatement suggestive en intensité, telle qu'une bonne partie de chevaux de bois.

Toute la suggestion se trouve concentrée dans cet exemple. Nous verrons que la publicité suggestive doit être autre qu'une offre banale.

L'École de Nancy. — La suggestion étant la base de la publicité, il fallait avoir étudié cette partie de la psychologie pour pouvoir établir le parallèle et appliquer l'une à l'autre. C'est en effet l'étude préalable des travaux de l'École de Nancy par M. O.-J. Gérin qui l'a mis sur la voie. Il a vu comment une science dont l'application semble purement médicale, mais qui, en réalité, appartient entièrement au domaine de la psychologie générale, pédagogique ou purement philosophique, s'appliquait complètement au domaine de la vente en général et de la publicité en particulier.

C'est donc après nous être assurés que la suggestion s'appliquait d'une façon absolue et intégrale à la publicité que nous avons fait nôtres les enseignements de Bernheim et Liébault. Ces deux sommités n'avaient pas prévu cette utilisation de leur théorie. Nous sommes heureux, malgré cela, de leur rendre un public hommage, car c'est grâce à eux que notre tâche a pu s'accomplir et avoir toute sa valeur.

Notre ouvrage n'a pas pour but de discuter des questions de détail de psychologie posées par d'autres qui ont étudié avant nous la publicité à tâtons. Nous ne voulons entreprendre aucune polémique contre telle ou telle opinion préadmise. C'est pourquoi nous ne justifierons pas la valeur de notre théorie en l'opposant aux autres, ce qui ôterait à cet ouvrage son caractère pratique. Nous ne visons qu'à la développer dans son intégralité, certains qu'ainsi nous aurons adopté la meilleure façon de vous convaincre, de vous être utile et aussi de faire prévaloir notre thèse sur les autres.

Vous verrez plus loin que nous ne voulons pas de suggestion comparative ; il est donc logique, pour l'instant, de ne pas faire d'enseignement comparatif. En vous évitant des mélanges qui pourraient être incohérents, nous vous permettons d'oublier l'absolutisme de nos exposés.

Parallèle médical. — Par la suite, nous allons avoir l'occasion de faire un parallèle constant entre la suggestion médicale et la publicité suggestive. Il est donc de notre devoir de poser, au préalable, ce qu'est la suggestion et de déterminer, avant tout, son modus operandi.

Si nous n'établissions pas ces points qui sont la pierre angulaire de la théorie, ce serait vous exposer à ne pas en tirer tout le profit que vous pouvez en attendre.

Parler médecine peut vous sembler une diversion ; mais celle-ci n'est qu'apparente. En vous familiarisant par analogie avec notre sujet, elle ne manquera pas de vous intéresser, car tout ce qui touche à la puissance de l'homme sur l'homme est fait pour passionner tout être soucieux de ce qui se passe autour de lui.

LE LIBRE ARBITRE

Suggestion et non hypnose. — Quelle audace n'avons-nous pas eue d'aborder de front le public avec le mot suggestion ! Ce mot, en effet, pour un grand nombre de personnes, est synonyme d'altération de la personnalité ou bien encore de charlatanisme. Il s'accompagne de quelque chose de mystérieux, de terrible et de désagréable. Cependant, comme nous n'avons pas le choix des mots, nous avons pris le seul qui vaille en soi. Nous vous prions, de suite, de le considérer dans son sens large et général et non dans le sens restreint d'hypnose.

L'hypnotisme, qui permet aux médecins d'obtenir certains faits fort étonnants, a donné souvent l'occasion à des charlatans d'exploiter la crédulité humaine. Aussi, classer dans une même opinion tous ceux qui font de l'hypnotisme, sérieux ou non, a été un pas rapidement franchi par le public. Cette opinion défavorable de l'hypnotisme est très justifiée, en ce qui concerne l'exploitation de la badauderie sur les planches. Elle est une faute lorsqu'elle vise des gens sérieux qui essaient d'arracher à l'être humain le secret qui sépare la substance de l'être supérieur et qui veulent guérir le « mens » par le « mens » ou même le corps par l'action du « mens » sur celui-ci.

Quant à la suggestion telle que nous allons l'étudier, elle doit être vue d'un œil légèrement différent. Bien que la masse associe entièrement les mots « suggestion » et « hypnose », ceux-ci n'ont entre eux de rapport que celui de cause à effet.

La suggestion volitionnelle ([1]) est un mode opératoire qui peut être employé aussi bien au point de vue médical qu'au point de vue éducatif.

Nous employons le mot « volitionnelle » pour qualifier la suggestion préméditée, en vue de la distinguer de celle pratiquée par tous les gens instinctivement. Nous verrons que tout n'est que suggestion dans l'existence et que tous en font, sans s'en douter, comme M. Jourdain faisait de la prose.

L'hypnose n'est pas un mode opératoire. Au contraire, elle est le plus souvent un des résultats de la suggestion. Lorsqu'elle n'est pas apparemment provoquée par celle-ci, elle en est toujours un effet et ne doit jamais être étudiée comme causalité.

L'homme ne vit qu'au milieu de suggestions. — Il est évident qu'en agissant sur le public à l'aide de media variés, tels que la circulaire, le journal ou l'affiche, l'hypnose n'est pas le résultat cherché. Le commerçant ne réclame pas, de ses acheteurs, le sommeil. Ce qu'il lui faut, c'est agir légèrement sur leur libre arbitre, sans le cambrioler complètement.

Il devient donc nécessaire de montrer tout ce qu'a de relatif le libre arbitre humain et de donner la valeur exacte du mot.

L'individu n'est pas, en effet, une entité propre qui, en dehors de sa genèse, se soit développé de son propre fait, par ses propres moyens. L'homme cérébral n'est pas cela et ce « moi », dont nous nous enorgueillissons, ne représente aucune personnalité ferme.

L'homme n'est pas tant une action psychologique que la réaction de toutes les actions voisinantes et précédentes sur ses divers modes de perception.

A l'heure actuelle, il n'est pas un être humain dont les pensées n'aient

---

([1]) La volition est l'acte par lequel la volonté se détermine. La volonté est la faculté de vouloir, et la volition un acte de volonté (Larousse).

été engendrées par les pensées d'autrui. Il n'est pas un de nos actes, quel qu'il soit, qui ne subisse l'influence des pensées et des actes de ceux qui nous entourent sur lesquels il vient lui-même réagir.

Il est impossible à l'homme de s'affranchir de son entourage. Tout acte et toute proposition faits devant nous impressionnent notre cerveau pour ou contre ce que nous voulons faire, en bien ou en mal. Ils ont toujours une influence.

Bien entendu, notre examen n'ira pas, en dehors de ce qui précède, prendre son envol dans la philosophie. Nous nous contenterons d'appliquer au commerce le principe suivant :

L'acheteur ne raisonne pas son achat; il y est incité par les sollicitations extérieures agissant sur ses sens.

L'acheteur ne décide pas. — Ceux qui achètent ne s'en doutent pas et se figurent que c'est absolument de leur plein gré et à l'aide d'un raisonnement suivi qu'ils se décident à l'acte de l'achat. Or, même en écartant la publicité, il n'est pas un achat qui soit fait dans toute l'indépendance du raisonnement.

Au temps même où les affiches ne se posaient pas sur les murs, l'acheteur pouvait se figurer agir de propos délibéré. Cependant son opinion était la fille de l'opinion du voisin, de celle des amis et de l'entourage. Si l'on avait demandé à l'acheteur le pourquoi exact qui le conduisait chez tel boutiquier, il lui aurait été impossible de répondre.

Ce qui fait que l'on allait chez un marchand plus particulièrement, c'est que les parents et les amis s'y fournissaient, c'est qu'un jour l'enseigne avait capté votre regard, c'est que nombre de circonstances diverses avaient guidé votre raisonnement et subjugué celui-ci, au point qu'il n'y avait pas eu « décision » ni acte volitionnel de votre part, mais seulement « imitation inconsciente », rien de plus.

Il n'est pas d'homme, dont la volonté si puissante soit-elle, qui puisse dire qu'il « veut », en matière d'achat surtout.

Qui, pour se vêtir, suit la méthode d'observation et de déduction dont nous parlions plus haut? Qui, constatant la nécessité de se vêtir, observera et multipliera ses observations méthodiquement, sur tous les tailleurs possibles? Qui classera les documents recueillis? Qui, surtout, prendra une décision déduite mathématiquement de l'ensemble des renseignements amassés ?

— Personne, n'est-ce pas? Nos vêtements sont achetés pour faire plaisir à nos femmes, ou parce que l'on doit aller chez tel tailleur en vogue, ou tout simplement parce que l'on va au plus près, sans s'inquiéter de rien.

Le libre arbitre humain, en matière d'achat, paraît donc fragile. Jusqu'ici la publicité n'a pas agi. Que sera-ce, lorsque celle-là entrera en jeu avec son action volitionnelle ? Elle tombe toujours en un terrain propice où sa décision toute faite évite un labeur cérébral à l'acheteur.

Aucune préparation à la réaction. — Pour ceux qui seraient tentés de croire que la publicité suggestive n'agit pas sur eux, nous allons examiner la question.

Il est évident que, si nous voulons résister à une action, il faut être prêt à réagir dès qu'elle tombe sous nos sens. Le contrôle ne peut être effectif que s'il est opéré dès le début. Autrement, il y a un commencement d'action qui a agi sans que rien ne puisse en corriger l'effet.

Ajoutons que, toute proposition nouvelle effleurant nos pensées même préparées

Fig. 14. — Hauteur de l'original : 80 centimètres pour les plus petites affiches.

Affiche. — Suggestion illustrée directe par la chose. L'action est exagérée : les immenses flammes qui entourent l'appareil étant un symbole de chaleur trop intense et non de chaleur agréable. Les résultats ne figurent pas. La ligne d'orientation serait bonne si l'on n'avait mis sur l'illustration un texte illisible et presque inutile de ce fait.

à un contrôle, ont une action sur elles dont nous ne pouvons nous défendre. Nous voulons bien, pour l'instant, négliger ce facteur.

Éléments de réaction. — Ceci établi, supposons que vous ayez la bonne fortune d'examiner, la première fois qu'elle tombe sous votre vue, une affiche ou une annonce d'un produit nouveau. Il est une série de questions de contrôle que vous omettrez certainement de vous poser. Vous pourrez critiquer le texte, le dessin et son coloris ; vous examinerez le produit annoncé ; vous pourrez même dire que la publicité est agaçante et inopérante ; vous pourrez traiter de fou l'annonceur ; mais, ce que vous ne vous demanderez pas, c'est ceci :

I. Qui a posé cette affiche ?

II. Pourquoi a-t-elle été posée ?

III. Que veut-on me faire croire ?

IV. Est-ce que l'affirmation de cette affiche est exacte ?

V. Est-ce que j'ai besoin du produit ?

L'individu qui se poserait de telles questions pourrait, en effet, réagir contre la suggestion contenue volitionnellement ou non dans l'affiche. Il n'est pas prétentieux d'affirmer que pas un homme ne se pose ces questions devant les moyens de publicité qu'il rencontre.

Nous avons interrogé à cet égard des centaines de personnes, des courtiers en publicité, des rédacteurs d'annonces, des femmes, des enfants, des hommes de toutes les professions; jamais aucun d'eux n'avait songé à cela. C'est même avec étonnement qu'ils répondaient à nos questions qui leur semblaient pour le moins étranges et insidieuses. Tous demandaient : « Pourquoi donc se faire ces questions? »

Eh bien! ces questions doivent être posées pour résister à la poussée suggestive de la publicité.

Le raisonnement libéré de la suggestion. — Il ne s'agit pas de dire avec forfanterie : la publicité ne nous fera pas acheter. La seule chose qui pourrait vous empêcher d'acheter, ce serait un raisonnement serré, combattant l'effet suggestif.

Si vous répondiez à la première question, vous vous diriez que celui qui a posé l'affiche est un commerçant dont la profession est de faire acheter.

A la question II, vous vous diriez que le but de celui qui a posé l'affiche est de vous faire acheter son produit, à lui.

Quant à la troisième question, vous verriez que l'annonceur tient à vous faire croire que son produit est bon et que non seulement il est bon, mais qu'il est supérieur à tout autre existant. Son but, c'est d'oblitérer, dans votre champ visuel et cérébral, les produits similaires, de manière à y rester seul. Répondre à cette question, c'est mettre votre attention en éveil.

Puis, si vous solutionnez la quatrième question en vous demandant si ce que l'on vous annonce est vrai, vous ouvrez de suite la porte au sentiment de comparaison avec les autres produits.

Et finalement, la cinquième interrogation vous met à même de vérifier, en vous, la réalité du besoin.

L'effet d'une publicité ainsi contrôlée est gravement compromis. Tout ce qu'elle a pu faire, c'est tout au plus de réveiller en vous un besoin et de provoquer des comparaisons qui doivent vous entraîner ailleurs, vers le concurrent dont vous jugerez les produits en toute impartialité et sans pression.

Nous verrons, par la suite, que toute publicité entraînant la comparaison est fautive. Or, comme personne n'ose songer, même de loin, à faire cet effort de contrôle, il n'y a aucune réaction possible.

Et c'est ainsi qu'au lieu de vous questionner et de révoquer en doute les affirmations de l'annonceur, vous enregistrez dans votre cerveau et admettez sans discussion que les produits annoncés sont évidemment les meilleurs que vous ayez vus ; vous admettez que vous en avez besoin et que vous devez en acheter à la première occasion, chez l'auteur de l'annonce ou de l'affiche que vous avez rencontrée

SUGGESTION PRÉCISÉE

Qu'est-ce donc que la suggestion ?

Pour beaucoup, suggérer consiste à penser avec force, de manière à ce que la pensée, s'extravasant d'une façon inconnue et insoupçonnée, puisse entrer dans le cerveau d'autrui.

Cette conception, pour être courante, représente le maximum d'erreur, erreur engendrée par les bateleurs de cafés-concerts ou d'autres lieux.

Suggérer est autrement plus simple et ne demande aucun effort cérébral, n'exige aucune tension d'esprit. Certaines suggestions sont volitionnelles et conscientes, d'autres purement inconscientes. Nous allons voir que tout ce qui « est », suggère.

La pensée en vue de l'acte. — Suggérer consiste à émettre une pensée qui nous est propre, en vue de faire réaliser cette pensée, sous la forme d'acte, par ceux à qui elle est soumise. L'émission de la pensée n'est pas forcément vocale. Elle ne vise pas seulement le sens auditif : elle peut être écrite, elle peut être graphique ; dans ces cas, elle s'adresse à la vue. Elle est libre d'utiliser toutes les représentations qui touchent l'un ou l'autre de nos sens.

La suggestion opérée dans ces conditions doit être considérée comme volitionnelle, car il y a un but manifestement prévu. De ce fait on peut en augmenter l'intensité en connaissant les lois qui la régissent. La suggestion volitionnelle est la seule qui nous intéressera en publicité.

A côté de la suggestion préméditée, il est de la suggestion involontaire, à laquelle nous devons dédier quelques mots, car c'est surtout par elle que nous comprendrons son mécanisme général.

Suggestion involontaire. — Lorsque la volonté préside à l'effort suggestif, vous êtes étonné de ses résultats quand l'action est poussée à l'extrême. Par contre, il vous semble très naturel que, faisant dans la rue un geste quelconque, ce geste soit imité aussitôt. Il vous paraît aussi normal, après avoir lancé un mot nouveau, baroque, de voir celui-ci répété et devenir courant. Et cependant, le principe de l'imitation de votre acte est du même ordre d'idées que la suggestion la plus intense : vous avez suggéré un acte, un mot à votre insu.

La psychologie des foules en est le meilleur exemple. Il suffit qu'un homme au théâtre fredonne l' « air des lampions » pour que cinquante l'imitent de suite. Le premier manifeste spontanément son impatience. Les autres ne manifestent la leur que parce qu'elle est déclanchée, ou agissent simplement par ce que vous et d'autres appellent « l'entraînement », et qui est un résultat de la suggestion préméditée ou non.

Qu'un homme dans la foule s'affole, son affolement devient contagieux. Il suffit de crier « Au feu ! » pour que la masse, sous cette poussée suggestive du danger, ne raisonne pas, ne vérifie pas, mais cherche seulement le moyen de fuir un péril imaginaire.

La suggestibilité. — On a dit que l'homme est un singe. Il est aussi un phonographe et surtout un merveilleux instrument de reproduction de tout ce qui tombe dans sa sphère d'observation ou d'enregistrement latent.

C'est surtout cette faculté d'enregistrer sans contrôle tout ce qui tombe sous nos sens, qui engendre la suggestibilité.

L'incitation à l'acte. — Dans ces conditions, nous pouvons définir la suggestion par ces mots :

TOUTE PROPOSITION INCITANT A L'ACTE.

Par proposition il faut entendre, comme nous l'avons vu, la pensée transmise par toutes ses représentations : par la parole, par l'écriture, par le dessin, aussi bien que par l'acte lui-même. De toutes les représentations de la pensée, l'acte est la plus puissante, car il est la pensée réalisée par le cerveau même qui l'a conçu. Marchez, et ceux qui sont avec vous vous suivront. Regardez en l'air, et vous serez imité. Fumez, et votre voisin sortira son étui à cigarettes. L'acte est imité par ceux qui nous environnent avec une spontanéité vraiment déconcertante.

Diminution de la réflexion. — Nous pouvons illustrer l'action de la suggestion par quelques mots que nous empruntons à M. W. D. Scott :

« Si j'étais assis à mon bureau et qu'avant de commencer un travail je me mette à examiner les raisons pour lesquelles je dois faire celui-ci, je puis dire que, dans mon examen, une idée s'enchaînant à une autre « suggère » celle-ci et que la deuxième idée en suggère une troisième, etc.

« Dans le langage courant, on pourrait accepter cette signification ; mais scientifiquement on est obligé de substituer à ce mot « suggère » le mot « entraîne ». En reprenant l'exemple ci-dessus, nous dirions qu'une idée en « entraîne » une autre : la première idée entraîne la seconde.

« Pour qu'il y ait suggestion, il faut que l'action soit provoquée par une seconde personne ou par un objet.

« Nous venons de voir que lorsque l'on examine une question, une idée en entraîne une autre, et qu'il n'y a pas suggestion. Mais, si la même idée venait à l'instigation d'une personne ou sur la présentation d'un objet, ceci peut devenir de la suggestion. Cependant, pour qu'il y ait suggestion, il faut que l'action extérieure réponde à une seconde condition essentielle de la suggestion. Cette condition est que la CONCEPTION RÉSULTANT, C'EST-A-DIRE L'ACTE, SOIT ACCOMPLI AVEC UNE SOMME DE RAISONNEMENT MOINDRE QUE LA SOMME NORMALE. »

Nous sommes donc d'accord avec M. W. D. Scott sur la définition de la suggestion. La suggestion est une sollicitation extérieure de notre personnalité nous amenant à un acte avec une diminution variable de la réflexion qui devrait précéder normalement cet acte.

Et, nous savons que cette sollicitation extérieure de la personnalité, en publicité, est une volition de l'annonceur.

L'influence inconsciente. — Vous comprenez ainsi que l'annonceur puisse influencer le libre arbitre en sa faveur et amener l'action, avec un raisonnement inférieur à ce qu'il dèvrait être normalement. Souvent même, lorsque la publicité suggestive est bien faite, elle fait agir certains impulsifs avec un raisonnement presque nul. Si quelqu'un essayait encore de protester contre l'essence suggestive de la bonne publicité nous lui poserons simplement une question. Pourquoi donc fait-il de la publicité, pourquoi met-il des affiches sur les murs et des annonces dans les journaux? Tout simplement pour influer sur l'esprit du public. Qu'il le veuille ou non, il y a, là, suggestion. Tout désir d'obliger à un acte, un tiers qui n'y songe pas encore est de ce domaine.

Toute représentation suggère. — Il peut se faire qu'étant donné l'idée actuelle que l'on a de la suggestion, idée fortement ancrée dans l'esprit du public, celui-ci estime qu'une illustration n'est pas suggestive au sens complet du mot. Il peut même nier cet effet à la parole imprimée.

Il n'est pas difficile de prouver le contraire.

La lecture de certains ouvrages a modifié la pensée de leurs lecteurs. Les articles de beaucoup de journaux modèlent les vues politiques de ceux qui les dévorent. Il y a des livres religieux qui conduisent au mysticisme, des pamphlets révolutionnaires qui suggèrent l'assassinat et le provoquent.

La suggestion cérébrale représentée par l'écriture est l'une des plus agissantes. Elle est une de celles qui provoquent le moins de réaction. On ne suppose pas que la volonté de l'auteur soit en jeu et la poussée suggestive est d'autant plus effective que l'on n'a aucun souci de lui faire opposition.

Quant à l'illustration qui représente la suggestion graphique, elle est peut-être moins affinée dans les détails. Elle opère par vues d'ensemble, mais elle offre l'avantage de l'action immédiate. Elle met dans le champ visuel, d'un seul coup, tout ce qu'elle contient. Il suffit de faire passer alternativement sous les yeux d'un homme la photographie d'une vieille négresse et celle d'une jeune et jolie femme pour que son visage trahisse sa pensée et qu'instinctivement il prenne une photographie en main et repousse l'autre du geste. Certains déréglés cérébraux recherchent, du reste, dans l'illustration, dans l'image, l'assouvissement de passions que ces images suggèrent au plus haut chef.

Nous verrons, par la suite, qu'en matière de publicité, c'est l'illustration qui sera la plus intéressante partie, en raison de sa capacité suggestive s'exerçant dans le plus court espace de temps.

L'illustration peut souvent représenter l'acte lui-même. Or, nous avons vu que rien n'est suggestif comme cet acte. La publicité suggestive sait illustrer des scènes où l'on déguste boissons et mets délicieux qui suggèrent du fait de la chose et de l'acte.

Puissance de diffusion et de vente. — Après avoir prouvé le néant du libre arbitre humain, il nous faut préciser un point sur lequel beaucoup de gens n'ont pas porté leur attention et qui sépare la publicité suggestive et effective de la publicité banale et inopérante.

Bien des annonceurs font paraître, en effet, des choses merveilleuses et bien présentées, mais qui ne rendent pas du tout. Quelle en est la raison ?

La publicité comporte deux puissances. La première, celle qui a été envisagée par tous, est la puissance de diffusion. Elle consiste à faire connaître le produit. Si la publicité s'arrêtait là, elle serait absolument inutile et entraînerait à des dépenses énormes, mais stériles.

Il n'est pas suffisant que l'on connaisse l'existence du chocolat Peterson, si sa publicité ne lui amène une clientèle. La création de la clientèle ne peut être faite que de deux façons : tout d'abord en amenant à soi une partie des consommateurs préexistants ; ensuite en développant la consommation.

Pour arriver à ce résultat, la publicité doit avoir en elle un pouvoir spécial, une nouvelle puissance s'appuyant sur la première : c'est la puissance de vente. Or la puissance de vente n'est que l'effort suggestif chargé de transformer la visibilité intéressante à l'œil en acte. C'est elle qui prend le curieux, en fait un acheteur certain en le mettant en présence du vendeur.

Les goûts du public ne peuvent influer sur la publicité. — C'est grâce à cette seconde puissance que la publicité, contrairement à ce qui est souvent admis, n'est pas un instrument qui se plie aux fantaisies du public. Essentiellement éducatrice et incitante à l'acte, elle manie l'acheteur et l'éduque, transforme ses goûts et ses habitudes parce que continuellement, les suggestions qu'elle amène, transforment sa mentalité. Il est évident que, pour agir ainsi, la publicité doit réellement suggérer en évitant toutes les fautes que nous examinerons plus tard dans la catégorie des inhibitions.

Il est facile de voir, d'après ce qui précède, que la théorie suggestive de la publicité possède une force incroyable due à son absolue unité. Elle a l'avantage de se prêter à tous les mouvements de l'âme humaine qu'elle crée et modifie à son gré. Elle se trouve ainsi être de tous les temps et de tous les milieux.

FIG. 15. — Hauteur de l'original : 15 centimètres

Suggestion illustrée directe par la chose prête à l'action. On peut considérer que le résultat est acquis : la figure de la jeune femme ayant une impression qui laisse supposer qu'elle a déjà goûté des gâteaux semblables et exquis. Suggestion indirecte par un milieu agréable et un visage sympathique. Ligne d'orientation fausse, tout le texte étant en haut alors qu'il aurait dû être en dessous des gâteaux.

C'est cette constatation qui nous a fait dire que la puissance de la publicité se mesure à sa valeur directement suggestive.

Exposés antérieurs de la théorie. — Nous devons signaler que la théorie suggestive de la publicité a été exposée par nous dans son intégralité à plusieurs reprises. La première fois, en février 1909, lors d'une

série de conférences organisées par la revue « Commerce et Industrie »
aux Sociétés Savantes, M. O.-J. Gérin exposa nettement ses vues
Un an après le même conférencier, à la demande de la Société d'Encouragement pour l'Industrie Nationale, parlait du sujet dans des termes
identiques.

Cette conférence, imprimée par les soins de la Société, a eu le plus
chaleureux accueil, tant à l'étranger qu'en France, et les encouragements que nous avons reçus de ce fait nous ont confirmé la justesse de
nos vues en ce qui concerne la théorie de la publicité.

VI

SUGGESTION

Ce chapitre est la clef du livre : il rend claire l'action de la
publicité.

EN PSYCHOLOGIE

Psychologie seulement. — Nous venons de voir que la théorie de la
publicité a pour base celle de la suggestion telle qu'elle est pratiquée
par l'École de Nancy. Nous allons montrer maintenant comment agit la
publicité suggestive. Pour faciliter cet exposé, nous allons être obligés
de faire un parallèle constant entre la publicité suggestive et la suggestion médicale, car le mode opératoire sera identique dans les deux cas.

Il ne faut pas, dans votre esprit, limiter la suggestion médicale à une
partie de la thérapeutique générale. Tous ceux qui ont fait de la suggestion médicale ont abandonné le côté professionnel et, s'ils ont employé
quelquefois la suggestion pour des cures de souffrances d'ordre physiologique, c'est surtout à la partie psychologique de l'homme qu'ils ont
cherché à redonner de la force. Ce sont en réalité des psychiâtres.

Il était utile d'ouvrir cette parenthèse pour que le sujet ne soit pas
écrasé par le cadre trop étroit que le mot « médical » semble imposer.

Les premiers actes suggérés. — Nous pouvons répéter que l'homme,
dès son enfance, ne vit que dans une série de suggestions continues.

Lorsque la mère apprend à l'enfant ses premiers actes, lorsqu'elle lui
enseigne à marcher par exemple, le bébé n'a encore aucune notion de ce
que peut être la marche. Pour la lui faire réaliser, on lui en suggère les
mouvements en déplaçant le centre de gravité et en faisant porter alternativement une jambe et l'autre en avant, de manière à rétablir l'équilibre et à rappeler l'instinct atavique de la marche.

La marche nous est donc suggérée. Il en est ainsi lorsque le bébé prononce les premières syllabes, « pa-pa ». Il n'invente rien, il ne crée pas
un son, il modifie, sur une suggestion vocale transmise auditivement, les
sons que sa gorge peut émettre. Puis, lorsque le son est créé, l'enfant

l'appliquerait à tous les gens ou choses qu'il voit, si la mère n'était là pour lui suggérer, visuellement, par le geste que « pa-pa », c'est celui qu'elle lui montre.

L'enseignement est une suggestion. — Tout ce que nous avons appris : histoire, géographie, grammaire, n'est que suggestion.

En effet, nous admettons comme vrais des faits passés ou des choses qui sont en dehors de nos moyens de contrôle. Nous jurons que Henri IV a été assassiné en 1610, et cependant aucun de nos sens n'en a eu la preuve matérielle. Nous sommes certains que Pékin est en Chine, alors que nous n'en avons pas opéré la vérification. Tout ceci a été admis avec une somme de raisonnement, non seulement inférieure à la normale, mais nulle.

La plupart des choses que nous faisons ou savons ignorent le raisonnement.

Il ne faut donc pas s'étonner que les psychiâtres aient songé à utiliser la suggestion, tant comme modificateur de certains actes que comme mode éducatif et pédagogique.

Puisque l'homme ne réfléchit pas, il faut en profiter.

Isolement de l'individu. — Le procédé de l'École de Nancy consiste à prendre un sujet, à l'isoler tout d'abord de toutes les sollicitations extérieures qui pourraient le troubler et à lui soumettre telles propositions qui conviennent.

Cet isolement est indispensable : toute suggestion extérieure pouvant anéantir les suggestions que l'on se propose de faire.

La suggestion peut être poussée jusqu'au sommeil, mais ceci ne nous intéresse pas. Il suffit de savoir qu'avec ou sans hypnose elle produit des résultats et que la façon de procéder est identique.

Constatation anticipée du fait. — Il ne faut pas croire que les suggestions sont formulées comme des ordres. Tout au contraire, elles sont faites sous la forme de constatations anticipées de faits, formulées de manière à obtenir la réalisation de l'acte voulu. Nous appelons votre attention sur ce point : la constatation anticipée du fait sera pour vous, plus tard, la clef des rédactions utiles.

Lorsque le médecin dit à son sujet: « Vous êtes calme... vous avez tendance à vous reposer... vous vous reposez... », il prononce ces paroles pour que son sujet les entende et s'en pénètre. Celui-ci alors les admet comme vraies, sans aucune tendance à la réaction et les réalise à son insu.

Réflexe d'action ou de réaction. — Le cerveau, en effet, est construit de telle façon que ce qui n'est pas contrôlé par lui provoque un réflexe immédiat, soit de défense, soit d'action. Ces réflexes sont aussi bien de l'ordre psychologique que de l'ordre sensoriel.

Ainsi, lorsqu'une chose nous est présentée trop brutalement et qu'elle choque nos goûts, nous protestons vivement, tout comme nous retirons instinctivement notre doigt lorsqu'il a frôlé le feu par mégarde.

Il devient donc opportun d'éviter le réflexe de défense. Pour ceci, il faut ne pas provoquer la méfiance. Mieux encore, c'est la confiance qu'il faut obtenir. Ensuite les propositions seront faites avec gradation, de manière à ce qu'il y ait accoutumance. On évitera les transitions brusques qui laisseraient des lacunes. Ces lacunes engendreraient tôt ou tard la réflexion.

Si une suggestion était faite sous forme de proposition de l'acte définitif, il y aurait de suite tendance à la réaction de défense.

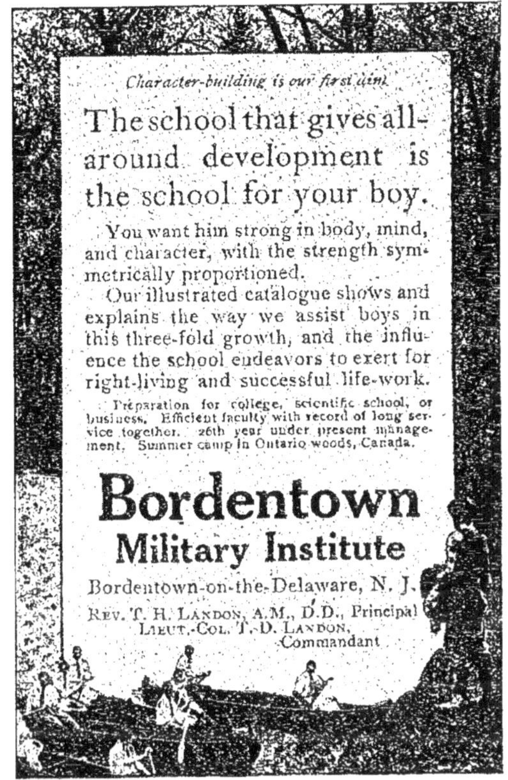

Fig. 16. — Grandeur naturelle.

Annonce américaine. Utilisation ingénieuse du cadre artistique. Ligne d'orientation défectueuse, le point de départ étant dans le bas de l'annonce.

La confiance. — On doit donc tendre à annihiler le réflexe de défense. C'est en raison de ce qui précède que les praticiens de l'École de Nancy ont toujours réclamé d'abord, de la part de leurs sujets, la confiance en eux. Rien ne tend, dans ce qu'ils font ou disent, à violer la conscience du sujet.

Dans ces conditions, le réflexe de défense est paralysé, et c'est celui de l'acte seulement qui entre en jeu. Sous la poussée suggestive, le sujet auquel on affirme la tendance au repos, se repose en fait.

Effet de la gradation. — Continuant, l'opérateur dit : « Vous avez une tendance à l'engourdissement... vos paupières s'alourdissent... vous vous sentez presque envahi par le sommeil... »

Ces nouvelles constatations de faits entraînent le réflexe de l'action et ceci d'autant mieux que les premières suggestions sont enregistrées par le cerveau et restent acquises. La gradation, du reste, est habilement employée.

A ce moment, le peu de force de raisonnement dont dispose le patient lui montrerait, s'il pouvait discuter, que sa volonté n'est plus en jeu. Les suggestions subséquentes : « Vous allez dormir... vous dormez... » ont toute facilité pour provoquer le résultat cherché, c'est-à-dire le sommeil.

Simplicité du procédé. — Vous pouvez voir que ce mode opératoire, se bornant à des constatations suggestives et anticipées de faits dont l'opérateur veut obtenir la réalisation, est loin des procédés charlatanesques, accompagnés de passes soi-disant magnétiques que l'on sert d'habitude en pâture à la crédulité publique.

Si la suggestion médicale cherche le sommeil pour étudier l'inconscient et le subconscient humains, il n'en est pas toujours ainsi. Dans certains cas, elle se borne à suggérer, sans sommeil, des idées modificatrices des tendances générales du sujet dans le but d'améliorer, soit son état cérébral, soit sa santé physique.

Affaiblissement du raisonnement. — Le médecin s'est servi de la constatation anticipée de faits entraînant le réflexe d'action. Son but est donc d'éviter que le cerveau du sujet puisse travailler, puisqu'il le met en présence d'un fait accompli contre lequel il ne doit rien pouvoir en principe, et contre lequel il ne peut rien en fait.

Toute proposition qui obligerait le cerveau à un effort, si minime soit-il, serait défectueuse. Il est évident que, si au lieu de la formule : « Vos paupières s'engourdissent », le médecin disait : « Est-ce que vos paupières s'engourdissent ? » il provoquerait ipso facto un raisonnement. Ce raisonnement entraînerait, pour le sujet, une étude de l'état dans lequel il se trouve. Il serait amené ainsi à constater que la tendance au sommeil annoncée n'est pas aussi profonde que l'opérateur veut bien le dire.

Du reste, chaque fois que le cerveau est amené à travailler, le sujet a une plus grande difficulté à recevoir la suggestion. Non seulement il faut que l'ambiance soit calme et adéquate aux besoins de la suggestion, mais il faut également éviter au cerveau tout travail qui engendre le raisonnement.

La suggestion médicale opère, comme nous le voyons, surtout par voie vocale. Dans certains cas, le psychiâtre utilise la parole écrite et vient à bout de certains vices du sujet en lui faisant lire des ouvrages spéciaux.

Parfois même une suggestion orale à longue portée est entretenue par des suggestions épistolaires.

Telle est, au point de vue médical, psychologique et pédagogique, la façon d'opérer la suggestion.

EN PUBLICITÉ

Mêmes procédés. -- La publicité suggestive s'inspirera exactement de ce que nous venons de voir. Nous pouvons même dire, dès maintenant, que le rôle de la publicité suggestive sera justement de prendre toutes les précautions pour éviter que le cerveau travaille. Elle lui amènera des raisonnements tout faits à l'aide de constatations anticipées de faits formant suggestion.

Tout ce qui sera en dehors des règles suggestives infériorisera l'effet de la publicité. Nous le verrons plus tard.

Parmi les règles dont on doit se souvenir se trouvent notamment celle de l'isolement de l'acheteur éventuel et celle de la gradation de l'effet suggestif.

L'isolement. — L'isolement paraît difficile à obtenir pour un observateur non prévenu. Cependant c'est un des résultats de la visibilité et de l'intensité que nous examinerons plus loin. En effet, en attirant l'attention du public d'une façon vive, l'action portant sur la masse n'est enregistrée que par chacune de ses unités : l'individu. Les sens de l'individu se ferment petit à petit aux sollicitations extérieures pour se concentrer sur le moyen qui devient, de ce fait, auto-isolateur.

Quant à la gradation, nous allons l'étudier plus loin.

Le but de la publicité envisagée comme nous le concevons ne comporte pas, comme beaucoup le croient, la soumission absolue à nos instincts, nos goûts, nos tempéraments. Elle n'est pas faite pour se plier aux exigences de ces instincts, mais au contraire comme nous l'avons vu pour les diriger et les utiliser.

Emploi de la constatation du fait. — Dans le mode opératoire médical sommaire que nous traçons ci-dessus, la constatation de fait anticipée, sous forme d'affirmation, a été le seul mode employé. Cependant, nous devons dire que l'affirmation en elle-même n'est pas toujours suffisante. Pour que la suggestion soit bonne, il faut utiliser d'autres facteurs renforçant son action .

La publicité suggestive emploie :

L'Affirmation ;

L'Intensité ;

La Répétition.

AFFIRMATION

Son utilisation. — Quand le médecin agit sur son sujet en faisant des constatations anticipées, comme celle de la tendance à l'occlusion des paupières, il affirme un fait. Quand il constate le sommeil avant que celui-ci soit une réalité, c'est encore par l'affirmative qu'il procède.

Lorsque nous voulons faire de la bonne publicité, c'est l'affirmation qui sera employée dans le même but. Son importance est telle que l'étude de son emploi doit être faite soigneusement. Il importe donc que vous en connaissiez le mécanisme à fond. Inutile de vouloir faire de la bonne publicité, si vous ne savez affirmer utilement.

Vous pourriez peut-être croire que l'affirmation doit provoquer une réaction et que le public a une tendance à douter instinctivement de ce que l'annonceur lui affirmera. Prenons des exemples, et vous verrez qu'il n'en est pas ainsi.

L'affirmation engendre la conviction. — Si quelqu'un devait douter de la valeur de l'affirmation, c'est évidemment le sujet entre les mains du médecin. Il sait d'avance que l'opérateur s'attaque à son libre arbitre.

Malgré qu'il fasse abandon de sa volonté et de sa résistance, il reste en lui une défense latente provenant de ce fait qu'il y a une partie inconsciente du cerveau qui laisse place au jeu de faibles réflexes de défense.

Cependant, malgré l'appréhension, malgré la crainte de l'inconnu, malgré les vagues réflexes de réaction qu'il éprouve, le sujet est vaincu par des affirmations purement gratuites, puisqu'elles ont trait à des phénomènes qui ne se réalisent qu'après.

Voici la force de l'affirmation, lorsqu'on la sent peser sur soi. Il est donc facile de comprendre ce qu'elle peut être lorsqu'elle n'est pas entachée de ce cachet d'origine.

La tacite bonne foi. — Puis, il faut constater que, malgré ce que la nature humaine peut avoir de mauvais, toute notre civilisation repose sur une tacite bonne foi. Le scepticisme n'est pas un mode de percevoir, c'est une façon de raisonner. Or, lorsque l'on nous parle, nous ne raisonnons pas : nous enregistrons seulement. Ceci est tellement vrai que seules, les choses manifestement, grossièrement fausses, provoquent la réaction et le doute. Encore, affirmées de certaine façon, trouvent-elles des cerveaux où elles passent pour des vérités.

Nous laissons à d'autres le soin de rechercher une théorie particulière de l'affirmation; nous ne pouvons que constater le fait : l'affirmation engendre la foi.

La réputation seconde l'affirmation. — La réputation de celui qui affirme est le principal facteur de la foi attachée à ses paroles. Certains farceurs renommés voient le sourire sur les lèvres de leur auditoire, alors même qu'ils disent la vérité. Par contre, nos amis sincères, dont nous connaissons la valeur de la parole, ne nous voient jamais rien révoquer en doute. Notre croyance en eux, cependant, a comme limite le domaine moral, physique, intellectuel, professionnel, dans lequel ils évoluent.

Tel avocat pourra dire une absurdité en matière de droit, et elle passera comme parole d'évangile. Par contre l'on aura tendance à vérifier le fait exact qu'il annonce touchant une nouveauté de l'automobilisme, faite pour révolutionner les conceptions courantes.

C'est ainsi que des savants peuvent se permettre des affirmations audacieuses, sans que rien n'étaie celles-ci, alors que leurs élèves auront de la peine à faire percer certaines vérités simples.

La presse augmente la notoriété. — Notons aussi que la faible tendance à la réaction est d'autant moins grande que celui qui la produit n'intervient qu'indirectement. Notre expérience personnelle, à cet égard, est typique. Nous avons vu maintes fois les lecteurs de certains de nos articles de psychologie commerciale applaudir des deux mains et nous féliciter. Ceux-là mêmes, huit jours après, hochaient de la tête en entendant les mêmes affirmations, exposées avec plus de précision dans des conférences.

Ceux qui se croient des intellectuels rient du paysan qui s'incline devant son journal ou l'almanach à deux sous, parce que « c'est imprimé ». Il n'y a pas que le rustre qui subisse cette loi de l'obéissance à l'affirmation indirecte. L'homme instruit n'y échappe que parce qu'il accumule des affirmations contraires qui le conduisent au doute. Encore ne le fait-il pas par esprit de méthode; c'est son besoin de « savoir plus » (traduisons cela par « admettre des affirmations ») qui, seul, le mène à ce résultat.

C'est même cette puissance suggestive de l'affirmation imprimée qui viendra augmenter la valeur de la publicité.

L'illustration authentifie l'affirmation. — L'affirmation est purement graphique parfois. C'est le cas de l'illustration qui vient nous imposer aussi la possibilité d'un fait. Ce genre d'affirmation par l'illustration a une puissance colossale, car non seulement il parle, mais il prouve en donnant une forme objective à l'affirmation. L'illustration d'origine photographique passe pour être probante. Vous voyez l'importance de l'illustration en publicité, puisqu'elle vient authentifier et démontrer ce que le texte seul, parfois, ne pourrait faire croire.

L'illustration montrant une jolie femme, buvant dans un salon la fleur de thé, au lieu du thé lui-même, est une preuve que la chose est possible.

L'impersonnalité. — Dans un autre ordre d'idées, lorsque l'on analyse l'affirmation en publicité, on est étonné de voir que les 'affiches, les annonces sont pour le public des choses anonymes, sans auteur. Il considère ces moyens comme des choses que le hasard place dans son champ visuel.

Ceci vient encore augmenter la valeur de l'affirmation. On ne songe pas à s'insurger contre une entité dont on ne suppose pas l'existence. L'on s'assimile l'affirmation avec une facilité d'autant plus grande.

L'affirmation doit être véridique et à la portée du public. — Nous avons dit plus haut que l'affirmation ne doit pas être outrageusement fausse. Bien que, dans certains cas, l'on puisse s'y risquer une fois avec succès, — quitte à perdre sa réputation, — l'affirmation soutenue, continue, répétée, ne porte en général qu'autant qu'elle s'appuie sur la véracité du fait affirmé.

La suggestion d'un fait matériellement impossible à réaliser provoque une réaction par suite de l'impossibilité de l'acte. L'affirmation en publicité devra donc ne chercher à engendrer que des actes possibles. La réaction peut être provoquée par des choses invraisemblables ; certaines choses vraies, mais n'étant pas du domaine de ceux à qui on les soumet peuvent provoquer des réactions identiques. Le public considère comme invraisemblable ce qui n'est pas dans le rayon de sa compréhension.

C'est ainsi que, même en affirmant à certains paysans des landes bretonnes ne doutant pas de votre parole, que l'on télégraphie sans fil, vous ne provoquez que la stupéfaction sceptique.

La gradation augmente le champ d'action de l'affirmation. — Donc, n'affirmez que des faits du domaine du public à qui vous vous adressez de manière à ce qu'ils soient immédiatement enregistrables et assimilables. Souvent, pour vendre des produits nouveaux, il vous faudra étendre ce domaine. C'est alors que la gradation de l'affirmation vous viendra en aide.

Le psychiâtre ne pourrait jamais suggérer s'il allait de but en blanc vers le résultat cherché. Ce serait vainement qu'il dirait au patient : « Vous dormez », s'il n'a pas préparé la réception de cette affirmation par des affirmations antérieures qui se sont renforcées mutuellement.

En publicité, n'affirmez jamais brutalement ; ce serait vain et pourrait vous nuire. Graduez toujours.

L'affirmation du besoin. — L'affirmation ne portera pas seulement sur la valeur du produit, sur ses qualités essentielles, elle portera surtout sur le besoin qu'elle éveille, qu'elle suggère. Il faudra souvent faire passer au premier plan le besoin de la chose, avant de parler de celle-ci.

C'est ainsi que les réclames pharmaceutiques, plus particulièrement, savent utiliser les réceptivités dont nous nous occuperons plus loin pour affirmer le besoin que vous avez de leurs produits. L'hiver, on vous démontre que vous êtes enrhumé. Au printemps, on vous affirme que votre sang se vicie. En toutes saisons, l'apothicaire affirme que le malade est faible, pour lui écouler sa drogue. C'est encore un point important à noter et à utiliser ultérieurement dans la rédaction.

Ce qui est vrai des médicaments est juste pour les produits alimentaires. Un nouveau macaroni, avant de s'affirmer supérieur aux autres,

SHIRLEY PRESIDENT SUSPENDERS

This is the famous sliding cord that makes you forget you have suspenders on - exclusive features of Shirley President Suspenders.

Three weights two lengths. Every pair guaranteed. At dealers or direct 50c.

Nothing ever happened tomorrow - buy your pair today.

The C.A. Edgarton Mfg Co.

702 Main St., SHIRLEY, MASS.

Fig. 17. — Grandeur naturelle.
Suggestion illustrée directe par la chose. Action et résultats illustrés insuffisants. Le texte remédie partiellement à ce défaut. Aucune suggestion indirecte. Phrase impérative « Rien ne se passe demain. Achetez vos bretelles aujourd'hui ». Ligne d'orientation indécise.

devra engendrer le besoin de manger du macaroni, par des affirmations
« ad hoc » :

« Le macaroni entourant une pièce de viande lui donne un aspect
savoureux, surtout lorsqu'il est associé avec une exquise sauce tomate. »

Une fois cette affirmation faite, le moment est venu de parler de
« votre » macaroni, surtout si une illustration adéquate a su présenter le
plat séducteur, sur une table à laquelle on désire s'asseoir.

Ce qui est juste pour le macaroni est encore plus évident pour des
machines.

Si vous êtes industriel, ne commencez pas par prôner les prouesses de
votre invention. Affirmez que l'on en a besoin.

Supériorité du raisonnement tout fait. — Si nous ne cherchons pas
à expliquer le mécanisme purement psychologique de l'affirmation,
avant d'étudier les moyens qui viendront renforcer et maintenir son
action, nous sommes obligés de constater ses résultats.

Aussi, laissant la solution du problème de l'action affirmative à d'autres,
nous voyons qu'à son terme final elle a mis un raisonnement tout fait
au cerveau de celui qui l'accepte.

Si vous admettez que le chocolat Gerespi est certainement le meilleur,
sans le discuter, vous évitez ainsi toute la série de recherches méthodiques que vous auriez dû faire autrement pour arriver à cette constatation. Ceci nous permet de dire que l'affirmation opère par suite de la
paresse cérébrale de l'individu. Le raisonnement tout fait, inscrit dans
un cerveau par la publicité affirmative, offre un avantage sur le raisonnement déductif par la méthode, c'est que rien n'est venu en amoindrir
la certitude. Voilà pourquoi nous croyons avec plus de fermeté à la mort
de Louis XVI, que nous n'avons jamais vérifiée, qu'à la certitude de
certains calculs mathématiques faits par nous. Avant de prononcer le
résultat d'une multiplication, l'enfant et nous aussi en faisons la preuve
par neuf, alors que nous croyons à la véracité des faits contenus dans
un journal !...

L'affirmation est dynamique. Du moment qu'elle est en nous, fatalement, l'acte qu'elle vise en découle. Lorsque le réflexe de réaction
et de défense est enrayé, est supprimé, c'est celui de l'acte qui se produit.

L'INTENSITÉ

L'intensité accentue l'affirmation. — Il faut affirmer, mais cela n'est
pas suffisant. Le cerveau enregistre volontiers les propositions qui l'ef-

fleurent; ses réflexes sont en général immédiats, soit en défense, soit en action ; mais il n'est pas tel qu'il enregistre indifféremment tout ce qui vient à lui.

Si, dans la suggestion médicale, l'opérateur peut « chambrer » son patient et l'isoler des suggestions extérieures, il n'en est pas de même de l'acheteur dont les sens sont ouverts à tout ce qui s'y précipite. Les annonceurs ne se font pas faute de les solliciter.

Même un médecin qui voudrait suggérer par des affirmations pâles, dénuées de verve, s'exposerait à endormir son sujet, mais d'un sommeil auquel l'hypnose n'aurait rien à voir : le sommeil de l'ennui et de l'indifférence. En outre, nous l'avons dit plus haut, même dans les conditions plus particulièrement favorables dans lesquelles opère le psychiâtre, il y a une partie de l'être humain qui se survit. Cette survivance se retrouve même dans l'abnégation de la volonté ; le cerveau travaille toujours et discute les propositions qu'on lui soumet.

C'est ainsi que l'ambiance dans laquelle se trouve le sujet, la salle, influent sur lui. Nous verrons au chapitre de la réceptivité comment l'ambiance agit sur l'individu.

La conscience latente. — Le Dr Edgard Bérillon a même montré que cette conscience latente, bien que diminuée et affaiblie, est cause que l'on ne peut violer complètement le libre arbitre de l'individu, à moins que celui-ci n'ait donné son consentement, si peu que ce soit. C'est cette vague survivance de la conscience qui nous assure la presque intégralité de notre réflexe de défense devant des suggestions en discordance avec nos goûts ou nos mœurs. Nous devons dire cependant que l'affirmation graduée habilement devient, à longue échéance, éducative et remplace parfois le consentement tacite et volitionnel.

Pour que l'affirmation soit bonne, pour qu'elle vienne à bout des sollicitations extérieures, il faut donc qu'elle soit intense, en publicité surtout, en raison de la nécessité d'anéantir l'affirmation des autres par l'effet de la sienne.

L'intensité par la notoriété. — Dans la suggestion vocale du psychiâtre, l'intensité réside surtout dans le ton de la voix, dans la conviction qu'y met l'opérateur et souvent dans la valeur même de ce dernier. Nous savons que l'affirmation est intensifiée du fait qu'elle émane d'une autorité. Voilà pourquoi les suggestions d'un médecin renommé agiront plus que les mêmes, émanant d'un simple individu que rien ne distingue du commun des mortels.

Il semblerait alors que le psychiâtre soit inimitable dans l'intensité qui résulte de sa capacité professionnelle.

Malgré l'anonymat qui semble le couvrir, l'annonceur peut sembler faire un plaidoyer pro domo. C'est exact, mais, dans maintes occasions, il peut faire signer certains articles de noms de savants, s'appuyer sur le témoignage de personnages importants. Son affirmation prend, de ce chef, toute la valeur spéciale qui doit l'intensifier. Ceux qui usent et abusent de la chronique documentaire ont eu l'intuition de cette augmentation de la force de la publicité par la valeur de l'individu dont émane l'affirmation.

L'intensité par la phrase. — Les affirmations de l'annonceur ont plus de difficulté à opérer que celles du médecin, parce qu'elles s'entrecroisent avec d'autres affirmations.

Au point de vue des divers moyens de pratiquer l'intensité, l'affirmation de l'annonceur se trouve plus riche que celle du médecin.

Si nous prenons d'abord les moyens communs au psychiâtre et à l'annonceur, nous verrons que la poussée suggestive de l'affirmation peut s'intensifier par le style qui est au texte ce que l'intonation est à la parole. Ce que la voix souligne et accentue, des vedettes le mettront en valeur.

Il est facile de comprendre qu'au point de vue rédactionnel une phrase comme la suivante : « Le chocolat Good Taste est le meilleur », ne vaudrait certainement pas celle-ci : « Cinquante années de succès ont prouvé la supériorité du chocolat Good Taste ». L'intensité serait augmentée par cette sentence : « La vérité réside dans les faits : or il est notoire que 500.000 Parisiens déjeunent tous les matins avec du chocolat Good Taste. »

Le rédacteur de la publicité devra donc veiller à créer, chaque fois qu'il le pourra, l'intensité par un style vif, alerte, et surtout par le terme juste. Peu de mots, mais des mots qui portent.

La masse. — En dehors de ces moyens analogues aux autres, la publicité peut utiliser la « masse », c'est-à-dire la surface ou le volume, créant la visibilité ou l'attraction. Le pouvoir intensifiant de la masse est insurpassable. Dans nos études du début, nous avons vu que c'est à elle qu'ont eu recours, instinctivement, les pionniers de la publicité.

Une annonce grande comme un timbre-poste contenant la même proposition affirmative qu'une annonce s'étalant sur une demi-page d'un quotidien, n'aura certes pas la même valeur suggestive.

Inscrivez sur un mur, en une rédaction parfaite, des lettres de un centimètre de haut célébrant les mérites de vos produits, le tout restera lettre morte. Il faut, dans ce cas, remplacer les pattes de mouches d'un placard insignifiant par la masse d'une affiche qui se voie, qui domine, qui s'impose. Le but de la masse à laquelle il faut avoir recours, c'est d'en imposer au public et de lui dire : « Je suis puissant ». C'est elle qui vous créera cette notoriété, renforçant toutes vos affirmations. Certaines maisons n'ont dû leur réussite qu'à la masse de leur publicité.

Prenez les catalogues copieux de certaines maisons, de la manufacture d'armes de Saint-Etienne par exemple, leur masse intensifie les propositions suggestives, tandis que les feuilles volantes de certains armuriers, faisant aussi bien, n'ont aucune valeur.

L'acuité. — A côté de la masse, il faut faire une grande place à l'acuité. La masse écrase, l'acuité pénètre. Dans l'affiche, ce sera la violence et le heurté du coloris. Il ne suffit pas à un placard d'être grand, s'il est terne et neutre. Il faut qu'il ait en lui quelque chose qui frappe les sens et augmente l'enregistrement cérébral.

L'acuité dans l'annonce comme dans l'affiche sera créée par l'originalité, par le dessin nouveau, par le procédé imprévu, par une visibilité ayant d'autres facteurs que celui de la masse pure. Dans la brochure, l'acuité sera son style et sa présentation. En un mot, c'est ce qui, sous un même volume et un même poids, la rendra plus opérante qu'une autre.

L'annonceur devra choisir ceux des modes d'intensifier qui n'entraînent pas à des dépenses exagérées.

Il est évident que la masse a l'inconvénient d'être coûteuse. Sa valeur n'a comme facteur que l'importance des sommes qu'on lui affecte.

Il n'en est pas ainsi de l'acuité, mais il est vrai que si elle exige moins d'argent, elle demande un effort personnel autrement plus considérable.

Intensité fautive. — Toutefois il nous faut mettre en garde le concepteur de publicité contre une faute courante consistant à faire porter l'intensité non sur le sujet lui-même, mais à côté. De cette façon, au lieu de renforcer son affirmation, l'annonceur ne fera que la détruire. Lorsque dans une affiche on emploiera simultanément l'objet annoncé et un personnage humain, il faut intensifier l'objet d'abord. La tendance de l'artiste malheureusement est de soigner la jolie femme qui illustre l'affiche et de considérer comme quantité négligeable la chose sans laquelle la publicité n'aurait aucune raison d'être.

Il faut intensifier seulement l'affirmation suggestive et concentrer l'intensité en la convergeant vers le produit à vendre.

Nous avons présent à la mémoire un procédé de publicité lumineuse très intéressant. Ce procédé consiste en un dispositif par lequel il semble qu'une main invisible inscrit en lettres de feu des annonces sur un pan-

neau, les annonces disparaissant comme si une gomme se chargeait
de les effacer. Des annonces différentes se suivent sans discontinuité.
Là, toute l'intensité réside dans l'ingéniosité du procédé. Le public
cherche à deviner le mécanisme; quant aux annonces, il ne les lit
même pas.

L'ingéniosité et l'originalité seront de ce fait difficiles à manier, car
elles peuvent, si elles ne sont pas directement suggestives, appeler l'attention sur autre chose que le produit. Ce que l'on croit « intensité »
n'est qu'une façon d'inférioriser le travail de suggestion pure.

L'obsession. — Il nous faut aussi vous mettre en garde contre une
tendance fréquente. Nous demandons l'intensité par la masse, mais nous
blâmons, nous rejetons l'obsession comme une faute grave.

A ce sujet, il est permis de se demander comment des gens s'occupant de publicité ont essayé d'employer le mot « obsession » pour qualifier l'action même de la publicité. Il faut n'avoir ni le sens de la publicité, ni même celui des mots pour dire que la publicité peut agir par
obsession.

L'obsession est une intensité suraiguë, mais qui, au lieu d'enfoncer en
nous l'affirmation, provoque, par suite de son intransigeance qui nous
choque, une réaction. Que ce soit au point de vue coloris, au point de
vue masse ou au point de vue style, il y aura lieu de toujours s'en
méfier.

LA RÉPÉTITION

Le maintien de l'action. — Il manque encore quelque chose à l'affirmation pour qu'elle ait son plein effet. Jusqu'ici nous avons assuré en
premier lieu son existence, puis nous avons fait le nécessaire pour lui
donner la prédominance sur les autres affirmations environnantes. Il
nous faut maintenant prolonger son action, maintenir sa durée.

Pour ceux qui sont peu habitués aux choses de la psychologie, il peut
sembler suffisant que le cerveau ait enregistré quelque chose pour que
le tout y soit suffisamment fixé.

Auto-rééducation du cerveau. — Nous avons appris notre grammaire
quand nous étions jeunes et nous savons encore ses règles, bien que nous
n'ayons pas repassé nos leçons depuis pas mal de lustres. Donc, en suivant ce raisonnement, le travail de la publicité serait limité à une affirmation intense que l'on renouvellerait de temps en temps pour les nouvelles générations seulement.

Il ne peut en être ainsi, car c'est une erreur de croire que l'on ne repasse pas ses leçons de grammaire tous les jours. Évidemment, vous ne sortez pas vos livres dont vos fils ont peut-être hérité pour y voir les enseignements qu'ils donnaient. Cependant depuis que vous êtes sorti de l'école, vous avez écrit tous les jours, utilisant sans vous en douter toutes les règles que vous aviez apprises. C'est ainsi qu'en associant ces règles au travail dont elles ne peuvent se séparer, vous les avez inconsciemment repassées.

Ceci est tellement exact que l'individu qui cesse très longtemps d'écrire et de mener une vie cérébrale est surpris de voir qu'il a presque tout oublié. C'est donc l'exercice de ce que nous avons appris, c'est-à-dire une auto-rééducation constante, qui fait que nous conservons au cerveau les documents enregistrés pour notre instruction. La mémoire ne vaut donc, dans ce cas, que parce qu'elle est excitée continuellement.

Erreur de la théorie de l'effort de la mémoire. — Il est nécessaire de connaître la nécessité de l'excitation constante du cerveau pour obtenir le jeu de la mémoire sans affaiblissement.

Nous devons d'autant plus appuyer sur ce point que nous regrettons que beaucoup de psychologues, et non des moindres, veuillent faire jouer à la mémoire un rôle important dans la publicité. Ils veulent, en effet, considérer le cerveau comme un instrument d'enregistrement auquel, s'ils ne réclament pas explicitement de faire un effort, ils le demandent tout au moins implicitement.

Leur théorie est la suivante : du moment que le cerveau enregistre, il lui faut donner des éléments pour qu'il puisse maintenir l'enregistrement plus longtemps.

Nous estimons qu'en matière de publicité, de publicité suggestive surtout, on ne doit demander, pas plus au cerveau qu'à l'individu lui-même, de faire un effort quelconque, même si cet effort est facilité.

Nous avons vu que l'affirmation consiste à mettre un raisonnement tout fait au cerveau. Nous enlevons ainsi à l'acheteur la fatigue de l'association d'idées dont d'aucuns veulent le surcharger. Nous ne pouvons donc lui permettre de faire un travail de mémoire qu'il n'a pas à produire.

Faible rétention cérébrale. — Il nous faut donc prouver, à l'aide de faits précis, que la mémoire n'est pas psychologiquement ce que l'on pense. Sa puissance de rétention est très précaire, et nous ne pouvons mieux faire que de citer les observations du professeur allemand Ebbinghouse, à cet égard.

Ce professeur a démontré que la mémoire a sa capacité maximum de rétention deux secondes après l'enregistrement de la proposition qui lui est soumise. Cette capacité de rétention décroît ensuite, plus pendant les vingt minutes qui suivent que pendant les trente jours subséquents.

Nous voyons de cette façon qu'il y a une période relativement courte pendant laquelle la mémoire fuit comme un vase sans fond. Nous trouvons là, la preuve intrinsèque de la fragilité de la mémoire; l'annonceur ne devra pas compter sur elle. Il doit d'autant moins s'y fier que c'est immédiatement après l'enregistrement que la puissance de rétention est moindre. Pendant ce temps les sollicitations extérieures ne diminuent ni en intensité, ni en nombre, et contre-balancent l'effet de la chose faiblement enregistrée. Elles l'annihilent.

Le jeu de la mémoire affaibli par les sollicitations extérieures. — Nous devons constater, en effet, que c'est au moment où la mémoire retient le moins qu'elle est davantage sollicitée par d'autres que par nous.

A moins que l'affiche vue ne puisse être la dernière affiche du dernier mur que nous croisons dans une journée, à moins que l'annonce ne soit la dernière du dernier journal que nous lisons, les autres viennent apporter leurs affirmations suggestives au moment où les premières lues ne peuvent que difficilement être retenues.

Encore, dans cette spéculation, ne tenons-nous pas compte de choses qui, dans l'existence, viennent agir sur nous d'une façon autrement pressante que les annonces et les affiches. Ces dernières ne font que nous effleurer, alors que le reste nous touche au plus vif de nos intérêts.

Les sollicitations extérieures provenant de la publicité de toutes les annonces et les sollicitations de notre vie quotidienne propre sont telles, que c'est à peine une impression inconsciente qui s'inscrit dans notre cerveau du fait de la publicité.

Pour terminer, rappelons que le cerveau enregistre et que la mémoire rend, mais qu'il suffit aussi d'un choc cérébral violent pour que la mémoire laisse fuir tout ce que notre cerveau a enregistré de faits au cours de notre existence. Que peut faire alors notre mémoire?

Suppression de tout effort cérébral. — Dans ces conditions, il nous semble vain de lui demander un travail qu'elle ne peut ni ne doit faire. Du reste, ceux qui sont partisans de son action seraient bien embarrassés pour justifier la répétition quotidienne des annonces ou la permanence absolue des affiches sur les murs.

Donc, au lieu d'obliger la mémoire au travail, au lieu de l'exciter pour qu'elle rende ce qu'elle n'a pu enregistrer, il faut supprimer tout effort au cerveau. Pour cela, il n'y a qu'à renouveler continuellement les affirmations suggestives dans toute leur intensité, ce qui nous fait dire qu'il ne peut y avoir publicité effective s'il n'y a répétition.

Conservation du raisonnement tout fait. — Il est d'autant plus utile de procéder par la répétition constante que si on laissait à la mémoire le soin de coopérer, si peu que ce soit, à l'entretien de l'action de la publicité, celle-ci ayant pour base le raisonnement tout fait mis au cerveau, ce raisonnement s'évanouirait vite et l'action s'en ressentirait évidemment. Or nous voulons et nous devons faire acheter avant tout.

Le propre de la répétition c'est que, maintenant la constance de la suggestion, elle maintient la constance de l'acte d'achat, sans aucune atrophie de celui-ci.

Le seul moyen d'enrayer l'oubli, le seul moyen de ne pas avoir à l'envisager comme chose possible, c'est d'être continuellement présent auprès de l'acheteur, de toutes les façons. Il n'est pas nécessaire que ce soit par tous les moyens simultanément, mais ce qui est obligatoire, c'est que vous ne perdiez jamais le contact.

Enregistrement inconscient. — La nécessité de la répétition doit être également trouvée dans ce fait, que la mémoire a deux façons d'enregistrer : l'une consciente qui est celle d'un homme qui étudie une chose, l'examine avec intérêt, dans un but déterminé, c'est-à-dire lorsque sa volonté agit; l'autre, que l'on retrouve en matière de publicité, est un enregistrement inconscient, par conséquent beaucoup plus fugace et soumis aux lois exposées par le professeur Ebbinghouse.

Nécessité de la répétition. — Si nous nous reportons, du reste, à la suggestion médicale, nous voyons que le psychiâtre répète ses injonctions affirmatives. Non seulement il emploie l'intensité, mais il répète. Seule, la répétition maintient l'action de l'affirmation et évite l'effort et l'oblivition. Le médecin qui cherche à guérir un malade d'un vice quelconque ne se contentera pas d'une séance de suggestion. Il sait que les actes post-suggestifs s'affaiblissent et il renouvelle les séances jusqu'à ce que le résultat cherché soit obtenu. Il répétera ses ordres, même après l'obtention du résultat, pour assurer la continuité et la certitude de l'effet. Tout ce qui dépend de l'être humain, même les résolutions des cerveaux les plus affermis, s'use devant les circonstances opposantes et aussi devant ce destructeur d'énergies, qui s'appelle le temps.

Au point de vue commercial, la répétition est au moins aussi utile, sinon indispensable et obligatoire, en raison de la quantité d'annonces se disputant l'attention d'un même individu. Le psychiâtre opère seul dans son cabinet, alors que cent, mille annonceurs se disputent le même sujet, le même acheteur.

Ceux qui ont cru que l'on pouvait parfois cesser la publicité ont oublié ce principe. Ils ont pu constater à leurs dépens qu'il était indispensable d'arriver à une répétition fréquente et continuelle.

*
* *

Ceci envisagé, il est facile de comprendre l'action puissante de la publicité qui capte le cerveau de l'homme et ne l'abandonne pas un instant, y entassant suggestion sur suggestion, décidant du premier achat d'abord, et assurant ensuite le renouvellement de celui-ci.

*
* *

Nous allons voir que la suggestion peut s'opérer de différentes façons.

VII

SUGGESTION DIRECTE

Ici on trouve les éléments essentiels de la suggestion
commerciale.

LES DEUX SUGGESTIONS

Richesse des modes suggestifs de publicité. — Dans les grandes lignes de leur mode opératoire, les suggestions médicale et publicitaire marchent avec un parallélisme absolu. Par contre, dans l'application des principes, la publicité se sépare de la suggestion médicale, pour prendre une envolée plus large en raison de la multitude des moyens dont elle dispose pour atteindre son but.

La suggestion psychique pure a, comme moyen d'action, la parole seule : le médecin, en effet, dans la suggestion vocale réelle (car nous écartons l'hypnose obtenue par la fatigue de l'œil ou de l'ouïe) ne dispose que de constatations vocales anticipées.

Quelquefois, lorsque la suggestion vocale a été employée, le psychiâtre peut prolonger l'effet post-suggestif à l'aide de la parole écrite. Ces cas sont très rares et ne sont pas sortis, pour ainsi dire, du domaine du laboratoire.

Par contre, la publicité dispose d'une infinité de moyens que nous allons étudier, et leur gamme, si riche, permet à l'annonceur connaissant la théorie de l'affirmation intense et répétée d'obtenir des résultats incroyables. De plus, manier ainsi sa propre pensée pour qu'elle aille ensuite modeler les cerveaux humains est un plaisir. Les affaires, dans ces conditions, deviennent plus intéressantes qu'on ne le croit généralement.

Suggestion directe et suggestion indirecte. — Il faut distinguer dans la publicité suggestive deux modes d'action. Le premier mode est direct, c'est-à-dire qu'il opère par la simple présentation de la chose : il s'adresse aux sens par une sollicitation immédiate de ceux-ci ; c'est elle surtout qui crée le besoin et le désir.

Le second mode, dont l'action différente se superpose à celle de la suggestion directe, est la suggestion indirecte. Alors que la première s'adresse aux sens et aux besoins bruts dégagés de toute contingence, la seconde vise beaucoup plus l'être moral que le besoin matériel.

Nous allons d'abord voir le mécanisme de la suggestion directe.

LA CHOSE

Suggestion objective. — Pour solliciter les sens et amener le désir, le moyen le plus efficace, le plus suggestif, est la chose elle-même.

Fig. 18. — Hauteur de l'original : 7 centimètres et demi.

Annonce illustrée agréable. Au lieu de la suggestion illustrée directe par la chose, inhibition par l'emploi d'une illustration sans aucun rapport avec le sujet. Absence de suggestion indirecte illustrée par le milieu. Le texte seul donne une très faible idée des produits vendus.

Par chose, nous entendons aussi bien un produit, une machine, qu'un objet. Nous visons toute la suggestion objective. La chose possède l'avantage de ne pas se déformer, de ne pas altérer sa valeur, de ne pas s'amoindrir et de se présenter avec son maximum d'action. Bien que cette action puisse être renforcée par l'utilisation d'une réceptivité adéquate, par des procédés complémentaires, elle opérera toujours la sollicitation du besoin brut, alors même qu'elle sera employée isolément.

Une coupe de champagne éveille le désir de boire ; un plat bien préparé s'attaque à notre instinct de nourriture et de gourmandise.

Réveil du réflexe de désir. — Il suffit que, dans le cadre où nous nous mouvons, une chose qui agit d'habitude sur nos sens tombe sous nos yeux pour qu'elle rappelle les sensations précédentes qu'elle a provoquées. Lorsque ces sensations sont agréables, elles entraînent le désir d'accomplir l'acte.

En excitant chaque sens, la suggestion directe excite le réflexe du désir. Les exemples ci-dessus sont illustrés par l'expression populaire : « avoir l'eau à la bouche », employée lorsque l'on voit de beaux fruits.

Cette expression montre le résultat d'une suggestion directe. Le fruit a sollicité le sens du goût ; le réflexe du désir de la chose que l'on aime se manifeste aussitôt, au point de provoquer la première phase de l'acte de déglutition, tout comme si les fruits avaient déjà été en contact avec le palais.

Fig. 19. — Hauteur de l'original : 7 centimètres et demi.

Suggestion illustrée directe par la chose, présentée dans son paquetage. Ni action, ni résultat. Essai de suggestion indirecte par des enfants aux physionomies agréables et sympathiques. Annonce légèrement préférable à la précédente.

Rappel de la sensation agréable. — Ceci nous amène à vous faire observer que, parfois, l'on est obligé de suggérer par une chose dont les résultats sont utiles, mais dont la dégustation ou l'usage est désagréable. Certaines drogues sont dans ce cas, et la suggestion par la chose, rappelant des sensations désagréables, serait mauvaise si elle était faite sans soin. Il faudra d'abord exciter la sensation agréable qu'est la guérison, avant de solliciter par la chose elle-même.

Ne perdez pas de vue ce principe essentiel. Vous suggérez dans ce cas la nécessité d'être bien portant et non l'obligation de prendre une

Fig. 20. — Hauteur de l'original : 7 centimètres et demi.

Moins artistique que les deux autres annonces Suchard, celle-ci est plus effective et plus efficace. Suggestion illustrée directe par la chose telle qu'on l'emploie. Partie de l'action seulement. Il manque, encore, le résultat et la suggestion indirecte par le milieu.

drogue. Du reste, la plupart des préparateurs ont, chaque fois qu'ils ont pu, simplifié la tâche, en masquant l'impression désagréable que peut produire le remède qu'ils vantent.

Assimilation à une sensation antérieure. — Tout annonceur doit savoir quel est le point qu'il vise et ne pas se tromper, mais il faut aussi qu'il sache se tirer d'embarras lorsqu'il introduira un objet nouveau sur le marché.

Cet objet peut ne pas réveiller d'impressions ou de sensations anciennes ; il faudra agir alors en assimilant à l'objet des sensations antérieures agréables. Cette observation aura surtout de l'intérêt, lorsque au lieu de la chose qui peut être examinée et essayée en soi l'on sera obligé d'utiliser sa représentation.

La chose par l'échantillon. — Voici l'effet de la chose, envisagé d'une façon générale ; en matière de publicité, elle aura la même action suggestive, directe et immédiate. L'idéal sera donc de pouvoir la présenter aussi souvent que cela sera possible.

L'échantillon se trouve ainsi être à la base de la publicité. Son action serait celle que nous venons de voir et que nous étudierons en détail dans un chapitre spécial.

La présentation de la chose. — Cependant nous pouvons dire, dès maintenant, que le principe de la suggestion par la chose n'est pas intimement lié à la distribution de l'échantillon, ce qui, dans l'opinion courante, représente l'abandon de l'objet, dont le public peut faire usage.

Pour vous suggérer à l'aide de la chose, le joaillier vous soumettra joyaux et pierres, d'autres négociants remettent en dépôt des objets de valeur.

La suggestion par la chose est employée par le voyageur, avec ses caisses de modèles. La suggestion par la chose non échantillonnée est pratiquée à l'aide de modèles réduits et surtout par l'étalage, ce moyen merveilleux à la disposition des petits commerçants. Ceci explique pourquoi les vitrines bien faites attirent le public et font la fortune de ceux qui utilisent ainsi la publicité objective.

Réalisation partielle de l'acte. — La chose agit avec d'autant plus d'effet que, comme dans le cas de produits alimentaires, elle permet de réaliser l'acte en essai, ce qui est un commencement d'habitude à l'usage. Elle agit ainsi sur le sens gustatif d'une façon précise, tangible.

Représentation de la chose. — Mais l'échantillon ne peut être employé par tous ni dans tous les cas. Certains produits ne se prêtent pas à la dégustation, d'autres ne peuvent se donner en masses suffisamment petites pour que l'effort ne soit pas trop coûteux ; il en est, enfin, qui ne peuvent se diviser matériellement.

Il faut donc arriver à trouver une façon de réaliser à peu près cette suggestion objective et documentaire, sans laquelle rien n'est possible en publicité. Nous ne saurions trop insister à cet égard : il n'est pas de publicité qui vaille, si elle ne contient la chose. Originalité, finesse de style, présentation luxueuse ne seront rien si l'on oublie d'allumer la lanterne.

Vous allez nous faire remarquer sans doute que la généralité des moyens de publicité présente, à première vue, une nature totalement incompatible avec celle de l'échantillon. L'annonce, l'affiche, la brochure ne peuvent distribuer des flacons d'odeur ou des tablettes de chocolat. Il faut donc chercher autre chose et passer de la présentation de l'objet à sa représentation. Il y aura une perte de l'effectivité suggestive. Il sera facile d'y remédier par la répétition à laquelle l'échantillon ne peut que difficilement avoir recours.

L'annonceur possède alors deux ressources : représenter la chose soit par l'illustration, soit par la parole écrite. Presque toujours il utilisera les deux modes qui se compléteront.

Représentation par l'illustration. — L'illustration est une représentation visuelle de l'objet qui se rapproche aussi près que possible de lui et en donne le mieux une idée. Ceci amène donc à illustrer aussi souvent que possible et à créer la suggestion objective par l'illustration. Bien que le dessin d'une bouteille de malaga ne suggère pas autant que deux doigts du même vin mis dans un verre en face de vous, l'œil aura tôt fait de transmettre l'impression au cerveau, impression d'autant plus forte que la facture du dessin sera plus véridique.

Représentation par la parole. — Il est des cas où l'annonceur ne peut illustrer, soit parce qu'il ne dispose pas de l'espace nécessaire, soit parce que l'objet ne comporte pas de représentation graphique. Alors, faute de mieux, la parole écrite sera employée. Il peut sembler que la parole ne puisse être considérée comme représentation et participant à la valeur de la chose. Pour beaucoup un mot ou un ensemble de mots ne peuvent déterminer la chose et, par suite, agir sur le cerveau.

Certes, il y a amoindrissement de l'effet, mais les mots « Chocolat Good Taste » nous représentent l'idée d'une chose connue, qui plaît à notre palais.

Si vous en doutez, prenez un enfant qui n'analyse pas les faits et ne voit que la brutalité de leur action. Puis écrivez sur une feuille de papier le mot « chocolat » tout seul. Il y a cent contre un à parier que l'enfant vous en demandera. Le mot a eu une poussée suggestive directe, parce qu'étant représentatif de la chose il participe à son action. La suggestion par la parole écrite est telle que l'enfant, sur le seul vu des syllabes « choco » finira d'écrire le mot et vous fera la même demande que si ce mot eût été écrit en entier. La puissance suggestive est si forte que la partie qui permet d'identifier le tout agit comme celui-ci.

Donc, la parole écrite suggère en soi, comme représentative de la chose, sans aucune formule verbale pour la mettre en valeur.

En provoquant la suggestion par la chose représentée à la fois par l'illustration et par la phrase, il est facile d'arriver à des résultats parfaits.

Jusqu'ici, notez-le bien, même au point de vue de la phrase, nous n'envisageons pas la poussée que donnera le verbe, mais l'action de la chose seule.

Nous verrons plus loin que la suggestion documentaire comprend la chose et tout ce qui l'entoure pour lui constituer une individualité.

L'intégralité de la chose. — Si la chose doit être la base de la suggestion, elle ne doit être amoindrie dans aucun de ses points et il ne faut pas prendre une partie pour le tout, le contenant comme équivalent au contenu, etc...

Fig. 21. — Hauteur de l'original : 15 centimètres.

Ceux qui, sous prétexte de symbolisme, réduisent à un bouchon de champagne (*fig.* 21) la représentation graphique du vin qu'ils vendent, se trompent en se figurant que cet accessoire suffit à plaider leur cause.

Du fait de leur façon d'agir ils diminuent toute la force suggestive de leur publicité. Le bouchon peut aussi bien indiquer une bouteille pleine qu'une bouteille vide. Il ne réveille que difficilement, en nous, le besoin, le désir, alors que la coupe pleine, en mouvement vers les lèvres, donnant l'acte, engendre avec force le besoin et nous incite à l'acte. L'acte et sa représentation sont suggestifs en leur nature.

LA CHOSE EN ACTION

Présentation du mouvement. — La suggestion par la chose elle-même peut et doit être augmentée en intensité. Tout objet doit être présenté en action. Par action, il faut entendre, soit le mouvement qui lui est propre, soit le mouvement qu'il faut faire pour son utilisation.

Les expositions qui nous montrent des machines au travail sont de beaucoup plus suggestives que les mêmes machines mises en montre dans un magasin, où elles ne se meuvent pas. Le mouvement donne, même à ce qui est métal, machines ou objets inertes, l'idée de la vie, l'idée d'action. C'est ainsi que le mouvement est un moyen d'intensifier la suggestion par la chose elle-même.

Représentation du mouvement. — Tel est le principe ; mais, comme pour l'échantillon, il n'est pas toujours possible de rendre le mouvement objectif et nous sommes obligés d'avoir recours à sa représentation.

Pour représenter le mouvement propre à la chose, comme dans le cas d'une machine, l'illustration ne pouvant réaliser la rotation des organes, les zigzags des bielles, il faudra avoir recours à un artifice. Celui-ci consistera à mettre à côté de la machine l'ouvrier qui la surveille. L'être humain, étant en lui-même synonyme de vie et d'action, apportera sa valeur suggestive propre. Puis, dans l'exemple en vue, il transférera une partie de sa vitalité à la machine, car l'ouvrier, en position de travail, implique la marche de la machine.

L'ouvrier sera présenté de manière à donner l'idée de l'action réelle ; il ne sera pas un comparse inutile.

L'enchaînement des faits. — L'action de la chose réside fréquemment dans l'enchaînement des faits qui découlent de son utilisation. L'exemple que nous prenons plus haut, pour la bouteille de malaga, en est une preuve. La suggestion par la chose est obtenue par l'illustration montrant la bouteille elle-même, avec son étiquette qui précise le contenu. La chose en action serait représentée par une main versant le liquide et une autre main portant un verre mi-plein jusqu'aux lèvres.

Par action, il ne faut pas entendre exclusivement un mouvement, mais la série de mouvements que la chose subit dans son utilisation et dont la représentation serait, en somme, un schéma cinématographique.

Naturellement, étant donné certaines lois que nous verrons plus loin, il n'y aurait pas intérêt à compliquer les représentations illustrées d'une chose. Il faudra donc, à chaque fois, trouver le mouvement synthétique qui représente l'action au moment de sa suggestion maximum.

La main qui verse le malaga suggère moins que celle qui le porte aux lèvres. Dans ces conditions, la suggestion par la chose, pour être complète, utilisera le mouvement le plus suggestif, mais au point de vue documentaire, la bouteille sur une table sera nécessaire.

En résumé, il faut donner la chose en action, mais avec la plus grande simplicité possible, et au point maximum de suggestion.

LA CHOSE ET SES RÉSULTATS

Le résultat acquis. — Les résultats auront une influence très grande pour provoquer la suggestion.

Les rédacteurs de certaines réclames pharmaceutiques, pour nous apitoyer, nous montrent un homme dont le visage est souffrant. Ils ne se doutent pas qu'à première vue, par suite de l'excitation de nos sens, l'impression enregistrée est celle de la souffrance. Or, l'effet est de provoquer le réflexe de défense qui, en l'espèce, consiste à fuir la souffrance. Le produit en subit les conséquences. Il faut même que la répétition de la publicité ait une puissance spéciale, pour être venue à bout des répugnances engendrées par certaines annonces. Au lieu de représenter le mal, il faut suggérer l'idée de guérison et de force.

C'est donc le résultat acquis plutôt que l'état à modifier que l'on doit envisager.

Le résultat suggère. — Le résultat est utile pour aider à la suggestion, dans la plupart des cas. Le personnage buvant le verre de malaga aura une figure indiquant sa satisfaction. Fréquemment, les résultats et l'action vont de pair. Par contre, le plus souvent, le résultat acquis a une importance considérable. Lorsqu'il s'agira d'une machine plus intéressante par les services qu'elle rend que par elle-même ou de cas identiques, le résultat sera indispensable.

Une machine dont la qualité principale est de débiter beaucoup, montrée en mouvement avec un ouvrier au travail et avec les résultats, c'est-à-dire la production entassée à côté d'elle, frappera beaucoup plus que si la même machine était seule et sans mouvement. Ceci est vrai, qu'il s'agisse de la machine travaillant dans une exposition ou représentée en illustration.

De ce qui précède il faut surtout retenir le principe et l'appliquer, chaque fois que l'on pourra. Il est évidemment des cas, où l'action ne peut être ni présentée, ni représentée, et d'autres cas où il est difficile, soit de présenter les résultats, soit d'établir le point où action et résultats cessent d'être suggestifs pour devenir inhibitoires.

Nous avons vu que les invraisemblances provoquent la réaction, comme contraires à l'affirmation, nous verrons que les exagérations, quelle que soit leur nature, sont des fautes.

Le résultat représenté par la phrase. — S'il vous est impossible de représenter à l'aide de l'illustration, il faut que vous sachiez manier une phrase pour que les mêmes lois y soient appliquées.

Si des phrases représentant une chose suggèrent, comme nous l'avons prouvé, vous pouvez donner l'action et le résultat par un texte frappant. Comme exemple, prenons le chocolat, avec la phrase suivante : « Vous vous levez le matin et votre premier soin est de prendre la tasse de chocolat qu'une main prévoyante a posée sur votre table. Vous le goûtez, vous le savourez, le trouvez délicieux et vous reconnaissez que, comme toujours, c'est du « Good Taste ». Voici une phrase qui suggère par la chose en action avec ses résultats.

Vous pourrez procéder de même pour tout, en reconstituant les phases de l'action. Lorsque vous saurez combiner texte et illustration, l'effet alors sera puissant et presque équivalent à celui de la chose en soi, dégustée.

*
* *

En résumé, avant de songer à la façon dont sera faite votre publicité, posez-vous toujours ces questions : Puis-je représenter la chose elle-même ? Puis-je la représenter en action ? Puis-je la montrer avec ses résultats ? Il est cependant des cas très rares où la chose seule et la chose en action et les résultats peuvent être désagréables. Il y a lieu alors de s'en tenir soit à l'action seule, soit aux résultats ou bien de recourir à la présentation originale que nous étudions plus loin.

VIII

SUGGESTION INDIRECTE

Ce chapitre contient des éléments de suggestion qui ne sont pas indispensables mais qui valorisent grandement la publicité.

La personne morale. — En dehors de la suggestion directe qui s'adresse plus particulièrement à la matérialité du besoin, on aura recours à la suggestion indirecte qui, comme nous l'avons dit, s'adresse à la personne morale. Au lieu d'agir sur les sens, elle touche les divers sentiments, instincts, convictions sociales, qui gravitent autour du besoin lui-même.

Association d'idées et association de faits. — Il faut se garder de confondre la suggestion indirecte avec l'association d'idées, dont quelques auteurs ont fait la base même de certaines théories de publicité. L'association d'idées représente un effort cérébral latent, entraînant souvent à un raisonnement qui peut détruire l'effet suggestif.

De plus, demander au public de faire un tel effort, c'est nous écarter du but que nous cherchons. Notre désir est, ainsi que nous l'avons dit, de mettre un raisonnement tout fait au cerveau. Dans ces conditions, nous ne voulons pas obliger le récepteur de publicité à associer une idée à une autre. Est-ce que les auteurs de ces théories ne se seraient pas trompés et, à la place du mot « association d'idées » employé par eux, ne voulaient-ils pas dire que, pour suggérer, on emploie des associations de faits ou plus exactement des faits associés.

La suggestion indirecte représente justement des associations de faits. Au lieu d'obliger le cerveau à associer une idée à une autre, elle suggère directement par la chose et simultanément, par un fait associé à cette chose. La suggestion indirecte est un renforçateur, un complément de la suggestion directe.

Il est vrai que les auteurs des théories employant l'association d'idées faisaient de la suggestion sans le savoir.

Utilisation de l'illustration et de la phrase. — Tout comme la suggestion directe, la suggestion indirecte utilise à la fois la parole écrite et l'illustration. Toutefois c'est, dans la plupart des cas, l'illustration qui sera employée, car elle est plus facilement objective.

Création du milieu par la phrase. — Les deux combinées se renforceront. Mais, lorsqu'on y sera obligé, la phrase seule pourra remédier au manque de suggestion graphique. Si nous ne pouvions accompagner une annonce de thé, d'un dessin, nous utiliserions la phrase suivante, par exemple : « De la lumière à flots, des meubles confortables, un salon élégant meublé d'œuvres d'art, sont nécessaires pour apprécier tout ce qu'a de fin, de parfumé, de délicat, la fleur de thé « Maï-xu ».

Cette phrase suggère indirectement, en créant un milieu. Elle circonscrit l'action, mais l'amplifie. Ce sera, du reste, la caractéristique de l'action de la suggestion indirecte. Elle vise non la masse dans l'uniformité de ses besoins, mais elle sérié les individus en catégories. Qu'il s'agisse de milieu, de sentiments, de goûts, la suggestion indirecte n'étend son action que sur ceux qu'elle délimite. Son emploi viendra cadrer à merveille avec l'état de réceptivité que nous étudierons plus loin.

Pour être utile, cette suggestion doit placer la chose, soit dans le milieu où elle évolue, soit dans celui où l'on veut qu'elle se meuve. En créant de toute pièce le milieu, il faut prendre garde à ne point faire d'exagération.

Création du milieu par l'illustration. — L'illustration pourra être utilisée de la façon suivante :

Lorsqu'un piano est présenté seul, même avec un artiste au clavier, nous avons, autant que faire se peut, la chose en action. Mais si, au fait actuel, nous associons un autre fait, c'est-à-dire le salon dans lequel doit se trouver le piano, avec les gens de haute distinction qui ont l'habitude de s'y rencontrer, nous renforçons la poussée suggestive directe du piano par la suggestion indirecte du milieu.

Cette association de faits se retrouvera partout et pourra être utilisée très fréquemment.

Phrase et illustration combinées. — Nous avons dit que le texte et l'illustration se combinent pour intensifier la suggestion à l'aide de son action indirecte.

C'est ainsi que, dans le cas de l'illustration d'un piano placé dans un salon, le texte viendra souligner l'effet. Une phrase comme la suivante peut être employée.

« Vous adorez Chopin, Bach, Beethoven, mais vous tenez à les entendre dans l'intimité, au milieu de quelques amis ayant la même compréhension musicale que vous. Avec un piano Woodhom, vous pourrez rendre toutes les finesses et les puissances des maîtres, et vous régaler ainsi que vos amis. »

Les milieux adéquats. — Vous devez tenir compte que, suivant les produits, vous devez toucher une clientèle différente, les uns n'ayant que des consommateurs riches, les autres recrutant leurs usagers dans la classe ouvrière.

Il faut donc que la suggestion indirecte que vous désirez produire, crée des milieux adéquats.

Le marchand de chaussure pour la « gentry », dans ses annonces, suggérera par le milieu. Celui-ci sera, soit le salon, soit l'automobile de luxe, soit quantités d'autres moyens divers, qui seront en rapport avec les clients recherchés.

Certains annonceurs vendent des produits qui, pour être uniques dans leur genre, s'adressent à plusieurs clientèles. Nous verrons plus loin que, suivant les media, la suggestion indirecte variera en raison des réceptivités différentes : tout est passible de la suggestion indirecte; les expositions même pourront l'utiliser, en créant le milieu adéquat.

L'élévation du milieu. — Bien que la suggestion indirecte, lorsqu'elle crée le milieu, doive être absolument en rapport avec celui-ci, l'annonceur devra toujours tendre à élever le milieu, car les conceptions orgueilleuses de l'homme lui permettent de se figurer digne de tous les honneurs. Pour lui, tous les rangs sociaux sont dans sa possibilité. Il est rare qu'il les atteigne, vivant continuellement dans ce rêve, mais c'est ce rêve, cette idéalisation du « moi » qu'il faut toucher en publicité.

Tout en suggérant indirectement par l'adjonction du milieu, il y aura donc lieu de rehausser un peu celui-ci.

Autres moyens de suggestion indirecte. — C'est surtout la création du milieu qui sera utilisée en suggestion indirecte, mais tout ce qui est en rapport avec la chose et se trouve dans son champ d'action viendra augmenter, au même titre, l'effet de la suggestion directe. Si donc nous mettons en avant le milieu qui résume presque tout ce qui est en rapport immédiat avec l'objet, la suggestion indirecte pourra aller un peu au delà, sans toutefois tendre jusqu'à l'association indirecte que nous étudierons au chapitre de l'originalité. En effet, la suggestion indirecte utilise l'association directe des faits.

Réduction apparente du champ d'action. — Comme tout ce qui limite le champ d'action, la suggestion indirecte semble diminuer le nombre d'acheteurs sur lequel elle influe. Si ceci était exact, il y aurait compensation du fait de l'intensité d'action de la suggestion sur la masse touchée. La perte résultant de la sélection serait donc balancée par une détermination beaucoup plus grande de l'achat parmi les acheteurs choisis.

Cette diminution apparente n'existe pas en réalité du fait de la suggestion indirecte. Elle est toujours faite, au préalable, par les media qui engendrent une réceptivité spéciale, suivant leur nature. La sélection est donc opérée d'avance, et le seul effort de l'annonceur consiste à valoriser sa publicité, en utilisant la suggestion indirecte la plus en rapport avec la réceptivité du medium choisi.

Ceci nous amène à étudier particulièrement ce point important de la publicité.

IX

ÉTAT DE RÉCEPTIVITÉ

Utiliser la suggestion serait inutile sans une étude préalable
du terrain sur lequel elle doit opérer.

PRÉPARATION A LA SUGGESTION

Les altérations de l'individu. — En faisant une suggestion, on ne doit pas perdre de vue que l'inexorable but de la publicité est la vente. Il est donc nécessaire de solliciter le plus grand nombre possible d'acheteurs éventuels, de créer même, au besoin ces acheteurs. Mais il ne faut pas oublier qu'il est des moments où les sollicitations sont inutiles, inopportunes et même dangereuses, de même que d'autres où elles sont favorables.

Il sera donc nécessaire de connaître la modalité cérébrale de celui qui reçoit la publicité pour utiliser cette modalité et, si possible, la modifier au profit de l'annonceur.

Ce sont donc les états mentaux dans lesquels se trouve l'individu sollicité et les altérations possibles de ceux-ci, que nous allons étudier sous le vocable général d'état de réceptivité.

La passivité de l'individu. — Nous avons étudié la suggestion ; or celle-ci représente l'action de l'annonceur par le moyen. Elle représente toute la volition agissante, active, « l'action », en un mot. L'état de réceptivité comporte l'étude de celui sur qui on veut agir, de celui qui reçoit cette action de la suggestion et qui, dans sa passivité, peut opposer soit l'inertie, soit des modalités mentales qui forment de véritables occlusions à la poussée suggestive du moyen. Il faut cependant venir à bout de cette passivité parfois réfractaire. Ce seront les media qui, agissant sur l'individu, viendront pour un instant modifier sa mentalité générale et la rendre docile, réceptive à vos suggestions.

Propositions opportunes. — Comme dans l'étude de la suggestion, il nous faut de suite, de manière à faciliter la compréhension, reprendre le parallèle médical.

Lorsqu'un opérateur désire suggérer une chose à son sujet, il commence d'abord par l'isoler : c'est là l'essentiel. Il faut l'arracher du milieu où il se meut et réduire sa personnalité en la privant des moyens de réaction possible aux faits du moment. Le mieux consiste à placer le sujet dans une ambiance de calme qui, engendrant la quiétude et l'engourdissement cérébral, facilite les suggestions.

Lorsque, à l'aide de la suggestion, on veut réformer un enfant vicieux, il serait absolument inutile, dangereux même, de lui faire des propositions verbales, au moment où il est au jeu. La réceptivité du jeu amoindrit ou détruit complètement l'effet de toute suggestion qui ne serait pas en rapport.

Dans un même ordre d'idées, ce n'est pas au moment de l'étude que le psychiâtre doit inciter son élève aux sports, alors qu'il n'y est pas enclin ; c'est au moment des récréations, alors que la réceptivité est plus immédiatement favorable.

Mais s'il veut faire une suggestion différente, il faudra, suivant le cas, attendre que l'enfant soit au calme ou au travail ou dans un autre état correspondant avec la suggestion à faire.

Lorsque l'on ne voudra pas attendre la réceptivité cherchée, on la provoquera en transférant doucement le sujet d'un état à l'autre par l'affirmation graduée.

Isolement par le medium. — L'état de réceptivité préférable est l'isolement ; mais, en matière de publicité suggestive, il est impossible de chambrer le client comme en suggestion médicale, et il est donc nécessaire d'agir sur lui autrement.

L'action de l'isolement sera avantageusement assurée en publicité par le medium dont l'effet sera d'autant plus grand qu'il sera en apparence moins voulu et moins cherché. Le lecteur ne voit que le journal, ou le mur ; il ne soupçonne pas, derrière eux, l'annonceur.

Accentuation de la réceptivité. — Il faut tenir compte qu'une fois l'isolement obtenu par le medium, qu'une fois que la réceptivité de l'acheteur est devenue favorable de ce fait, la gradation de la suggestion fera le reste.

Les suggestions graduées et chaque étape de la suggestion provoqueront une réceptivité de plus en plus favorable à la suggestion définitive de l'achat.

*
* *

Nous allons examiner la réceptivité humaine et ses modifications. L'homme est, au point de vue mental, très complexe, et il faut disséquer chaque individu ou plutôt les modalités générales de chaque individu, de manière à tracer [les grandes classes de la pensée humaine que l'on aura à influencer à l'aide de moyens à peu près identiques.

Au point de vue psychologique pur, on peut diviser la réceptivité en quantité de catégories diverses. Pour nous, notre classement n'envisagera que deux états : la réceptivité constante comprenant d'abord le « moi » matériel avec les besoins et les instincts ataviques à côté duquel vient se greffer le « moi » intellectuel avec les sentiments.

L'autre état de réceptivité ne comporte que les modifications passagères de celui-ci : c'est pourquoi nous l'appellerons réceptivité momentanée.

RÉCEPTIVITÉ CONSTANTE

Animalité et intellectualisme. — La détermination de la réceptivité constante et momentanée est facile à faire, mais leur étude est plus délicate, car l'instabilité de l'être humain est telle que certains états momentanés répétés contribuent à la formation de l'individu et modifient sa réceptivité constante. C'est ainsi que l'instruction, l'éducation, la lecture, certains entourages ont sur nous un effet qui va jusqu'à l'altération profonde de notre personnalité et par conséquent de notre façon de percevoir.

C'est donc sur des éléments essentiellement variables et instables que nous allons essayer d'avoir prise à l'aide de nos suggestions. Il faut donc ramener notre étude à un examen d'ensemble en évitant de tomber dans les détails et de faire des études d'espèce. Si l'on se laissait aller à l'examen des détails, ce n'est pas un volume qu'il faudrait, mais autant de volumes qu'il y a sur terre d'individus aux modalités de sensation et de compréhension variées à l'infini.

Nous avons dit que la réceptivité constante était formée de l'individu matériel et de l'individu intellectuel, les deux s'enrichissant et se modifiant, au fur et à mesure des sollicitations extérieures. Nous verrons que la suggestion à employer sur les deux individus sera différente : la suggestion directe agira sur l'être matériel. La suggestion indirecte sera le facteur agissant sur l'être intellectuel.

Le « moi » atavique.

Les instincts forment le « moi ». — A la base de l'individu matériel, à la base des besoins impérieux et indiscutables se trouve le « moi », c'est-à-dire l'être humain tel qu'il est né, avec ses instincts et son tempérament résultant de l'hérédité. C'est l'être atavique que rien ne viendra changer. Tout au plus ne subit-il que de légères modifications. D'un bout à l'autre de l'existence, cette partie du « moi » reste intangible.

Dans le « moi » atavique, nous retrouvons tous les instincts et besoins communs à tous les êtres. L'instinct ou besoin de la nutrition, l'instinct ou besoin de la conservation, l'instinct ou besoin de reproduction, sont communs à tous les êtres et l'homme n'y échappe pas.

L'égoïsme. — Et l'ensemble de ces besoins impérieux, humanisés chez nous, forme un tout qui a nom « l'égoïsme ». L'égoïsme, c'est le culte du « moi », de ses besoins et de leurs hypertrophies. L'homme, en effet, se distingue en ceci des animaux, c'est que ses besoins s'élargissent, sortent de leur cadre sans pour cela s'idéaliser.

La nutrition. — L'instinct ou besoin de la nourriture se développe et devient de la gourmandise. Quelques hommes même sont des gourmets, sans que pour cela leur intellect entre en jeu. C'est le sens qualitatif qui prédomine chez les uns, alors que le sens quantitatif est la seule chose qui guide les autres.

La conservation. — La nécessité de se vêtir est indirectement un besoin animal, étant donné que nous avons perdu la résistance de la bête aux intempéries et que nous sommes obligés de la remplacer par autre chose. Elle est partie intégrante de la réceptivité constante qui s'appelle le « moi » atavique.

Nous employons indifféremment les mots « besoin » et « instinct », car ils montrent l'origine matérielle animale de la réceptivité qu'ils engendrent.

L'instinct sollicité par la suggestion directe. — Il existe donc en nous quantité d'appétits qui ne demandent qu'à être sollicités. Il faut que l'annonceur le sache pour s'adresser à eux. C'est alors qu'il agira à l'aide de la suggestion directe par la chose.

Entre un chien à qui l'on présente un os et l'enfant à qui l'on montre une tablette de chocolat, il n'y a aucune différence. L'un et l'autre ont leur instinct suggéré de la même façon et leur réflexe d'action est identique.

Notez donc que tout ce qui touche le « moi » humain est la clef de l'action de votre publicité. Avant quoi que ce soit, visez l'individu dans les sensations qui lui sont agréables, familières ou propres. Vos suggestions seront d'autant plus puissantes que l'égoïsme sera plus profondément touché.

Absolutisme du « moi ». — Nous examinerons au chapitre de la rédaction comment on doit utiliser cette force qui pousse l'homme à agir avec très peu de contrôle, et pourquoi il faut s'adresser à l'homme seul,

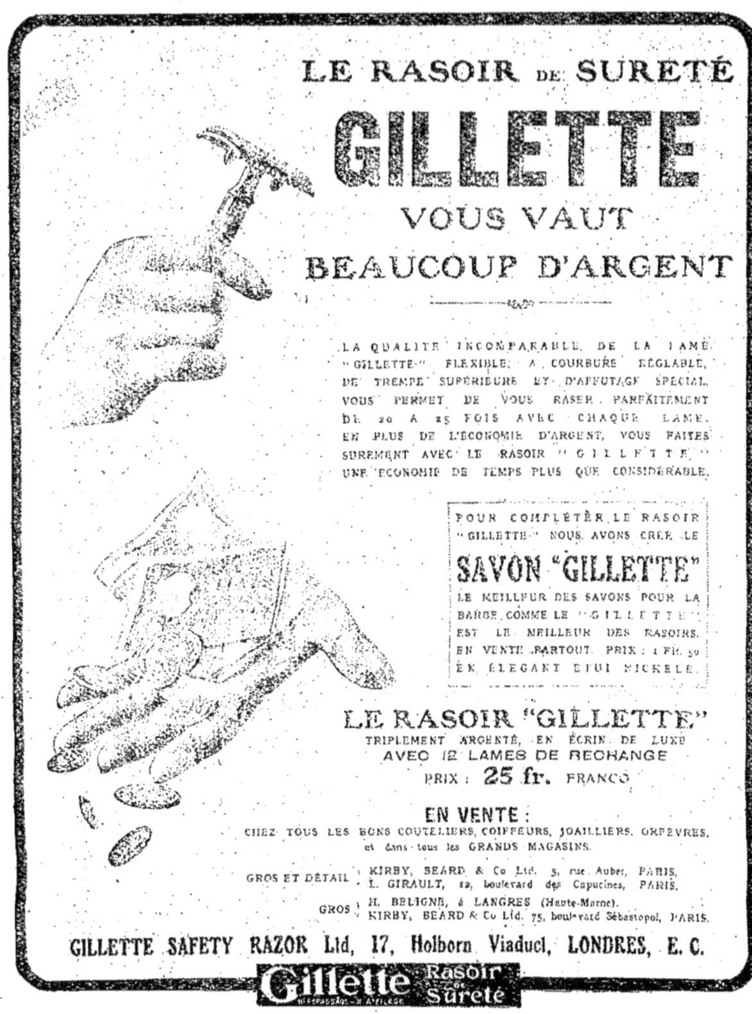

Fig. 22. — Hauteur de l'original : 36 centimètres.

à l'intérêt particulier plutôt qu'à la masse. Le « moi » d'autrui ne nous intéresse pas. C'est notre « moi » à nous qui prime et qui hurle en nous avant toute autre chose. La bête prédomine encore et c'est elle qui régit la majeure partie de nos actes.

L'égoïsme, au sens psychologique du mot, avec ses instincts, est beaucoup plus étendu qu'on ne se le figure. Quelques instincts paraissent être des sentiments tout simplement parce qu'ils sont dans notre milieu.

L'économie. — Prenons l'économie, cette réceptivité à laquelle les banquiers ne manquent pas de faire appel; qu'est-elle sinon une prolongation des instincts de conservation et de nutrition juxtaposés?

Vous en doutez parce que vous estimez qu'avec vos économies vous pouvez vous donner des satisfactions d'art, par exemple, qui n'ont rien de matériel. Cependant, ce n'est pas exact, car vous voyez là le superflu de l'économie. L'économie est faite d'abord en vue des besoins immédiats du boire, du couvert et du manger. Dans ce cas, l'homme n'est pas sensiblement supérieur comme essence d'action au chien qui enterre des os pour les retrouver un jour. Les deux ont en vue la conservation de leur « moi ».

Un simple appel comme celui du rasoir Gillette (*fig.* 22) montrant l'économie réalisée par son usage n'est qu'une suggestion tombant en pleine réceptivité égoïste.

Fig. 23. — Hauteur de l'original : 9 centimètres.

La possession. — L'instinct de l'économie a entraîné derrière lui celui de la propriété qui sera sollicité de la même façon. Le besoin de construire se retrouve dans toutes les classes de la société, tellement il est inné chez l'homme. C'est lui que touchent les sociétés d'habitations à bon marché.

Dans tout ceci, aucun instinct n'est d'essence supérieure, bien que tous soient constants chez l'homme. Il en résulte cependant une réceptivité inépuisable qui préparera le terrain à toute suggestion adéquate.

La chasse. — Il en est ainsi de la chasse, qui est une prolongation, une déformation de l'instinct de nutrition utilisé par la Winchester Rifle Cº (*fig.* 23).

Besoin d'amélioration. — Il serait inutile de passer en revue, dans cet ouvrage, tout ce que l'homme a de besoins d'origine matérielle en lui. Cependant il nous faut appeler votre attention sur un point qui, bien que négligé, a une importance capitale. C'est le besoin d'amélioration. Celui-ci n'est que l'instinct de la possession déformé, modifié et il est comme lui d'essence purement matérielle et égoïste. Améliorer, c'est posséder en mieux, et l'annonceur qui voudra manier utilement son public ne perdra pas de vue que l'homme cherche toujours à avoir mieux que ce qu'il a. Cette réceptivité de l'amélioration est un des plus puissants véhicules de la suggestion. Avec elle, vous pouvez venir à bout d'acheteurs réfractaires.

Vous ne leur demandez pas de rompre avec leur genre de vie, vous venez améliorer leurs habitudes, leurs sensations, leur donner un « moi » plus satisfait.

Vous voyez qu'il est dans l'homme une réceptivité matérielle qui ne demande qu'à fonctionner et, comme nous l'avons vu, il n'est pas besoin de faire de longues recherches pour opérer la suggestion. Avec la réceptivité constante matérielle, la suggestion par la chose seule suffit.

Mais l'homme, s'améliorant, a cessé d'être un pur animal et il entoure ses instincts, ses passions, de certains facteurs mentaux qu'il faut connaître pour augmenter l'effet de la suggestion. On bénéficie ainsi des réceptivités complémentaires intellectuelles qui forment partie de sa constante, de son « moi ».

Le « moi » intellectuel.

Un autre « moi ». — Le « moi » atavique se complète de toutes les actions et suggestions répétées provenant de l'éducation, de l'instruction, du contact avec les êtres qui nous environnent, greffant ainsi un individu nouveau sur l'autre. Cette individualité secondaire, moins profonde et tenace que la précédente, s'altère, se modifie suivant les lieux.

Cependant il reste toujours dans chaque être suffisamment de cette individualité secondaire pour qu'elle soit ce qui constitue à nos yeux, en dehors de l'aspect extérieur de l'individu, une grosse partie de sa personnalité.

L'amour. — Le « moi » intellectuel comporte tous les sentiments et nous voulons bien classer parmi ceux-ci l'amour paternel et maternel, de même que l'amour conjugal qui crée de parfaites réceptivités pour la publicité. L'amour maternel, cet admirable instinct humanisé, ne sera jamais touché en vain par les suggestions de publicité. Mais en réalité, c'est là encore, si idéalisé soit-il, un instinct, un égoïsme d'une forme particulière. C'est l'amour du « moi » reporté sur un autre soi-même et, par conséquent, purifié par tout ce qu'il a d'altruiste, en apparence.

Tendance à l'idéal. — En dehors du sentiment de l'amour que nous classons, malgré ses origines, avec le « moi » intellectuel, il faut constater que, par le fait de l'évolution, de l'éducation, l'homme a une tendance au beau, à l'idéal. L'esprit tend à se séparer de la bête et à être au-dessus d'elle, à la dominer sans y réussir jamais. Dans cette tendance, l'annonceur trouvera un appui énorme.

L'annonceur peut toucher la réceptivité bestiale presque sans précautions, mais il aura soin de tenir compte que la réceptivité intellectuelle demande des précautions, des ménagements. En la sollicitant, on renforce la suggestion; en la négligeant, on peut manquer une grosse partie de l'effet cherché.

L'homme vous saura d'autant plus gré de lui constater une valeur morale que son désir de paraître supérieur lui fait toujours s'exagérer ses qualités.

La sympathie. — Nous avons dit que ce qui était beau dans l'amour maternel était son altruisme. C'est cette tendance à « aimer les autres », c'est-à-dire à leur témoigner de la sympathie, qu'il faudra utiliser.

L'homme aime à témoigner sa sympathie aux choses et aux gens. En faisant ainsi, il se figure monter aux yeux des autres et dans sa propre estime. Il peut se faire que ce ne soit que tartuferie ; mais l'homme qui manifeste sa sympathie en public est facilement maniable par la publicité.

Toutefois la sympathie ne se témoigne qu'aux êtres et aux choses qui ne sont pas franchement antipathiques, et vous devez toucher cette réceptivité en ayant une publicité sympathique. Les choses sympathiques sont celles qui s'inspirent justement des sentiments nobles et beaux, de la loyauté.

C'est ainsi que, dans une réclame, le bonheur de vivre peint sur le visage du sujet, la fraîcheur, la pureté sont d'un effet merveilleux. La publicité du cacao Bensdorp (*fig*. 24) s'en est inspirée en nous montrant un visage agréable de jeune fille.

FIG. 24. — Grandeurs diverses.

Le sentiment sollicité par la suggestion indirecte. — Nous voyons ici que, sur l'être intellectuel, la suggestion directe cesse d'opérer et laisse sa place à la suggestion indirecte. Celle-ci agira même avant l'autre car, malgré la brutalité et la constance immédiate de nos instincts, nous mettons en avant notre « moi » supérieur, et nous semblons ne vouloir vivre que par celui-ci.

C'est également la sympathie que vise la réclame de l'Odol (*fig*. 25), en nous montrant l'origine d'un sourire.

FIG. 25. — Hauteur de l'original : 9 centimètres.

La pitié. — La réceptivité de la sympathie semble avoir été ignorée par les réclames pharmaceutiques. Elles s'obstinent à nous montrer des figures qui, si elles sont souffrantes, devraient provoquer la sympathie, mais n'engendrent que la pitié. En effet, l'orgueil humanisé, cet égoïsme intellectuel, ne sympathise qu'avec ce qui est robuste, fort et attractif. Sympathie et attraction marchent de pair, ne l'oublions pas.

Le beau abstrait et concret. — L'éducation nous a appris à aimer le beau. Le beau a des formes abstraites et des formes concrètes auxquelles l'homme est également réceptif. Dans les formes abstraites du beau se trouvent la bonté, la gloire, les sentiments élevés dont vous connaissez toute la gamme. Suivant le public auquel on s'adresse, on utilisera les réceptivités particulières.

Le goût artistique. — Dans le beau concret, nous trouvons toutes les manifestations de l'art : la peinture, le dessin, la musique auxquels nous sommes d'autant plus réceptifs qu'elles s'adaptent mieux à nos sensations habituelles.

Le goût est une forme du sentiment artistique : cette réceptivité est facile à toucher.

Seulement, au fur et à mesure que nous étudions les sentiments, nous voyons que, au lieu d'avoir l'uniformité presque absolue des instincts, les sentiments varient beaucoup plus facilement suivant les individus. Ce sont eux qui forment la personnalité des hommes et qui les classent en milieux.

Les milieux et les classes. — Il y a des milieux et, par conséquent, des réceptivités différentes. Ces milieux correspondent aux valeurs intellectuelles et sociales de l'humanité. Le prolétariat et la bourgeoisie semblent des milieux extrêmes; pourtant les hautes classes de la société et le paysan viennent s'opposer à côté d'eux, et constituer de nouveaux milieux. Le fonctionnarisme établit de nouveaux milieux d'après ses réceptivités différentes. C'est ainsi que la magistrature, l'armée, l'université se mêlent difficilement.

Sur ces milieux viennent se greffer les tendances artistiques, littéraires, musicales, sportives, qui subdivisent les milieux en classes, qui, elles-mêmes, se subdivisent du fait que l'instruction nous a donné des goûts et des tendances scientifiques, entraînant des réceptivités immédiates adéquates.

Art, gloire et tradition. — L'Odol (*fig.* 26) vise surtout notre réceptivité artistique lorsqu'il nous montre un visage de femme très fin et très joli, rendu avec presque la valeur d'un tableau de maître.

C'est la gloire nationale, — chimérique peut-être, — mais la gloire quand même, que le Tell Chocolade (*fig.* 27) cherche à toucher. Il vise la réceptivité toute patriotique.

FIG. 26. — Hauteur de l'original : 17 centimètres.

Et Johnnie Walker (*fig.* 28), avec son whisky, ne vise que la réceptivité traditionnaliste de ses compatriotes anglais qui, avec la vie active de leur siècle, rêvent de coutumes vieilles de plusieurs générations.

Les petits côtés de l'homme. — Le « moi » intellectuel différencie les hommes et les individualise. Il comporte aussi avec lui les défauts de ses qualités. La modestie est un sentiment parfait, mais dont la réceptivité est plus rare que celle de l'orgueil qui se trouve à l'autre pôle.

Dans la majorité des cas, ce seront plutôt les faiblesses humaines,

FIG. 27. — Hauteur de l'original : 10 centimètres.

les petits côtés intellectuels qui constitueront les réceptivités utiles. En effet, ceci est facile à comprendre. L'homme qui a une valeur intellectuelle positive est un homme qui possède des moyens de self-contrôle acquis ou innés. Il est donc à même de résister quelque peu aux suggestions de l'extérieur. Quant à l'homme dont l'intellectualité n'est intervenue que pour déformer et déplacer son égoïsme, il prouve de ce fait sa suggestibilité et son manque de défense aux sollicitations extérieures.

Fig. 28. — Hauteur de l'original : 26 centimètres.

Tout en lui se rapporte au « moi » bestial qui, au lieu d'errer dans la matérialité des faits, se donne l'illusion d'être dans des sphères plus élevées.

C'est cette illusion plutôt que la réalité que vous devez toucher.

La réalité des beaux sentiments est très rare, le désir de les posséder est le propre de tous les hommes. Laissez-leur croire que vous leur reconnaissez tous ces sentiments et vos suggestions porteront à merveille.

Ceci est facilité du fait qu'à chaque réceptivité s'adapte une suggestion indirecte. Il suffit de bien déterminer celle-ci pour éviter toute erreur.

Nous avons vu que le « moi » humain est constitué d'un « moi » constant, dont la partie matérielle est sensiblement commune à tous les hommes et dont la partie intellectuelle différencie les individus en catégories diverses. Nous savons que pour agir sur l'être matériel et sur l'être intellectuel, nous avons deux suggestions correspondantes.

Peuvent-elles opérer de but en blanc?

C'est ce que nous allons examiner.

RÉCEPTIVITÉ MOMENTANÉE

Facteurs d'altération du « moi ». — Pour être constant dans ses modalités générales, l'homme n'en est pas moins l'objet de toutes les sollicitations extérieures. Sa vie n'est pas « une », mais une multiplicité de vies différentes, entraînant des réceptivités momentanées qui en découlent.

L'éducation, l'instruction dont les suggestions ont greffé le « moi » intellectuel sur le « moi » matériel, n'ont pu opérer que parce que les premières suggestions acquises créaient des états de réceptivité de plus en plus favorables, si bien qu'à la suggestion volitionnelle des parents et des professeurs s'est substituée celle tout aussi effective, quoique latente, du milieu et de la lecture.

Instabilité de la réceptivité. — Notre « moi » matériel lui-même n'a pas toujours des réceptivités continues pour toutes les choses. Les unes augmentent d'intensité alors que les autres se fondent et s'estompent. Dans les pays chauds, la réceptivité est beaucoup plus à la soif qu'à la faim. La réceptivité « vêtement » y est moins forte qu'au Spitzberg.

Il y a donc des réceptivités de circonstance, de lieu. Il en est d'autres qui sont périodiques. Nous sommes réceptifs aux produits alimentaires, aux heures des repas. Cependant, alors qu'un enfant est au jeu ou qu'un mathématicien résout un problème, les fonctions momentanées altèrent la réceptivité normale de la faim.

Dans ces conditions, nous voyons que l'homme, au point de vue de son « moi », offre à l'annonceur une série de réceptivités, souvent variées.

Réceptivités successives. — Prenons l'exemple d'un homme d'affaires dont la vie est méthodique et réglée.

Son premier soin, le matin, est sa toilette. Vous pouvez lui parler, au moment où il se rase, de traiter une affaire, ce sera en pure perte. Par contre, sa réceptivité est aux actes qu'il accomplit à ce moment. Si une annonce pour rasoirs lui tombait sous les yeux, elle prendrait une valeur très grande.

Ensuite la réceptivité est celle du déjeuner, moment où l'esprit de l'homme d'affaires ne se porte pas encore aux opérations de la journée. C'est à peine s'il parcourt son quotidien pour y voir les divers faits du jour. Encore ceux-ci ne frapperont-ils pas avec la même intensité que lorsqu'il se dédie entièrement à la lecture.

Puis, notre homme se met au travail, il est à son bureau. Là, vous pouvez lui parler affaires, sa réceptivité est ouverte aux affaires, mais pas à autre chose. La politique a cessé de l'intéresser et sa lecture est celle des journaux techniques ou professionnels qui lui sont utiles.

Une fois la journée, la semaine finie, l'été par exemple, notre homme d'affaires pense à rejoindre sa famille et à passer le dimanche à la campagne. La réceptivité est au repos, à la vie libre, et s'il est sur le point de monter en auto, vous pouvez lui proposer la plus belle affaire du monde, il ne vous écoutera que d'une oreille distraite. A ce moment, il pense à sa femme et à ses enfants qui l'attendent.

Par contre, le lundi matin, à son bureau, le même homme vous accueillera d'une façon très aimable, pour une affaire même de peu d'importance.

Ces divers états de réceptivité momentanée sont tellement accentués que les commerçants qui veulent traiter sérieusement des affaires, se fixent des rendez-vous pour ne pas être dérangés. Ils déterminent ainsi, au préalable, la réceptivité qu'ils auront.

Réceptivités de temps et de lieu. — La prédétermination de l'état de réceptivité est une chose très importante pour nous, en publicité. Elle vous expliquera l'action des media.

La réceptivité momentanée de l'individu est engendrée, en général, par le besoin lui-même, mais aussi est avancée et intensifiée par le lieu ou le temps.

La saison, nous le savons, influe sur la soif, sur la faim, sur le besoin de se vêtir. Les lieux, les pays ont la même action. L'heure aussi agit dans le même sens.

Une salle de restaurant hâte l'effet d'une suggestion alimentaire. L'été fait désirer des boissons fraîches, et de cette réceptivité momentanée, naît la nécessité de faire des suggestions opportunes.

Les moyens, affiches et annonces, seront utilisés à la saison voulue, à l'endroit voulu. L'exemple qu'il nous a été donné de contempler en est la preuve. Nous étions dans un railway, courant sous le chaud soleil des tropiques, lorsque notre œil rencontre un tableau-réclame d'un jambon fumé. Vous dépeindre l'effet que nous fit cette annonce, alors que nous mourions de soif, est incroyable. Il semblait que tout ce que le jambon a de sec augmentait la sécheresse de notre gorge et ce fut une impression de malaise, de dégoût, de soif horrible, qui par la suite a accompagné dans notre esprit le jambon en question.

Par contre, l'annonce d'une boisson agréable, un verre plein d'un liquide limpide et frais, où un chalumeau plonge au milieu d'une tranche de citron, eut trouvé une réceptivité favorable.

Opportunité d'action. — Donc, veillez à l'opportunité de vos suggestions, c'est-à-dire à l'opportunité de votre publicité. Il faut que celle-ci soit faite dans les endroits, et aux époques voulus. Elle doit se plier à toutes les circonstances qui créent des réceptivités générales momentanées.

Nous avons le soin de spécifier, « réceptivité générale momentanée », car les réceptivités de circonstance et de lieu agissent sur l'individu isolé aussi bien que sur la masse.

Jusqu'ici, nous n'avons envisagé principalement que l'homme matériel; que dire du « moi » intellectuel, qui nous fait des individus dissemblables ?

Tempéraments et caractères. — Prenons les tempéraments, les caractères. Ceux-ci ont des altérations momentanées très rapides. Tel homme est doux maintenant qui, dans cinq secondes, sera dans une fureur extrême. Croyez-vous que sa réceptivité sera la même?

Non, certes, car dans cet état l'homme repousse ses amis, ses enfants, sa femme, tous ceux qui lui sont chers.

Au point de vue publicité, supposez que vous ne tombiez que sur des gens en colère et vous en déduirez que vos suggestions seront inefficaces.

La réceptivité momentanée altère la réceptivité constante. — Par contre, la joie, le plaisir, la satisfaction, altèrent la réceptivité de l'homme, la rendent plus imprégnable par certaines sollicitations extérieures. L'homme satisfait y est plus ouvert. Dans cet état, les suggestions nettement opposées seraient vaines. La joie ne prépare pas à recevoir la tristesse, et ce n'est pas le jour de son mariage que vous apitoierez un homme sur le sort des malheureux. Certaines impressions ferment hermétiquement la porte aux choses contraires.

Remarquons que certaines réceptivités momentanées sont telles qu'elles effacent parfois la réceptivité constante de l'individu. Nous avons vu un mathématicien résolvant un problème tout en dînant. L'opération alimentaire n'était qu'un pur réflexe, et l'homme qui avait résolu un problème difficile avait pris pour du veau le morceau de poulet qu'il mangeait.

Si les circonstances engendrent la réceptivité momentanée du « moi » matériel, les circonstances agissent aussi sur le « moi » intellectuel. Le milieu social, littéraire et artistique, dans lequel l'homme évolue, change à chaque instant sa réceptivité.

Que d'industriels sont ingénieurs à l'usine, commerçants dans leurs tractations d'affaires, hommes du monde dans les salons, mélomanes dans les concerts, politiciens dans les assemblées publiques et oisifs lorsqu'ils sont au cercle ou au bord de la mer alors qu'en tout temps ils débordent d'activité.

Le milieu influe parce qu'il est circonstanciel et, dans le milieu même, certaines circonstances secondaires viennent déterminer une réceptivité plus marquée.

Réceptivité précisée. — Dans une salle de concert où l'on donne une suite de récitals pour violon, la réceptivité « musique » se concentre sur le violon, et c'est le moment où celui qui aura un Stradivarius à vendre aura la meilleure occasion. Le jour où l'on fera des récitals de piano, la réceptivité sera déplacée.

Il faut donc tenir compte de toutes les influences de circonstances qui peuvent gêner ou favoriser vos suggestions. Vous éviterez des erreurs, consistant à afficher dans une salle de concerts classiques une course de bicyclettes ou, inversement, à annoncer une série de concerts dans un vélodrome.

Toutes les circonstances influent donc sur le moi humain et le modifient.

Nous allons voir comment et avec quoi nous pourrons rendre suggestive notre publicité, en profitant des enseignements qui précèdent.

Avant de donner un coup d'œil aux véhicules de la suggestion, faisons remarquer, pour les psychologues purs qui voudraient nous voir être aussi rationnels que possible, que les états de réceptivité momentanée sont simplement les faits d'une suggestion antérieure, favorable ou non, indépendante de l'annonceur, et que nous utilisons au mieux de nos intérêts.

La curiosité. — Ceci nous amène à parler de la curiosité, cet état de réceptivité éminemment fugace que crée toute chose nouvelle ou en apparence nouvelle tombant sous le contrôle de nos sens. Tout moyen de publicité peut, par la visibilité, par l'originalité, provoquer la curiosité. Mais, comme il s'agit d'un état fugace ne durant qu'autant que la chose n'est pas contrôlée, il n'y a pas lieu de compter sur lui. Du reste, son effet dépend du moyen lui-même, et il faut, au préalable, présenter ce moyen au public, mis en réceptivité à l'aide d'un medium.

La curiosité, que tant d'annonceurs ont cherché à solliciter, est en réalité de peu de valeur.

L'ÉVÉNEMENT

Difficile à utiliser. — L'étude de la réceptivité momentanée, c'est-à-dire des modifications de perception de l'individu, nous oblige fatalement à parler de l'utilisation de l'événement, de l'actualité. Par actualité il faut entendre l'occasion prise dans le sens du fait fortuit modifiant momentanément, mais profondément, l'opinion publique et, par conséquent, la réceptivité générale de chaque individu.

L'événement et l'actualité sont, à première vue, considérés comme des circonstances que l'on est tenté d'utiliser. Seulement, comme toutes choses, l'événement demande à être manié avec soin. Nombreux sont les annonceurs qui, pour ne pas avoir su distinguer les événements dans leur nature, ont fait fausse route et dépensé de l'argent en pure perte.

A première vue, nous reconnaissons qu'il semble y avoir intérêt à bénéficier d'un mouvement d'opinion créé par un fait sensationnel et à se laisser remorquer par lui dans l'esprit de chaque individu composant la masse.

Ceux qui admettent le principe absolu de l'utilisation de l'événement doivent distinguer entre les divers événements et voir quel est le principe qui régit leur action. Quelques-uns seraient tentés de voir là une application du principe de l'opportunité. Il n'en est pas ainsi.

Si nous supposons deux événements égaux en intensité, c'est-à-dire créant la même émotion profonde dans le public, suscitant le même intérêt, l'un peut avoir un effet utile pour l'annonceur, l'autre un effet désastreux.

L'action peut être telle que la réceptivité généralement engendrée soit plutôt une gêne à la suggestion du produit.

La distinction entre l'événement à effet favorable et celui à effet nuisible demande un sens affiné. Nous pouvons dire que l'actualité, cette résultante du fait devenu événement, c'est-à-dire du fait intensif et à sensation, ne doit être utilisée qu'autant que l'événement est prévu. En toutes autres circonstances, elle est une arme dangereuse.

L'événement politique. — Nous écartons tout d'abord les événements politiques qui sont presque toujours une source de déboires. Il est évident qu'une opinion politique, quelle qu'elle soit, ne peut flatter qu'une partie de la population. Elle a l'inconvénient de s'aliéner l'autre partie.

L'actualité inopérante. — Il nous suffit d'examiner sur le vif deux faits sensationnels, deux événements importants de domaines différents, pour voir que leur utilisation est en général dangereuse ou tout au moins inopérante.

La première, appartenant au domaine purement scientifique, est la découverte du radium. L'autre participe à la fois à la science et aux sports : il s'agit du premier vol de Wright sur le sol français.

Lorsque Curie, mettant au point les travaux des savants, ses prédécesseurs, a présenté au monde le radium, tous les annonceurs se sont jetés sur le fait et l'ont utilisé.

Les annonces, les affiches ont eu du radium du haut en bas. Il faudrait noircir plusieurs pages de ce livre pour donner la liste de toutes les marques déposées ayant voulu bénéficier, avec le mot « radium », de la valeur de l'événement.

De tout ceci, qu'est-il resté? — Absolument rien.

Le radium n'avait pas été favorable à la publicité.

Au lendemain de l'envol du biplan Wright, les palissades et les journaux ont vu des aéroplanes sillonner des ciels exigus et traîner derrière eux des objets plus ou moins hétéroclites.

Là, le déchet est moins évident, mais ce qui est certain, c'est que tout annonceur ayant utilisé l'aéroplane dans ses moyens de publicité y a renoncé par la suite.

La réalisation de l'événement. — Pourtant, dans les deux cas, les annonceurs avaient la ferme conviction que le public était en merveilleux état de réceptivité pour tout ce qui touchait au radium et à l'aviation. Ceci était exact, mais où l'erreur des gens était manifeste, c'est lorsqu'ils croyaient qu'un produit quelconque, n'ayant pas trait directement au radium ou à l'aviation, pouvait participer à la réceptivité créée par l'événement.

L'événement est intéressant lorsque l'on est soi-même le détenteur du produit et que l'on crée l'événement de toutes pièces.

C'est ainsi que, si Curie avait pu se procurer du radium, l'utiliser commercialement et le lancer sur le marché, il aurait fait une fortune considérable et sa publicité eût été effective.

L'événement « radium », en effet, créait une réceptivité intense pour l'utilisation du médicament « radium ».

Il en eût été de même si, après les premiers vols de Wright, un annonceur eût pu offrir au public, à des prix raisonnables, un aéroplane possédant des qualités réelles.

L'événement empêche les sollicitations extérieures. — N'oublions pas que le principe même de la réceptivité momentanée est de restreindre le champ d'opération pour l'intensifier.

Nous venons d'examiner des événements sensationnels. Nous aurions pu en prendre de moins importants ; mais nous avons tenu à bien montrer ainsi que tout ce qui capte l'attention de l'individu d'une façon très forte a pour résultat de fermer les sens de cet individu à toutes les sollicitations extérieures.

Nous pouvons en trouver un exemple dans le fait qu'un mélomane, écoutant la musique, oublie quelques-unes de ses souffrances, un mal de tête par exemple.

De ceci, l'on est tenté de conclure que l'événement est à peu de choses près inutilisable.

La prévision de l'événement. — Cependant si, comme nous l'avons dit plus haut, l'événement pouvait être prévu, devancé en quelque sorte, il deviendrait un medium merveilleux.

Ainsi, reprenant l'exemple de Wright, un annonceur avisé est celui qui, pendant la huitaine précédant le vol de l'aviateur américain, aurait annoncé cet événement. Il se serait créé une réputation de prophète, d'homme bien renseigné. Par association de faits très indirecte, sa publicité en eût bénéficié.

Tâchez donc d'être informés chaque fois que vous le pourrez. En intéressant par avance le public à l'événement futur, vous l'intéressez un peu à votre produit. Toutefois si, entre le produit et l'événement, il y avait un fossé qu'aucune association de faits ne puisse combler, votre devoir serait encore de vous abstenir. Vous savez que toute suggestion qui ne tombe pas en terrain préparé perd de sa valeur. L'événement, l'actualité n'ont d'effectivité que s'ils créent une réceptivité directement ou indirectement favorable à votre produit.

L'événement imprévu. — D'autre part, nous avons dit qu'il y avait différentes sortes d'événements : les uns sont imprévus, les autres peuvent être déterminés d'avance. Par conséquent, on peut les utiliser sous la réserve de rencontrer une réceptivité adéquate ou une association de faits aussi directe que possible.

Le meilleur exemple d'événement imprévu, créant une réceptivité momentanée, aiguë et paralysante, est l'assassinat du président Carnot à Lyon. Un annonceur, qui faisait régulièrement de la publicité par articles, vit baisser le rendement de sa publicité de 95 0/0 ce jour-là.

L'action brutale de l'événement, comme on le voit, avait détruit complètement la réceptivité engendrée par des media qui, en l'espèce, étaient des journaux.

Il est facile de comprendre ainsi que l'événement imprévu, intense en lui-même, est nuisible à la publicité.

L'événement prévu. — Parmi ceux qui peuvent être prévus se trouvent les fêtes avec leur périodicité, certaines solennités.

C'est ainsi que l'annonce « Cinzano » (*fig.* 29), faite le jour du Grand Prix, suggère à merveille, à l'aide d'une association de faits. Elle associe la course au produit, celui-ci étant figuré comme obstacle à franchir. L'originalité, que nous étudierons plus tard, aidera à l'utilisation de l'événement.

Fig. 29. — Hauteur de l'original : 23 centimètres.

Contrairement à l'événement imprévu, l'événement prévu ne vient pas suspendre momentanément la vie. Son action est modérée et s'associe avec celle de l'existence normale dans laquelle il s'incorpore. L'événement inopiné peut être considéré comme un véritable traumatisme mental, ainsi que dans le cas de l'assassinat du président Carnot.

La déception. — Pour ceux qui ont tendance à utiliser l'événement, quelle que soit sa valeur périodique ou apériodique, nous tenons à donner une dernière raison.

Chaque fois que le public voit, dans un moyen de publicité, la reproduction ou l'allusion à l'événement sensationnel, il s'attend à trouver l'événement devant lui.

Lorsque le mot « radium » écrit, en grandes lettres, se manifeste dans une annonce, l'acheteur est tenté de croire qu'il s'agit réellement du produit découvert par Curie. Lorsqu'il voit des monoplans ou des biplans, sa conclusion, assez logique, est qu'il s'agit d'aviation. Or, sa déception est très grande lorsque, après un contact plus intime, il s'aperçoit qu'il n'a devant lui qu'une chose totalement différente de celle qu'il attendait.

Chercher à attirer le public et le décevoir ensuite, c'est manquer l'effet suggestif que l'on se propose.

RÉCEPTIVITÉ ET MEDIUM

Les véhicules de publicité. — Nous avons vu que le milieu influe sur l'individu ; il nous faut donc utiliser ce milieu pour valoriser notre suggestion. Nous procéderons comme l'on fait d'habitude lorsqu'on veut faire parvenir un message à quelqu'un que l'on ne connaît pas. C'est un tiers, connu du récepteur, qui se charge de la démarche.

Nous avons à notre disposition les media qui se chargeront de la besogne. Ces media, ce sont les murs, la presse. Par murs, nous entendons tout endroit où l'on peut apposer des affiches, des tableaux, soit à l'intérieur, soit à l'extérieur.

Quant à la presse, elle englobe toutes les publications périodiques ou quotidiennes que l'on peut imaginer. Le moyen, dans ce cas, est l'annonce.

La réceptivité incertaine du mur. — Le mur engendre la réceptivité du milieu où il se trouve et influe sur nous, pour provoquer une réceptivité en harmonie.

Les différents murs provoquent ainsi des réceptivités qui sont plus ou moins nettement déterminées. Il est certain qu'entre l'intérieur du mur d'enceinte d'un vélodrome et une salle d'exposition d'objets scientifiques, il y a une différence considérable. Mais il est plus difficile de déterminer la différence de réceptivité entre les deux palissades de quartiers différents d'une même ville.

La réceptivité fixe des journaux. — La réceptivité de la presse peut être déterminée nettement par le medium. Chaque medium a une allure particulière et représente un programme franchement accusé.

Quel que soit le « moi », le fait pour tout homme d'ouvrir un journal et de le lire altère sa personnalité et crée chez lui une réceptivité momentanée nouvelle.

Lorsque nous lisons un journal scientifique, notre réceptivité s'ouvre à tout ce qui touche les sciences et se clôt à ce qui est en dehors.

Alors la politique cesse de nous intéresser, la musique nous est indifférente, et même ce qui a trait à nos besoins les plus immédiats n'a qu'une action très secondaire.

Il est donc nécessaire de bien tenir compte que chaque medium spécial engendre une réceptivité.

Les journaux politiques quotidiens ont une réceptivité qui a trait à leur but principal; mais, comme ils s'occupent de quantités d'autres choses et que leurs colonnes sont ouvertes à tout, on peut dire qu'ils ne ferment pas, d'une façon absolue, la porte aux autres réceptivités. Néanmoins ils constitueront une véritable occlusion à quelques réceptivités tout à fait particulières.

Les journaux techniques engendrent une réceptivité qui est exclusivement celle du but qu'ils poursuivent. Plus un organe restreint son champ, plus la réceptivité qu'il crée est définie, et plus l'action de la suggestion sera précise et effective. C'est une chose dont il vous faudra savoir profiter. Nous en ferons, du reste, une étude de détail, pour chaque nature de journal, dans la partie technique de l'ouvrage.

Le rapport entre le produit, le moyen, le medium et l'acheteur. — Nous concluons de ce qui précède, que la réceptivité et la suggestion doivent être, entre elles, en rapports directs. Par conséquent le public, le medium et le produit doivent être en rapports étroits, l'action du medium étant de concentrer la réceptivité de l'acheteur éventuel sur le point d'intérêt commun qui le relie au vendeur.

Il est évident que la réceptivité momentanée engendrée serait inutile, si l'individu n'était pas acheteur probable du produit annoncé.

Nous illustrons, du reste, à l'aide d'un schéma (*fig.* 30), les divers rôles que jouent entre eux les moyens et les media. Vous verrez comment le produit suggère par le moyen, alors que le medium prépare la réceptivité.

Dans certains cas, faute de medium adapté au produit à vendre, il sera bon de confier à une suggestion indirecte très vive et très visible le soin de compléter l'action imparfaite du medium. Dans d'autres cas, ce sera à la suggestion directe qu'incombera ce soin.

Mais, en réalité, le but du moyen consiste essentiellement à profiter de la réceptivité momentanée créée par le medium et à toucher, dans la réceptivité générale de l'individu, le point où se trouve le besoin immédiat ou latent.

Retenez bien cette dernière phrase, car c'est celle qui vous donne la clef de la publicité effective.

De cette façon, vous arriverez à réaliser le but unique de la publicité, c'est-à-dire à mettre un raisonnement tout fait au cerveau de l'acheteur dans votre intérêt.

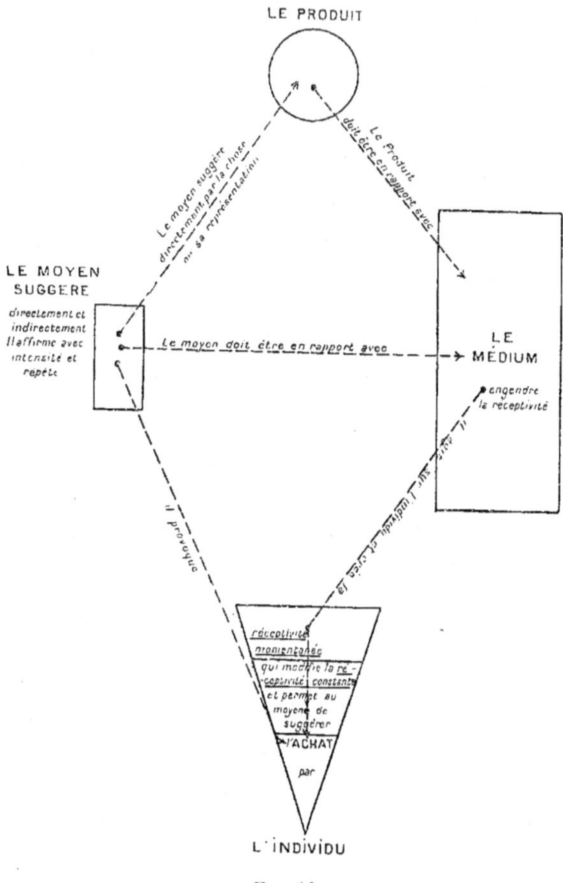

Fig. 30.

X

INHIBITIONS

Il est des suggestions inefficaces et dangereuses de même
que de mauvais états de réceptivité. Il faut donc connaître le principe de leur action.

ERREURS

Délimitation de la suggestion et de ses empêchements. — Dans les chapitres précédents nous avons vu ce que vous devez faire vis-à-vis de l'acheteur ; nous allons étudier maintenant ce qu'il faut éviter. Suivant l'expression anglo-saxonne, ce sont les « do » et les « don't » qui permettent d'éviter souvent bien des erreurs regrettables.

On pourrait croire qu'il suffit de maîtriser la partie active, de la posséder à fond pour ne pas commettre de fautes. Malheureusement l'homme a tôt fait de franchir la limite factice qui sépare le « faites » du « ne faites pas » et, si rien ne lui oppose une barrière, il risque d'aller trop loin. Il nous a paru indispensable non pas de dire toutes les choses qui sont nuisibles à l'effet de la publicité suggestive, mais celles qui demandent à être mises en évidence. Leur principe, du reste, est presque toujours le même. Une fois que vous connaîtrez le mécanisme des inhibitions les plus graves, il vous sera facile de connaître, par assimilation, les moins importantes dont l'emploi est moins dangereux pour vous.

L'inhibition, erreur de théorie. — Les media, ainsi que nous le savons, créent une réceptivité momentanée qui leur est propre. De leur côté les moyens suggèrent. Or l'on peut commettre des erreurs de medium, tout comme de moyen et, dans le moyen, les facteurs qui contribuent à son action peuvent créer de véritables oppositions à l'effet cherché et provoquer des réactions.

C'est ainsi que la rédaction et l'illustration peuvent provoquer le jeu du libre arbitre, au lieu de suggérer, si elles n'ont pas été conçues dans les règles. Elles entraînent ainsi soit la réflexion, soit le réflexe de défense. Les inhibitions à l'action de la réclame sont des erreurs de principes qu'il faut bien se garder de confondre avec les fautes de technique. Leur importance est souvent bien plus grande. La faute de technique diminue le rendement dans une proportion notable mais ne compromet jamais entièrement l'effet d'un moyen où les principes sont appliqués. Par contre, l'inhibition contrarie l'effet suggestif, et peut, dans certains cas, compromettre totalement la meilleure technique.

INHIBITIONS DIRECTES

Erreur de medium ; mur et presse. — Parmi les inhibitions à l'effet suggestif, se trouve en premier lieu l'erreur de medium.

Si grossière que paraisse cette erreur, elle n'en est pas moins très fréquente. Vous voyez ainsi des affiches de pianos de luxe dans des quartiers ouvriers où il n'y a pas d'acheteurs possibles, et nous avons relevé des affiches de moteur à gaz sur des murs avoisinant les Champs-Élysées, sans qu'aucune exposition dans ce quartier ne vienne justifier leur présence.

L'erreur de mur n'est, en général, que relative. Celle de journal est plus importante. Nous avons vu des journaux de cuisine contenir des annonces de machines à écrire et des journaux d'affaires véhiculer des annonces de chocolat. Quels que soient les motifs qui aient présidé à cette élection de domicile, la manœuvre est condamnable. La dame qui se délecte à la lecture des travaux culinaires ne songe pas à une machine à écrire. Cette dernière serait bien mieux dans un medium de distraction générale, de délassement, ou dans un journal d'ouvrages de dames. En effet, l'on peut supposer que les annonceurs en question visaient leurs élégantes lectrices seulement, et non leurs maris, car alors la faute eût été grossière.

Dans le même ordre d'idées se trouve l'annonce du dernier roman dans un journal technique, professionnel ou scientifique. Ceux qui commettent cette erreur n'ont pas d'argument à mettre en avant. La théorie qui consiste à dire que : plus on touche d'individus dans le maximum de circonstances, plus on a de chances de suggérer, est fausse. Des annonceurs raisonnant ainsi nous semblent vouloir jouer à pile ou face. Ils devraient éviter l'erreur de medium, ou l'utilisation de media non adéquats, parce que leurs ressources budgétaires ne peuvent s'accommoder d'un tel gâchis. Leur but est de chercher à dépenser le minimum pour encaisser le maximum. Il y a dans la presse suffisamment de media, engendrant des réceptivités déterminées, pour que l'on puisse toucher tous les acheteurs possibles.

Inhibitions de circonstances. — A côté de l'inhibition provenant du medium, c'est-à-dire de l'erreur de réceptivité momentanée, viennent se placer des inhibitions de circonstances : celle du temps, plus particulièrement. Certains articles demandent une publicité d'opportunité, de saison. Les asperges annoncées dans un journal au printemps sont à leur place et suggèrent. L'annonce d'asperges en hiver, bien qu'elles viennent sous serre à cette époque, aura un rendement proportionnellement moindre, car la réceptivité n'est pas alors ouverte pour ce légume. C'est là qu'il faudra, dans le moyen, une certaine habileté rédactionnelle ou de mise en scène pour rétablir la balance à l'aide d'une originale association de faits. La même remarque s'applique aux glacières, dont la réceptivité momentanée la plus intense s'enregistre l'été.

Certaines erreurs ne sont pas des fautes absolues. Du reste l'annonceur, même le plus ignorant, a le sens de ce qui lui est nettement défavorable. En veillant attentivement à proscrire les fautes en apparence secondaires, celui qui fait de la publicité y trouvera un rendement inconnu, sans dépenses supplémentaires.

Erreur de moyen. — L'inhibition créée par l'erreur du moyen est assez rare. On voit souvent l'affiche employée inutilement ; la circulaire a parfois pris la place qui revenait à l'annonce. Ce que nous avons le plus souvent enregistré, c'est l'emploi exclusif d'un moyen, alors que ce moyen devait être secondé par un autre. Les autres fautes principales sont imputables à la constitution du moyen. Ce sont soit de mauvaises suggestions, soit des atteintes à la réceptivité constante composée du « moi » matériel et du « moi » intellectuel.

La neutralité. — La première inhibition peut s'appeler la neutralité. Elle a trait aussi bien à la rédaction qu'à l'illustration du moyen, qu'à sa présentation. Dans l'annonce, le type de la neutralité est la rédaction sous forme d'enseigne, écartant l'allure verbale active et suggestive. Ces annonces ne sont que des mots alignés, sans aucune action spéciale sur le lecteur. L'illustration falote est du même genre ; pourtant elle a l'avantage d'exprimer, malgré elle, ce qu'elle doit dire. Quantité de textes imprécis, amorphes, sont des neutralités qui manquent de l'énergie nécessaire pour suggérer l'achat.

La publicité industrielle française, par on ne sait quel faux esprit de traditionalisme, s'est évertuée à conserver cette forme désuète et inopérante. Quelques annonceurs sortent de cette banalité sans forme pour tomber, sous prétexte d'américanisme, dans des travers plus dangereux. La neutralité ne suggère pas, mais elle a cet avantage, c'est qu'elle ne nuit pas. Pour parer à ses mauvais effets, vous n'avez qu'à appliquer la méthode : répéter la suggestion intensive directe ou indirecte dont vous disposez pour ce faire.

Monotonie. — Parallèlement à la neutralité se place la « monotonie ». « L'ennui naquit un jour de l'uniformité », a dit un littérateur qui n'avait pas prévu la publicité suggestive. Cet homme a raison, même à notre époque. Tout ce qui ne se meut pas, ne change pas, engendre l'ennui, et l'ennui est un des meilleurs moyens de rendre inefficace la publicité.

En quoi une réclame peut-elle être monotone ?

— En ce fait que le moyen ne change pas d'allure, en ce fait qu'il n'y a pas diversité dans l'emploi des moyens. Il faut parfois varier et mettre une teinte d'originalité qui rende vivante votre publicité. Une annonce immuablement la même perd de plus en plus de son effectivité.

Les exemples contraires en apparence ne peuvent se justifier.

Le mécanisme de l'inhibition par monotonie se comprend facilement.

La laideur humaine, par exemple, qui provoque la répulsion, à première vue, n'a plus aucune action sur l'individu qui la voit chaque jour. Quant à la beauté, à force de la contempler, on finit par la trouver fade. Toutes les impressions non renouvelées s'usent. Il faut quitter pendant quelque temps, les gens beaux ou laids que l'on connaît pour les juger ensuite tels qu'ils sont en réalité.

L'annonce n'échappe pas à cette loi de l'accoutumance.

Si intense et suggestive qu'elle soit lors de son apparition, elle s'use, car il ne faut pas oublier que le cerveau humain s'habitue à tout et s'accommode de tout.

La première raison, c'est que l'œil lui-même, cet instrument de transmission, finit par s'oblitérer à certaines sensations répétées que rien ne vient modifier. Très fidèle, il transmet au cerveau toutes les sensations, mais à la condition que celles-ci viennent l'exciter. Nous allons rendre notre proposition objective par un exemple.

Lorsque vous avez voyagé étant enfant, ou plus tard lorsque vous êtes allé à l'étranger, vous avez été étonné à première vue par des locomotives à l'aspect étrange parfois, nouveau toujours pour vous. A ce moment l'excitation cérébrale du fait de l'intensité de la nouveauté vous aurait permis de donner une spécification approximative de la machine.

C'est cette impression qu'a ressentie le voyageur de banlieue ou du chemin de fer de ceinture la première fois qu'il a pris son train. Cependant ce voyageur, qui fait le trajet plusieurs fois par jour pendant des années, voit constamment les mêmes machines ; au bout d'un certain temps, il est incapable de dire la caractéristique de la locomotive. La monotonie de la vue a engendré l'oblivition. Il faut qu'une machine totalement nouvelle dans sa forme soit attelée au train pour que le voyageur de banlieue enregistre à nouveau, dans son cerveau, la valeur « locomotive ».

Cet exemple ne serait pas vrai pour des mécaniciens ou des ingénieurs qui attachent leur attention journellement aux organes de la machine. Il est d'une justesse merveilleuse pour le public qui reçoit la publicité comme il voit les locomotives, c'est-à-dire très incidemment dans son existence.

FIG. 31. — Hauteur de l'original : 17 centimètres.

Pas de suggestion illustrée par la chose et l'action. On peut supposer la présence du résultat. La ligne d'orientation demande à être inversée, le sujet au lieu d'être à droite devrait être à gauche. La phrase « Gardez vos vilains cheveux gris » est inhibitrice. Suggestion indirecte par un visage agréable.

Il faut donc que vos moyens soient constamment modifiés dans leur allure, leur conception, leur présentation, leur rédaction.

L'inhibition par monotonie, insignifiante en apparence, est le défaut de la publicité de certaines maisons. Elles se sont lancées par une réclame parfaite au début, mais l'ayant conservée sans modification, elles ne comprennent pas comment et pourquoi, au bout de quelques années, les affaires ne vont plus.

La monotonie présente un inconvénient capital. C'est, au fur et à mesure que vos suggestions décroissent d'intensité — car c'est une faute contre l'intensité qui a été commise — de laisser place à des suggestions plus intenses, émanant d'annonceurs plus audacieux, parmi lesquels vos concurrents se trouvent parfois.

Bien entendu, il faut rompre la monotonie. Mais l'enchaînement entre les divers moyens comme entre les diverses séries d'un même moyen doit être parfait. Le tout doit conserver un air de famille.

Exagération. — Continuant l'examen des inhibitions d'origine suggestive, nous trouvons l'exagération que les Américains ont appelé le bluff.

L'affirmation n'est bonne en suggestion qu'autant qu'elle peut se réaliser. Reprenant ici notre parallèle médical, vous verrez que, si le psychiâtre risquait une affirmation par trop osée et irréalisable, son sujet s'en apercevrait et il y aurait réaction.

Vous pouvez nous dire qu'en exagérant, votre intention est louable, car votre produit est parfait. Si réellement il en est ainsi, inutile de forcer l'ampleur de l'affirmation, car le consommateur finirait par s'apercevoir à un moment ou à l'autre que vous exagérez.

Lorsque l'exagération est banale, vous passez pour un Gascon, ce qui ne sera pas au crédit de votre marchandise. Si l'exagération est outrée, vous avez semé la déception et l'on vous supposera presque de mauvaise foi. L'exagération n'est bonne qu'une fois ; elle ne peut se renouveler. Tous les annonceurs honnêtes suggèrent par des affirmations qui, si elles sont des constatations anticipées de faits pour l'acheteur, sont des réalités acquises pour lui. Il peut les prouver. La qualité et la valeur de vos produits ne sauraient être surfaites. Nous en recauserons à la technique.

Mensonge. — Après l'exagération, son hypertrophie : le mensonge. Nous n'avons pas à parler à nos lecteurs de cette faute qui n'est pas de leur domaine. Il nous faut malgré cela effleurer le sujet, car nous avons souvent entendu dire : « Il n'y a que les voleurs qui réussissent ; regardez la publicité de tel et de tel !.. »

Nous venons de le formuler, l'exagération est mauvaise : une fois seulement, l'acheteur peut être dupé. Regardez de près ceux qui vendent l'orviétan sous forme de sortilèges ou de ceintures électriques. Certes ils édifient des fortunes, mais leur commerce n'est possible qu'en saignant à vif le client une seule fois. L'acheteur dupé n'ose jamais se plaindre de peur du ridicule, mais comme le corbeau, il jure qu'on ne l'y reprendra plus. Non seulement sa méfiance est ouverte à l'action de la mauvaise publicité, mais à celle de toute la publicité.

Tout produit dont la consommation se renouvelle ou qui doit vivre sur une réputation, toute transaction commerciale se perd du fait qu'elle emploie le mensonge. Bien que l'acheteur volé n'ose le dire, il se fera un devoir de crier *urbi et orbi* que vos produits ne valent rien. Le mensonge provoque la réaction, le réflexe de défense après que la première vente suggérée a été accomplie.

La constatation de ce qui précède nous a amené à plusieurs reprises à déclarer qu'une maison vendant des produits à « consommation renouvelée » et ayant fait de la publicité soutenue pendant trois ou quatre ans, est *a priori* une maison sérieuse en qui le public peut avoir confiance. Si elle avait fait des dupes, elle n'existerait déjà plus.

Affirmation interjective. — Nous avons reconnu la nécessité du raisonnement tout fait mis au cerveau par l'affirmation. Que d'annonceurs pèchent pour ne pas garder présent à la mémoire ce principe essentiel ! Le comble, c'est lorsque, pour renforcer l'affirmation, le concepteur d'annonce emploie

Fig. 32. — Hauteur de l'original : 15 centimètres.

le mot « oui », qui ne s'adresse à personne et qu'il oppose l'affirmation à l'affirmation. L'annonce ci-contre (*fig.* 32) en est une preuve flagrante. L'affirmation des qualités d'un des produits de l'annonceur vient balancer, détruire, les affirmations du début pour un autre produit du même annonceur.

Interrogation. — La règle de l'affirmation dans l'exemple ci-dessus était exagérée. Elle est complètement méconnue lorsque l'annonceur emploie l'interrogation. Ce mode rédactionnel est fréquemment utilisé, ce qui pourrait permettre à ses partisans de déclarer qu'en conséquence il est bon. Malheureusement il n'en peut être ainsi, et il suffit de vous prendre vous-même comme exemple pour que vous soyez fixé.

Si nous vous posons une question comme la suivante : « Que pensez-vous de notre livre ? » nous provoquons chez vous le besoin de réfléchir avant de formuler votre réponse.

Ce que vous faites, tout acheteur éventuel le fait aussi devant une phrase interrogative telle que : « Êtes-vous mécontent de votre éclairage ? » (*fig.* 33). Il est vrai que l'annonceur qui emploie l'interrogation a pour excuse apparente l'emploi simultané du « pourquoi » et du « parce que » correctif. Mais, alors même que la réponse serait donnée à la

Fig. 33. — Hauteur de l'original : 8 centimètres.

suite de l'interrogation, vous avez sollicité la réflexion, provoqué le jeu du libre arbitre. Il est trop tard pour empêcher celui-ci de fonctionner et d'opérer en sens contraire de votre publicité.

La suggestion médicale, base de notre théorie, ne saurait exister s'il y avait question ; c'est la négation même de son principe. Il en est ainsi en publicité suggestive.

Pas d'interrogations, mais seulement des constatations de faits qui mettent à l'aise le cerveau naturellement paresseux et lui évitent tout travail. Dans le cas de l'annonce ci-dessus, nous aurions dit : « Votre éclairage n'est pas parfait. Nous vous l'améliorerons, etc… »

Voilà qui ne provoque pas de travail cérébral, puisqu'il ne s'agit que de constatations de faits, dont l'une seulement, la dernière, est anticipée.

Dialogue. — Procédant du même esprit que l'interrogation, le dialogue participe à l'action de celle-ci. Le dialogue, en effet, appelle l'attention de l'annonceur et l'oblige à un effort cérébral. Il peut être plus mauvais que l'interrogation pure et simple, car il montre une discussion que le cerveau du public a toute tendance à accepter dans ses parties opposées à votre raisonnement et qui semblent défendre l'intérêt de l'acheteur. Il se produit en plus chez celui-ci le même travail que nous faisons à notre insu, lorsque nous entendons une discussion. Nous nous érigeons en juge et prenons parti pour l'un ou l'autre. Or la publicité n'a pas pour but de faire juger des produits, mais bien de les faire acheter. Le seul jugement à permettre au public est celui de l'essai de vos produits. Cet essai doit être la confirmation de vos affirmations suggestives.

Comparaison. — L'inhibition devient dangereuse lorsqu'on se lance dans la comparaison. Alors même que l'on ne nomme pas son concurrent, le fait d'employer des comparatifs dans une annonce oblige le lecteur à vérifier si la proposition qu'on lui soumet est exacte, chose qu'il a trop de tendance à faire lui-même pour qu'on l'y encourage.

Nous examinerons spécialement ce point à la rédaction, mais dès maintenant songez que tout ce qui peut inciter au raisonnement est une arme contre vous.

Formule impérative. — Pour clore la série, nous avons réservé la formule impérative brutale. Ici nous avons le regret d'être en contradiction formelle avec tous les théoriciens de publicité, mais, il suffit d'un peu d'attention pour voir où est la solution juste.

Nous avons parlé des avantages de l'affirmation, de la constatation de faits anticipés. Nous nous sommes appuyés sur l'école de Nancy, rejetant comme grossiers, sinon comme grotesques, les procédés de charlatans qui sèment l'hypnose à coups d'ordres tels que : « Dormez !... dormez !... je le veux !... » Nous laissons ce mode opératoire aux romans et, comme le psychiâtre, nous nous contentons de dire en publicité : « Vous dormez, vous êtes réellement endormi, vous dormez profondément. » Toutes nos affirmations n'ont rien d'impératif, car elles ne suggéreraient pas.

Alors que les inhibitions examinées précédemment provoquent la réflexion, c'est-à-dire une étude de la proposition soumise, la formule impérative engendre spontanément le réflexe de défense, la réaction complète.

Vous avez vu avec quel soin nous avons recommandé la gradation des affirmations s'étayant les unes sur les autres, nous ne pouvons donc que vous déconseiller toute formule impérative ou même toute affirmation brutale non préparée.

INHIBITIONS INDIRECTES

Les inhibitions que nous venons d'étudier ont trait au mode opératoire suggestif direct. Il en reste d'autres, aussi graves, ayant trait à des oppositions à l'action suggestive indirecte. Ce sont celles qui viennent heurter le « moi » intellectuel avec tout ce qu'il contient de tendances au beau et à l'idéal.

Nous savons que nous valorisons notre publicité en restreignant le champ de la suggestion directe par la suggestion indirecte créant le milieu. Toute dérogation à cette règle est une inhibition souvent fâcheuse.

Antipathie. — La sympathie et la confiance que, par son aspect, doit engendrer la publicité ne peuvent être obtenues lorsque l'annonceur emploie des procédés ou des moyens qui déterminent l'antipathie. Les illustrations mal faites, déformées par un tirage mauvais, contribuent à impressionner défavorablement le « moi », qui tient à être considéré comme supérieur à ce qu'il est réellement.

C'est dans cet ordre d'idées que la présentation luxueuse d'une brochure sera très bonne dans les milieux riches, mais sera non moins bonne dans les milieux ouvriers, qui considéreront la chose comme un hommage au goût qui se cache sous leur robustesse. La sympathie sera engendrée. Il faut des hochets aux enfants, même lorsqu'ils sont des hommes.

Erreur de milieu. — L'inhibition indirecte la plus fréquente est celle du milieu, dans laquelle tombent la plupart des annonceurs.

L'annonce Byrrh (*fig.* 34) en est un exemple typique.

D'une façon générale, le public qui monte au mât de cocagne ne représente pas la catégorie sociale de consommateurs recherchée par ce vin. Si quelques-uns de ses consommateurs peuvent monter au mât de cocagne, il en est quantité d'autres que la représentation de ce milieu peut gêner. Pour notre part, nous associons mal le Byrrh à ce qui peut être une réjouissance populaire.

La faute est d'autant plus grande que l'annonce en question est extraite de l' « Illustration », journal illustré créant une réceptivité de beaucoup supérieure, au point de vue social, à celle que semble solliciter le Byrrh. Les lecteurs de cet organe ont de la peine à se reconnaître occupés à monter sur un mât suiffé alors qu'ils seraient séduits par la présence d'un consommateur élégant et de bon ton.

La même inhibition se retrouve dans l'annonce de la Flanelle de santé flamande (*fig.* 35).

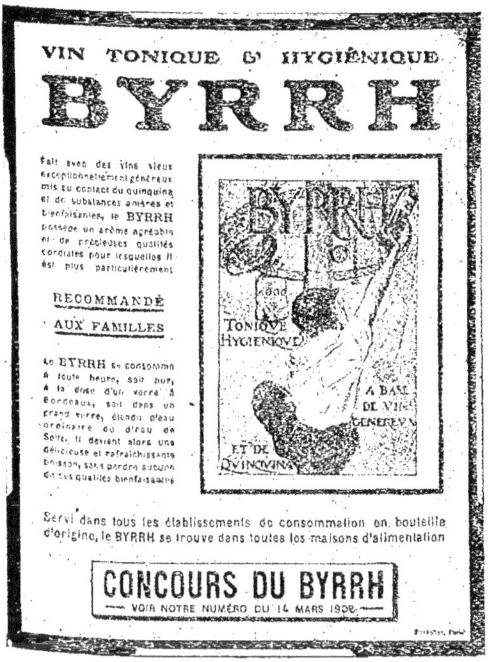

FIG. 34. — Hauteur de l'original : 17 centimètres.

Le milieu de l' « Illustration » d'où, comme la précédente, est extraite cette annonce, n'est certainement pas composé de gens en blouse. Le fait de voir un homme en blouse nous vanter un produit semble limiter le champ d'action de l'annonce à cette clientèle spéciale. Comme conséquence, un milieu plus élevé ne s'intéressera pas au produit annoncé. Par contre l'annonce eût été effective si, suivant l'exemple de Rasurel (*fig.* 36), elle nous eût montré un homme fort, beau, bien portant qui peut nous ressembler ou ressembler à ceux que nous fréquentons. Nous ne visons dans cette dernière annonce que la suggestion indirecte du milieu par l'homme, sans envisager la technique et la présentation originale. Les inhibitions de cet ordre d'idées ont toutes l'erreur du milieu à leur base. Elles sont commises, en général, par les illustrateurs et nous les examinerons en détail plus loin.

Un critérium. — Nous avons dit tout ce que vous

FIG. 35. — Grandeur naturelle.

devez faire et éviter au point de vue théorique. Nous tenons toutefois à présenter dans une annonce une justification de ce que nous avons

Fig. 36. — Hauteur de l'original : 40 centimètres.

étudié. La technique de cette annonce est parfaite, mais nous n'avons pas à nous en occuper pour l'instant.

Dans l'annonce « Country Life Tobacco » (*fig.* 37), c'est-à-dire le Tabac de la vie à la campagne, nous retrouvons en effet la suggestion directe par la chose en action, avec ses résultats, c'est-à-dire le tabac fumé avec plaisir par l'amateur.

La suggestion indirecte créant le milieu est parfaite : c'est la vie à la campagne dans tout ce qu'elle a de calme, dans tout ce qu'elle procure de jouissances paisibles. Le sommeil évident du chien, l'activité des abeilles que l'on sent bourdonner autour des ruches, donnent au décor une touche de réalité complète.

Fig. 37. — Hauteur de l'original : 15 centimètres.

A regarder ce tableau, on a l'impression que ce tabac mérite bien son nom. La suggestion est complète, douce et ne contient aucune inhibition.

La pointe d'humour que le dessinateur a mise dans son travail ne fait que lui donner un cachet propre, une facture indépendante qui sortent le dessin de la banalité.

Cette annonce est une des très rares répondant à nos desiderata. Nous regrettons qu'elle soit d'origine anglaise.

LIVRE III

TECHNIQUE GÉNÉRALE APPLIQUÉE

XI

LE TECHNICIEN DE PUBLICITÉ

Vous pouvez devenir un spécialiste compétent en matière de publicité.

Rôle nouveau. — Il ne suffit pas d'avoir de bonnes théories ou d'excellents moyens, il faut savoir les appliquer. C'est le technicien de publicité qui est l'homme destiné à remplir cette importante fonction.

La publicité a déjà donné naissance, en France, à de nombreux emplois : les agents, les courtiers, les fermiers. Les auxiliaires de tous genres : artistes, lithographes, typographes, etc..., qui gravitent autour d'eux sont presque légion. Seul, le technicien de publicité est récent et rare, très rare même. Et pourtant, n'aurait-il pas dû apparaître depuis longtemps pour donner une direction utile aux milliards que la réclame absorbe?

A l'étranger, en Angleterre, en Amérique, les techniciens existent grâce aux écoles spéciales et à l'expérience acquise; cependant nous devons déclarer que bien souvent leur technique est incertaine et hésitante.

Il faut attribuer, en France, le manque de spécialistes, tout d'abord, au fait que personne n'y a, jusqu'ici, étudié spécialement la publicité, et peut-être doit-on trouver une raison de la rareté du technicien dans le fait des qualités que la profession exige. Cela ne veut pas dire qu'il y ait des difficultés énormes à surmonter pour devenir bon technicien. C'est simplement une profession qui, comme tant d'autres, réclame des études sérieuses avant d'être pratiquée.

Certains, ne voyant que l'originalité, pensent qu'il faut des dons naturels pour réussir en réclame. Nous sommes d'un avis différent et, avec de la volonté, toute personne intelligente peut se spécialiser efficacement dans la publicité et apprendre à pratiquer l'originalité. Cette valeur spéciale s'acquiert quand on en connaît le mécanisme.

Il est donc doublement intéressant d'examiner le bagage que doit posséder un technicien dé la réclame. Les annonceurs sauront ce qu'ils peuvent en attendre, et les jeunes qui désirent s'adonner à une science aussi indispensable et intéressante connaîtront le programme et le cycle d'études qu'ils doivent suivre.

Sa raison d'être. — Tant que la publicité a été faite d'une manière empirique et sans s'appuyer sur les lois établies, tant que les contrôles n'ont pas permis de vérifier le rendement des annonces, le technicien n'a pas existé ; il n'y avait alors que des annonceurs travaillant au petit bonheur. Le concepteur et rédacteur rationnel apparaît au moment où la concurrence se faisant sentir, chacun cherche à tirer un meilleur parti de tous ses moyens, et de même qu'on met un spécialiste à la tête de chaque département, de même le bureau de publicité devient autonome et reçoit un chef technique.

Les maisons qui ne peuvent s'attacher exclusivement un chef de publicité s'adressent aux spécialistes qui ont fait leurs preuves, et dont le mode de travail est identique à celui des ingénieurs-conseil. Ces spécialistes ne représentent en général que de hautes valeurs qui, ayant conscience de leur acquit spécial, préfèrent ne pas être dépendants d'une maison et garder leur liberté. En ne se cantonnant pas, du reste, dans une entreprise, leur expérience personnelle s'accroît de toutes les affaires qu'ils ont conduites au succès. Ce sont les « Advertisement Consultants » des Anglo-Saxons groupés en Sociétés fermées, tendant à donner à cette carrière un caractère de haute honorabilité. Les quelques Conseils en Publicité français songent à imiter cet exemple.

Les États-Unis qui nous ont précédés dans la voie de la publicité intensive n'ont pas manqué d'avoir bien avant nous des chefs de publicité, des « advertising managers » dont les fonctions sont souvent prépondérantes dans les firmes qui les emploient et qui se les attachent par des émoluments dignes des plus hautes fonctions que nous ayons en France.

Le technicien de publicité existe donc de par la force du progrès et, dans quelques années, il se multipliera. Les valeurs seront différentes suivant les individus, mais les annonceurs auront à leur disposition ce qui leur manque à l'heure actuelle, c'est-à-dire le Conseil indépendant et valorisateur de leur publicité.

Le rôle de technicien est d'ailleurs de la plus haute importance. N'oublions pas que la publicité est l'ensemble des moyens de vente où n'intervient pas personnellement le vendeur. Le technicien qui s'adresse au public par la voie de la réclame se trouve être ainsi le directeur commercial des maisons qui l'emploient.

Il a, en somme, comme département spécial de vente, les clients du dehors, qui ne peuvent acheter directement à l'employé de la maison ; en outre, il facilite au plus haut point la vente directe, en amenant, dans le magasin, le client qu'il a presque décidé à l'achat.

Ces quelques données permettent de comprendre l'importance du rôle du technicien de publicité et l'étendue des connaissances que doit posséder un spécialiste.

Connaissances commerciales étendues. — Il serait certainement prétentieux de dire qu'il doit tout connaître, mais il n'en est pas moins vrai qu'il doit posséder un bagage extrêmement varié. D'une part, ses rapports avec les chefs de maisons exigent de lui toutes les qualités d'un commerçant à la compréhension facile et au jugement sûr. D'autre part, l'application des méthodes publicitaires ne peut être faite que par un homme qui a fait une étude approfondie de la psychologie, qui possède à merveille la langue dans laquelle il rédige et dont le cerveau a des conceptions originales et puissantes.

Ajoutez à ces qualités la possession entière de la technique de la publicité, qui fera l'objet des chapitres suivants. Celui qui aura réuni un tel bagage sera le véritable spécialiste en qui vous pourrez avoir confiance.

Lorsqu'un annonceur s'adresse à un technicien, il lui arrive très souvent de dire : « Je vais faire de la publicité pour tel et tel produit. Qu'est-ce que vous me conseillez de faire ? » Dans le cas actuel, l'annonceur se confie au spécialiste comme un malade à son médecin, avec cette différence que les questions de publicité sont, dès maintenant, mieux connues que les questions médicales.

Le technicien doit donc être capable de se mettre à la place du commerçant ou de l'industriel et de résoudre le problème comme il le ferait s'il était chef de maison. On lui expose l'affaire, on lui fait connaître les points forts et les points faibles de l'entreprise, l'article qu'il faut pousser de préférence, en un mot on le met au courant de tout.

L'on se rend compte de suite que le technicien à qui on soumet un problème aussi complexe doit avoir des connaissances générales assez étendues pour ne pas perdre un temps précieux : il lui faut donc des lumières sur toutes choses. Car il faut se rendre compte qu'il traite avec des gens de professions très diverses : un jour, c'est un fabricant de tôles ondulées qui a recours à ses services, ensuite c'est un pharmacien, puis un éditeur, un fabricant de machines à coudre, un propriétaire de vignobles, un marchand de phonographes, etc. Il faut s'assimiler rapidement les affaires de ces clients qui sont essentiellement différentes et pour l'exposé desquelles l'annonceur emploie naturellement les termes techniques de sa profession qui ne peuvent qu'obscurcir l'entretien.

A l'ampleur des connaissances, le technicien doit joindre un remarquable esprit de compréhension clair et rapide. Pour arriver à ce résultat, il faut une grande expérience des affaires, de plusieurs genres d'affaires ou une éducation commerciale des plus développées. Les deux ne peuvent que contribuer à former l'homme prédestiné à être technicien de publicité.

Compréhension et exécution rapide. — Laisser parler l'annonceur est une bonne chose. Mais, en condensant toutes ses explications, il lui arrive d'être presque toujours incomplet, volontairement ou non. Le vrai spécialiste ne doit pas se contenter de ces explications insuffisantes ; il faut maintenant qu'il fasse parler son patron ou son client, qu'il l'interroge parfois sans trop le laisser paraître. Celui-ci oublie souvent des points qu'il considère comme secondaires, tellement il les connaît, mais qui sont importants pour la clarté du sujet et pour influencer le public.

Une fois les éléments en mains, le technicien doit être à même de prendre une décision. Or celle-ci porte sur de multiples solutions qu'il faut établir d'abord et ensuite entre lesquelles il convient de choisir. C'est ici qu'un jugement sain est nécessaire. Il faut que le technicien soit un homme pondéré et sachant pourtant aller de l'avant. De sa décision dépend, en partie, le rendement de la future publicité.

En résumé, vis-à-vis du commerçant, le technicien doit posséder les véritables qualités de l'homme d'affaires.

Après la solution des questions préliminaires, il faut passer à l'exécution.

Style et art. — L'un des points qui paraissent d'ordinaire le plus faciles à faire à l'annonceur est la rédaction. Rédiger est pour lui entasser. Pour le spécialiste, c'est bien différent : la rédaction est chose délicate, car elle doit varier suivant l'état de réceptivité, le produit et la répétition de l'annonce. Il faut adapter son style à toutes les circonstances. Il n'est pas nécessaire d'être un puriste, encore moins de faire de belles périodes. Ce qui est indispensable, c'est de l'énergie ou de la finesse se cachant sous un style qui peut paraître ordinaire, mais qui doit être facile à lire, imagé et compréhensible pour tous. Une annonce n'est pas un morceau d'académicien.

Ensuite, la disposition et le choix des caractères exigent un goût très sûr qui ne doit pas être mis en défaut. Au premier abord, ce sont des points qui paraissent sans importance pour les uns et d'une grande simplicité d'exécution pour les autres. Que chacun essaie pour voir les difficultés que l'on rencontre et les tâtonnements qui durent à l'infini. Un alignement malheureux, un manque d'aération détruisent l'unité d'une conception et la rendent incohérente.

Enfin, l'illustration, qui est d'un effet si heureux en publicité, ne peut être maniée que par un homme ayant des goûts artistiques et une connaissance suffisante des règles de l'art pour faire exécuter les dessins utilisés par la réclame. Il faut, en effet, que celui qui rédige et qui dispose le texte voie clairement l'illustration qui viendra augmenter la puissance de ce qu'il écrit. Les deux choses doivent être fortement unies pour qu'on ne craigne pas une dissimilitude qui pourrait aller jusqu'à créer une inhibition. L'artiste doit ici être guidé et, au besoin, corrigé par le technicien, pour que leur collaboration soit efficace.

L'homme d'affaires qu'est le spécialiste de publicité doit donc avoir un style qu'il peut marier utilement avec les illustrations de la réclame qu'il exécute.

Connaissance de la psychologie. — Toutes ces connaissances ou qualités, quelque importantes qu'elles soient, demandent à être complétées par une étude préalable de la psychologie.

En effet, le technicien, dans ses rapports indirects avec la clientèle, s'adresse à des classes d'esprit différent ou à des personnes dont la mentalité varie d'après les media qu'ils lisent. Il doit savoir ce qui influencera les lecteurs du Grand Illustré aussi bien que ceux du Petit Populaire. Les clientèles sont également intéressantes à toucher, suivant l'article que l'on désire vendre. Le spécialiste doit être capable de s'adresser aussi bien aux uns qu'aux autres, et pour cela il doit avoir étudié soigneusement la psychologie des foules. Dans certains cas, auprès des enfants, par exemple, et des caractères similaires, il affirmera carrément. Vis-à-vis des personnes de culture plus étendue ou de jugement plus pondéré, son affirmation prendra un caractère plus effacé mais gradué. Il ne faut pas parler à un homme aisé et ayant conscience d'être quelqu'un comme à un soldat de première classe.

Toutes ces nuances qui se reproduisent dans chaque cas, sous des formes variées, dérivent de règles immuables, mais dont l'application varie à l'infini.

Les arguments à employer, leur gradation, la manière de les présenter, diffèrent chaque fois. On ne peut que dire aux futurs techniciens : « Étudiez au préalable la psychologie. C'est elle qui, dans chaque cas, vous indiquera la ligne de conduite à suivre. »

Vouloir aborder le public par l'intermédiaire de la publicité, sans savoir comment le toucher et le prendre par la suggestion, c'est vouloir prendre du poisson sans amorce. On réussit quand le poisson y met de la bonne volonté.

Théorie et technique. — Toutes les études psychologiques et autres doivent bien entendu s'enchaîner étroitement avec l'étude de toutes les questions de publicité : la théorie suggestive de la réclame, les lois de la vision et de la lecture, les phénomènes suggestifs et inhibitoires, la possession complète des moyens et des trucs de réclame font partie du domaine du spécialiste. La documentation de celui-ci est souvent une partie de sa force. La théorie que nous avons développée dans le livre précédent est la base essentielle de toutes ses connaissances. C'est cette théorie qui permet de coordonner utilement tous les modes de réclame et de pouvoir les employer efficacement le jour où le besoin s'en fait sentir. Si on l'ignore, volontairement ou non, on ne peut qu'aboutir à l'empirisme et, par suite, à l'inefficacité de la réclame que l'on fera.

L'invention. — Ce bagage considérable d'idées et de faits permet au technicien de faire de la publicité passable, comme un bon écolier fait un bon devoir. Pour valoriser cette réclame, pour la rendre effective et puissante, le spécialiste doit en outre avoir des conceptions originales, des inventions intéressantes, des idées frappantes, sans tomber dans le domaine du baroque.

Le « Bibendum » de la Maison Michelin, certaines annonces des Compagnies de chemins de fer américaines ou du « Ivory Soap », certaines formules du Chocolat Menier, sont des trouvailles qui ont une valeur autrement élevée que celle payée pour leur insertion.

Les conceptions puissantes ne s'appliquent pas seulement à une annonce ou à une affiche, mais souvent à un plan tout entier, et c'est là que leur intensité produit les meilleurs effets, car les divers éléments se soutiennent et se valorisent mutuellement.

Le spécialiste de valeur. — En un mot, on ne s'improvise pas, du jour au lendemain, technicien de publicité. Les études préalables même que nécessite ce rôle ne suffisent pas pour le remplir d'une façon complètement satisfaisante. Il faut une longue pratique pour en posséder la maîtrise complète. On ne saurait donc prendre trop de soin pour s'attacher un bon spécialiste de la réclame. Il est presque le confident du chef de maison et son collaborateur indispensable. Aussi certains commerçants ont-ils jugé bon de les faire participer aux bénéfices pour les intéresser encore davantage aux affaires de leurs maisons.

C'est dire toute la valeur d'un bon spécialiste de publicité et l'attrait que cette profession peut offrir aux jeunes.

Il leur faudra débuter parfois d'une façon très modeste, de manière à montrer qu'ils possèdent les premiers éléments du succès pour la maison qui les emploie et pour eux-mêmes. Ils feront de simples circulaires, des brochures, des annonces isolées, pour commencer. Ils s'enhardiront et finiront au bout de quelques années par avoir cette valeur que les Yankees comprennent si bien, puisqu'ils n'hésitent pas à payer à des rédacteurs d'annonces des prix qui nous semblent fous.

Mais que les débutants se figurent bien une chose, c'est que là, comme partout, l'alphabet commence à la lettre A et que même la connaissance parfaite des règles ne dispense pas de l'expérience peu rétribuée, sans laquelle, du reste, le technicien ne saurait acquérir la chose qui lui est indispensable : la personnalité.

XII

LOIS DE LA VISION

Pour que le cerveau de l'acheteur éventuel enregistre vos
suggestions, il faut qu'il voie celles-ci. L'œil est l'intermédiaire entre le cerveau et votre publicité. Vous devez
donc connaître les lois absolues qui régissent la vision.

Le rôle de l'œil — L'œil peut être considéré comme l'unique intermédiaire entre les moyens de publicité et le cerveau. Celui-ci ne perçoit
les annonces, les affiches, les booklets, que par la vue ; aussi un aveugle
est-il une unité peu intéressante pour la réclame. Or il arrive fréquemment que le concepteur ignore totalement les lois de la vision et
opère comme s'il s'adressait à des personnes dont les organes visuels
pourraient voir à n'importe quelle distance ou deviner la présence des
sollicitations qui leur sont soumises, quel que soit l'emplacement.

Comme l'œil a un champ d'action délimité, le résultat qui découle de
ce manque de savoir est de rendre le public insensible à cette réclame,
tout comme s'il était aveugle.

C'est une grave erreur.

La visibilité. — Une affiche peut être d'une grande puissance suggestive en elle-même. Cette valeur est complètement détruite, si l'affiche
n'est pas utilement visible. Par conséquent le premier devoir d'un spécialiste est de donner aux moyens qu'il utilise une visibilité efficace,
telle que le public les aperçoive nettement.

Voilà pourquoi il est indispensable de connaître les qualités optiques
et les habitudes de l'œil humain.

Nous étudierons les premières dans ce chapitre ; les habitudes seront
examinées sous le titre de « Lois de la lecture ».

Ces éléments acquis, nous pourrons déterminer les lois pratiques qui
serviront à donner de la visibilité à la réclame.

Distance focale. — Tout le monde sait que l'œil humain donne au
cerveau l'impression d'enregistrer les choses, comme une lentille qui
aurait environ 20 centimètres de foyer. Il ne peut être question que de la

vue normale ; d'ailleurs les myopes ou les presbytes, quand ils veulent lire, corrigent leur myopie ou leur presbytie au moyen de verres modificateurs.

Cette distance focale de l'œil est mise couramment en évidence par la photographie. Quand on opère avec un objectif de 20 centimètres de foyer, on obtient une image qui, regardée de près, donne une impression presque identique à la vue directe de l'objet placé à la distance où il a été photographié.

En opérant avec un objectif de foyer bien différent, comme ceux que l'on trouve sur les petits appareils photographiques de poche, ou sur les grandes chambres noires de nos opérateurs professionnels, on obtient une perspective nouvelle, différant complètement de ce que l'on a vu.

Incidemment ceci nous permet de souligner que les annonceurs voulant faire des vues documentaires sincères, ne paraissant pas exagérées à l'œil, feront donc bien d'opérer avec des objectifs de même foyer que l'œil, soit de 20 centimètres environ.

Distance minimum de la vision distincte. — L'œil voit à des distances bien différentes, à 50 centimètres, à 10 mètres, à 100 mètres. Cette faculté de vision, distincte dans des plans éloignés l'un de l'autre, provient d'une adaptation spéciale de l'œil, appelée accommodation.

Toutefois on ne peut voir simultanément à des distances inégales ; l'œil adapté pour voir à une certaine distance ne l'est pas pour voir à une distance différente.

Quelle que soit la puissance de l'accommodation, elle ne peut pas dépasser une certaine limite et il y a une distance minimum de la vision distincte. Un objet placé à cette distance est vu sous le plus grand diamètre possible avec le maximum de détails que l'on puisse obtenir. Plus près la vue serait brouillée.

En ce qui concerne la lecture des caractères typographiques ordinaires, comme ceux de cet ouvrage, la distance minimum est de 20 centimètres environ. Nous admettrons ce chiffre, sans tenir compte des myopes et des presbytes, comme nous l'avons déjà dit.

De ces simples constatations, nous pouvons déjà tirer des renseignements intéressants.

Rapport de la hauteur à la distance. — Lorsqu'on fait de la publicité à une distance supérieure à celle exigée par la lecture ordinaire, c'est-à-dire par affiches, dans les tramways ou restaurants, le long des voies ferrées, les caractères doivent être appropriés à la distance à laquelle vous voulez faire lire vos affiches, et leur dimension s'augmente proportionnellement à l'éloignement. Le calcul est très simple.

Si (dans une annonce qui est à la distance minimum) vous mettez des caractères de 1 centimètre, pour produire le même effet, vous devrez employer des caractères deux fois plus grands à 40 centimètres environ, quatre fois plus grands à 1 mètre, quarante fois plus grands à 10 mètres, etc. C'est ce que montre la figure ci-dessous (*fig.* 38).

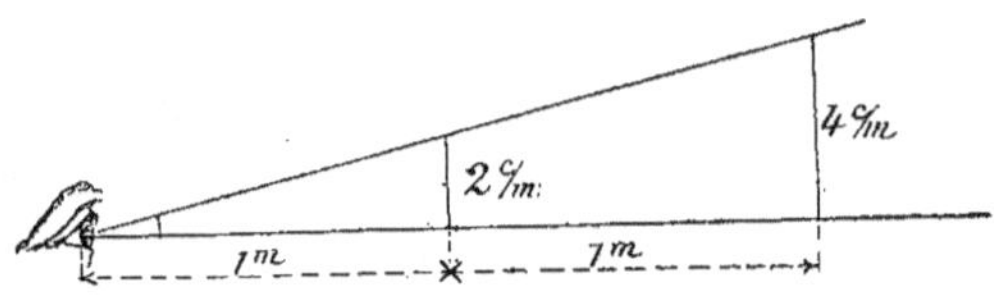

Fig. 38.

En un mot, les dimensions linéaires du sujet croissent proportionnellement à la distance. C'est une remarque importante pour ceux qui veulent mettre des affiches sur les toits, ou assez loin du chemin de fer. Sans avoir à faire d'essai, ils sauront les dimensions qu'ils doivent utiliser. Dans beaucoup de cas, ils éviteront des erreurs d'optique auxquelles il est bien facile de remédier.

Beaucoup d'affiches ne seraient pas perdues si on observait ce simple principe. A ce sujet, il nous faut faire observer que c'est inutilement que, pour une distance donnée, les annonceurs augmentent la dimension de leurs lettres. L'annonce dans un quotidien n'a pas besoin de lettres de 5 centimètres de haut, au milieu d'un texte dont les caractères ont 5 millimètres de hauteur. La disproportion est inutile et oblige à une accommodation pénible. Puis la seule chose que cherche l'annonceur est à créer une vedette saillante. Il pourra l'obtenir, nous le verrons plus tard, soit en prenant des caractères de même hauteur, mais de valeur différente, soit en prenant des caractères à peine plus hauts.

La lettre de 5 centimètres représente de l'espace perdu dans un journal.

En ignorant les lois de la vision, certains annonceurs, une fois en possession d'un texte ou d'une illustration correspondant à la distance visuelle du moyen pour lequel ils sont destinés, s'empressent en général, de reproduire la composition, soit en agrandissant, soit en réduisant, suivant l'emplacement loué. Ils pensent que la nouvelle illustration a une valeur analogue à l'original. C'est faux. Les proportions n'ont pas varié sans doute, mais l'œil n'est plus sollicité de la même manière : le texte et l'illustration peuvent être trop réduits et, par suite, presque invisibles, ce qui est contraire au but cherché. Ou bien l'agrandissement est trop considérable, et nous verrons qu'en opérant ainsi on ne tient pas compte, le plus souvent, du champ oculaire utile.

Initiales Hurepoises	MADRILÈNE ○ AUSTRALIENS	Corps 28
Alsaciennes b. d. c.	Nous avons l'espoir que nos Alsaciennes	Corps 8
Jensoniennes b. d. c.	Aldé Manucé demanda la gravure du caractère italique	Corps 8
Lettres Tourneures	SEIGNEUR DU MAINE	Corps 10
Sabines Capitales	AMANDIERS	Corps 28
Initiales Orientales noires (1re série)	NOUVEAU TRANSPORT INTERNATIONAL	Corps 18
Mikado bas de casse	Serviettes Nappe Parapluie	Corps 14
Elzevir italique	Si l'on considère tout ce que l'Art de l'imprimerie a déjà produit	Corps 6
Elzevir gras b. d. c.	L'Empire de Charlemagne était composé de Francs	Corps 8
Orientales noires b. d. c. (1re série)	La France s'est constituée sur le territoire de l'ancienne Gaule. Celle- ci, au premier	Corps 7
Latines b. d. c. (1re sér.)	La gravure en creux et en relief pratiquée chez	Corps 8
Antiques allong. b. d. c. (2e série)	Les nouvelles projections lumineuses sur feuilles vitrifiées viennent d'être découvertes	Corps 6
Antiques écrasées b. d. c. (4e série)	La traction électrique et tous les perfectionnements	Corps 8
Antiques maigres larges petit œil (5e série)	De nombreuses tentatives furent faites pour essayer d'améliorer cet état de choses	Corps 8
Babyloniennes Capitales	THÉATRES & CONCERTS	Corps 14
Helvétiennes b. d. c.	Voyages Fantastiques Illustrés	Corps 24
Midinettes Capitales	ARMURE ○ HEAUME ○ LANCE	Corps 14
Lettres Angulaires bas de casse	Aventures Merveilleuses	Corps 24
Initiales Londoniennes	LA FONDERIE GÉNÉRALE	Corps 12
Capitales Orientales noires (2e série)	ÉTUDES SUR LE DROIT	Corps 28
Fantaisie n° 474	ARABIE	Corps 18

Caractères de la Fonderie Générale CH. BÉRUDOIRE & Cie, à Paris.

Fig. 39.

La même erreur consiste à transformer une annonce en affiche ou réciproquement.

Accommodation. — En outre, il y a une question d'accommodation et de fatigue de l'œil à envisager dans les deux cas.

Quand l'œil lit un texte de réclame, il se met à la distance qui lui paraît exiger le moins de fatigue et lui permet toutefois d'avoir une certaine vue d'ensemble. Du reste, d'une façon pratique, en ce qui concerne l'annonce, on lit à la distance normale et ce qui peut causer une fatigue est évité. Il en est de même pour l'affiche. Si le texte ou le sujet ne sont pas visibles, il n'y a pas de sollicitations, et le passant continue sa route. Si par contre, le tout est trop grand et demande un recul, le public ne fera pas ce mouvement, car il ne s'extasie pas, en fait, devant une affiche, « il passe » et ne s'arrête que si elle ne lui occasionne aucune fatigue.

Si le texte est de caractères identiques, l'œil le lira volontiers, sous certaines réserves. Au contraire, si la composition est variée, les caractères mélangés, l'œil doit accommoder et produire un effort toutes les fois qu'un changement se produit. Beaucoup d'annonceurs ou de typographes croient avoir fait une annonce remarquable, en faisant intervenir six ou sept familles de caractères avec italiques ; ils ne font pas attention qu'ils fatiguent l'œil, qui s'éloigne instinctivement d'une telle réclame.

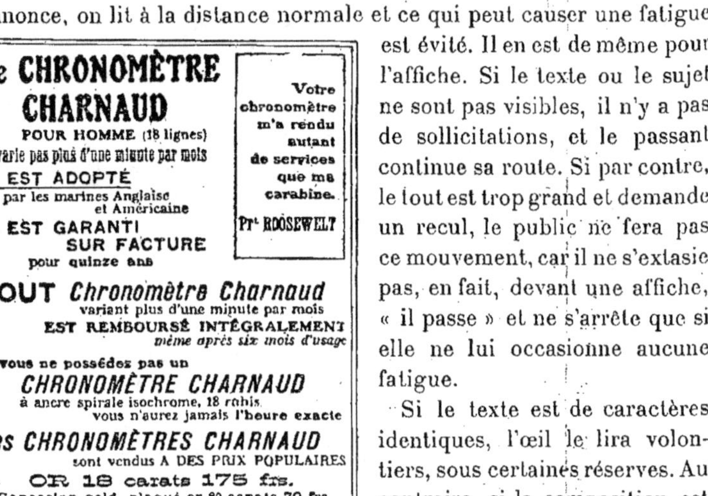

Fig. 40. — Hauteur de l'original :
11 centimètres.

Les efforts successifs que fait l'œil se trouvent dans les textes suivants :

Le premier des textes, composé par nous intentionnellement (*fig.* 39), montre la fatigue trop grande que l'œil peut rencontrer parfois. Les caractères jolis pris isolément ne peuvent donner une idée de leur valeur en raison d'une mauvaise disposition, et bien que ce premier exemple soit exagéré, il y a là un des problèmes souvent posés à l'œil du public, lequel renonce à trouver la solution.

L'annonce du chronomètre Charnaud (*fig*. 40) nous montre, en dehors de l'effarante variété de caractères, une multitude de points de départ différents pour chacune des lignes dont le texte est composé. C'est là aussi une des fautes courantes qui rendent la réclame illisible. L'œil est ahuri devant une telle composition.

Un effet analogue est produit par des interlignes trop étroits. Beaucoup de revues entassent leur texte, sans chercher à le faire ressortir par une aération nécessaire. Le lecteur ne distingue pas avec assez de netteté les lignes les unes des autres; il se fatigue la vue si le sujet l'intéresse beaucoup, sinon il délaisse le périodique.

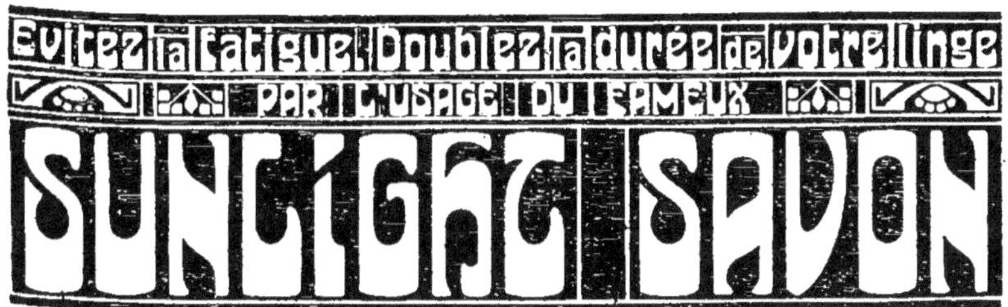

Fig. 41. — Hauteur de l'original : 4 centimètres.

Il en est de même pour la publicité composée en caractères bizarres, que d'aucuns appellent parfois artistiques. Pour sortir de la banalité, on voit des illustrateurs d'annonces s'évertuer à réformer les signes que nous considérons comme les lettres de l'alphabet; ces novateurs risquent forcément d'être incompris et, par suite, de rendre inutile leur réclame. C'est le cas de l'annonce Sunlight (*fig*. 41).

Il importe de remarquer que les caractères typographiques ne doivent pas être faits arbitrairement pour qu'ils soient agréables à l'œil. S'ils sont trop longs ou trop larges, ils sont déplaisants. Nous verrons plus

Fig. 42. — Hauteur de l'original : 2 centimètres et demi.

loin que leurs dimensions doivent répondre à une proportion déterminée, pour produire tout leur effet. Plus l'on s'écarte de cette proportion, plus l'on risque d'avoir un mauvais texte typographique fatiguant la vue.

On oblige encore l'œil à accommoder non pas les lignes ou les mots, mais les lettres d'un même mot, alors que leur valeur est croissante

FIG. 43.
Hauteur de l'original : 17 centimètres.

FIG. 44. — Hauteur de l'original : 120 centimètres.

ou décroissante, comme dans l'annonce Contrexéville

(fig. 42). Il y a, là, fatigue et diminution de visibilité. Les caractères fuyants n'ont d'excuse que dans le cas du linoléum Spanjaard (fig. 43), où la diminution a pour raison un effet rationnel de perspective. Cette dernière entraîne la diminution des lettres. Par contre, la diminution des lettres

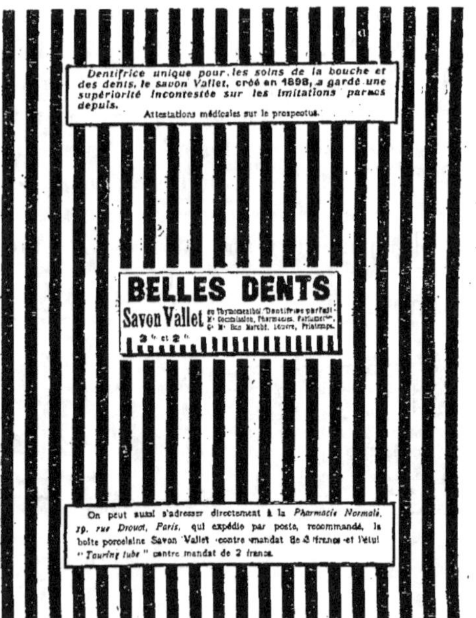

FIG. 45. — Hauteur de l'original : 18 centimètres.

seules ne provoque pas l'effet de perspective, car il manque quelque chose pour le justifier. Les mots « use la route » dans l'annonce du pneu Electric (*fig.* 44) ont une perspective justifiée.

La difficulté d'accommodation se retrouve encore, lorsque le fond sur lequel se détache le texte déplaît à l'œil ou lui cause une sensation de fatigue.

L'annonce « Belles Dents » (*fig.* 45) que nous reproduisons et qui se détache sur un fond de lignes verticales brouillant la vue, est un exemple typique d'une recherche qui va à l'encontre de son but.

En un mot, il ne faut pas que l'œil qui enregistre fasse un effort et se fatigue. Il faut, pour mettre tous les atouts de son côté, éviter si possible cet effort, et en tous cas, le réduire au minimum.

Quelques annonceurs, en employant les procédés dont nous venons de parler, ont cru se distinguer des autres et créer une visibilité spéciale, facilitant l'écoulement de leurs suggestions. Ils n'ont fait qu'un travail inhibitoire. L'œil est comme la plaque du photographe, il enregistre ce qu'il peut et ce qui est dans son champ d'action, rien de plus.

Temps d'impression. — L'impression des objets sur la rétine s'opère avec une grande vitesse, mais exige néanmoins un certain temps. Il faut donc toujours donner à l'œil un espace de temps suffisant pour lui permettre d'être impressionné.

Le long des voies ferrées, l'on trouve souvent des affiches très rapprochées de la ligne. Le voyageur le plus près de la portière est souvent le seul à pouvoir les lire, quand il le peut, à cause du mauvais emplacement de la réclame qui est trop près. Quant aux autres voyageurs ils ont peut-être vu une masse, un plan, mais c'est tout.

Placez l'affiche deux fois plus loin et l'œil aura deux fois plus de temps pour la voir. Ainsi, lorsqu'on veut regarder le nom des stations que l'on brûle, on aperçoit mieux le nom du Chocolat Menier, qui se détache 20 mètres plus loin, toute question de coloris mise à part.

Comme corollaire de cette loi, il faut tenir compte dans le choix des caractères et dans la dimension de l'affiche, le long des voies ferrées, de la rapidité de déplacement longitudinal du public. L'œil ne voit pas la réclame avec sa valeur propre, les signes lui paraissent toujours moins larges qu'ils ne le sont en réalité. Il est facile de remédier à cet inconvénient en employant des caractères relativement larges et aérés ; tout d'ailleurs, dans l'affiche, doit tendre, dans ce cas, vers le rectangle très allongé horizontalement. L'idéal serait que le texte pût se réduire à une seule ligne.

Le public qui marche ou stationne, au contraire, préfère le rectangle vertical par suite d'habitudes qui relèvent des lois de la lecture. Le moyen d'assurer une impression rétinienne plus grande sur le passant est de créer une visibilité intense qui arrête l'œil et l'oblige à stationner où il se trouve. Le coloris, les formes parfois, lorsqu'elles n'obligent pas à accommodation, sont les moyens à employer pour « clouer » l'œil et l'obliger à prolonger son impression.

Champ oculaire restreint. — Il est d'autant plus essentiel que la réclame soit à une certaine distance, en matière d'affiche, que l'œil n'embrasse pas toujours le texte d'un seul coup : son champ oculaire est limité.

Quand il regarde un point dans un plan déterminé, il ne voit nettement aucun autre point dans ce plan. Examinez une affiche faite pour une plage quelconque et fixez la baigneuse du premier plan : vous ne verrez pas la plage au même moment, mais seulement après que votre regard aura changé de place. L'œil voit successivement les divers éléments d'une composition et, suivant la longueur de la rédaction ou l'ampleur de l'illustration, il lui faudra plus ou moins de temps pour enregistrer.

C'est un fait très important pour les affiches situées dans des endroits passagers où le public ne peut s'arrêter sans être bousculé. Si l'œil ne rencontre pas de prime abord la suggestion d'achat, il y a fort à présumer qu'il ne s'arrêtera pas pour parvenir à la découvrir. C'est le cas, alors, d'apporter de la simplicité dans l'illustration et de la concision dans le texte.

De même, si une affiche est faite pour être vue à 20 mètres, l'œil placé à 1 mètre ou moins aura de la peine à se rendre compte de ce qu'il voit. Ce que nous avons dit au sujet de l'accommodation est encore vrai pour l'œil qui, manquant de recul, ne saisira pas l'ensemble de l'illustration ou la suite du texte, dont il ne verra qu'une très petite partie.

Pour lire dans de telles conditions, il faudra d'abord épeler les lettres une à une, avant de comprendre les significations des mots ou des phrases. Quant au dessin, il risquera fort d'être incompréhensible. Le tout sera pratiquement invisible.

Angle de vision. — Nous allons chercher ensemble à connaître le meilleur emplacement où se trouvera le moyen ou, si l'on préfère, le meilleur angle de vision.

L'œil regarde d'ordinaire dans un plan horizontal ou à peu près tel. Ce n'est qu'exceptionnellement que la vue forme avec ce plan horizontal un angle important, que nous appellerons angle de vision. L'œil, en effet, ne s'amuse guère à examiner constamment les pavés ou les étoiles. On peut dire qu'il se tient dans un juste milieu.

Cette constatation offre une application en publicité. La réclame extérieure est, en général, placée en un point assez élevé pour que le regard puisse la voir au-dessus des passants et des promeneurs sans être gênée par le va-et-vient. On la trouve depuis le premier jusqu'au sixième étage des maisons, et même sur les toits. A mesure que la hauteur s'accroît, l'angle de vision augmente presque proportionnellement et, à un moment donné, il devient tel que l'on peut dire que l'œil n'est plus sollicité pratiquement par la réclame. C'est ce qui arrive dans de nombreuses rues à Paris, peu larges et dans lesquelles il est difficile d'apercevoir l'affiche apposée au dernier étage des bâtisses. Le public manque de recul pour voir. Toutefois la réclame au sommet des maisons n'est pas toujours inopérante ; quand on est à 200 mètres de distance, on voit très bien les motifs de publicité élevés, car l'angle de vision est devenu beaucoup plus faible.

En un mot, il faut réduire l'angle de vision à des proportions normales et ne lui faire dépasser qu'exceptionnellement 15 à 20°.

Cette règle s'appuie sur une autre cause très importante, que nous traitons ici, bien qu'elle rentre dans le chapitre suivant. Supposons que l'œil voie une affiche sous un angle incliné à 45° sur l'horizontale ; la lecture en sera difficile, car les caractères ne paraissent pas normaux. L'œil a l'habitude de lire dans un plan perpendiculaire à son regard et les signes typographiques lui paraissent alors normaux. Il n'en est plus de même s'il voit ces mêmes signes fortement inclinés. Les caractères qui ont 10 centimètres de hauteur ne paraissent plus avoir que 7 centimètres pour un angle de 45°, et 4 centimètres et demi pour un angle de 60° environ. Ceci est vérifiable pour certaines réclames dans le métropolitain ou sur les plafonds d'omnibus. Nous avons même relevé des inclinaisons telles que l'angle de l'affiche sur l'horizon et l'angle de vision, réduisaient à néant le moyen employé.

C'est ainsi que le panneau AB (*fig.* 46) vu sur le plafond de nos omnibus parisiens, offrant une inclinaison énorme sur l'horizontale et obligeant à regarder au-dessus de la ligne de l'horizon, voit sa hauteur réduite de moitié environ. Il n'a plus comme valeur que la ligne BC. Placé à la même hauteur, mais verticalement, la hauteur du panneau devient AD, tandis que, s'il avait été placé à l'horizontale, il aurait eu sa pleine valeur, soit A'B'.

Notons que dans les positions AB et AE les caractères sont déformés au point d'être illisibles, et il faut un effort volitionnel pour aller chercher le panneau dans un angle s'écartant par trop de l'horizontale.

L'angle de vision a moins d'importance sur l'annonce que sur l'affiche ; cependant, c'est en raison de lui que quelques annonceurs préfèrent certains emplacements à d'autres. Nous verrons que ceci est très relatif.

La conséquence de ces faits apparaît nettement. L'annonceur qui fait placer des affiches à une grande hauteur doit leur donner des dimensions suffisantes et un recul assez considérable pour qu'elles soient vues et lues de loin. Plus la hauteur est grande, plus le public doit être éloigné, car l'angle de vision diminue en raison de l'éloignement. C'est donc un non-sens que de mettre à un cinquième étage des affiches faites pour être lues à quelques mètres.

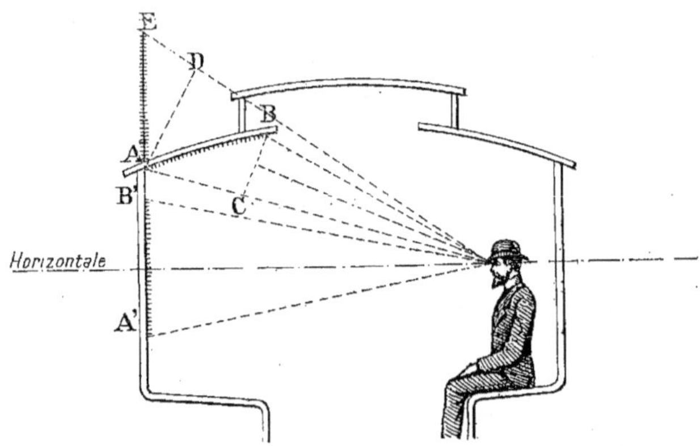

Fig. 46.

Nous notons ici une conséquence pratique de l'angle de vision. Il est préférable pour la visibilité que les affiches n'aient pas de surfaces brillantes qui gênent le regard. Le vernis des affiches de longue durée, l'émail des affiches sur métal, la dorure des enseignes brillent sous certains angles, et masquent l'illustration et le texte.

En résumé, la distance focale, la netteté de l'impression et le peu d'ampleur du champ oculaire interviennent au plus haut point dans la question de visibilité.

Nous venons d'examiner les qualités optiques de l'œil au point de vue purement physique, nous allons maintenant essayer d'établir rapidement comment l'œil apprécie les choses extérieures.

Les appréciations et les préférences oculaires. — La comparaison oculaire est rarement exacte. L'œil n'est pas un instrument de mesure qui puisse établir les rapports qui existent entre deux objets.

Tout le monde connaît les expériences curieuses faites à ce sujet: Dessinez deux fers à cheval, de dimensions identiques, l'un au-dessus de l'autre, l'œil les fera paraître inégaux. De même mettez en présence deux séries de lignes égales et équidistantes, mais en plaçant une série perpendiculairement à l'autre, le résultat est que les lignes semblent de longueur différente.

Nous n'insisterons pas sur ces erreurs oculaires : nous les constatons.

La publicité ne doit pas ignorer tout ce qui peut frapper ou intéresser l'œil : elle doit particulièrement connaître ses préférences. Ainsi, tout le monde sait, par expérience, que l'œil n'aime pas certaines proportions. Traçons des traits verticaux, coupons les uns par moitié et les autres dans d'autres proportions ; sans que l'on puisse savoir pourquoi, l'œil fera un choix entre ces traits qui ne lui plairont pas tous également.

C'est à la suite de ces expériences qu'on a remarqué que le point où se fixait l'œil tout d'abord était toujours au-dessus du milieu de la chose regardée. On en a conclu que l'œil n'aimait pas l'uniformité et qu'une ligne partagée en deux parties égales ne lui plaisait pas. De même la figure géométrique que l'on appelle un carré est moins agréable que certains rectangles dont les côtés sont dans la proportion de 2 à 3 ou de 3 à 5.

Vous pourrez expérimenter le fait directement.

L'attraction de l'œil. — Ces questions linéaires mises à part, l'œil est essentiellement attiré, dans la nature, par tout ce qui est en mouvement ou qui lui en donne l'illusion, tout comme le papillon est attiré par la lumière.

Prenons une enseigne lumineuse qui brille au-dessus de la nuit. Si son éclairage est fixe, elle a une action déterminée. Donnons-lui du mouvement, soit par un éclairage intermittent, soit en la déplaçant. De suite, l'œil est capté par elle et son effet attractif est beaucoup plus puissant qu'auparavant. De même, examinez successivement, à une certaine distance, un train en marche et un train arrêté. Vous regarderez plus volontiers la locomotive qui entraîne ses wagons à toute vitesse que le convoi qui stationne ; ceci dit sous les réserves que nous avons formulées au chapitre de l'intensité. Il ne faut pas perdre de vue que la visibilité attractive est une des formes d'intensité.

Le même effet, mais avec une intensité beaucoup moindre, est produit par la vue d'une masse colorée se détachant nettement sur un fond différent. C'est le cas de l'enseigne à éclairage fixe dont nous venons de parler. Sa clarté attire. Dans un paysage, un coin agréable entouré de verdure ou d'eau impressionne d'abord le regard. Ce n'est qu'ensuite que la vue se portera sur les alentours.

Si nous supprimons la couleur ou la lumière, l'œil n'est plus attiré. L'enseigne perd de sa valeur attractive et n'offre pas plus d'intérêt que toute enseigne ordinaire.

Maintenant, si nous examinons un moyen de publicité en lui-même, l'annonce ou l'affiche, et si nous supposons qu'on les remplisse d'un texte compact, mais lisible, il est évident que l'œil n'aura guère de chance de voir ledit texte. Si, par hasard, il le voit, il ne notera rien qui le frappe et ne s'arrêtera pas ; il s'écarte instinctivement de la monotonie visuelle du moyen.

Par contre, que l'on ajoute à ce texte pratiquement invisible un fond qui le fasse ressortir et il deviendra plus perceptible. Qu'une illustration vienne le relever, l'œil le verra encore plus volontiers. Enfin, si cette illustration peut donner à l'œil l'impression du mouvement, l'annonce ou l'affiche attireront de plus en plus les regards.

Le mouvement et la diversité des couleurs sont donc les éléments qui impressionnent l'œil le plus vivement et dont il faut tirer parti.

XIII

LOIS DE LA LECTURE

Nous constatons que les lois de la lecture dérivent pour une part de celles qui régissent la vision et pour l'autre part des lois de l'écriture manuscrite ou imprimée. Quelque simples qu'elles paraissent, elles n'en sont pas moins très importantes.

Différentes façons de lire. — La lecture est une habitude dont les usages varient suivant les pays, c'est-à-dire suivant la façon d'écrire propre à ses habitants. Chacun sait que nous ne lisons pas de la même manière que les Arabes ou les Hébreux, dont l'écriture est différente de la nôtre, non seulement en ce qui touche les caractères, mais en ce qui a trait à la direction des lignes. C'est ce dernier point surtout qui nous intéresse.

En fait, tous les peuples qui utilisent la réclame ont des lignes de direction analogue : on peut donc considérer l'habitude en résultant comme ayant force de loi et dire que la lecture possède des lois toutes particulières autres que celles de la vision.

Nous allons les condenser et voir le parti qu'on peut en tirer.

De gauche à droite. — Tous ceux qui lisent une langue européenne suivent le texte de gauche à droite. C'est la seule manière de lire que nous pratiquons. Aussi pourrait-on croire que cette constatation n'offre aucun intérêt, puisqu'elle est universellement connue. Ce n'est pas exact. Sans doute, aucun annonceur ne prétend inverser directement l'ordre de la lecture et imposer des rébus à moins qu'il ne s'agisse d'un concours. Mais nous verrons plus loin que l'œil est souvent amené à regarder à la droite d'un texte par suite d'erreurs diverses. A ce moment, pour qu'il n'y ait pas de solution de continuité dans la lecture de l'annonce, il faudrait lire de droite à gauche, ce qui n'est pas possible. L'annonceur a donc commis une erreur.

Lecture horizontale. — L'œil a pris l'habitude de se déplacer de gauche à droite dans le sens horizontal. Quand nous lisons, la vue se porte toujours de préférence sur des lignes parallèles à celle qui réunirait les deux yeux. En outre, la vue a toujours besoin d'embrasser un certain ensemble de caractères ou signes pour que la compréhension soit rapide. Par suite, supposez que vous ne mettiez qu'une lettre ou signe par ligne vous ne lirez pas, car vous serez obligé d'épeler. En effet, vous n'avez pas l'habitude de lire dans ce sens. On voit beaucoup de motifs d'annonces qui adoptent cette mauvaise disposition. Un exemple typique est celui de l'annonce « Cointreau » (*fig.* 47), où le nom du distillateur, important pour déterminer la marque, est illisible par suite de la verticalité de la ligne.

Le résultat est de même nature lorsque les lettres, au lieu de se suivre perpendiculairement à la ligne des yeux, s'en rapprochent fortement.

L'œil s'accommode mal des courbes et, si peu accentuée que soit celle du pneu Hutchinson (*fig.* 48), elle gêne nos habitudes de lire. Fréquemment la courbure atteint la valeur d'un fragment de cercle et la lecture est alors impossible.

Fig. 47. — Hauteur de l'original : 13 centimètres.

De haut en bas. — Nous lisons, en outre, de haut en bas.

Personne ne s'élèvera contre cette constatation, tellement elle paraît évidente à tous.

Nous lisons de haut en bas, c'est-à-dire qu'après avoir fini une ligne, notre regard s'abaisse et passe à une autre ligne située au-dessous de la première. De même, quand on feuillette rapidement un livre, on en parcourt les feuilles de haut en bas.

Fig. 48. — Grandeur naturelle

Il faut aussi rappeler que, si l'œil préfère le plan horizontal ainsi que nous l'avons vu, sa tendance naturelle, lorsqu'il fait un mouvement, est de baisser. Le regard tombe naturellement, il faut un effort pour le faire remonter.

Le regard ayant pris l'habitude de descendre il s'ensuit que, s'il fixe au premier abord un point qui n'est pas le commencement, il ne lira pas ou ne verra pas ce commencement, par le fait même qu'il n'a pas tendance à remonter une fois qu'il a commencé à lire ou bien une fois qu'il s'est fixé.

Nous verrons toutefois comment on peut remédier à ce défaut, qui est très fréquent dans les annonces ou dans les affiches.

Quoi qu'il en soit, il y a toujours utilité à faire parcourir à l'œil le chemin normal qu'il a l'habitude de suivre.

Lisibilité des caractères. — Nous avons vu avec la vision l'intérêt qu'il y a à ne pas fatiguer l'œil. L'unité de caractères s'impose donc dans une composition destinée à être lue rapidement comme moyen de publicité. Les fondeurs ont créé des familles de toutes catégories dont nous parlerons plus loin. Il suffit de savoir pour l'instant que plus le caractère est lisible, meilleurs sont les résultats de l'annonce. La difficulté de réaccommodation sera toujours évitée en choisissant des caractères de même famille, c'est-à-dire ayant les mêmes caractéristiques.

XIV

LIGNE D'ORIENTATION

Bien que ce chapitre fasse partie des lois de la lecture et de la vision, son importance est telle qu'il demande une étude à part.

L'attraction et les masses visuelles. — Nous avons vu, dans l'étude de la vision, que l'œil regardant une annonce ([1]) ne commence jamais par la regarder à son sommet pour la lire ensuite en entier, si la masse de ce moyen est tellement amorphe, que rien ne vienne en saillie et que l'œil n'y trouve aucune prise spéciale. C'est vers le tiers supérieur qu'il se portera, puis descendra ensuite.

Bien que théoriquement il en soit ainsi, dans la pratique tous les moyens de publicité ont en eux un point quelconque, voulu ou non, qui se détache de l'ensemble et, attirant l'œil, l'oblige à commencer l'exploration du moyen par le point qui est en saillie.

Il ressort donc de ce qui précède que l'œil peut trouver dans l'annonce exposée à ses regards, à côté de telle partie qui l'attire particulièrement, d'autres parties dont les valeurs visuelles, quoique inférieures, sollicitent également son attention.

Cet enchaînement des masses visuelles nous semble avoir peu d'importance à première vue, et l'on peut dire que tous ceux qui ont travaillé à la publicité en général se sont peu souciés de leur disposition.

Or, l'étude que nous allons faire vous montrera que la distribution de ces masses obéit étroitement à l'ensemble des règles que nous avons déjà fixées, et qu'il y a lieu, au point de vue technique, de connaître les lois qui régissent la ligne d'orientation pour augmenter la visibilité du moyen d'abord, sa lisibilité ensuite et enfin son pouvoir suggestif.

Définition. — La ligne d'orientation est, en somme, LE CHEMIN QUE L'ŒIL PARCOURT A SON INSU EN SUIVANT LES MASSES VISUELLES QUI S'IMPOSENT AU REGARD, PAR ORDRE INVERSE D'INTENSITÉ.

([1]) Nous avons adopté le mot « annonce » pour désigner dans les lois générales tout moyen de publicité. En effet, on peut dire qu'elle les résume tous et qu'en elle on retrouve en petit ou en grand tous les autres moyens.

Ici, nous devons appeler votre attention sur un point assez délicat où les lois de la vision et de la lecture entrent en jeu. Etant donné qu'il est nécessaire qu'on lise une annonce depuis le commencement jusqu'à la fin, il faudra, pour bien faire, que l'œil commence la lecture en haut de l'annonce avec la première ligne de texte pour suivre le sens normal de la lecture, c'est-à-dire aller de haut en bas. Il faudra donc que la ligne d'orientation descende depuis son point de départ et que sa résultante représente une diagonale partant du coin gauche en haut pour aboutir au coin de droite en bas, endroit où le texte doit normalement finir. Dans les pays où la lecture se fait de droite à gauche, la ligne normale partira du coin droit en haut pour finir au coin gauche en bas.

Une annonce composée exclusivement de texte devrait avoir une ligne d'orientation normale.

Si, en théorie la ligne d'orientation doit obéir à cette règle, il est facile de comprendre que, lorsque des facteurs tels que le texte, l'illustration et le cadre notamment se juxtaposent et s'opposent entre eux, il devra y avoir possibilité de varier pour éviter la monotonie. Le point important n'est donc pas de chercher à se rapprocher de la ligne normale, mais bien de viser à ce que toutes les masses visuelles captant l'œil prennent le moyen à son début et suivent les suggestions de l'annonceur jusqu'à la fin, par ordre inverse d'intensité.

A l'aide de certaines audaces, on pourra donc s'écarter de la ligne normale, tout en suivant les lois et en conservant une technique parfaite.

Points d'arrêt, de départ et point final. — Pour plus de clarté, nous appellerons points d'arrêt les masses visuelles qui viennent en saillie de l'ensemble de l'annonce. La plus importante des masses est le point de départ ; celles qui viennent à la suite constituent de simples points d'arrêt, et la dernière, la moindre de toutes, devient le point final.

Lorsqu'une seule masse visuelle se trouve dans l'annonce, elle constitue à nos yeux un point de départ, tout simplement. Ceci n'est pas toujours suffisant pour assurer la lecture, car l'œil peut être sollicité par les masses visuelles des annonces avoisinantes, sans avoir lu tout le texte qui suit le point de départ. D'où nécessité de créer des points d'arrêt intermédiaires contenant des suggestions moins importantes que le premier mais obligeant à la lecture.

Les points illustrés et les points typographiques. — Jusqu'ici, pour définir le point d'arrêt, nous avons employé intentionnellement le mot masse visuelle.

Il peut se faire, en effet, qu'une tache typographique, par exemple d'une importance superficielle plus grande qu'un dessin, attire moins l'œil. Ceci s'explique parce que tout ce qui représente le mouvement attire davantage l'œil. Il y aura donc lieu, dans l'évaluation des points, non pas d'examiner mathématiquement les surfaces couvertes, mais bien l'impression rétinienne et, surtout, l'impression cérébrale engendrée par ces masses.

Nous insistons sur l'impression cérébrale, car si l'œil voit, c'est en réalité le cerveau qui sent, et c'est son impression seule qui nous importe.

Lorsqu'une annonce est composée purement de texte typographique, les points d'arrêt sont constitués par les vedettes aux lettres grosses saillant du texte et c'est dans une annonce de ce genre, comme nous l'avons vu, que la ligne normale doit être appliquée.

Nous prenons nos exemples au hasard, dans des annonces anglaises, américaines ou françaises.

La ligne normale sommaire. — L'annonce américaine « Rollins & Sons » (*fig.* 49) nous montre une annonce typographique bien conçue au point de vue de la ligne d'orientation. Si l'on peut lui reprocher de laisser un texte assez long, sans rien qui nous intéresse plus particulièrement, sans points d'arrêt, nous devons reconnaître que le titre débute avec le haut de l'annonce et frappe l'œil immédiatement. De plus, nous voyons qu'à l'aide d'une capitale de la même valeur que celle du titre, l'auteur de l'annonce nous oblige à commencer à lire le texte. Puis, c'est dans le bas de la page que nous trouvons le point final. Même si le lecteur pressé n'a pas poussé la curiosité jusqu'à lire le paquet de texte un peu fin, il a retenu certainement le titre : « L'argent, à travailler, ne devient jamais vieux ». Il sait, en outre, que MM. Rollins & Sons sont en connection avec cette phrase et qu'ils ont peut-être quelque chose d'intéressant à dire à ce sujet.

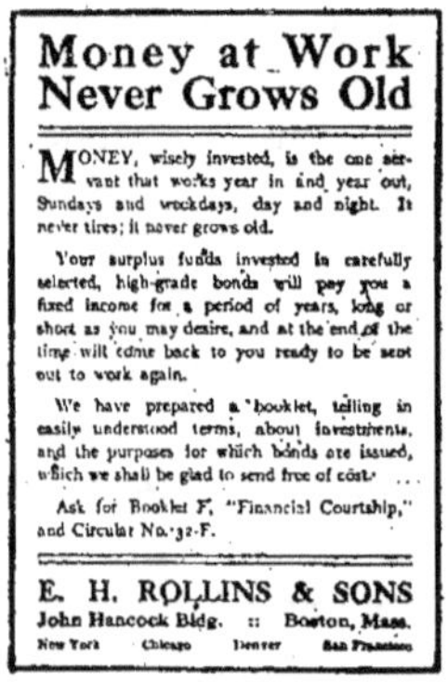

La ligne d'orientation allant de haut en bas, du point de départ au point final, nous indique donc très sommairement ce que se proposent les annonceurs.

L'annonce Rollins & Sons a un avantage, c'est celui de sa simplicité. Elle a certainement besoin d'être améliorée. Toutefois nous devons constater qu'il est rare, dans beaucoup de cas, de rester dans une simplicité aussi efficace.

Fig. 49.

Hauteur de l'original :
10 centimètres.

Cette annonce essaie de nous montrer que le but de la ligne d'orientation n'est pas tant d'enchaîner des points d'arrêt, ce que l'œil fait involontairement en un regard rapide, mais bien d'enchaîner sur eux les points représentant le maximum de suggestion de l'annonce.

La suggestion et les points. — Il faut donc fréquemment multiplier les points d'arrêt et c'est là qu'il y a nécessité de leur donner un enchaînement concordant avec les parties suggestives de l'annonce. Ceci nous amène à dire que, chaque fois que vous le pourrez, c'est le maximum de suggestion que vous mettrez au point de départ et, comme c'est l'illustration qui possède le maximum de pouvoir suggestif avec le moindre effort de travail oculaire, c'est elle qui doit frapper d'abord.

Ce n'est que dans le cas où l'illustration suggestive est impossible que l'on peut laisser un point de départ en texte suggestif. Dans bien des cas, on pourra, après avoir fait l'étude des principes de l'originalité, utiliser par association de faits une illustration non immédiatement ni directement suggestive par la chose, mais préparant le terrain à l'effet du texte suggestif.

Les différents points d'arrêt pourront être soit exclusivement du texte, soit exclusivement des illustrations, soit les deux employés d'une façon juxtaposée. A part des exceptions excessivement rares, c'est l'illustration qui doit être le point de départ et non pas le texte typographique.

Mauvais points de départ. — Il est difficile de trouver dans des annonces purement typographiques des infractions par trop grandes à la ligne d'orientation car, soit par simplification de leur travail, soit par un instinct naturel, les

FIG. 50. — Grandeur naturelle.

typographes ont l'habitude de mettre le point de départ en haut. Cependant, il leur arrive parfois de le mettre au centre, supprimant la lecture de tout ce qui précède. D'autres fois, le point de départ se trouve à la dernière ligne.

C'est ainsi que le concepteur de l'annonce (*fig.* 50) fait débuter nos yeux à la fois sur sa « délicieuse nouveauté » et la « pochette du voyageur », seuls caractères immédiatement visibles dans un petit blanc qui les met en valeur. Il est difficile ainsi de voir au premier coup d'œil qu'il s'agit d'une amabilité de la maison Vve Ricqlès et de son eau de mélisse.

Fig. 51. — Hauteur de l'original :
13 centimètres.

Fig. 52. — Hauteur de l'original :
13 centimètres.

L'annonce Alpha (*fig.* 51) met tellement le point de départ au milieu et l'isole si vivement qu'elle se coupe en deux, tandis que la même annonce composée par un autre typographe (*fig.* 52) intensifie encore le point de départ sans commettre la seconde erreur.

Lignes déviées et bouclées. — Par contre, en dehors de ces faits graves, mais qui suppriment la ligne d'orientation sans la compliquer, il arrive quelquefois que l'annonce purement typographique utilise des dispositions telles que l'œil s'égare complètement et se perd.

Nous ne pouvons en avoir de meilleur exemple que dans l'annonce de l'Hôtel Cecil (*fig.* 53), extraite d'un de nos quotidiens.

Dans cette annonce, dans laquelle nous avons supposé les mouvements que l'œil ferait s'il voulait tout lire, nous constatons qu'elle est parta-gée en deux an-nonces symétri-ques par une ligne qui suit la nor-male. Cette ligne commence en haut à gauche et arrête le regard en bas à droite, à l'endroit où l'œil, en géné-ral, a cessé de lire. En principe, cette annonce nous force à ne pas la lire. Il faut, en effet, un effort considérable pour remonter une première fois à gauche, descendre et remonter une se-conde fois à gauche pour redescendre encore. Notons que

Fig. 53. — Hauteur de l'original : 15 centimètres.

rien ne vient faciliter ce travail oculaire et que les points d'arrêt man-quent totalement.

Les annonceurs devront se méfier, en général, des diagonales dans leurs annonces. Elles les obligeront presque toujours à des lignes d'orien-tation fausses et quelquefois trop complexes.

L'illustration et le point de départ. — La comparaison des masses typographiques entre elles amène à la comparaison des masses créées par des illustrations diverses et à étudier leur utilisation comme points d'ar-rêt dans la ligne d'orientation.

Si l'on composait une annonce à l'aide de plusieurs illustrations ne comportant aucun mouvement appréciable à l'œil, c'est encore en sui-vant la normale qu'il faudrait agir et, dans ces conditions, mettre l'illus-tration la plus importante au point de départ. Il faut avoir soin d'aug-menter la puissance suggestive du point de départ, en faisant une masse visuelle de superficie supérieure aux autres.

Il faudrait alors que l'illustration formant point de départ se rapproche, autant que possible, de l'angle gauche supérieur ou se trouve placée complètement au milieu en haut.

Ainsi, l'annonce de la National Lead Company (*fig.* 54) répond à l'un même de ces desiderata. L'illustration suggestive est au point de départ. Celui qui ne connaît pas l'anglais voit de suite qu'il s'agit de peinture;

FIG. 54. — Hauteur de l'original : 20 centimètres.

FIG. 55. — Hauteur de l'original : 20 centimètres.

il n'a plus qu'à continuer la lecture pour être plus amplement renseigné. Par contre, les Whiting Papers (*fig.* 55) ont mis, malgré un texte typographique assez important, le point de départ sur leur illustration et nous font omettre ainsi ce qui est au-dessus. Le petit médaillon du bas constitue une masse visuelle assez importante qui oblige l'œil à descendre immédiatement. Or, ce qui précède l'illustration nous informe que, pour

la correspondance privée comme pour les affaires, les papiers Whiting sont au-dessus de tout. Il y a donc intérêt à ne point laisser à part des suggestions aussi importantes.

Le mouvement. — Le concepteur d'annonce doit bien tenir compte que, comme point de départ ou comme point d'arrêt, l'illustration comporte souvent un mouvement, lequel influe sur la ligne d'orientation.

Ce mouvement, lorsqu'il s'agit d'une machine ou d'une personne, peut inciter le regard, soit à se porter sur l'annonce voisine, ce qui est dangereux, soit à fuir tout simplement l'annonce. Il sera bon de remédier à l'effet du mouvement, si l'on est obligé de le subir dans un point de départ, à l'aide

THE ORIGINAL

MUCH BETTER

A GREAT DEAL BETTER

1594

Fig. 56. — Grandeur naturelle.

1° Dessin primitif ; 2° Dessin amélioré ; 3° Dessin **parfait**.

d'un cadre ad hoc, formant flèche, par exemple. On peut aussi y remédier en enchaînant le point de départ à un point d'arrêt correctif.

Lorsqu'il ne s'agit que de l'illustration, représentant des objets inanimés, l'inconvénient est secondaire mais, lorsque l'être humain est représenté, le mouvement de ses bras, de ses jambes, son attitude, ont une importance considérable. Les mouvements qu'ils indiquent sur l'annonce sont suivis par l'œil et viennent fausser la direction de la ligne.

Un exemple frappant en est trouvé (*fig.* 56), dans les trois projets d'annonces précédents. On voit que l'annonceur a compris l'influence du mouvement sur la ligne.

Le mouvement défavorable. — Comme illustration d'une annonce faite pour attirer l'attention sur ses voisines ou pour détourner l'œil d'elle-même, nous ne pouvons prendre de meilleur exemple que l'annonce anglaise Usher's Whisky (*fig.* 57).

La masse visuelle est constituée à la fois par l'initiale énorme du fabricant, raccordée avec un chasseur, lequel est sans doute mis là pour créer une suggestion indirecte. Mais nous devons constater que l'homme, de qui émane le mouvement, est entièrement tourné vers la gauche, du côté d'une autre annonce et, suivant l'indication de son bras et de sa physionomie, nous avons une difficulté énorme pour regarder dans son dos les

Fig. 57. — Hauteur de l'original : 15 centimètres.

qualités énoncées du produit : pureté, maturité, uniformité, en somme, tous les points qui militent en faveur de l'absorption du liquide favori des Anglais.

Le mouvement favorable. — En opposition à cette annonce se trouve le Cambus Whisky (*fig.* 58), où l'illustration oblige à la lecture d'un texte dans lequel nous *lisons*, cette phrase : « Il y a plus de 50 ans, le Whisky Cambus était le favori, tout comme il l'est aujourd'hui ». Cette proposition aurait gagné à être inversée ; elle n'enlève rien à l'action du mouvement qui contraint à lire le texte.

L'œil. — Ajoutons encore que, bien qu'en apparence immobile dans l'annonce, l'œil de l'être humain a une action prépondérante dans le mouvement. Un point de départ représentant une jeune femme dans l'angle supérieur de gauche, mais les yeux tournés vers la gauche, serait le meilleur moyen pour faire éviter la lecture de l'annonce.

Il faut donc, tenant compte de ce que l'illustration fait dévier le texte, s'en servir au besoin.

Fig. 58. — Hauteur de l'original : 15 centimètres.

Si la jeune femme de tout à l'heure lève les yeux, mettez-la dans l'angle inférieur à droite, où elle constituera le point de départ ; puis mettez un point d'arrêt typographique ou illustré en haut et à gauche et son œil y conduira le vôtre de suite.

La ligne d'orientation n'est donc pas seulement l'enchaînement des points d'arrêt suggestifs, mais aussi l'enchaînement des mouvements suggestifs de ces points d'arrêt.

Lignes doubles. — En dehors des atteintes au principe de la ligne d'orientation que nous avons citées, il en est qui, sans nuire complètement à la valeur de l'annonce, ont l'inconvénient d'amoindrir la poussée suggestive ou de perdre sans raison de l'espace. Quelques-unes consistent à employer des points d'arrêt ou de départ qui se doublent. Dans une même annonce, deux masses visuelles d'une valeur égale se balançant, soit en haut et en bas, soit à gauche et à droite, seront inutiles. L'œil, sollicité d'une façon équivalente par les deux, tend à chercher ailleurs le point qui constituera le départ d'une nouvelle ligne.

Ce genre d'erreur fait que quelquefois la ligne d'orientation faussée peut être double et créer deux lignes légèrement divergentes qui égarent l'œil. Dans d'autres cas, par suite de certaines dispositions, les lignes se bouclent sur elles-mêmes de telle façon qu'elles encadrent la partie intéressante du texte ou une illustration suggestive, sur laquelle l'attention ne peut se porter.

Comme exemple de ligne d'orientation à masses s'équilibrant et empêchant l'attention d'aller vers le point intéressant, nous pouvons citer l'annonce du Cinéphote (*fig.* 59).

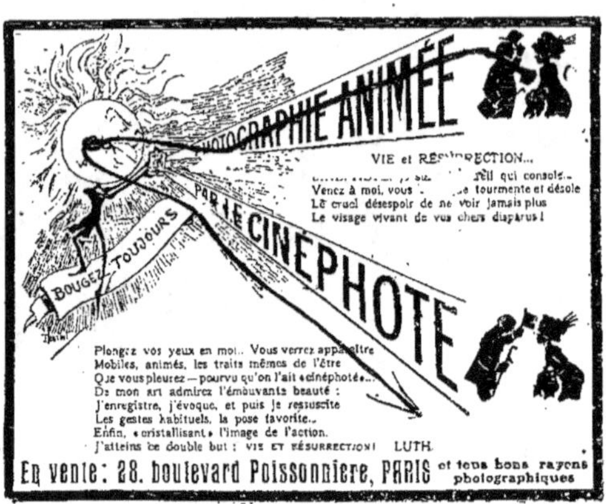

Fig. 59. — Hauteur de l'original : 12 centimètres.

Lorsque parut cette première annonce, le public ignorait ce qu'était l'appareil et ne pouvait, du fait de la réclame, s'en faire une idée.

Sans chercher à critiquer le texte de cette annonce, qui non seulement n'est pas suggestif, mais n'est même pas documentaire, nous constatons que, à droite, deux masses noires prennent l'œil en se balançant comme intensité. C'est donc indifféremment que le regard peut aller du coin droit du haut, à gauche, pour finir en bas, ou inversement remonter en suivant dans les deux cas une marche inverse du sens de la lecture. Cet effet est augmenté parce que les masses illustrées sont prolongées par des masses typographiques décroissantes avec qui elles sont intimement liées. Quel que soit le point de départ choisi, l'œil qui parcourt rapidement cette annonce n'y trouve non seulement aucune indication, mais rien qui puisse l'arrêter.

Exemple de rectification. — Certaines erreurs d'orientation paraissent négligeables et malgré cela ont un effet appréciable.

Il nous est arrivé de composer des annonces en oubliant pour un instant les règles. Nous opérions comme beaucoup d'annonceurs qui s'abandonnent à leur instinct.

L'annonce « Un spécialiste » (*fig.* 60) ci-contre montre une disposition qui, à première vue, semble bonne. Cependant il suffit de voir que l'œil est capté par la masse de gauche au milieu et doit remonter pour descendre ensuite, ce qui est contraire aux lois de la lecture. Il est évident

Fig. 60. — Hauteur de l'original : 11 centimètres.

que, si en dessous de cette annonce l'œil eût trouvé une masse visuelle plus grosse que le mot « spécialiste », au lieu de le lire, il serait allé directement sur celle au-dessous.

Connaissant cet inconvénient, nous avons rectifié l'annonce exactement dans la même surface (*fig.* 61). Et en admettant que l'œil soit sollicité en dessous par une masse visuelle importante, la marque B. T. P. dans l'angle à gauche, permet de suite une ligne d'orientation normale faisant lire toute l'annonce. L'œil n'a qu'à descendre selon la normale.

Les exemples d'erreurs sont fréquents et si, comme on nous l'a dit parfois, ces erreurs n'annihilent pas complètement l'effet de l'annonce, elles ont l'inconvénient de l'amoindrir dans de notables proportions.

Fig. 61. — Hauteur de l'original : 11 centimètres.

La lecture en un clin d'œil. — Si le public lisait les pages d'annonces des journaux comme il lit un roman, s'il analysait les affiches comme il dissèque les tableaux de nos salons artistiques, il est évident que peu importerait leur conception et leur ligne d'orientation. L'acheteur éventuel les parcourrait entièrement au risque de s'ennuyer. Mais notre époque est, de plus en plus, celle des gens pressés ; elle est surtout celle des gens qui cherchent, avec raison, le moindre effort.

Il faut donc qu'en feuilletant rapidement les pages d'une publication, l'œil puisse tout d'abord être attiré et que le cerveau puisse enregistrer une suggestion suffisante.

Puis, étant donné que l'attention est captée, il faut conserver cette attention et, pour cela, la ligne d'orientation est le seul moyen de conserver pour soi cette attention et de ne pas la laisser dévier. Voici donc les raisons de son importance.

Conclusions. — Pour nous résumer, disons que la ligne d'orientation doit contenir en principe, comme point de départ, soit illustration, soit texte, la chose qui contient le maximum de suggestion et qui, par conséquent, puisse dès le premier abord intéresser au point maximum. Les points d'arrêt, quel qu'en soit le nombre, devront enchaîner le reste par ordre d'intensité suggestive décroissante.

Si la ligne normale typographique est une diagonale partant du coin gauche supérieur, finissant au coin droit inférieur, elle sera aussi parfaite dans toute autre direction si, en utilisant l'illustration et le mouvement, elle arrive à faire lire tout le texte par ordre inverse d'intensité suggestive.

Dans les annonces typographiques, la flèche ou des dispositions de cadre permettront, dans le même ordre d'idées, de dévier de la ligne normale tout en ayant une ligne rationnelle et répondant aux lois de la lecture et de la vision.

Application de la ligne à tous les moyens. — La ligne d'orientation s'applique plus particulièrement à tous les moyens de publicité générale, mais il ne faudrait pas en conclure que la publicité individuelle ne lui doit pas une certaine partie de sa valeur.

La brochure peut être en certains cas rejetée, parce que son point de départ sur la couverture est mauvais. La vulgaire circulaire même peut être négligée par le public si son rédacteur n'a pas pris soin de mettre un point de départ suggestif.

En général, dans ces moyens, c'est le nom de l'annonceur qui constitue le point de départ de la ligne d'orientation.

Or, ce point de départ est souvent loin d'être suggestif, lorsqu'il ne constitue pas, par suite d'une présentation défectueuse, une véritable inhibition.

Pour y remédier, il nous est arrivé de conseiller à certains annonceurs d'utiliser, dans de vulgaires circulaires, une illustration suggestive comme point de départ. Ils s'en sont bien trouvés.

Voici les principaux enseignements qui permettent de créer d'excellents moyens, ils représentent leur valeur intrinsèque. Nous allons voir comment leur donner la prévalence sur ceux qui les entourent.

XV

LOIS DE L'OPPOSITION

On ne peut juger des choses sur leur valeur intrinsèque,
il faut les examiner dans le milieu où elles se trouvent.

Valeur comparative. — Nous venons de voir qu'il est absolument nécessaire de prendre l'œil et de le garder. La ligne d'orientation envisage la chose dans l'unité elle-même.

Il ne suffit pas qu'une unité ait une valeur très grande, il faut que sa valeur comparative soit telle qu'elle l'emporte sur celle de ses voisins, de manière à s'offrir la première au regard dans le même champ visuel.

Certaines personnes discutent de la valeur du blanc et du noir, de l'aération et de la surcharge, du texte et de l'illustration, des cadres épais et des cadres minces, des caractères gras ou des types allongés, essayant de faire, de leur opinion sur un point secondaire, une loi générale absolue.

Certes, un cadre intense, dans les limites du bon goût, est une façon de sertir une annonce et de la mettre en valeur. Ceci est exact, mais à la condition que toutes les annonces voisines n'emploient pas le même procédé. Alors ce qui est vrai en soi cesse de l'être, par suite de la généralité de l'emploi du mode de mise en valeur.

La violence du coloris dans l'affiche est un moyen de créer la visibilité de celle-ci, pourvu que les autres affiches n'emploient pas la même violence, les mêmes juxtapositions et gradations de coloris.

L'imitation. — Cependant nous devons remarquer une chose, c'est que, à peine un annonceur a-t-il essayé une nouveauté quelconque, tous les autres se précipitent pour l'imiter. Au lieu de chercher à se distinguer les uns des autres, ils tendent à créer par une imitation plus ou moins servile un ensemble de moyens identiques et de même valeur.

Dans l'esprit d'imitation, nous constatons la tendance actuelle au cadre épais et lourd. C'est ainsi que les plus jolis de nos journaux illustrés sont obligés, par suite de cette mode irréfléchie, d'accepter des annonces lourdes et massives. Cette mode, à notre avis, est nuisible à

Fig. 62. — Dimensions de l'original : variables.

Fig. 63 — Hauteur de l'original : 7 centimètres.

Fig. 64. — Hauteur de l'original : 17 centimètres.

Fig. 65 — Hauteur de l'original :
13 centimètres.

l'esthétique générale du journal. Elle nous laisserait indifférents si les pages d'annonces n'étaient entièrement couvertes d'un noir absolu où il est difficile de trouver une valeur propre et où l'esthétique de chaque annonce souffre du manque d'esthétique général.

Ajoutons aussi qu'en imitant l'on déforme et l'on affaiblit. La copie est tellement honteuse d'elle-même, qu'elle essaie de se cacher. Comme

Fig. 66. — Hauteur de l'original : 6 centimètres.

elle n'a pas eu toute la force de conception, elle ne procède que par tâtonnements. Ne pouvant créer, elle amoindrit. Le meilleur exemple est l'annonce de la Bénédictine (*fig.* 62) qui suggère par la chose, dans toute sa simplicité, mais est mise en relief d'une façon habile. La liqueur Cointreau l'imite d'une façon à peu près complète (*fig.* 63), puis essaie de

modifier la ligne, en faisant une annonce verticale (*fig.* 64 et 65). Or, les imitations sont inférieures à la production originale de la Bénédictine et ont l'inconvénient de rappeler vaguement celle-ci.

L'annonceur a tort d'imiter, car sa publicité rappelle le souvenir de

Fig. 67. — Grandeur naturelle dans les quotidiens.

celle dont elle est volontairement ou non la reproduction.

Quant aux adaptations de l'eau de mélisse Ricqlès (*fig.* 66) et du champagne Devaux (*fig.* 67), ce qui leur reste du cachet d'origine ne sert qu'à faire regretter l'annonce primitive, d'où elles sont dérivées.

L'opposition. — Posons donc comme principe, dès maintenant, qu'au point de vue visibilité, ce qui fait la valeur relative d'une annonce, d'une affiche, d'un moyen de publicité quelconque, c'est la différence qui la sépare de la masse des autres affiches, des autres annonces, des autres moyens de publicité qui l'environnent.

Si la moyenne a une tendance aux annonces compactes, si l'illustration et le texte voisinent le cadre au point de se confondre les uns avec les autres, aérez vastement votre texte par des blancs francs et larges et vous arriverez à ce résultat : vous détacher de l'ambiance.

Par contre, si la mode est à l'aération générale, vous ne perdrez rien en faisant un texte compact qui viendra faire une masse visuelle différente des autres. Il vaut mieux toutefois exagérer dans l'aération que dans la masse noire, car, si l'aération est difficile à appliquer, n'oubliez pas qu'il est encore plus difficile de donner de la valeur à une masse compacte et de la rendre effectivement suggestive.

Il devient donc inutile de se demander si l'on emploiera des grisailles comme fond ou des blancs; la seule recherche consiste à donner à l'annonce une personnalité propre, telle qu'elle tranche sur les autres. Donc fuyez l'esprit d'imitation et la tendance générale qui consiste à éviter le travail. C'est à ce sujet qu'il y a lieu de vous rappeler le proverbe américain, concis mais exact : « imitate = limitate », c'est-à-dire que si on imite, l'on se limite.

Dimensions et formats.— Nous venons donc de dire qu'une annonce, pour être bonne, doit se différencier des autres.

En dehors de la valeur visuelle du moyen, nous trouvons la dimension de l'annonce ou de l'affiche qui est soumise aussi quelque peu à la loi de l'opposition.

Quel est, en soi, le meilleur format pour une annonce ou pour une affiche ?

Les gens, en général, sont incapables de justifier leur préférence, et là, nous devons constater que la longueur et la largeur, en rapport de 3 à 5, valent mieux, d'une façon générale, que des formes exagérées, soit en longueur, soit en largeur.

Ceci, bien entendu, pour des cas où rien de spécial ne vient modifier le format.

C'est la loi générale. Mais, tenant compte du principe de l'opposition, votre format, sans s'écarter par trop de cette loi, devra chercher à se différencier de celui des autres. Lorsque la demi-page en long sera de mode ou employée par les co-annonceurs de votre medium, faites la vôtre en hauteur; de ce seul fait, elle viendra trancher sur l'ensemble.

En matière d'affiches vous aurez fréquemment intérêt à trancher par un format différent, car pratiquement, tous les formats sont possibles; les extrêmes seuls sont mauvais.

Il n'en est pas ainsi de l'annonce qui, destinée à avoir un texte typographique assez important, s'accommoderait mal d'une longueur horizontale exagérée. La ligne serait, de ce fait, pesante et difficultueuse à lire, et il ne faut pas songer dans une annonce, comme dans un magazine, à mettre plusieurs colonnes de texte.

Ne perdons pas de vue les cas d'espèce. Vous pourrez, à notre avis, faire une annonce très longue pour un objet de forme allongée, celui-ci tenant la majeure partie de l'annonce, ne laissant place qu'à un texte très restreint. L'orientation serait alors parfaite et l'annonce se créerait ainsi une visibilité particulière, bien spéciale.

Mais, en dehors des cas où l'illustration suggestive et attractive commande un format spécial, le choix du format, en lui-même, a toujours une importance. Cette importance peut être moindre que la détermination du format, relativement au format des autres annonces. Il y a des gens qui prétendent qu'avec une annonce d'un trente-deuxième de page ils obtiennent proportionnellement des résultats aussi bons, sinon meilleurs, que ceux de l'annonce qui occupe une page entière. Il y a là une exagération.

En principe, il est assez secondaire de discuter de la valeur proportionnelle de la surface des annonces car, nous l'avons vu, le principal est de créer tout d'abord la visibilité attractive. Or, certaines annonces d'un quart de page retiennent mieux l'attention que des annonces d'une page entière. Pour notre part, nous avons adopté comme principe, — principe que les faits ont contrôlé, — que la demi-page employée d'une façon intelligente rend presque autant que la page et coûte moins à puissance suggestive sensiblement égale bien entendu.

Certaines conditions viennent s'imposer à l'annonceur, et les ressources budgétaires sont malheureusement le plus grand facteur qui influe sur la grandeur comparative des annonces.

Si les lois d'opposition sont justes, en ce que nous avons vu plus haut, il ne s'ensuit pas que, lorsque de grandes annonces seront faites dans un journal, vous puissiez en faire utilement de petites à côté. Certaines masses importantes viennent annihiler les petites et se comportent, vis-à-vis de celles-ci, de la même façon que les points d'arrêt vis-à-vis du contexte.

Dans ces conditions, on peut formuler d'une façon générale que, dans un quotidien, la proportion d'un quart par rapport à la plus grande surface d'annonce employée dans une même page par les autres annonceurs, nous paraît devoir être une bonne dimension. Dans un magazine, le quart aura comme point de comparaison la page elle-même.

En matière d'affiches, en dehors de certaines exagérations de dimensions, les plus grands formats habituels seront les meilleurs, car si l'annonce se trouve dans le champ visuel ou à proximité, il n'en est pas ainsi de l'affiche qui, si elle peut être vue à quelques pas, l'est le plus souvent à des distances variant entre quelques mètres et quelques centaines de mètres.

Du reste nous examinerons en détail ces différentes questions au sujet de chaque moyen.

Il était utile, néanmoins, de fixer d'abord l'esprit sur la généralité et de bien déterminer que l'influence visuelle des moyens de publicité ne dépend pas de ce qu'ils valent en eux-mêmes, mais de ce qu'ils sont, par rapport aux autres.

XVI

CONCEPTION

La conception intelligente est la résultante de l'étude approfondie de la théorie et d'une pratique assidue.

Le manque actuel de conception. — La conception est une des parties les plus difficiles et les plus ingrates de la publicité.

Elle est l'application de tout ce que sait le technicien et comporte l'effort cérébral qui peut, ou vitaliser la réclame, ou en faire un procédé commercial inférieur, suivant les cas.

Le plus souvent la publicité n'est pas conçue. Elle est faite par l'annonceur avec le secours d'un ou plusieurs de ses employés, qui apportent des vues plus ou moins divergentes.

Les artistes, les imprimeurs fournissent une partie de leur technique et en même temps des principes qui, pour être séculaires, sont loin d'être justifiés.

Un plan ainsi envisagé offre l'inconvénient de donner à chaque détail, exécuté par un individu différent, une personnalité propre. Le résultat immédiat c'est que rien ne se tient, rien ne se coordonne et que le rendement se trouve inférieur.

L'exécutant ne peut concevoir. — Tout d'abord, l'annonceur lui-même n'a qu'une connaissance relative de la publicité et de sa technique. Ses employés sont encore beaucoup moins bien partagés que lui sous ce rapport. Quant aux diverses professions auxquelles on a recours, ce n'est que dans la partie matérielle de l'exécution qu'elles peuvent être utiles, car si elles sont représentées par des spécialistes de l'impression ou de l'art, l'éducation de ces spécialistes est nulle pour ce qui est publicité. Dans la plupart des cas, ce qu'ils savent de la publicité n'est que le résultat de l'imitation de ce qui se fait par ailleurs ou une tendance à la personnalité indépendante que rien ne justifie, personnalité qui peut être néfaste. Il en résulte donc que, d'une façon générale, l'annonceur ne conçoit pas sa publicité.

La conception générale. — Vous allez vous demander ce que nous entendons par conception.

Pour nous en tenir à une définition de dictionnaire, la conception est l'acte de l'esprit qui imagine et qui crée.

Il est facile de se rendre compte qu'il n'en est pas ainsi d'habitude.

L'esprit de l'annonceur n'engendre et ne crée rien de toutes pièces; tout au plus accole-t-il des éléments divers, sans les avoir fait siens au préalable. C'est cependant cette assimilation qu'il faut, pour avoir une publicité effective.

La conception pour être bonne doit être « une ». Une fois le plan déterminé, son exécution doit être remise à différents techniciens, spécialistes dans leur partie, dont le cadre est au préalable limité.

Ils n'ont plus à apporter ainsi à l'œuvre que leur valeur personnelle d'exécutants.

Qu'il s'agisse de l'ensemble, sous la forme de plan de campagne, ou de détails de rédaction et d'illustration, il faut que le tout soit imaginé et créé par un cerveau unique.

La modification. — Puis, une fois que la conception est réalisée, le plan bien établi, les unités déterminées, il faut conserver ce plan intact, car toute modification, même avantageuse, peut entraîner dans beaucoup de cas une diminution de la valeur de l'ensemble.

Imaginez-vous une maison à façade plate, sobre, n'ayant rien de spécial au point de vue architectural. A l'une des fenêtres du rez-de-chaussée, placez un bow-window d'allure élégante en lui-même. Le bow-window sera joli mais, comme il s'applique sur une façade différente et que l'œil perçoit l'ensemble, c'est en somme l'impression d'une verrue déplacée que le public ressent.

En matière de conception de publicité, la verrue est beaucoup plus puissante et nuisible qu'on ne se le figure. Nous avons vu, par l'expérience, de très bonnes conceptions annihilées, anéanties par des adjonctions subséquentes.

Et, puisque nous en sommes aux comparaisons, nous tenons à vous montrer objectivement l'utilité d'avoir un seul cerveau concevant la publicité.

L'unité de conception. — Que penseriez-vous d'un propriétaire qui confierait le soin de faire le plan d'une maison à deux architectes, que nous supposons de grande valeur égale, mais d'écoles et de vues différentes? Le résultat est tel que leurs conceptions personnelles ne pourront se manifester intégralement, les deux valeurs s'annihilant mutuellement. L'œuvre des deux n'aura aucune des qualités qu'elle aurait pu avoir si elle avait été faite par chacun d'eux séparément.

Il en est absolument de même en matière de publicité. Certains cerveaux conçoivent avec pondération et modération une idée originale qui, prise isolément, est parfaite. Raccordez-la sur un autre plan, celui-ci est amoindri.

C'est ainsi que, dans un plan à allure originale, très personnelle, une note banale qui serait à sa place dans un plan banal, n'a plus aucun effet.

Le même résultat est obtenu par l'introduction dans un plan sobre, mais effectif, d'une idée originale qui ne porte plus la marque de la maison et peut choquer la clientèle qui n'y a pas été préparée.

L'audace la plus grande est permise, est bonne, est effective, à la condition que le point de départ de son action ne soit pas brutal et que l'on ne vienne pas la faire entrer en jeu avec toute son intensité dans un plan qui ne la comporte pas.

Chef de maison concepteur. — Nous arrivons donc à déduire de ce qui précède que l'annonceur doit, ou concevoir par lui-même, ou faire concevoir par quelqu'un en qui il a une pleine confiance.

Certes, l'annonceur n'ayant pas pu acquérir et posséder par lui-même les notions utiles, se trouve vivre à une époque transitoire, fâcheuse pour ses intérêts. Il n'a eu à sa disposition aucune école spéciale et n'a pu bénéficier d'aucune expérience d'annonceur heureux ayant évolué dans les mêmes branches d'affaires. Ceux qui ont obtenu des résultats grâce à des efforts persévérants, les gardent pour eux.

La science de la publicité est non seulement ignorée de l'annonceur, mais de là plupart de ceux qui en font et l'on peut dire que le technicien de publicité est encore, comme nous l'avons vu, un être rare, se comptant au plus par une ou deux dizaines d'individus.

D'un autre côté, l'annonceur, presque toujours chef d'une importante maison, ne peut intervenir et ne doit intervenir dans sa réclame que pour déterminer l'ensemble du plan avec le technicien de publicité qu'il emploie, soit à poste fixe chez lui, soit autrement.

Dans une grosse entreprise, c'est donc à un second lui-même que l'annonceur doit confier le soin de sa publicité. Dans certaines maisons importantes où deux chefs de capacités identiques ont la direction, l'un d'eux peut se spécialiser dans la publicité. La réclame possède alors l'unité de conception et de direction que nous demandons.

Le collaborateur concepteur. — Dans quelques années, il est à prévoir que les travaux comme le présent ouvrage auront porté et que les cours de publicité se seront multipliés. Alors les chefs de maisons ou leur personnel supérieur pourront utilement concevoir suivant la pensée génératrice de la maison.

A ce moment il y aura lieu de se rappeler qu'en dehors du cadre général qui lui est tracé, le concepteur dirigeant une exécution doit avoir la plus grande liberté d'allure dans le choix et la détermination des moyens.

Action du détail sur l'ensemble. — Il ne faut pas croire qu'un plan de publicité puisse être fait comme un sommaire ou un canevas sur lequel on brodera.

Cette opinion, pour être courante, n'en est pas moins erronée. En effet l'emploi de tel ou tel moyen de détail destiné à frapper par une particularité quelconque viendra influer sur un plan de telle façon, que ce moyen secondaire peut devenir la base et décider de l'ensemble de la publicité. Nous avons vu des cas où une simple palissade, placée devant un magasin avant son ouverture, devenait la clef même d'un plan de campagne de publicité et décidait de la ligne de conduite de celle-ci pendant plusieurs années.

De même, dans un lancement par échantillon, la façon de présenter cet échantillon, en priant par une circulaire le public de lire son journal à tel ou tel jour est un moyen qui, certainement, aura une influence énorme sur le plan.

Donc, au lieu de poser des idées générales dont on tirerait des déductions, il faut voir à la fois le moyen de détail dans son action et l'ensemble du plan.

Ceci représente un travail synthétique d'autant plus complexe qu'il représente à la fois la synthèse des parties se greffant sur la synthèse de l'ensemble.

La conception du moyen. — La conception du détail est aussi incommode que celle de l'ensemble.

Supposons une annonce de texte typographique simple. Il faut que le cerveau voie d'un seul effort la surface de l'annonce, la proportion de ses dimensions, les caractères typographiques à employer et le texte lui-même, et là encore on ne peut rien examiner isolément.

Rien n'est séparable. Le caractère typographique commande le texte et celui-ci réagit sur la proportion de l'annonce.

Certains textes veulent de la longueur, d'autres veulent de la hauteur, et avant de dire : je dépenserai tant pour une annonce, il faut en établir la rédaction, déterminer le format. Le texte par lui-même n'est rien à concevoir, car certaines données ont une influence très grande sur lui. Le travail de la conception est, comme vous le voyez, difficile et demande la plus absolue unité de vues.

Conception de l'illustration. — Il est un point particulier qui aurait encore davantage besoin d'être conçu suivant l'unité générale, et c'est celui qui y déroge le plus souvent. Il s'agit de l'illustration.

Nous voyons fréquemment demander un dessin à un artiste et faire greffer dessus une annonce par un employé de la maison.

D'autres fois, on accole sans rime ni raison un texte quelconque à un dessin non moins équivoque.

C'est là que nous demandons au concepteur d'aller le plus loin possible dans son travail d'ensemble et de généralité, de manière à ne laisser aux gens sous ses ordres que l'exécution pure et simple d'une pensée dont la gestation est complète.

Nous ne vous demanderions pas de prendre un pinceau et de suppléer à l'artiste. Vous feriez ainsi un aussi mauvais métier que si vous demandiez à l'artiste de concevoir à votre place. Mûrissez votre pensée générale, donnez-lui de la forme dans ses détails et arrivez à la réaliser en vous, de telle façon que vous puissiez vous faire comprendre et faire partager intégralement votre pensée à l'artiste.

Ne perdez pas de vue que la publicité doit être illustrée surtout pour suggérer et non pas pour réaliser des œuvres d'art où la valeur de l'artiste et sa conception prédominent.

Ce qu'il vous faut, c'est illustrer en connaissant la théorie que nous avons exposée. Une fois que vous la savez, l'illustrateur n'a plus qu'à tenir compte de vos indications.

C'est au concepteur d'engendrer à la fois l'idée artistique et le texte. Quant à l'artiste, sa tâche est suffisamment belle lorsqu'il lui reste à animer une pensée et à lui donner, avec la vie, son caractère personnel, sa facture.

La simplification. — Les annonceurs veulent trop souvent alléger leur tâche en faisant de la simplification. L'affiche réduite servira d'annonce, l'annonce agrandie fera une affiche.

Les lois de la vision nous ont expliqué pourquoi ce procédé est mauvais ; ses résultats sont déplorables. Au lieu d'une simplification inopérante, il est préférable de se creuser la tête et concevoir pour chaque moyen des pensées adéquates à ceux-ci.

La conception est tout en publicité.

Elle est la source de sa vitalité.

Il faut qu'elle se manifeste dans les détails comme dans l'ensemble. Il faut surtout d'un côté un concepteur et de l'autre des exécutants.

Quel que soit le cas, si l'annonceur ne peut par lui-même ou par ses employés arriver à concevoir utilement sa publicité, il n'a plus qu'à faire appel aux techniciens dont nous avons déjà parlé.

XVII

ORIGINALITÉ

Nous vous indiquons comment vous pourrez donner à votre
publicité un cachet personnel de grande valeur.

L'originalité suggestive. — S'il est un chapitre qu'il nous est agréable
d'aborder, c'est évidemment celui de l'originalité en matière de publicité.

L'originalité ne doit pas être prise dans son sens de bizarrerie ou de
singularité ; il faut la considérer comme une faculté créatrice dépendant
de l'imagination et de l'invention et qui conduit à la découverte de
motifs d'un haut intérêt suggestif.

L'originalité est, en effet, cette chose indéfinissable qui donne une
personnalité à la publicité, personnalité attractive.

C'est elle qui transforme le regard machinal en attention pleine
d'intérêt.

Le leurre de l'idée. — Il faut se garder de confondre le travail original avec l' « idée », prise dans le sens de trouvaille. Celle-ci est un
leurre. L'idée prise en elle-même est loin d'être, en matière de publicité,
un facteur agissant sur le cerveau du public. Sa valeur est souvent
nulle.

Une idée spontanée peut être heureuse, en apparence, provoquer l'attention, faire remarquer le moyen qui la contient ; mais, entre l'attention
provoquée par la curiosité éveillée d'une part, et le désir d'achat d'autre
part, nous savons qu'il y a une barrière que seule la suggestion peut
franchir.

Il est rare, en effet, qu'une idée sortant toute neuve du cerveau puisse
s'appliquer au produit et suggérer pour lui.

Nous pouvons même dire qu'en fait l'idée n'existe pas en publicité
suggestive, car une idée, ainsi que l'envisagent ses partisans, est censée
jaillir spontanément du cerveau, alors que si l'on veut arriver à l'originalité utile, il faut procéder, comme nous allons le voir, à l'aide d'un
travail mental.

Il y a donc opposition entre l' « idée » et l'originalité suggestive.

L'originalité s'acquiert. — En général, si la conception est difficile, l'originalité paraît encore offrir plus de difficultés et passe pour être seulement un don exclusif, propre a quelques personnes. S'il en était ainsi, seuls quelques très rares techniciens de publicité pourraient utilement travailler et faire même leur fortune.

N'importe qui peut apprendre à créer des moyens originaux de publicité, sans avoir la tournure d'esprit spontanée qui semble nécessaire pour cela.

Vous pouvez apprendre à être original, tout comme vous avez appris la diction et la musique. Vous ne serez peut-être pas des virtuoses de la publicité; là aussi, comme pour les arts, il faut un peu d'inspiration. Vous pouvez toutefois arriver à un travail qui offre de l'intérêt et rende votre publicité agréable et attractive.

Association d'idées. — Nous avons dit auparavant que l'on a confondu l'association de faits avec l'association d'idées.

Or, en matière d'originalité, c'est l'association d'idées qui est la base du travail. Le concepteur l'utilise pour trouver un sujet qui entraînera, pour le public, une simple association de faits.

En principe, lorsque l'on veut annoncer une montre, les moyens dont on dispose semblent être exclusivement la suggestion directe par la chose, et la suggestion indirecte par le milieu. C'est ainsi que l'on pourra utiliser, en l'espèce, la montre portée par une jolie femme ou un homme distingué, l'illustration étant renforcée par un texte plus ou moins bien rédigé.

Cette publicité est l'application de la théorie pure et simple ; cependant il ne faut pas chercher beaucoup pour trouver une idée associée avec celle de la montre de manière à présenter celle-ci d'une façon originale.

La montre est une chose qui sert à mesurer le temps. Une première idée qui vient spontanément à l'esprit est la mise en valeur de la petite montre perfectionnée de notre époque, par sa comparaison avec le grand cadran solaire des vieux monuments. Il y a donc de suite un motif spécial à l'illustration ou à la rédaction et généralement aux deux. Toutefois signalons que, partout où cela sera possible, la suggestion par la chose doit marcher parallèlement au sujet associé. En l'espèce, la montre devra trouver place à côté du cadran solaire original et attractif.

La montre, mesure de temps, s'associera encore avec l'idée de voyage et de déplacement. Cette idée de voyage et de déplacement est plus forte au moment des vacances, et l'on pourra profiter des vacances pour montrer un train qui s'en va et la nécessité d'avoir une montre donnant l'heure régulière pour ne pas le manquer.

Cette association d'idées sera encore plus grande lorsqu'il s'agira d'hommes d'affaires pressés et, en enchaînant, on peut montrer les sommes énormes que fait économiser un chronomètre parfait. Il ne faudrait pas toutefois arriver dans cet ordre d'idées à des associations dérivées secondaires qui seraient contraires à l'association de faits cherchée.

L'annonce Packer's Tar Soap (*fig.* 68) est un bon exemple d'originalité. Ce savon est fait pour éviter les démangeaisons, et l'on comprend très bien la présence du chat dont les pattes aux griffes offensives sont emprisonnées dans la main. La légende qui accompagne le jeune félin nous dit : « Prenez du Packer's Tar Soap, pour les peaux irritées et endommagées par les coups de soleil et surtout, « ne grattez pas ». En anglais, ces derniers mots ont plus de valeur, car « scratch » veut dire également gratter et griffer.

Fig. 68. — Hauteur de l'original : 20 centimètres.

L'originalité est nécessaire pour présenter certains sujets abstraits.

Un bureau technique de publicité, par exemple, est difficile à annoncer. Cependant, on peut présenter au public une association de faits à l'aide de comparaisons. Ainsi, nous avons très bien associé (*fig.* 69) l'idée de bureau technique avec l'idée d'argent gagné; la publicité draine l'argent du public vers votre caisse. Mais c'est un travail difficile, aussi avons-nous présenté la chose de la façon originale qui consiste à faire remarquer que l'argent ne court pas les rues.

Association indirecte. — La suggestion indirecte représente l'association de fait directe du milieu à la chose elle-même, alors que l'originalité, comme nous le voyons, représente l'association indirecte de la chose à une autre chose. La montre s'associe directement à la jolie femme ; c'est indirectement que la montre s'associe au cadran solaire à l'aide de l'idée commune de la mesure du temps.

Comment obtenir l'originalité. — Quel que soit le cas, vous pourrez trouver, en partant de l'objet, quantité d'idées qui permettent de donner une présentation originale et personnelle. Nous ne pouvons ici accumuler les exemples, le principe suffit à vous guider. Ne perdez pas de vue que vous ne devez pas imposer au public un effort, ne pas lui faire associer des idées, l'association de faits que vous lui présentez devant être immédiatement suggestive.

Pour opérer, il suffit d'abord de vous poser la question suivante : Avec quoi l'objet annoncé est-il en rapport indirect ? Avec cette règle, vous trouverez les points nécessaires pour créer l'originalité. Avant tout et à l'aide d'une disposition quelconque, mettez en avant la loi de la suggestion directe par la chose, indirecte par le milieu et l'application de la ligne d'orientation qui doivent marcher de pair avec l'originalité.

L'originalité, sans l'application des règles théoriques, n'aurait pour effet que d'intéresser le public sans le faire acheter. Suggérer est votre unique but. Si vous ne pouvez avoir la puissance d'imagination de certains cerveaux spécialement doués, en procédant comme nous le disons ci-dessus, vous n'en arriverez pas moins à donner à votre publicité une effectivité et une personnalité de beaucoup supérieures à celles de la publicité environnante.

Fig. 69.
Hauteur de l'original :
20 centimètres.

XVIII

L'ILLUSTRATION ARTISTIQUE

L'illustration est le langage le plus clair et le plus rapide
pour l'œil.

L'illustration artistique devient indispensable. — Avant de procéder
à l'étude des divers moyens nous devons, ici, faire une place spéciale à
l'illustration en général et plus particulièrement à la partie artistique
qu'elle comporte.

Nous tenons à lui donner cette place spéciale car, par sa puissance
attractive et suggestive insurpassable, elle a conquis dans la publicité le
droit de cité et, dans l'avenir, c'est sur elle qu'il faudra compter de plus
en plus.

Classons de suite l'illustration en deux parties bien distinctes et bien
différentes. Tout d'abord, l'illustration documentaire dont le but est exclusivement de suggérer directement et de concourir autant que possible à
la visibilité suggestive. Puis l'illustration artistique qui viendra suggérer
indirectement par le milieu et concourra surtout à la visibilité attractive.

Si nous attachons à l'illustration une importance très grande, si nous
trouvons qu'elle doit primer de beaucoup le texte parce que plus concrè-
tement suggestive, nous devons, avant d'aller plus loin, appeler l'attention sur les erreurs que l'on commet en son nom.

Nous n'avons plus à préciser les lois qui la régissent, parce qu'elles
découlent de tout ce que nous avons étudié au préalable et que nous verrons, à chaque moyen, la façon de l'utiliser.

Les inconvénients de l'art. — L'illustration documentaire, dans sa
belle simplicité, ne mérite aucun reproche. Il est difficile de fausser son
sens et son action.

Par contre, l'illustration artistique, nullement préparée à son rôle, a
amené, dans la publicité, le défaut inhérent à sa qualité habituelle, c'est-
à-dire la personnalité de ses auteurs. Ceux-ci n'avaient aucune notion
des lois de la publicité. Il ne faut pas s'étonner que, de bonne foi, ils
aient commis des fautes involontaires, insoupçonnables pour eux, en se
donnant corps et âme à la réclame.

Les annonceurs ont demandé à certains maîtres de faire des affiches. Ceux-ci ont accepté et ont laissé libre champ à leur imagination. L'on a constaté avec stupéfaction que, souvent, le public connaissait seulement le nom des artistes alors qu'il ignorait le nom des produits pour lesquels les artistes avaient travaillé.

En effet, le tempérament de l'artiste laissé libre, la bride sur le cou, se manifeste entièrement. Au lieu de faire de la publicité suggestive comme nous le désirons, l'artiste extériorise une pensée qui lui est propre, mais qui provient d'une source différente de celle où il devrait puiser.

Ce monsieur est fabricant de pneus! Il vient de lire la longue liste des succès remportés par le Pneu ENGLEBERT dans les épreuves cyclistes de 1910 !!!

FIG. 70. — Hauteur de l'original : 18 centimètres.

Annonce satirique ayant l'inconvénient de viser le concurrent. — Absence de suggestion directe et indirecte. Exemple à éviter. — Le texte, en dehors du cadre risque de n'être pas lu.

Il tombe dans l'inconvénient signalé au sujet de l'originalité et où nous montrons que la personnalité n'est bonne qu'autant qu'elle est suggestive.

Il en résulte donc qu'au point de vue suggestion le champ de l'artiste devra être déterminé.

En dehors de la conception personnelle des artistes, de leur façon de voir, quelques-uns ont des genres que les annonceurs sont heureux de s'assurer, estimant qu'ils sont bons. Parfois, ce sont les annonceurs qui, séduits par une facture spéciale, imposent celle-ci aux artistes. Dans les deux cas, les résultats voisinent souvent avec le désastre.

Le grotesque. — Le caractère grotesque en est un premier exemple. Bien que la réceptivité générale de la rue comporte la moyenne générale des réceptivités humaines, le grotesque en affiches pourra amuser un instant, mais sera, en règle générale, une inhibition. Il pourra créer souvent la visibilité ; il fera tache, comme disent certains artistes. Cette tache cependant ne sera effective qu'au point de vue de la suggestion mise involontairement en avant. Cette suggestion, c'est le côté ridicule du personnage ou de la chose illustrée qui, seule, agira sur le passant.

Or ce n'est pas là le but cherché par l'annonceur.

Le comique. — Moins outré que le grotesque, le comique procédant d'un même ordre d'idées produit des résultats identiques. Il ne suggère que dans son rayon d'action et n'a aucune valeur commerciale.

L'artiste influe d'abord par sa facture, et celle-ci, malheureusement, passe parfois avant le produit vendu. Il est donc nécessaire d'atténuer cette facture, au lieu de l'accentuer par un genre aussi visible que le comique ou le grotesque. Puis, contrairement à l'opinion de Rabelais, qui n'était du reste pas grand clerc en fait de publicité, le propre de l'homme n'est pas le rire. Sa réceptivité est encore moins le rire. La mentalité humaine, variant suivant le lieu et le moment, n'est réceptive au rire que par intervalles et, en général, elle est réceptive à des choses totalement différentes. Le grotesque et le comique, en un mot toutes les caricatures, constituent parfois de réelles inhibitions aux suggestions directes du produit.

L'homme politique. — Un reproche qu'il faut adresser également à certains illustrateurs, c'est d'employer l'homme politique. Ils usent et abusent des personnages tels que les Souverains, le Président de la République, etc...

Nous avons en mémoire une affiche qui comporte tous les souverains de l'Europe. Nous n'examinerons pas le principe caricatural dont elle s'inspire, car même si les souverains étaient fidèlement portraicturés, l'affiche serait mauvaise en elle-même. Quantités de gens qui vénèrent ce que l'on appelle l'ordre public et ses représentants supérieurs estiment qu'il est mal de vulgariser des individualités qui sont pour eux dignes du plus haut respect.

Le Président de la République a été fréquemment mis sur les murs. Il s'ensuit que, d'une part, les adversaires du régime actuel prennent en grippe un produit qui semble s'appuyer sur le chef d'État pour suggérer et que, d'autre part, les partisans du régime lui-même ne sont pas contents de voir ravaler le rôle du chef de l'Etat à celui d'un comparse, d'un instrument secondaire au service d'un annonceur vendant un produit tel que des cirages ou des plaques photographiques.

Ajoutons qu'en ce qui concerne l'emploi de personnages politiques connus, il peut se produire des inconvénients. Par exemple, certaines affiches très bien faites et à peine caricaturales représentaient le roi d'Angleterre et Léopold II sortant en bons amis, par un temps pluvieux.

Or l'affiche est restée sur les murs alors que les deux souverains étaient morts. Ce fait a engendré dans l'esprit du public la pensée que ceux qui laissaient de telles affiches manquaient de tact. Lorsqu'il s'agit de souverains amis ou alliés, cette impression est d'autant plus sensible et infériorise le rendement de la publicité.

Fig. 71. — Hauteur de l'original : 18 centimètres.

Cette annonce ignore la théorie et la technique. Elle s'inspire simplement des principes qui guident les décorateurs. Aucune suggestion illustrée directe, ni par la chose, ni par la chose en action, ni par les résultats. Suggestion indirecte absente. Ligne d'orientation double, à gauche et à droite.

Les réceptivités spéciales. — Cependant nous pouvons dire que l'illustration avec ses caractéristiques spéciales, telles que le comique, le grotesque et la politique, peut être utilisée parfois. Il faut bien spécifier alors que ceci n'est possible qu'à l'aide de media, ayant la réceptivité adéquate.

Les affiches dans certaines salles de spectacles peuvent être comiques, et nous ne voyons pas d'inconvénient à ce que, dans un journal humoristique, des annonces sérieuses d'habitude empruntent au medium un peu de sa tenue et de sa réceptivité propres. Cependant le tout doit être fait avec doigté et en tenant compte du principe de l'enchaînement des faits dont nous nous sommes inspirés pour créer l'originalité.

L'allégorie. — Les critiques qui précèdent sont importantes, mais il est, en somme, facile de changer cet état d'esprit. Il n'en est pas de même d'une tendance à laquelle les artistes sont portés plus particulièrement, encouragés qu'ils sont en cela par les annonceurs. Nous voulons parler de l'allégorie.

L'allégorie est, en réalité, une fiction qui représente l'objet à notre esprit d'une manière autre que sa manière propre. Suivant un besoin instinctif, l'homme cherche, pour que l'objet soit intéressant, à le rapprocher le plus possible de lui. Il lui donne son image, sa figure, son expression. Au point de vue publicité, on peut dire que l'allégorie, c'est l'objet humanisé.

Nous verrons d'ailleurs que, chaque fois qu'une chose matérielle essaiera de se rapprocher de l'homme, mais en s'arrêtant à un stade intermédiaire, il y aura faute et par suite inhibition.

Si l'allégorie est une conception heureuse pour l'artiste, il est permis de se demander, au point de vue commercial, si elle rend tous les services que l'on en peut attendre. Lorsqu'elle est parfaite, c'est-à-dire lorsqu'elle se rapproche de sa définition, elle est, dans les mains de

Fig. 72. — Hauteur : 160 centimètres.

ceux qui s'en servent, une arme merveilleuse. Mais il est extrêmement difficile de lui assurer son action maximum. Pour cela elle doit répondre aux conditions de sa définition, qui se détaillent comme suit :

1° Il faut se rapprocher d'aussi près que possible de la figure humaine, c'est-à-dire de l'aspect de l'homme ou de la femme ;

2° L'allégorie doit contenir l'objet en elle. Celui-ci doit faire partie intégrante de la forme humaine, afin de réaliser l'association de faits, sans laquelle l'allégorie ne vaut plus rien ;

3° Il faut que le sujet, pour avoir son maximum d'action, puisse donner l'idée du mouvement et non pas de l'immobilité.

Avec de telles exigences vous pouvez vous rendre compte qu'il est difficile de pouvoir, sur les formes du corps humain, adapter tous les produits à vendre.

Beaucoup ont cru pouvoir s'en tirer d'une façon tout à fait simple, en montrant une allégorie féminine ou masculine très jolie d'un côté et de l'autre, l'objet à vendre.

Le problème, ainsi, était loin d'être résolu ; il n'était qu'esquivé. L'ar-

Fig. 73. — Dimensions de l'original : variables.

tiste avait simplement ajouté une illustration humaine à la suggestion par la chose. Il y avait parallélisme entre deux parties de l'illustration et non pas la parfaite synthèse que l'on doit exiger.

Un exemple du genre peut être pris dans l'affiche Antoinette (*fig.* 72) où, sur le côté gauche, une femme semble vouloir régner sur le monde du moteur pour automobile, pour canot et pour aéroplane.

On a cru faire en l'espèce une allégorie, on a tout simplement déplacé l'attention. Le rendement du moyen est inférioirisé parce que, à la suggestion par la chose, on a juxtaposé, sans l'associer intimement, la suggestion plus puissante de l'être humain en mouvement.

La pseudo-allégorie Antoinette vaut mieux que l'allégorie employée dernièrement par un marchand de pâte à polir. Cet annonceur a créé un individu dont les jambes sont un instrument de musique d'un côté, un sabre de cavalerie de l'autre ; le corps et la tête ne sont que des cuirasses, des casseroles. Pour en finir un jeu de mots fait allusion à Briand, l'homme politique, en raison du brillant obtenu. Il n'y a pas allégorie, encore moins suggestion par la chose.

La femme nue ou habillée a été employée abusivement dans beaucoup de cas pour essayer de créer un symbole. Elle a toujours eu comme effet de déplacer l'attention de l'objet sur elle-même, à telle enseigne que certaines affiches faites par des villes maritimes ne sont connues que par le nu de leurs sujets et non par le nom de la station qui les a fait poser.

Des artistes ont essayé de réaliser la synthèse de l'objet à vendre et de la forme humaine, par une adaptation plus ou moins heureuse de l'homme aux formes de l'objet. C'est ce que nous trouvons dans le flacon de l'eau de mélisse Ricqlès (*fig.* 73). L'allégorie répond ainsi à peu près au principe que nous posons ; mais l'éloignement de la forme humaine est tel qu'au lieu de l'allégorie réelle nous n'avons qu'une simple caricature. L'effet cherché est encore manqué.

Nous appelons enfin votre attention sur la troisième règle qui a trait à la manière d'utiliser la conception allégorique.

Si vous la présentiez toujours sous la même forme, dans la même position, elle ne produirait pas sur le public l'effet cherché. Elle lui apparaîtrait comme une marque de fabrique, originale sans doute, s'adaptant bien au produit, difficile à imiter ou à contrefaire, mais la valeur de l'allégorie s'arrêterait à celle d'une bonne marque de fabrique.

L'allégorie doit donc avoir une forme agissante pour produire le résultat cherché ; il faut qu'elle soit bien vivante et en action.

Aussi devons-nous constater que rares sont les produits qui se prêtent bien à l'allégorie.

Nous pouvons en voir un exemple dans la petite vignette du linge Monopole (*fig.* 74), qui a réussi à nous présenter la forme humaine contenant la chose sans aucune apparence caricaturale et la chose se meut comme le ferait un homme.

A notre avis, depuis un très grand nombre d'années, nous n'avons rien trouvé de mieux que le Bibendum (*fig.* 75) de Michelin.

Notez que ce sujet a l'allure humaine naturelle. Ses formes sont normales et peuvent aller depuis l'enflure du ventre bedonnant jusqu'à la physionomie abattue d'un neurasthénique.

Il peut exprimer certains sentiments. Il a le port martial, l'attitude familière parfois, orgueilleuse presque toujours.

On ne peut dire que Bibendum soit une caricature. C'est un être à part; c'est

Fig. 74. — Grandeur naturelle.

le pneumatique fait homme. Il se meut de toutes les façons ; il joue de la semelle, écrit et danse.

Fig. 75. — Le motif central a été exécuté en affiche de 160 centimètres de hauteur.

Il contient l'objet, et ce n'est pas une fois qu'on le trouve en lui, mais plusieurs fois. La suggestion est augmentée par la multiplicité de la reproduction du produit.

Donc, pour ceux qui voudront utiliser fructueusement l'allégorie lorsqu'ils pourront la réaliser, il y aura lieu de se rappeler les règles que nous venons de déterminer plus haut. Il faut que l'objet soit adapté à la forme humaine et non la forme humaine à celle de l'objet.

*
* *

Ceci clôt les principales observations à faire sur l'illustration artistique. Ses divers modes d'utilisation seront examinés à chaque moyen.

XIX

CHOIX DES MOYENS

L'annonce vaut-elle mieux que l'affiche ? L'affiche est-elle préférable à la vente par correspondance ? Ces questions fréquemment posées nous obligent à examiner les services que peuvent rendre les divers moyens employés en publicité.

Parmi les différents moyens qui sont à la disposition de l'annonceur quelques grandes catégories viennent se mettre en avant.

En tête se place la publicité générale avec l'article, l'annonce et l'affiche. Puis la publicité individuelle vient avec la brochure et la vente par correspondance.

Il est bon de savoir quelle est la valeur respective de chacun de ces moyens, leur action spéciale, les cas où ils font de l'effet, de même que les points où ils cessent de rendre.

Il nous paraît inutile de définir les divers moyens, car le public attache à chacun d'eux une signification si exacte qu'aucune erreur est possible.

L'ARTICLE

Action et diffusion puissantes. — L'article est un moyen parfait en principe. Il a l'avantage de posséder au plus haut degré l'impersonnalité si utile dans la suggestion car, derrière lui, l'individu non prévenu ne soupçonne pas l'annonceur. L'effet suggestif est d'autant plus grand que le public voit, en général, dans tous ceux qui écrivent dans les journaux des autorités compétentes.

Nos journaux quotidiens pour la plupart sont devenus, aujourd'hui, un champ d'exploitation par l'article. Les chroniques de tous genres signées par des docteurs, des ingénieurs ou des reporters d'occasion, permettent de faire passer quantités de choses qu'il serait difficile de placer dans une annonce. Il est possible d'affirmer les qualités d'un produit dans l'annonce, mais il est des détails que l'on ne peut donner et surtout des appréciations personnelles que l'on ne peut formuler.

L'article a donc cet immense avantage par sa longueur et par sa forme rédactionnelle de permettre des phrases précises, pressantes et laudatives dont la puissance suggestive est grande.

Dans les journaux techniques ou industriels, on peut dire que, dans beaucoup de cas aujourd'hui, les chroniques documentaires sont des articles de publicité. Leur effet est peut-être moins profond que sur la foule ordinaire lisant le quotidien, car elles vont vers un public prévenu. Celui-ci ayant l'habitude du contrôle dans sa documentation occupe son esprit non pas à absorber entièrement ce qu'on lui dit, comme parole d'Evangile, mais au contraire à disséquer la valeur des documents qui lui sont soumis.

D'un autre côté l'article industriel comporte difficilement la phrase laudative et suggestive que certains chroniqueurs de la presse quotidienne ou illustrée emploient pour des produits pharmaceutiques ou d'alimentation.

Effet éphémère. — L'article possède une action suggestive immédiate énorme, en raison de la crédulité du lecteur et de la foi spéciale que celui-ci accorde à tout ce qui n'a pas l'air d'émaner de l'annonceur lui-même. Il a par contre l'inconvénient d'être éphémère dans son action.

Si l'article n'a pas provoqué une demande le jour même ou dans les vingt-quatre heures qui suivent son apparition, il est inutile de compter sur son effet. Tout est fini.

Ce qui précède s'applique surtout à l'article dans les quotidiens. Dans la presse périodique et illustrée ainsi que dans la presse technique, la durée de l'action est un peu plus longue.

Il est facile de comprendre que tout article d'un quotidien lu un jour est chassé le lendemain par un autre. Les nouveautés se suivent et s'effacent mutuellement. C'est le journal du lendemain qui oblitère l'impression produite par le journal de la veille.

Par contre, dans la presse technique ou périodique, les articles étant un peu plus espacés dans le premier cas et lus avec un peu plus de discernement et d'esprit critique dans le second, leur action est plus longue et leur efficacité renforcée d'autant.

Renouvellements et rappels. — L'action de l'article étant surtout éphémère, il faudrait, en principe, pouvoir renouveler cet article assez fréquemment. Avec toutes les bonnes volontés du monde on ne peut, sur un même sujet, trouver plus de cinq à six façons différentes de l'exposer d'une part et, d'autre part, il est impossible de répéter indéfiniment, dans des colonnes qui ont l'air d'être indépendantes, le panégyrique du même produit.

Dans ces conditions il faut donc espacer l'article dans les quotidiens : quatre ou cinq fois par an semble un chiffre largement raisonnable. Quelques annonceurs aux articles longs d'une colonne ou deux colonnes font succéder à ceux-ci, dans les huit ou quinze jours qui suivent leur apparition, de petits articulets nommés rappels. Ceux-ci, en réalité, ne sont que des annonces agrandies et ne participent pas à l'action de l'article.

Quelques-uns de ces rappels ont l'inconvénient de montrer le bout de l'oreille et d'enlever probablement aux articles subséquents un peu de leur efficacité.

Son utilisation. — Au point de vue théorique, l'article est donc une mine assez rapidement épuisable ; de plus, il a l'inconvénient notoire de coûter très cher. Cependant lorsqu'il s'agit de présenter au public un produit nouveau ou un produit ancien d'une façon nouvelle, il semble devoir être employé. Pour notre part, nous considérons qu'à la base d'un plan, on devrait mettre toujours plusieurs articles, dont l'impression serait favorable.

Le fait de l'action suggestive puissante de l'article est-il une raison pour l'employer seul ?

Certains produits saisonniers, d'ordre pharmaceutique par exemple, pourront se contenter de l'article seul. Celui-ci viendra au moment de la réceptivité adéquate, et l'on utilisera, par la suite, la vente par correspondance. Mais, d'une façon générale, l'article, comme nous le disons plus haut, ne devra être que le début d'une campagne et sera toujours secondé par l'annonce qui viendra parer à son effet éphémère. L'article suggérera d'une façon détaillée; l'annonce qui semble indépendante de lui entretiendra la suggestion première. L'article semble ne pas pouvoir se passer de l'annonce.

Naturellement il devra être accompagné, dans la plupart des cas, de la brochure ou de l'affiche.

Du fait de sa nature, l'article n'est pas un moyen indispensable, et certains petits budgets pourront s'en dispenser. L'article offre l'avantage d'être un moyen de publicité contrôlable et de grande diffusion, son action est surtout brutale, éphémère et rapidement décroissante.

L'ANNONCE

Diffusion puissante. — De tous les moyens de publicité l'annonce est celui qui nous plaît le plus. Elle semble devoir être dans l'avenir de l'annonceur l'arme de choix, non qu'elle soit absolument parfaite, mais parce qu'elle possède la plupart des avantages de tous les autres moyens sans en avoir les inconvénients.

Comme l'article elle bénéficie, grâce à la presse, d'une diffusion immense. Aujourd'hui tout le monde lit et, soit dans les quotidiens, soit dans la presse périodique, soit dans les journaux techniques, l'annonce mise à sa place touche, on peut le dire, la presque totalité des gens que l'on cherche à atteindre.

Action cumulative. — Du fait qu'elle émane directement, sans aucun doute possible, de l'annonceur, elle possède ainsi une action moins grande, moins puissante, puisqu'elle manifeste son origine commerciale. Par contre elle a l'avantage de pouvoir se répéter continuellement et se modifier au gré de l'annonceur original. Les annonces peuvent se suivre et ne sont pas obsédantes. Elles peuvent être répétées tous les jours, et elles entretiennent ainsi, dans l'esprit du public, la suggestion que l'on désire y mettre. Nous savons que, pour un même produit, l'annonce peut et doit varier dans sa forme, sa rédaction, sa présentation, sans qu'il y ait fatigue. La théorie et la technique générale nous ont montré que tout l'intérêt réside justement dans la répétition et la variation.

Lorsque l'article sur un même produit a paru deux, trois ou quatre fois, malgré toute l'habileté de son rédacteur, le public commence à sentir qu'il ne s'agit plus d'une chronique documentaire pure, mais bien d'un désir d'imposer un produit.

Cette action de l'article détruit son intensité d'effet du début et, petit à petit, rend nulle sa valeur. Heureux encore s'il ne provoque pas une réaction chez le lecteur.

L'annonce au contraire, comportant une sollicitation loyale du client, pouvant être répétée et modifiée à l'infini, ne fatiguera jamais. Bien faite, elle saura donc user les résistances un peu longues et amener à l'achat.

Moyen complet. — Nous devons considérer que l'annonce résume, en somme, toute la publicité. D'une façon générale, elle participe de l'affiche, car elle peut être illustrée ; elle participe de l'article, car elle peut avoir une rédaction assez longue ; elle participe du catalogue, car elle peut contenir des prix ; elle peut supprimer la vente par correspondance dans certains cas, en provoquant la commande directe et l'envoi de fonds.

Comme l'article, elle est contrôlable, ce qui permet de se rendre compte de sa valeur et de la modifier suivant le rendement. Tous les moyens contrôlables doivent être préférés aux autres, car l'on est certain de leur effectivité et l'on peut y affecter les fonds nécessaires.

Son emploi. — L'annonce appartenant à la publicité générale est l'unique moyen, dans cette publicité, qui puisse être employé seul. Dans certains cas, l'annonce peut se passer de l'article et de l'affiche. Ni l'affiche, ni l'article, ne peuvent se passer absolument de l'annonce.

Dans la plupart des cas, il y aura intérêt à compléter celle-ci par la brochure et par la vente par correspondance. Bien que la dépense entraînée par l'annonce puisse être proportionnée aux besoins des annonceurs, elle constitue un moyen assez dispendieux ; mais, vu son effectivité, il faut l'introduire obligatoirement dans presque tous les budgets.

Pour nous résumer, l'annonce peut être considérée comme un moyen presque idéal de publicité. Son action est quelquefois lente et même latente, mais toujours cumulative. Elle peut se renouveler à l'infini, et sa diffusion ne peut être surpassée. L'annonce, par sa nature, convient à tous les produits, quels qu'ils soient.

L'AFFICHE

Action fugace cumulative. — S'il est un moyen qui séduise l'annonceur, c'est évidemment l'affiche. Le plaisir de voir son papier, à soi, collé sur les murs, n'a d'égal que l'orgueil du propriétaire montrant les terres qu'il possède.

Mais s'il est, d'autre part, un moyen dont on doive se méfier, c'est évidemment celui-ci. La visibilité de l'affiche a, entre autres facteurs, la dimension. Or la dimension d'une affiche est surtout un facteur de dépense souvent ruineuse et toujours très coûteuse.

Le reproche capital qu'il faut adresser à l'affiche, c'est l'impossibilité dans laquelle elle se trouve de conclure une vente. A moins de cas très exceptionnels qui sont de vrais tours de force, tout ce qu'elle peut faire, c'est de documenter vaguement et légèrement au passage et son action est plus éphémère que celle de l'article. Si l'article a une valeur qui dure vingt-quatre heures, celle de l'affiche peut être estimée, d'une façon générale, à quelques secondes.

Heureusement que ce moyen a l'avantage de se renouveler par lui-même du fait de la multiplicité de son apposition sur les murs. Dans ces conditions, les suggestions se répètent un peu partout et assez fréquemment. L'affiche a donc ainsi une légère action cumulative.

D'autre part, une supériorité de l'affiche sur l'article, c'est que, pour un même sujet, on pourra varier les compositions d'affiches, sans fatiguer le public en lui donnant, à chaque fois, une sensation nouvelle agréable.

Moyen secondaire. — En raison de sa nature, l'affiche a un pouvoir suggestif assez restreint ; le texte est court et l'illustration, pour être intéressante, ne doit pas être purement documentaire.

Sa valeur suggestive étant relative, c'est pour cela qu'il ne faut la considérer que comme un moyen secondaire dans un plan. Elle conviendra donc aux grands budgets. Il faudra l'écarter des petits, à moins qu'elle ne se réduise à de petits placards isolés.

Son utilisation. — L'affiche oblige donc à l'emploi de tous les autres moyens ; l'annonce lui est nécessaire, ainsi que tous les moyens qui découlent de l'emploi de cette dernière.

Il est compréhensible que l'affiche doive être secondée car, dans beaucoup de cas, elle ne donne pas l'adresse de l'annonceur. Lorsqu'elle la donne, les gens ne peuvent, pour quantités de motifs divers, noter le nom sur leur carnet, au passage. La principale raison de ce fait, c'est que la suggestion est par trop insuffisante, quantitativement et qualitativement, pour que le désir naisse de suite. Chaque fois qu'il s'agira d'un article de consommation générale, l'affiche pourra être employée car, si dans l'esprit de l'annonceur, l'affiche est une façon de démontrer sa force, dans celui du public, tous ceux qui mettent des affiches sont puissants.

Comme l'annonce, l'affiche ne fait aucune pression sur le public. Elle a même ce léger avantage sur l'annonce, c'est de ne pas s'imposer. Elle est sur les murs et ne vient pas forcer pour ainsi dire la main, en tenant une place dans les journaux que le public achète. Elle est donc plus discrète et sa sollicitation est loyale.

En résumé, l'affiche est un moyen que l'on ne peut employer seul et qui convient surtout aux articles de consommation générale continuellement renouvelée. Elle peut être adoptée pour certains articles donnant des bénéfices élevés et dont la publicité peut supporter un renforcement d'action latente et cumulative.

LA BROCHURE

Moyen complet. — Lorsqu'on voudra pousser la suggestion à son maximum, lorsqu'on voudra faire quelque chose qui soit à la fois une affiche, une annonce, un article et quelque chose de mieux encore, on aura recours à la brochure. Elle peut être employée utilement dans toute campagne de publicité. Elle secondera avantageusement tous les autres moyens et souvent elle pourra être envoyée seule, directement. Une circulaire qui n'est pas une lettre commerciale pure n'est qu'une brochure réduite.

Elle peut être la base d'une campagne de publicité individuelle ; mais elle appartient alors à la vente par correspondance, que nous allons examiner bientôt.

La brochure contient tous les arguments que l'on veut mettre en avant, car elle peut se permettre toutes les longueurs. Illustrée, elle suggère par la chose et la chose en action souvent. Sa force particulière réside dans sa présentation, qui est entièrement à la disposition de l'annonceur. Celui-ci n'a ainsi aucune limite dans l'originalité, la qualité du papier, les caractères d'imprimerie, en un mot, en toutes choses qui paraissent secondaires, mais qui suffisent à valoriser un moyen. Un texte secondaire bien présenté est rendu suggestif du fait de la réceptivité favorable que crée la présentation. Celle-ci augmente l'action suggestive intrinsèque de la conception.

L'annonce, l'article, l'affiche, ont leur valeur propre, mais ils ont également une valeur relative, en raison de leur voisinage ou du milieu où ils se trouvent. Par contre, la brochure va seule, directement, de chez vous chez l'acheteur et ne subit aucune influence de ce genre. Il est rare qu'un même courrier en apporte plusieurs.

Diffusion limitée. — Bien faite, son action est puissante, plus peut-être que celle de tout autre moyen. Contrairement à la publicité générale qui, à l'aide de quelques media, touche assez facilement une multitude de gens, elle a l'inconvénient d'être coûteuse. Il faut, pour que la brochure atteigne les mêmes résultats, l'envoyer à chaque individu, chez lui, et ceci est une chose dispendieuse. De plus, les procédés de distribution ou d'expédition à domicile sont tels que l'on n'est pas sûr, à l'heure actuelle, de pouvoir toucher tous les intéressés. C'est ce qui explique que l'annonce, tout particulièrement, doit précéder la brochure pour la faire connaître et éviter certaines dépenses inutiles.

La brochure se répétant difficilement, mais étant conservée, possède une action suggestive légèrement cumulative. Cette action demande à être stimulée de temps en temps, par des moyens de renfort.

VENTE PAR CORRESPONDANCE

Moyen complet. — Une simple lettre, envoyée directement à domicile pour annoncer une brochure fait partie de la vente par correspondance. Cependant il faut entendre par vente par correspondance une campagne dont la lettre est la base et amène la conclusion.

Dans l'avenir, pour désigner ce moyen, nous emploierons les initiales des mots américains équivalents : « Mail Order Business » (M. O. B.).

Ce moyen, comme nous le verrons plus tard, comporte un peu l'inconvénient de sa sollicitation trop directe, trop franche; mais, manié habilement, il peut donner d'excellents résultats, même employé seul.

Ajoutons que, sous la forme de rappel d'offres, la vente par correspondance, qu'on le veuille ou non, fait partie intégrante de tous les plans.

Suggestion puissante, mais difficile. — Employée seule, la vente par correspondance peut se renouveler car, en dehors de la brochure et de la lettre, elle dispose des plaquettes, des cartes, etc... Elle donne ainsi la latitude de faire une campagne sans discontinuité. La suggestion peut être directe et puissante.

Précisons bien que la vente par correspondance est le moyen de publicité le plus difficile à manier. En effet, le contact direct avec le public est tel que l'on peut se considérer comme parlant à celui-ci, dans sa propre maison. Il faut une grande connaissance spéciale de la psychologie pour arriver à ne pas provoquer la réaction qui gênerait.

*
* *

Comme les différents moyens ci-dessus doivent être étudiés en détail, il suffit de dire qu'avec ce qui précède on peut déterminer la part qu'on leur donnera dans un plan.

Quant aux autres moyens secondaires, multiples dans leur variété, tous participent plus ou moins à l'action de ceux étudiés ci-dessus, et il n'y aura qu'à leur appliquer par déduction les résultats de l'analyse que nous venons de faire.

XX

L'ANNONCE

Apprenez à faire des annonces. Lorsque vous le saurez,
vous serez près de tout savoir en publicité.

Nécessité de son étude. — Ce mot, nous le savons, résume toute la publicité et en est, pour ainsi dire, la synthèse. C'est dire quels soins il faut apporter à son étude. Le rédacteur d'annonces qui sait son métier a toutes les portes de la publicité ouvertes devant lui. Celui qui n'est spécialisé qu'en affiches, en brochures, en circulaires, est condamné à végéter.

La phrase, un peu impérative peut-être, d'une école de publicité : « Apprenez à faire des annonces », est juste et suffisante. Elle résume tout. C'est pourquoi nous commençons, par l'annonce, l'étude de la technique appliquée.

Nous savons que l'annonce s'accommode de toutes les réceptivités, étant donné qu'elle peut utiliser presque autant de media qu'il y a de divers besoins humains ou de modalités intellectuelles.

Parmi les annonces, les unes préparent la vente seulement, alors que d'autres vont jusqu'à la conclusion. Il faut donc savoir rédiger l'une et l'autre. Nous verrons comment on doit rédiger plus tard ; pour l'instant, nous devons porter notre attention sur les généralités de l'annonce, dont les éléments si importants seront étudiés à des chapitres spéciaux.

Les annonces en série. — La première question à se poser est celle-ci : L'annonce doit-elle être immuable ? Nous avons répondu déjà par la négation, car nous devons fuir la monotonie. Dans ces conditions, au lieu de conserver indéfiniment le même texte et la même illustration, nous varierons le tout, aussi souvent que possible, en nous rappelant tous les principes de la théorie. Les diverses unités de la série garderont une similitude d'apparence permettant de reconnaître immédiatement l'origine et d'enchaîner les suggestions antérieures aux suggestions futures. Les trois annonces Jap-a-Lac (*fig.* 76-77-78) sont extraites d'une série presque interminable, où l'air de famille est patent.

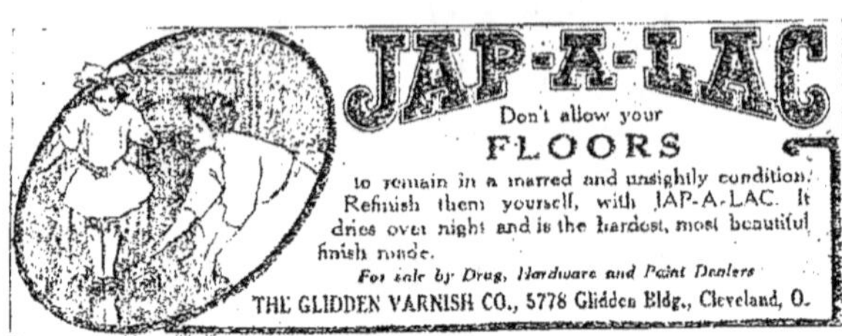

Fig. 76. — Hauteur de l'original : 5 centimètres.

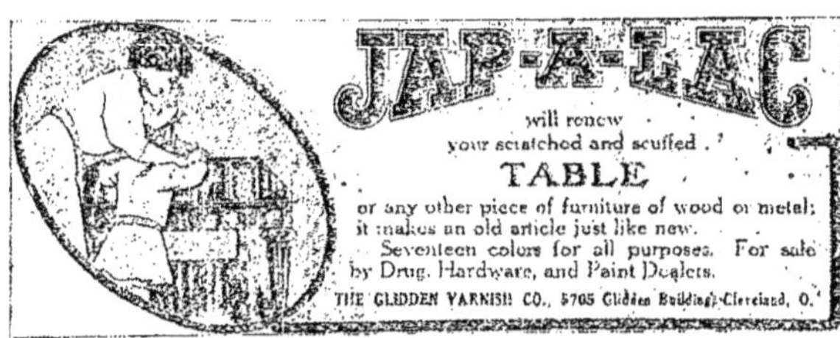

Fig. 77, — Hauteur de l'original : 5 centimètres.

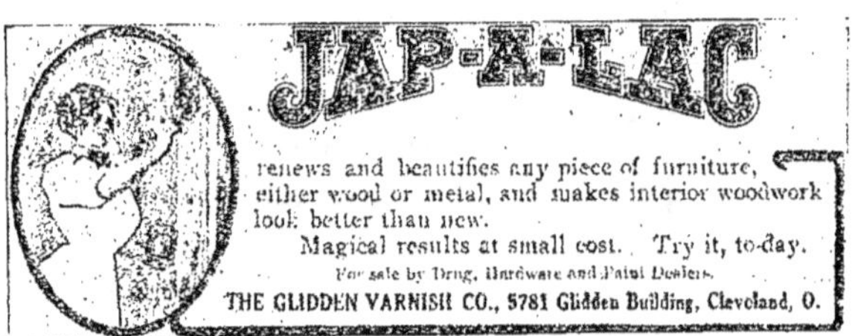

Fig. 78. — Hauteur de l'original : 5 centimètres.

Ce genre est bon. Mais il sera préférable d'ajouter à l'enchaînement de l'aspect l'enchaînement du texte des annonces. Les annonces d'une série voient leur poussée suggestive s'augmenter lorsque la série a été annoncée. Il en est ainsi quand la dernière parue fait part du sujet de la suivante ou est rédigée de telle façon que le récepteur de publicité désire voir la suite.

Le rédacteur qui sait manier la série avec dextérité peut arriver à décupler le rendement d'une campagne d'annonces.

Principe documentaire. — L'annonce doit-elle être documentaire avant tout? Certes oui, car c'est là un des meilleurs moyens de sugge-

rer; mais nous avons vu quel est le départ qu'il y a lieu de faire entre
l'illustration et le texte. Ce dernier gagnera à être court, mais il peut
être long si, par un artifice quelconque, le rédacteur oblige à sa lecture.

Rapports du texte et de l'illustration avec la surface. — La grandeur de l'annonce influe sur sa rédaction et sa conception. C'est ainsi
que les plus petites deviennent les plus difficiles à rédiger. Plus l'annonce
sera petite, plus réduits et schématiques seront le texte et l'illustration.
Pour suggérer il est nécessaire, en effet, qu'il y ait d'autant moins de
détails qu'il y a moins de place. L'illustration même qui a une valeur
suggestive puissante doit re-
noncer à agir dans de petites
annonces, car elle ne serait
plus qu'une tache sans aucun
effet.

L'illustration, qui doit disparaître des petites annonces,
pourra prendre dans les grandes une place très importante
et parfois la presque totalité
de l'emplacement. Le texte
aura toujours suffisamment
de place pour compléter son
action.

***Aération interne et ex-
terne.*** — Bien que la question de l'aération soit examinée à la partie typographique
de l'annonce, il n'est pas mauvais de l'aborder ici.

Il y a deux façons générales
de s'aérer. La première interne, l'autre externe. Les

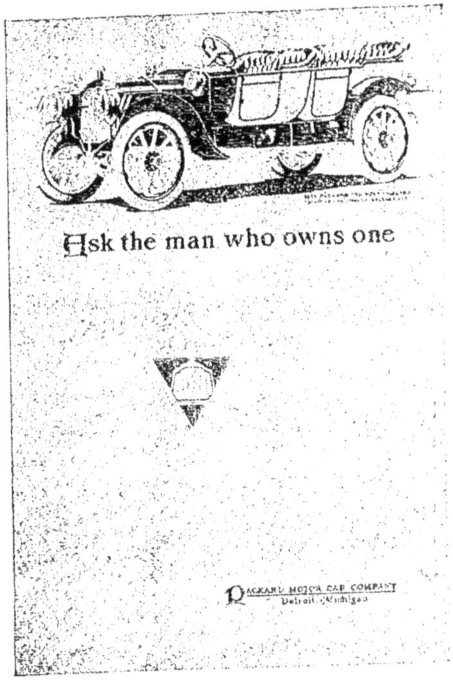

Fig. 79. — Hauteur de l'original : 20 centimètres.

deux sont bonnes et leur emploi sera guidé par le principe de l'opposition.

S'aérer à l'extérieur consiste à perdre et laisser en blanc, soit sur
tout le pourtour de l'annonce, soit sur une partie de celui-ci, des
blancs plus ou moins larges. Cette façon d'opérer « détache » l'annonce
des voisines. Peu employé, parce qu'il semble gâcher de l'espace, ce
moyen est pourtant parfait et compense, par l'effet obtenu, la dépense
de l'espace perdu.

L'aération intérieure met en valeur soit le texte de l'annonce, soit son illustration. Elle est plus généralement pratiquée. L'annonce Packard Motor Cars (*fig.* 79), en est un très bon exemple.

Il est bon d'utiliser les deux modes en se tenant dans l'opposé de la note générale.

Fig. 80. — Hauteur de l'original : 8 centimètres.

Importance relative de l'emplacement. — Nous avons vu ce que nous devions penser de la valeur comparative des formats et de la question de l'emplacement qui sont secondaires si l'on sait créer la visibilité suggestive et capter la curiosité à l'aide des séries.

Les pages de garde n'auront pas spécialement notre préférence. Quant à la dernière page des couvertures des magazines, elle ne nous intéresse que si elle nous permet de faire une illustration en couleurs.

Visibilité inutile. — La visibilité a été souvent un problème très difficile à résoudre pour certains annonceurs. Ceux qui illustrent avec originalité s'en tirent très bien. Ceux qui ne veulent que du texte ont de la peine à se faire lire et, au lieu d'avoir franchement recours au dessin suggestif, s'ingénient à entourer le cadre de lignes ou d'assemblages de lignes qui créent bien une visibilité spéciale. Disons seulement que l'emplacement ainsi perdu serait mieux utilisé à l'aide de la suggestion par la chose. C'est donc comme annonces secondaires que nous citons l'Onoto (*fig.* 80) et l'Ovisolat (*fig.* 81). Encore, si cette dernière avait eu un cadre ovoïde, l'idée eût été passable.

Fig. 81. — Grandeur naturelle.

XXI

LES ÉLÉMENTS DE L'ILLUSTRATION DANS L'ANNONCE

> Les divers éléments de l'illustration réagissent l'un sur l'autre. Ils sont subordonnés aux exigences matérielles de la presse. Il est donc indispensable de connaître leurs valeurs.

Les éléments qui concourent à l'établissement de l'illustration sont le dessin, c'est-à-dire l'illustration même et le support du dessin, c'est-à-dire le papier. L'étude du support est indispensable, car il peut réagir sur le sujet lui-même et en altérer les effets.

Le papier. — Nous ne nous étendrons pas sur la fabrication des divers papiers, car seuls les papiers servant à l'impression nous intéressent.

Par ordre de fabrication, le papier à impression le plus ordinaire qui sort des fabriques est celui destiné aux journaux. En général, il est simplement apprêté, c'est-à-dire qu'il est employé tel qu'il sort des machines. Sous cette forme, il offre le grave défaut d'être plus ou moins papier buvard, d'absorber les liquides par capillarité. Pour les journaux, le fait n'a pas grande importance, car ils utilisent des encres spéciales qui ne traversent pas. Cependant un tel papier rend impossible l'usage de procédés donnant de la finesse à l'illustration.

Pour les travaux d'éditeurs, pour les revues importantes, on utilise des papiers qui ont subi une préparation plus complète. Pour les rendre imperméables à l'encre ordinaire, ils sont collés, puis satinés ou calandrés, ce qui leur donne une surface brillante. C'est dans cette catégorie que l'on rencontre toutes les sortes de papier qui sont d'un usage courant.

Le papier couché. — Enfin, l'illustration délicate par similiphotogravure a amené l'emploi des papiers couchés. Ce sont simplement des papiers sur lesquels on étend une pâte spéciale qui leur donne une surface très unie. Suivant les cas, le couchage se fait sur un ou deux côtés. Il y a du papier couché brillant, il en est du mat.

Le papier couché offre l'inconvénient d'être cassant, très hygrométrique et de se détériorer très rapidement. Ceci conduit les fabricants de papier à présenter des qualités nouvelles qui n'ont peut-être pas toute la finesse de la surface du couché, mais qui permettent l'emploi des moyens les plus perfectionnés d'illustration. Certains surglacés remplacent avantageusement parfois le papier couché. D'une façon générale le papier couché se distingue pratiquement du surglacé par le fait qu'une pièce d'argent passé sur sa surface laisse une trace noire visible qui ne se produit pas sur le surglacé.

Tels sont les différents supports que l'annonceur peut avoir à sa disposition.

Le dessin. — Sous ce titre, nous allons examiner quels sont les procédés d'illustration que l'industrie met à la disposition de l'annonceur. Celui-ci, en possession d'un sujet qu'il veut faire reproduire, doit savoir ce qu'il peut obtenir.

Nous verrons ensuite sur quel procédé son choix doit se porter.

Les procédés d'illustration que nous allons passer en revue sont ceux qui se rapportent plus spécialement à l'annonce. Nous laissons momentanément de côté ce qui a trait à la lithographie, qui sert à l'illustration de l'affiche.

Or, s'il est possible d'avoir recours à n'importe quel mode d'illustration quand on désire obtenir simplement la reproduction d'un dessin quelconque, il n'en est pas de même quand ce dessin est fait pour une annonce. L'impression du texte est faite au moyen de caractères typographiques en relief. Si l'on veut imprimer en même temps un dessin, ce qui est toujours le cas, il faut que le cliché employé soit également en relief. Pour pouvoir être introduit dans les formes d'imprimerie. De cette manière on peut tout encrer à la fois, ce qui n'est pas possible avec des planches faites en creux.

Gravure en relief ou gravure typographique. — La gravure typographique est le plus ancien moyen de reproduction en relief. Faite sur bois, sur cuivre ou sur zinc par le graveur, elle sert finalement à l'obtention d'un cliché en métal qui est employé pour l'impression.

Ce procédé donne des dessins agréables à l'œil, mais il a l'inconvénient de coûter cher. En outre, son exécution est plus longue que celle de la photogravure, et l'on sait que la réclame n'attend pas. Si l'on détruit son opportunité par une longueur d'exécution, sa valeur est fortement compromise. Enfin, la photogravure offre l'avantage de ne pas apporter de modifications dans la reproduction. L'objectif photographique est en effet plus fidèle que la main du graveur.

Pour ces diverses raisons, la gravure a été délaissée pour la photogravure.

Photogravure en relief. — La photogravure en relief ou phototypographie comprend deux procédés différents qui s'appliquent l'un à la reproduction des dessins faits au trait ou en pointillé, l'autre à la reproduction d'images modelées, c'est-à-dire ayant des teintes continues et dégradées : c'est la similigravure.

Dans les deux cas, on se sert d'un négatif photographique, pour obtenir le résultat cherché.

Photogravure. — Nous n'entrerons pas dans les détails des opérations. Nous nous contenterons de dire qu'on photographie l'image à reproduire. Le négatif qui en provient est employé pour obtenir un positif sur zinc. C'est ce positif qui est la planche qui sera utilisée pour l'impression.

Vous voyez constamment des dessins au trait dans les périodiques, et surtout dans les organes à bon marché. Ce procédé a, en effet, le grand avantage d'être peu coûteux et d'une exécution très rapide. Son emploi est toujours possible et il peut être souvent d'un effet heureux.

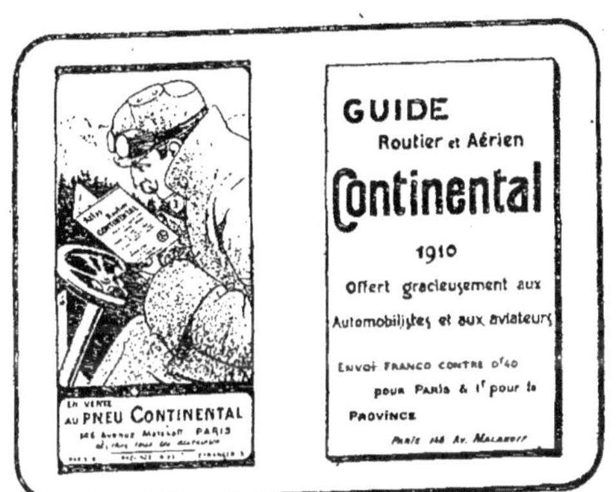

Fig. 82. — Hauteur de l'original : 10 centimètres.

Le cliché du Guide Continental (*fig.* 82) est un dessin au trait avec un pointillé.

Il n'est pas mauvais de savoir que le photograveur peut, sur un dessin au trait qu'on lui remet à photograver, rapporter des pointillés équivalents à des teintes d'à-plat de valeur différente. Il suffit d'en connaître le principe pour n'avoir qu'à demander au photograveur son concours très apprécié en l'espèce.

Similigravure. — La similigravure s'occupe de la reproduction d'images à teintes fondues et dégradées, dont les clichés sont nommés vulgairement similis.

Avant d'examiner ce procédé, nous appellerons l'attention sur ce point que le tirage d'un cliché dégradé n'est possible que s'il n'a pas une surface unie.

On arrive à ce résultat par l'emploi de réseaux ou de trames. Un réseau est un quadrillage très serré, gravé ou photographié sur une plaque de verre et qui est destiné à donner un pointillé sur l'image photographique.

Ceci posé, pour obtenir une planche, on opère comme dans le cas précédent. On photographie l'image ou l'objet, mais en mettant devant la plaque photographique un réseau ou une trame. Avec ce négatif on obtient directement un positif ou planche. L'obtention de cette planche est naturellement plus délicate que celle provenant d'un dessin au trait.

Suivant la finesse de la trame, c'est-à-dire suivant que son quadrillage est plus ou moins serré, on obtient des résultats plus ou moins artistiques.

Les trames varient suivant la qualité des papiers. Malgré une trame très grosse, les mauvais papiers ne donnent que de médiocres résultats, alors que les illustrations des revues importantes sont d'habitude très soignées et font une très agréable impression.

Nous donnons ci-contre quelques exemples de similigravure avec l'indication de la finesse de la trame.

Il y a aussi une grande importance à choisir la trame selon la nature des modèles qu'il s'agit de reproduire. Des objets de luxe ou devant le paraître exigeront une trame plus fine que de grands sujets industriels.

Dégradés et détourés. — Dans certains cas, pour isoler les objets de leur fond, on les « détoure », à l'aide d'instruments spéciaux, c'est-à-dire qu'on enlève le fond pour les détacher en silhouette, tout en leur laissant leur valeur complète de photogravure. La tête du cliché de l'Onoto (*fig.* 83) est détourée.

Dans d'autres cas, pour obtenir un effet plus harmonieux, le fond est seulement dégradé, ce qui est le cas de beaucoup de similis.

Retouches. — Il est facile de faire des retouches dans la série des manipulations nécessaires pour faire un cliché. On peut affaiblir certaines parties, en renforcer d'autres, en un mot s'arranger pour faire ressortir la partie intéressante de l'illustration et laisser le reste dans l'ombre. On obtient des effets plus agréables que ceux de l'original lui-même. Cet original est presque toujours, soit une photographie de l'objet, soit un dessin au lavis. La photographie est toujours considérablement retouchée, truquée avant d'être remise au photograveur. Certains artistes en font un métier spécial, et dans beaucoup de cas la photographie ne sert que pour délimiter les contours.

Ceci explique que beaucoup d'annonceurs, surtout lorsqu'il s'agit d'objets et non de personnages, aient abandonné l'épreuve photogra-

SIMILIS ET TRAMES

Lorsque l'œil, dans les clichés comparatifs ci-dessous, erre de figure en figure, il n'observe, pratiquement, aucune différence. Toutefois, si nous le faisons passer, brutalement, de la trame 175 à la trame 85, il perçoit, de suite, une diminution de l'intensité des noirs. L'ensemble tend à se griser par une diminution d'opposition. Le regard enregistre égale-

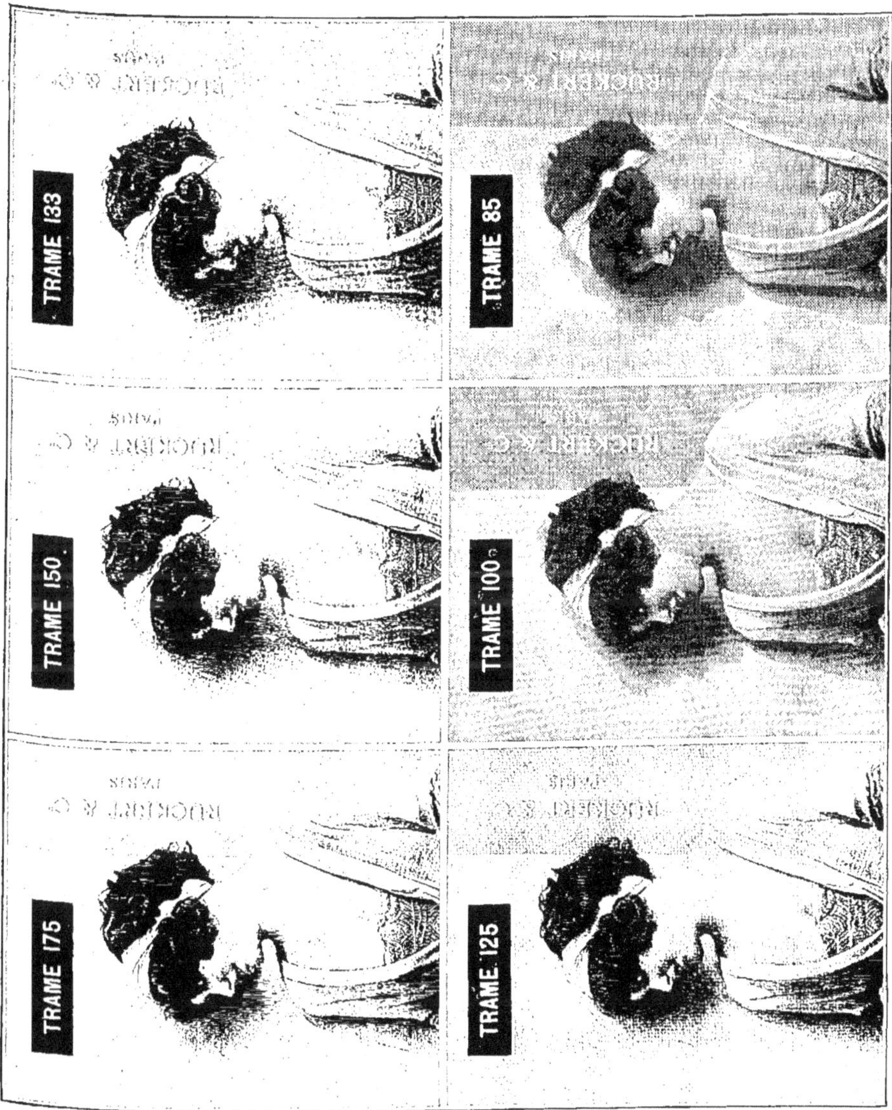

ment une altération notable des lignes, des contours et des détails. La trame 175 laisse l'impression d'une surface unie, d'une véritable photographie, alors que, dans la trame 85, le pointillage devient évident. Pour la première, il faut des papiers à surface régulière. La seconde s'accommode de papiers plus ordinaires, mais serait encore trop fine pour le papier rugueux de certains journaux.

phique, pour constituer de suite, de toutes pièces, un dessin modelé au lavis, avec toutes les oppositions et mises en valeur qu'ils désirent.

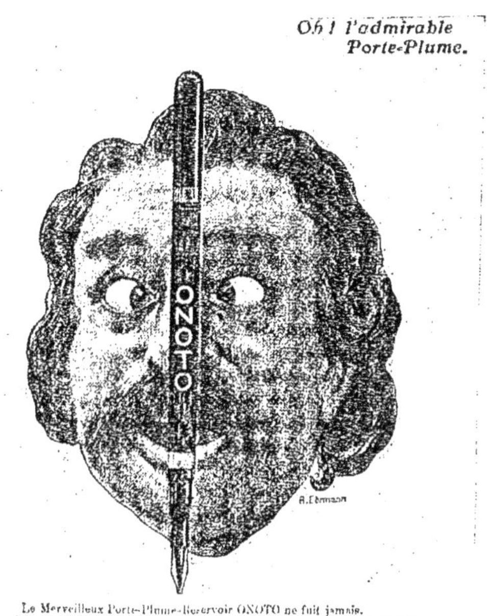

Le Merveilleux Porte-Plume-Réservoir ONOTO ne fuit jamais.
Il se porte dans la poche dans toutes les positions sans crainte de taches d'encre et se remplit automatiquement sans compte-gouttes en 3 secondes.
La plume est en or garnie de pointes iridium.
CHEZ TOUS LES PAPETIERS.   Gnal : DE LA RUE, 37, Rue d'Enghien, Paris.

Fig. 83. — Hauteur de l'original : 15 centimètres.

Le détouré de la figure n'est qu'à moitié apparent; en effet, la reproduction du sujet en simili-photogravure a amené la superposition de la trame formant quadrillage et, par suite, a formé un fond. Cependant, le lecteur peut se rendre compte que la figure a bien été détourée à l'âpreté un peu vive de certaines lignes qu'un dessinateur n'eût pas manqué d'atténuer, s'il avait dessiné la tête isolément.

Photographie des couleurs ou trichromie. — La photochromotypographie est appelée par abréviation la trichromie. Elle est basée sur ce fait qu'en photographiant séparément les couleurs bleu, jaune, rouge, d'un objet, puis en superposant les photographies ainsi obtenues, on a la reproduction presque exacte de l'objet photographié avec ses couleurs réelles, au point de vue de la justesse du coloris et de son intensité.

La trichromie, pour chaque opération, emploie les mêmes moyens que la similigravure, et par conséquent on photographie chaque fois au travers d'un réseau. Les seules particularités consistent à ce que, d'une part, la trame fait pour chaque épreuve un angle déterminé avec celle de l'épreuve précédente, et d'autre part chaque photographie est faite avec des écrans spéciaux pour chaque couleur.

Le tirage de ces clichés est particulièrement délicat, car le repérage doit être extrêmement rigoureux.

L'emploi de la trichromie est encore exceptionnel en France pour l'annonce. Néanmoins nous l'avons étudié ici d'abord parce que ce procédé découle de la similigravure, et ensuite parce qu'il faut espérer que son usage, déjà très fréquent dans la brochure, se répandra de plus en plus dans l'annonce.

Montage des clichés. — Une remarque générale s'impose en ce qui concerne les clichés trait, simili ou trichrome. Tous sont obtenus, soit sur cuivre, soit sur zinc par la morsure des acides. Mais les plaques de métal n'ont que quelques millimètres d'épaisseur et sont loin d'avoir la hauteur des caractères d'imprimerie qu'elles doivent rejoindre dans les formes.

Pour compléter cette hauteur, on les monte en général sur une pièce de bois compensatrice, où elles sont fixées par des pointes mises dans les creux.

Il arrive cependant des cas où les clichés sont tellement petits que l'emploi du bois est impossible. On coule alors au dos de la plaque un alliage appelé « matière ».

Les clichés trait offrent toujours des creux importants où l'on peut fixer des pointes ; il n'en est pas ainsi des clichés simili, qui n'ont qu'un relief pointillé imperceptible et constituent en somme une surface unie.

Presque tous ces clichés comportent à leur pourtour une largeur perdue, servant au clouage, appelée talus ; cette largeur est de deux à trois millimètres au plus. Certains clichés trait ont également un talus. Peu gênant dans une brochure, le talus d'un cliché, qui diminue la largeur totale d'environ six millimètres, peut obliger parfois l'annonceur à renoncer au talus et, au lieu de clouer la plaque, la monter sur matière.

En principe, pour tous les clichés de presse, il y a intérêt à supprimer le talus et à monter à vif, c'est-à-dire aux bords francs de l'image.

L'intérieur d'un cliché peut comporter, pour certaines adjonctions ultérieures de texte, des réserves appelées encoches ou passe-partout, suivant leurs dimensions. Ceci est utile pour les cas où cadre et illustration se tenant d'un bloc doivent entourer un texte.

Les galvanos. — Les clichés peuvent, à l'aide de la galvanoplastie, être reproduits à autant d'exemplaires qu'on le désire. Ces clichés secondaires appelés galvanos, lorsqu'ils sont bien faits, sont d'une fidélité parfaite, et reviennent moins cher que le cliché original. Le texte, aussi, peut se clicher directement sur caractère mobile. La gravure sur bois,

TRICHROMIE

(Imprimée lithographiquement)

La trichromie peut être obtenue de dessins, peintures ou photographies de couleur dans lesquels toutes les couleurs sont mélangées.

La présente démonstration porte sur un dessin.

Une première série d'opérations consiste, de la part du photograveur, à sélectionner, à l'aide d'écrans, chaque couleur sur une plaque spéciale dont on obtient un cliché " simili ". Donc, chaque dessin comporte 3 clichés. Parfois, on ajoute une quatrième couleur, un noir, pour donner plus de puissance.

Dans la trichromie, qui est un procédé typographique, on imprime successivement chacun des clichés l'un sur l'autre.

En l'espèce, l'impression basée sur le même principe, a été assurée après report des clichés sur caoutchouc.

Les opérations sont identiques. Le résultat seul est légèrement différent, les points des trames étant plus fondus et le procédé permettant un effet " aquarelle " que ne donne pas l'impression des clichés simili trichromes en typographie.

La présente démonstration est due à la courtoisie du Maître Lithographe parisien, M. Déchaux.

1

2

3

1. Jaune effectivement tiré.

2. Rouge (pro-forma).

3. Rouge effectivement tiré
   sur jaune.

4. Bleu (pro-forma).

5. Bleu effectivement tiré
   sur jaune plus rouge.

4

5

TRICHROMIE

(Imprimée lithographiquement)

La trichromie peut être obtenue de dessins, peintures ou photographies de couleur dans lesquels toutes les couleurs sont mélangées.

La présente démonstration porte sur un dessin.

Une première série d'opérations consiste, de la part du photograveur, à sélectionner, à l'aide d'écrans, chaque couleur sur une plaque spéciale dont on obtient un cliché " simili ". Donc, chaque dessin comporte 3 clichés. Parfois, on ajoute une quatrième couleur, un noir, pour donner plus de puissance.

Dans la trichromie, qui est un procédé typographique, on imprime successivement chacun des clichés l'un sur l'autre.

En l'espèce, l'impression basée sur le même principe, a été assurée après report des clichés sur caoutchouc.

Les opérations sont identiques. Le résultat seul est légèrement différent, les points des trames étant plus fondus et le procédé permettant un effet " aquarelle " que ne donne pas l'impression des clichés simili trichromes en typographie.

La présente démonstration est due à la courtoisie du Maître Lithographe parisien, M. Déchaux.

qui se fatiguerait trop vite avec les tirages intensifs, sert à obtenir des galvanos destinés au tirage.

Choix du moyen d'illustration. — Le choix du moyen d'illustration dépend essentiellement soit de l'effet que l'on veut produire, soit du medium sur lequel on fait paraître sa réclame. Dans le cas de l'annonce, c'est le medium qui donne le ton.

La similigravure dans un journal quotidien est, en général, une erreur. Son papier ne peut supporter un dessin élégant. Certains journaux ont tenté cet essai pour l'annonce. C'est un effort auquel il convient d'applaudir, mais nous n'estimons pas qu'il soit en rapport avec le résultat. Le dessin au trait et même à traits assez gros est de beaucoup préférable dans ce cas. Il vient bien mieux, relativement, qu'un cliché tramé. Il ne donne pas, comme la similigravure, une grisaille sans vigueur, sans opposition. En un mot, il est plus économique, et pourtant son effet est plus puissant.

Au contraire, dès que l'on insère dans des media luxueux, il importe de rendre à son illustration toute sa puissance artistique. Le papier de nos grands illustrés permet d'ailleurs d'employer des clichés à trame serrée : il sera bon d'en profiter. Nous rappelons que la réclame doit être, si possible, d'un degré supérieur au milieu auquel on la destine, et il vaut mieux avoir une illustration très soignée qu'un travail paraissant avoir une certaine grossièreté de facture.

En résumé, pour illustrer une annonce, il faut employer le procédé qui s'accommode du support qu'on lui offre.

Pour les autres moyens de publicité dans lesquels l'annonceur peut choisir les papiers et les modes d'impression, nous verrons ce qu'il convient de faire, quand nous les étudierons particulièrement.

XXII

L'ILLUSTRATION APPLIQUÉE A L'ANNONCE

Une fois les éléments de l'illustration connus, il faut les
utiliser. Cette tâche n'est pas aussi aisée qu'elle paraît
à première vue.

Si l'on veut appliquer l'illustration à la publicité, il ne suffit pas de savoir quels sont les éléments constitutifs de l'illustration, les différentes ressources que l'on peut en tirer. Il est nécessaire de connaître les moyens d'abord, de façon à savoir dans quel champ on peut évoluer. L'illustration en elle-même n'a aucune limite dans les procédés qui la réalisent, mais il y a au-dessus d'elle une technique de publicité qui est obligée de suivre des lois précises.

Dès maintenant, envisageons le rôle que doit jouer l'illustration dans une annonce et, pour ceci, reportons-nous à notre théorie.

L'annonce doit suggérer directement par la chose et indirectement en créant à cette chose le cadre qu'est le milieu.

ILLUSTRATION DOCUMENTAIRE

L'emplacement nécessaire. — Nous avons donc en face de nous, tout d'abord, l'illustration purement documentaire. Celle-ci nous semble obligatoire à chaque fois qu'il y aura possibilité de reproduire les formes d'un objet. Chaque annonce ayant trait à une chose concrète doit utiliser l'illustration. Il n'y a que pour des annonces dont le but est abstrait que l'illustration documentaire est matériellement impossible.

Un des facteurs qui limitent le champ de l'illustration est l'emplacement dont vous disposez. Il est évident qu'une annonce de quelques centimètres carrés se prête difficilement à l'illustration et, dans ce cas, nous conseillons de la supprimer. C'est là qu'il faut se rappeler le principe que toute chose réduite perd de sa valeur visuelle en premier lieu et de sa puissance suggestive ensuite, parce qu'elle s'éloigne de la chose elle-même.

Si l'illustration ne peut pas être suffisante pour que l'œil, sans aucune difficulté, puisse transmettre au cerveau une suggestion documentaire, il faut l'abandonner et laisser le soin, à un cadre spécial et au texte formant opposition sur la masse environnante, de donner la visibilité.

Dans l'illustration documentaire, complétons ce que nous avons déjà dit, au point de vue de la suggestion par la chose en action.

Le contenant et le contenu. — Certains produits se vendent tels qu'ils sont; leur représentation est donc suffisante pour documenter. Mais d'autres sont entourés d'un paquetage qui facilite leur transport ou leur débit. Certains produits pharmaceutiques se trouvent dans ces conditions. Nous voyons ainsi des boîtes, des sacs, des flacons. Ces derniers sont mis parfois dans des boîtes de carton qui changent leur apparence. Il est nécessaire, indispensable de connaître cette apparence si l'on veut identifier le produit.

Dans un produit pharmaceutique, l'illustration documentaire doit comporter le flacon qui véhicule le liquide. A côté du flacon, la boîte l'ayant contenu viendra également documenter. Ainsi la suggestion par le paquetage qui peut se

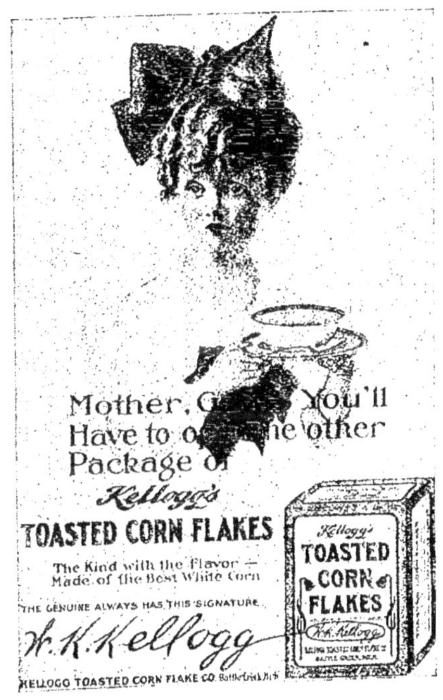

Fig. 84. — Hauteur de l'original : 20 centimètres.

produire dans les étalages ou ailleurs sera agissante. Il faut aussi que la suggestion générale ne s'applique pas exclusivement à l'objet à nu ou à l'objet empaqueté, mais à l'objet sous toutes les formes de sa présentation que l'œil peut rencontrer.

L'annonce Toasted Corn Flakes (*fig.* 84) ne répond qu'en partie à nos désirs. Elle nous montre le paquetage accompagnant la suggestion

Fig. 85. — Hauteur de l'original :
17 centimètres.

Le contenant devra donc être ouvert de façon à ce que l'on puisse, au premier coup d'œil, identifier la chose. Même, si l'on peut illustrer en couleurs, il y aura lieu de le faire.

Le mode d'emploi. — Continuons à examiner l'application de la chose en action. S'il s'agit d'une machine, l'illustration documentaire comportera invariablement l'homme à côté d'elle. Puis, les empaquetages de produits alimentaires ou pharmaceutiques devront nous mon-

directe par la chose en action et la suggestion indirecte résultant du frais et juvénile visage du sujet.

Il est utile aussi que l'illustration documente sur la nature du contenu des paquetages.

Dans certains cas une boîte peut, en effet, nous laisser perplexe et nous avons à opter entre une poudre fine, des produits granulés, des pâtes ou des pilules. Peut être même derrière la boîte se trouve un flacon contenant l'un ou l'autre de ces produits.

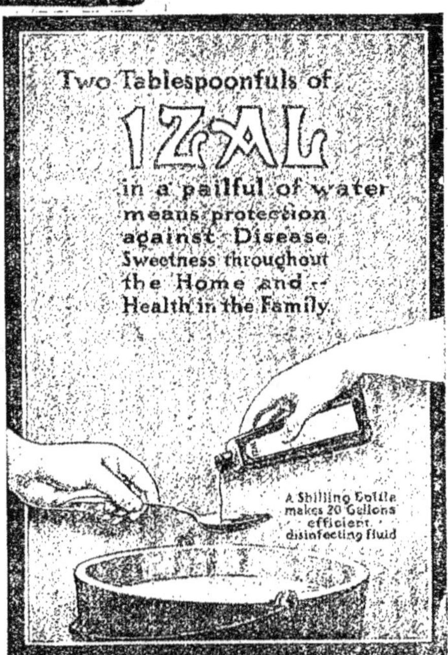

Fig. 86. — Hauteur de l'original : 20 centimètres.

trer, à proximité, une illustration complémentaire donnant le vase ou la cuillère servant de mesure, de même que la dose à prendre. Certaines annonces satisfont à ces desiderata. L'annonce de l'antiseptique Dyd (*fig.* 85) met au premier plan la mesure tout en nous montrant l'enveloppe du produit. L'annonce Izal (*fig.* 86) oublie l'enveloppe probable du flacon, mais met la mesure en action, indiquant à première vue qu'il s'agit d'un liquide.

Les moyens d'identification. — Nous pourrions développer ce thème, mais nous croyons qu'il suffit de bien appeler l'attention sur ce qui précède. Le concepteur de publicité aura bien en tête, au moment où il illustre une annonce d'une façon documentaire que son but n'est pas de reproduire la chose seule, mais celle-ci dans tous ses moyens d'identification et de vérification.

Comme annonce type de ce genre, nous pouvons citer l'annonce Durkee's (*fig.* 87). Même pour celui qui ignore l'anglais, la suggestion par la pêche montrant le poisson, la suggestion d'un plat appétissant et la suggestion par la chose identifiée nous permettent de déclarer que la bouteille de sauce a contribué à transformer le poisson pêché en un plat succulent. Et nous pouvons identifier le produit; son état signalétique objectif est devant nous. Cette

FIG. 87. — Hauteur de l'original : 20 centimètres.

annonce est très bonne, car le problème à résoudre était difficile.

Nous sommes heureux de prendre, dans l'étude de l'illustration, des annonces étrangères pour base, car le fait de ne pas lire le texte laisse à l'annonce la seule valeur suggestive de l'illustration.

Enchaînement du résultat. — Les résultats sont parfois difficiles à obtenir et à joindre à l'annonce; cependant les jumelles Voigtländer (*fig.* 88) ont tourné la difficulté très habilement. Il en est de même de l'annonce des lentilles Tessar (*fig.* 89).

Lorsque le but de l'annonce ne peut être rendu sous une forme objective, l'illustration devra avoir recours à l'originalité.

Nous pouvons dire que c'est là que

Fig. 88. — Hauteur de l'original : 15 centimètres.

l'ingéniosité pourra trouver, par association de faits, un motif auquel viendra se rattacher une légende, permettant de suite d'enchaîner l'œil sur le texte purement suggestif.

Le but de l'illustration alors n'est pas de suggérer mais simplement de créer une visibilité spéciale sortant des choses normales.

Fig. 89. — Hauteur de l'original :
20 centimètres.

L'ILLUSTRATION ARTISTIQUE

Le milieu. — Lorsque la place ne sera pas marchandée, le dessin pourra être complété par la suggestion indirecte et, sous ce rapport,

Fig. 90. — Hauteur de l'original : 20 centimètres.

il suffit de se rappeler que tout ce qui a trait au milieu dans lequel l'objet évolue est de nature à être utilisé.

Des jumelles seront placées alternativement sur des champs de courses,

Fig. 91. — Hauteur de l'original : 13 centimètres.

au théâtre, en voyage, sur les paquebots, dans les mains de personnages élégants et sympathiques.

Le produit alimentaire de luxe ne sera montré que sur des tables avec des nappes d'apparence fraîche. Sur ces dernières, des fleurs viendront rehausser le milieu que l'allure des personnages précisera. La sympathie sera engendrée par les visages des personnages. Comme bon type d'annonce montrant la chose en action identifiée et ayant recours à la suggestion indirecte, nous pouvons citer celle de Cantrell and Cochrane (*fig.* 90) qui est claire et suggestive, même pour un illettré.

L'annonce Old Orkney Whisky (*fig.* 91) s'inspire du même principe, mais le mode d'illustration est défectueux.

Il suffit donc d'ajouter à la chose le milieu dans lequel elle doit évoluer naturellement, en se rappelant qu'il y a toujours lieu de chercher à améliorer ce milieu.

L'annonce Cartier Bresson (*fig.* 92) crée le milieu agréable par la maîtresse de maison au travail dans un intérieur confortable.

Fig. 92. — Hauteur de l'original : 17 centimètres.

L'annonce Vieille Amitié, Vieille Bouteille (*fig.* 93), a cherché à créer un milieu élégant en faisant allusion à une époque où l'élégance primait tout.

FIG. 93. — Hauteur de l'original : 17 centimètres.

LA LIGNE D'ORIENTATION

L'illustration au point de départ. — Ici, nous devons aborder les rapports de l'illustration avec la ligne d'orientation.

Qu'on le veuille ou non, à moins de faire une erreur de principe consistant à mettre un texte typographique plus gros qu'une illustration, le point de départ de la ligne d'orientation dans toutes annonces illustrées est cette illustration.

Nous l'avons dit et ne craignons pas de répéter que l'illustration, ayant le pouvoir de concréter le produit lui-même en un éclair visuel, suggère dans ce court instant, alors que les mots qui dépeignent la chose doivent être lus avant de produire un effet souvent moindre.

Donc, rationnellement et de par ce fait, c'est l'illustration qui doit commander le point de départ de la ligne d'orientation et il faut faire cette illustration pour qu'elle soit le début de cette ligne. Tenons compte cependant qu'elle ne doit pas être telle qu'elle vienne annihiler le texte, que souvent il est indispensable de mettre à côté d'elle. Elle ne doit donc pas, par conséquent, accaparer tout l'emplacement.

Le texte au-dessus de l'illustration. — Puisqu'elle commande la ligne d'orientation, il faut considérer comme blâmable tout texte placé au-dessus de l'illustration, surtout lorsque celle-ci viendra tenir la largeur complète de l'annonce; c'est le cas plus particulièrement de l'annonce Tredegar (*fig.* 94).

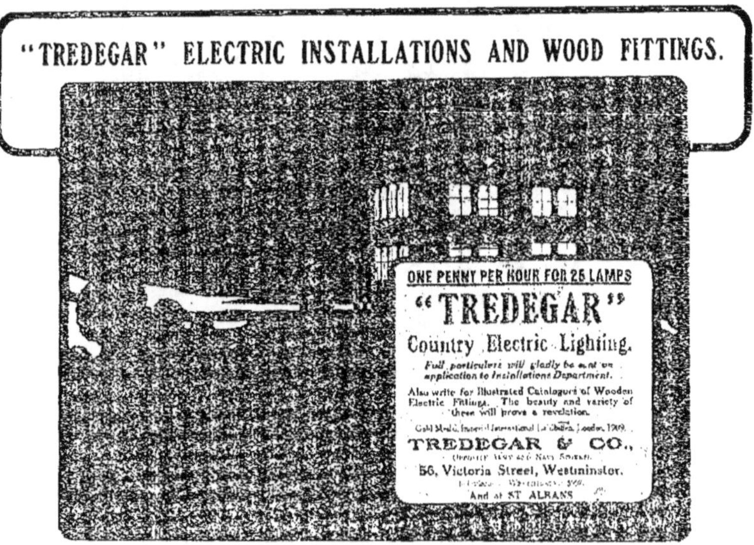

Fig. 94. — Hauteur de l'original : 15 centimètres. L'annonce primitive était bichrome et la ligne du haut se lisait d'autant moins que le texte était rouge et l'illustration bleu de Prusse.

Nous en avons une autre preuve dans l'annonce de la Flanelle Securitas (*fig.* 95), où l'illustration tient presque tout l'emplacement. Par suite de la suggestion qui émane du mouvement des mains, la ligne d'orientation part de la bouche. Elle fait voir le mot « la » puis descend immédiatement sur « Flanelle Securitas » et, à ce moment, il faut un effort assez considérable pour aller trouver, en haut, le texte qui se trouve dans le coin à gauche.

L'artiste s'est laissé entraîner par le mouvement et l'idée originale d'un mot placé dans la bouche, mais il a oublié les lois de la publicité.

Donc, normalement, il ne faut porter aucun texte, ni sur l'illustration, ni au-dessus du point de départ de la ligne d'orientation.

Fig. 95. — Hauteur de l'original : 35 centimètres.

Par contre, c'est normalement, sous ce point de départ, près l'illustration même, ou en dehors, que nous conseillons de placer le texte ou le premier point d'arrêt du texte.

Le texte sur l'illustration. — Là cependant, nous devons faire une remarque. Nous sommes partisans de l'illustration documentaire ou purement artistique; mais, à part de rares exceptions, nous demandons que l'illustration soit respectée par le texte typographique.

En effet, si l'on porte le texte typographique à même l'illustration, on diminue le champ et la suggestion de celle-ci, sans augmenter le rendement visuel et suggestif du texte typographique.

FIG. 96. — Hauteur de l'original : 17 centimètres.

L'annonce de Suez (*fig.* 96) est mauvaise de ce fait. Il eût été préférable, puisque le texte vient perdre une partie du champ de l'illustration, de réserver ce champ en dehors, ce qui aurait augmenté les valeurs suggestives et de l'illustration et du texte.

Il faut donc circonscrire l'illustration à un champ déterminé et surtout la séparer nettement du texte.

L'illustration isolée. — Sauf le titre mal placé, dans lequel le lecteur est informé de l'arrivée du nouveau chef, l'annonce Lemco (*fig.* 97) montre comment on peut séparer l'illustration du texte, avec une bonne ligne d'orientation, le mouvement du chef commandant celle-ci.

Fig. 97. — Hauteur de l'original : 15 centimètres.

Dans d'autres cas, le texte sera en dessous ou en dessus, suivant les mouvements.

D'une façon générale, on peut dire qu'une illustration artistique est suffisante dans une annonce et, dans ces conditions, les points d'arrêt qui pourraient suivre seront des points de texte et varieront en intensité.

L'annonce Bathe in the Pacific (*fig.* 98) (c'est-à-dire « baignez-vous dans l'océan Pacifique ») est une annonce parfaite. La jeune femme constitue le point de départ et par son mouvement de mains oblige à passer de suite au point d'arrêt du texte. Il ne reste plus qu'à lire. En trois

Fig. 98. — Hauteur de l'original : 20 centimètres.

secondes. la suggestion par l'illustration et le texte est complète.

Illustrations multiples. — Cependant il peut se faire qu'une illustration artistique ou documentaire constitue le point de départ de la ligne, mais qu'il soit utile, pour suggérer davantage, de mettre d'autres illustrations.

Ainsi, une machine demandera à être envisagée sous plusieurs aspects.

Dans un autre ordre d'idées, un salon de coiffure aura besoin de montrer plusieurs de ses modèles à la fois.

La multiplicité de l'illustration devient donc nécessaire. Alors, rompant avec des errements jusqu'ici fréquemment suivis, nous demandons — étant toujours donné le principe de la suggestion par la chose — qu'une illustration, devant constituer le point de départ, soit plus grosse, plus visible que les autres illustrations, lesquelles ne viennent apporter qu'une documentation secondaire.

Fig. 99. — Hauteur de l'original : 40 centimètres.

Le salon de coiffure (*fig.* 99) qui prend quatre têtes égales pour montrer ses différents postiches peut être pardonné. Toutefois nous aurions préféré voir une tête principale très suggestive, suivie de quelques petites illustrations documentaires, plutôt qu'un enchaînement de masses qui viennent se gêner mutuellement et suggérer en l'espèce, à l'encontre l'une de l'autre.

Le mouvement modificateur. — Nous avons dit que le point de départ de la ligne d'orientation doit être constitué par l'illustration et que le texte, en conséquence, ne devait jamais être placé au-dessus de l'illustration.

Cependant n'oubliez pas que l'illustration, par suite d'un mouvement, peut dévier l'orientation normale de la ligne et, dans certains cas, le texte pourra se trouver au-dessus de l'illustration, tout en suivant rigoureusement la ligne.

Le gant Perrin (*fig.* 100) est tombé juste en mettant son nom en haut, car le mouvement de la main oblige le regard à monter, mais il a eu tort en plaçant son adresse en bas.

LE FOND

La mise en relief. — L'illustration, lorsqu'elle est de nature artistique surtout (et c'est à cela qu'elle doit tendre aussi souvent que possible), influe grandement sur le cadre qui l'entoure et sur le fond où elle se trouve. Certaines illustrations un peu chaudes comme tonalité auront besoin d'un fond blanc et, par suite de la loi d'opposition, d'un cadre qui sertisse solidement le tout.

Par contre, pour mettre en valeur certains sujets plutôt pâles, un fond formant cadre lui-même deviendra utile.

Il y a eu souvent guerre, pour savoir ce qui était préférable des tons intenses ou des demi-tons. Pour notre part, d'une façon générale, nous préférons les demi-tons, qu'ils soient en noir sur noir ou en gris sur noir, ou en gris sur blanc.

La loi de l'opposition. — Mais ceci est soumis à la grande loi de l'opposition. Ainsi nous trouvons parfois dans un journal technique une annonce comme Labor Saving Machines (*fig.* 101), qui vient donner un relief spécial du fait de son fond grisé au produit qu'elle annonce parmi toutes les autres qui n'emploient que du blanc. Son effet deviendrait inutile si la généralité des annonces était conçue dans le même but.

Fig. 100.
Hauteur de l'original :
36 centimètres.

Nous devons constater que la constitution d'un fond personnel à l'annonce mettra toujours celle-ci en valeur.

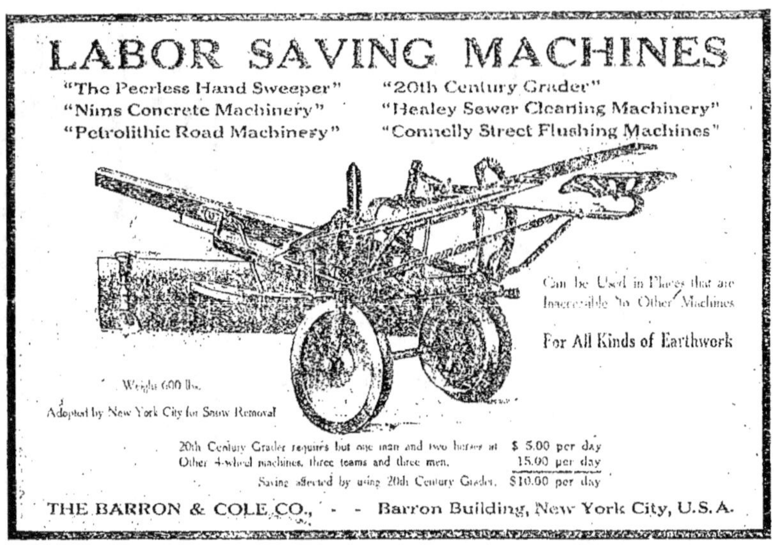

Fig. 101. — Hauteur de l'original : 13 centimètres.

Le fond grisé que comportait l'original a été atténué par la similigravure. La plupart des clichés de ce livre donne, par le fait de la trame qui a servi à les établir, une impression plus précise et leur fond grisé tranche davantage sur le fond blanc absolu du livre. Ce fond grisé n'existait pas dans les originaux.

La réserve. — Le fond nous amène à parler de ce qui est, en langage courant, appelé la réserve.

Pour mettre en valeur certaines annonces typographiques, on a eu recours, au début, à l'emploi d'un fond noir sur lequel les lettres étaient gravées en blanc.

Ce procédé avait certainement quelque utilité au point de vue du texte simplement typographique, mais appliqué à l'illustration, il est devenu désastreux. Ceci a conduit à faire des silhouettes lourdes, s'encrant mal, produisant un mauvais effet à l'œil et diminuant la valeur suggestive de la chose. Il est à noter que tous les à-plats sur une grande surface, malgré les meilleures impressions, donnent irrégulièrement. Que dire lorsque le cliché est destiné à aller sur des quotidiens au papier douteux et aux tirages rapides.

Dans certains cas, on s'est même risqué à faire des dessins documentaires de bouteilles et autres, sur lesquels on a fait des réserves, entièrement blanches, où l'on a mis un texte typographique. Ce procédé a même été employé sur des animaux, comme dans l'annonce Vinay (*fig.* 102) où il est encore tolérable.

Nous devons dire qu'il y a là un procédé, permis au début mais qui, aujourd'hui, n'a nullement sa raison d'être. Ou bien l'illustration n'est bonne à rien et il faut la supprimer ou elle doit suggérer et avoir sa place propre pour l'effet qu'elle doit produire. Dans ces conditions, le texte ne doit pas la gêner, et elle doit avoir toute sa valeur suggestive, en se rapprochant de la réalité.

Fig. 102. — Grandeurs diverses.

LE CADRE

Valeur propre de l'annonce. — La question du cadre vient s'enchaîner, comme nous l'avons vu, sur celle de l'illustration. Dans beaucoup de cas même, la forme de certaines illustrations entraînera une

Fig. 103. — Hauteur de l'original : 12 centimètres.

modification du cadre. A ce sujet, disons que le but du cadre n'est pas tant de séparer une annonce de sa voisine que de lui constituer une valeur propre. Fréquemment, son but immédiat et apparent est uniquement de séparer simplement du voisin.

Absence de cadre. — Certaines annonces typographiques, dans les quotidiens, ne seraient qu'un mélange confus, sans le cadre.

L'annonce « 159-595 » (*fig.* 103) qui s'associe intimement avec celle de l'École Reale, montre la mauvaise économie résultant de la suppression du cadre. Ces deux annonces se nuisent mutuellement.

Le même effet se retrouve dans le groupe de trois annonces Belflor, Bord et Pour maigrir (*fig.* 104) qui faisaient un bloc dans le milieu où elles étaient.

FIG. 104.   FIG. 105.

Hauteur des originaux : 15 centimètres.

Cadre inopérant. — Malgré le cadre, lorsque celui-ci est insuffisant, les annonces se confondent. Nous tenons à présenter dans cet ordre d'idées trois annonces (*fig.* 105), qui semblaient, dans le journal où elles étaient, n'en faire qu'une et qui, cependant, ont des cadres, mais nullement

Fig. 106. — Hauteur de l'original : 15 centimètres.

adéquats à leurs besoins. Ceci prouve que le cadre ne répond pas toujours à son but, qui est de séparer du voisin. Pour qu'il puisse séparer, il faut qu'il crée la valeur propre à l'annonce. C'est ainsi qu'en s'inspirant de ce principe de la nécessité de créer une valeur propre à l'annonce, on ne se cantonnera pas dans une technique qui consiste à entourer l'annonce comme l'on clôt un champ, c'est-à-dire au plus grand pourtour extérieur.

Illustration en dehors du cadre. — L'annonce Brown Polsons (*fig.* 106)

nous montre comment un cadre utilement employé met en valeur toute la partie suggestive de la chose lorsqu'elle se trouve dans une ambiance d'aération qui lui est particulière. Le résultat eût été impossible si le cadre l'eût circonscrite.

Une autre disposition intéressante du cadre est celle de O'Sullivans (*fig.* 107),

Fig. 107. — Hauteur de l'original : 15 centimètres.

Fig. 108. — Hauteur de l'original : 20 centimètres.

bien que nous aurions désiré voir l'illustration juste à l'opposé pour rétablir une ligne d'orientation rationnelle. L'illustration est suffisamment attractive par elle-même pour ne pas avoir besoin d'être mise en valeur par un cadre qui la sertisse. C'est pourquoi le cadre n'entourant que le texte sert à faire ressortir l'illustration. Le tout est, du reste, assez bien enchaîné par la prolongation de la bande noire du haut et le talon de caoutchouc du bas.

Le cadre et la visibilité. — Le cadre peut lui-même avoir une certaine ingéniosité et créer la visibilité. C'est le cas des lampes Nernst (*fig.* 108). Par une forme spéciale, sortant de la banalité, ce cadre valorise toute l'annonce.

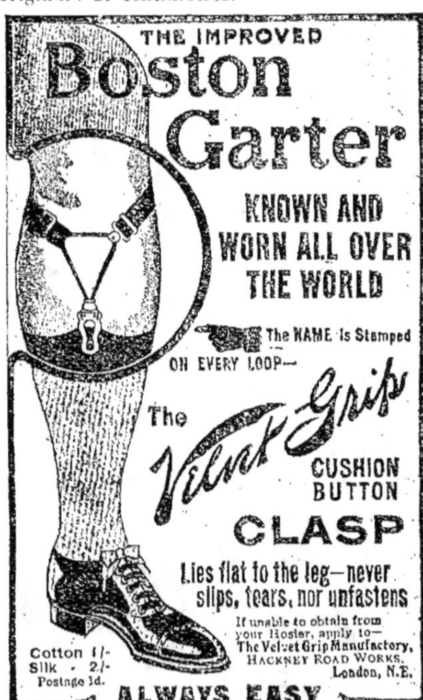

Fig. 109. — Hauteur de l'original : 10 centimètres.

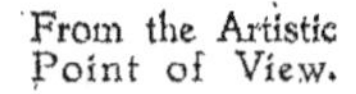

Fig. 110. — Hauteur de l'original : 20 centimètres.

Le cadre inscrit. — Le cadre, au lieu de circonscrire l'annonce, peut être utilisé pour en circonscrire seulement une partie et mettre cette dernière en valeur.

Bien que la partie mise en valeur devienne ainsi la principale et se trouve fausser souvent la ligne d'orientation, il y a là une idée à laquelle on pourra avoir recours.

Les annonces du Boston Garter (*fig.* 109), de Hall's Distemper (*fig.* 110) montrent le cadre inscrit.

Envisagé de cette façon, le cadre, au lieu d'être ce que l'on se figure en général et de se borner à un ensemble de lignes banales, laisse place à toutes les fantaisies.

Cadre décoratif. — Lorsqu'il circonscrira l'annonce entière, le cadre pourra s'inspirer du cadre de photographies ou de tableaux de tous styles. Alors il sera parfait. Par contre, lorsque le cadre sera purement décoratif, il constituera une juxtaposition de choses inutiles.

Le cadre de l'annonce Simon (*fig.* 111) est inutile, alors que le cadre de l'annonce Maggi (*fig.* 112) semble donner du relief à un tableau.

Les lignes simples. — Lorsqu'il sera ramené à sa conception ancienne, le cadre devra être composé de lignes aussi simples que possible et, quelle que soit l'opposition qu'il ait à faire prévaloir par rapport aux

Fig. 111. — Grandeur naturelle.

tendances du moment, il ne devra être ni trop lourd ni trop maigre.

Après avoir utilisé des cadres par trop anémiques, nos journaux arrivent aujourd'hui à dépasser en lourdeur tout ce que la publicité allemande pourrait inventer.

Dans certains cas, trois ou quatre filets maigres seront préférés à des cadres de même largeur et entièrement noirs. Le cadre lui-même a besoin d'air dans sa constitution. Les coins des angles extrêmes seront toujours ronds, aussi franchement que possible, car c'est encore un moyen de s'éloigner du voisin.

Fig. 112. — Hauteur variable, depuis l'annonce jusqu'à l'affiche.

Quel que soit le cas, le cadre évitera d'être de lignes d'épaisseurs différentes. Il fut un temps, encore peu éloigné, où la ligne inférieure et celle de droite du cadre étaient plus épaisses que celles du haut et de gauche, soi-disant pour donner du relief. Le seul résultat était, dans des annonces de texte falot, de déplacer l'œil vers l'angle droit en bas, c'est-à-dire vers le point final, sans donner aucun relief particulièrement utile.

Mais, en dehors de ces lignes simples, nous recommandons aux annonceurs désireux de donner à la publicité une valeur, de ne pas oublier que le cadre ne doit pas sertir une annonce ou une illustration, mais être une partie intégrante de l'illustration. Il ne doit donc être fait et terminé qu'après celle-ci et se prêter alors aux exigences de la partie la plus suggestive de la publicité.

Les cadres multiples. — Disons en terminant qu'il faudra autant que possible, puisque le cadre doit donner de l'unité, éviter de faire deux ou trois cadres juxtaposés pour une même annonce. L'annonce Pétrifax

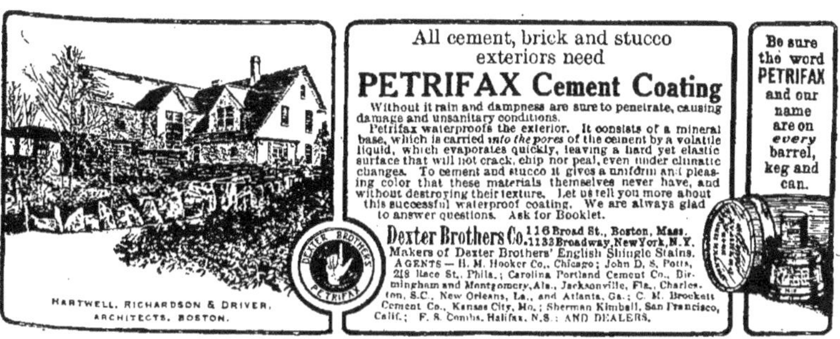

FIG. 113. — Hauteur de l'original : 5 centimètres.

(*fig.* 113) a pu s'en tirer en mettant des raccords d'enchaînement, mais c'est, en général, un moyen très dangereux qui risque d'isoler chaque partie de l'annonce et de diviser l'effet suggestif.

XXIII

LA TYPOGRAPHIE DANS L'ANNONCE

> La typographie est l'intermédiaire de la lecture. Elle doit la faciliter. Il faudrait un volume sur ce point. Nous nous contentons de poser les principes généraux indispensables.

La typographie méconnue. — Si l'illustration a été souvent incomprise de la part de ceux qui l'emploient, elle a comme excuse d'être d'une utilisation récente en matière de publicité.

La typographie ne saurait en dire autant et nous devons constater que si l'on commet des fautes dans l'illustration, il s'en trouve d'aussi nombreuses dans les textes. Ces fautes sont même plus désastreuses. L'illustration mal placée, ayant presque toujours une partie documentaire peut suggérer, alors qu'il n'en est pas ainsi du texte, qu'il faut lire avant de savoir ce dont il s'agit.

Nous devons de suite dire que notre intention n'est pas de chagriner les typographes. Leur technique est parfaite, en ce qui concerne l'application de leur art au point de vue matériel. Les ouvrages qu'ils tirent, l'impression des caractères, l'utilisation des encres témoignent d'une science spéciale, certaine. En dehors de ces qualités qu'ils mettent à la disposition des rédacteurs d'annonces, nous ne trouvons rien, chez le typographe, qui puisse mériter éloge au point de vue de la réclame.

Bien des efforts ont été faits, à maintes reprises, pour améliorer le rendement de la partie typographique de la publicité; mais, comme ceux qui entreprenaient cette tâche ignoraient les lois primordiales auxquelles cette dernière obéit, ils ont fait fausse route et sont restés toujours dans les tâtonnements.

Typographie plus suggestive que l'illustration. — Nous avons étudié plus haut le cadre avec l'illustration. Nous estimons, en effet, qu'ils ne peuvent se séparer mais, en réalité, le cadre le plus souvent est fait à l'aide de procédés typographiques. C'est par lui que l'illustration se relie directement à la technique de l'imprimeur.

Si nous avons dit qu'un texte typographique suggérait moins que l'il-

Fig. 114. — Grandeur naturelle.

lustration bien faite, il ne faudrait pas en conclure que ce texte typographique doive absolument disparaître devant la partie illustration. Nous avons même eu l'occasion d'opposer des annonces de texte pur, faites avec soin, à des annonces illustrées douteuses et il en est résulté que la comparaison était en faveur de la typographie seule.

Nous n'en voulons comme témoignage que les deux annonces ci-contre. La première (*fig.* 114) a été primée dans un concours ouvert dans le but de rendre artistiques certaines annonces et l'autre (*fig.* 115) composée sans autre chose que des caractères de fonderie.

Le texte typographique, bien aéré, possède à lui seul une visibilité plus grande et une netteté plus frappante. Il suggère davantage en ce sens que la chose intéressante se lit au premier coup d'œil, alors que, dans l'annonce primée, elle est absolument invisible.

Bien que le texte typographique doive passer après l'illustration, il a encore de beaux jours devant lui et l'on peut dire que, suivant qu'il sera bien ou mal fait, le reste de l'annonce sera valorisé ou bien réduit à néant.

Un magasin bien agencé

amène chez vous la clientèle. Il existe une maison qui agencera votre magasin dans ce but . . . . .

❀ **ROBIN** ❀
49, Rue Vieille-Feuille
══ NANCY ══

Cheltenham de la Fonderie Caslon

Fig. 115. — Grandeur naturelle.

Morland	PUBLICITÉ	publicité
Morland italique	PUBLICITÉ	publicité
Cheltenham gras	PUBLICITÉ	publicité
Cheltenham gras italique	PUBLICITÉ	publicité
Cheltenham gras étroit	PUBLICITÉ	publicité
Cheltenham gras étroit italique	PUBLICITÉ	publicité
Cheltenham	PUBLICITÉ	publicité
Cheltenham italique	PUBLICITÉ	publicité
Doriques maigres nº 4	PUBLICITÉ	publicité
Doriques italiques nº 1	PUBLICITÉ	publicité
Caslon elzévir nº 1	PUBLICITÉ	publicité
Caslon elzévir nº 1 italique	PUBLICITÉ	publicité
Vieux romain	PUBLICITÉ	publicité
Vieux romain italique	PUBLICITÉ	publicité
De Vinne	PUBLICITÉ	publicité
Osbornes	PUBLICITÉ	publicité
Grasses elzévirs	PUBLICITÉ	publicité

Caractères de la Fonderie Caslon

Fig. 116.

Grasset romain.	ÉDITION des Bibliophiles.
Grasset italique.	Catalogues illustrés de MODES
Française légère.	LORIMÉ. Les Grandes Publications.
Française allongée.	Séries de CARACTÈRES Modernes
Auriol romain.	Belle et Glorieuse PATRIE
Auriol italique.	Le Centenaire de Victor Hugo.
Auriol champlevé	VENISE. Pays de Lagunes.
Robur noir.	YÉDO. 45 Maisons en feu.
Robur noir italique.	Sacre de Nicolas à MOSCOU
Clair de Lune.	PARIS. Nouveauté.
Robur allongé.	Distribution des Imprimés en France.
Robur allongé ital.	Produits de la Ferme de "BEAUSÉJOUR"
Initiales Robur all.	CHEMIN DE FER DE PARIS A LYON
Polyphème.	TRIBUNE du Parlement.
Cyclopéen.	Les Nouvelles et Informations de la DERNIÈRE HEURE
Della Robbia.	Un MANUEL de la Publicité.

Caractères de la Fonderie et Galvanoplastie G. PEIGNOT & FILS, Paris.

Fig. 117.

Familles de caractères. — Pour composer les annonces, le rédacteur dispose d'une quantité de caractères ou types de toutes sortes répondant à tous les besoins.

Les caractères sont assemblés en familles et ont des caractéristiques différentes.

Ci-contre quelques-unes des principales familles employées en publicité (*fig.* 116 et 117. Voir également la *fig.* 39).

La publicité, ayant besoin de caractères nouveaux à l'œil et tranchant sur la masse qui les environne, a eu pour effet d'amener la création de types nouveaux ou mieux la réapparition de caractères anciens, légèrement modifiés. Ces caractères, baptisés Morland, Cheltenham et Della Robbia, ont permis des effets tout à fait spéciaux.

Ces caractères, intéressants à l'heure actuelle, en raison de ce que, peu utilisés, ils obéissent à la loi de l'opposition, vaudront moins lorsque leur emploi sera généralisé. Ce sera alors encore un retour au passé, car, en matières de caractères, le champ d'invention se trouve restreint.

Caractères fantaisie. — On a essayé d'opposer aux caractères typographiques le caractère dessiné à la main comme présentant plus de nouveauté, plus d'originalité et comme se prêtant davantage à toutes les circonstances.

Les faits ont démontré qu'en général, cette façon de procéder est une erreur. Ces caractères n'ont pas les formes auxquelles l'œil est accoutumé et surtout ne sont pas conçus avec la rationalité que mettent les fondeurs dans l'étude de leurs caractères. En effet, ceux-ci n'essaient pas de s'inspirer du seul esprit de fantaisie, mais surtout de la commodité de la lecture.

Dénominations typographiques. — Au point de vue typographique, les caractères sont divisés, non en majuscules et en minuscules, mais en capitales et en bas de casse. Leur hauteur se compte en points typographiques, comme on le verra exprimé à la colonne « corps » (*fig.* 118).

Dans la même famille, l'on peut trouver également des italiques ou caractères penchés.

Les termes que l'on rencontre le plus fréquemment sont ceux de ligne ou de lignage, qui s'appliquent au texte mesuré verticalement, et de justification, qui s'applique au texte mesuré horizontalement. La ligne se mesure en points; elle est une mesure instable, puisqu'elle se compte en 6, 7, 8, 10, 12 points, etc. La justification se mesure en millimètres.

L'unité de famille. — D'une façon générale, on peut supposer qu'ayant à sa ressource un grand nombre de caractères de familles différentes,

Corps	
6	MORLAND
8	MORLAND
10	MORLAND
12	MORLAND
14	MORLAND
18	MORLAND
24	MORLAND
28	MORLAND
36	MORLAND
48	MOR
60	MOR
72	MOR

Morland de la Fonderie Caslon

FIG. 118.

l'annonceur a intérêt à les utiliser tous pour créer des visibilités nouvelles et attirer l'œil.

Cette erreur, pour être constante, n'en est pas moins très grande.

L'unité la plus absolue dans les familles employées est de règle.

Ainsi, si l'on suppose qu'une annonce est composée en caractères élancés, maigres, dans le genre du Chelthenham, on rendra le travail de la lecture très difficile en y incorporant des caractères gros et écrasés, sauf dans les vedettes.

Les lois de la vision nous ont montré que tout changement de forme demande une accommodation de l'œil. Au point de vue typographique, surtout dans les bas de casse de petites dimensions, la lecture devient une véritable gêne.

Nous donnons, tout en gardant le plus possible la même valeur, deux textes typographiques (*fig.* 119) composés dans un cas avec deux familles et dans l'autre cas avec des familles différentes, et il est facile de voir que l'unité de famille semble s'imposer.

Le point d'arrêt. — Cependant, s'il y a des caractères qui dans un texte compact font très bien, surtout employés sur des lignes se superposant les unes aux autres, comme dans les colonnes d'un journal, ces mêmes caractères manquent de puissance lorsqu'il s'agit d'attirer l'œil dans un point d'arrêt.

Il y a lieu alors, par exception, d'employer une famille différente. C'est ainsi que le Morland, à l'heure actuelle, offre l'avantage d'être visible, comme titre, et de s'opposer soit en capitales, soit en bas de casse au texte composé soit en Cheltenham, soit en caractères ordinaires.

Rapports de la longueur du texte et des caractères. — Il y a lieu également de tenir compte de la longueur du texte à insérer. Lorsque ce texte sera très long, il faudra employer des caractères étroits et non des caractères larges qui prendraient le double d'espace, sans donner plus de visibilité.

Certaines familles de caractères, très utiles en publicité, comportent à la fois le caractère maigre et le caractère gras. Ce dernier peut être employé dans les titres. C'est le cas du Cheltenham.

L'italique. — Bien que l'italique appartenant à une famille en possède tous les aspects, elle fera, en général, très mal dans un texte dont elle viendra modifier l'ordonnancement. Elle crée une masse sur laquelle l'œil doit faire une adaptation particulière. En effet il est plus facile d'accommoder l'œil de signes verticaux à d'autres signes verticaux diffé-

LES PHONOS SONOR

sont la plus heureuse approximation de la voix humaine que l'on ait pu réaliser à ce jour.

LA VIE

L'ampleur du son, la netteté de l'articulation, la pureté du timbre donnent l'impression de la réalité et de la vie.

LES NUANCES

Dans la musique instrumentale, ils reproduisent les moindres nuances avec fidélité et délicatesse.

VENEZ

Nous ne vous demandons pas d'en acheter mais seulement de venir les voir. Vous déciderez de ce que vous avez à faire ensuite.

Cie REAL

3, rue Verdi, PARIS

Caractères de la Fonderie Caslon

LES PHONOS SONOR

sont la plus heureuse approximation de la voix humaine que l'on ait pu réaliser jusqu'à ce jour.

LA VIE

L'ampleur du son, la netteté de l'articulation, la pureté du timbre donnent l'impression de la réalité et de la vie.

LES NUANCES

Dans la musique instrumentale, ils reproduisent les nuances avec fidélité et délicatesse.

VENEZ

Nous ne vous demandons pas d'en acheter mais seulement de venir les voir. Vous déciderez de ce que vous avez à faire ensuite.

Cie REAL

3, rue Verdi, PARIS

Morland et Cheltenham de la Fonderie Caslon

Fig. 119.

rents que de l'adapter de signes verticaux à des signes obliques, pour retomber ensuite sur des signes verticaux.

Interlignage. — Envisageant toujours le texte pris sous forme compacte, il est bon de savoir que les lignes de caractères peuvent être espacées plus ou moins. Ceci a l'avantage d'aérer le texte et de le rendre beaucoup plus lisible.

Ce moyen prend évidemment de l'espace, mais il donne une sensation de fraîcheur et de repos à l'œil et évite l'effet de la masse toute noire qu'à première rencontre l'œil se refuse à lire.

Unité de justification. — Une chose qu'annonceurs et typographes oublient volontiers, c'est l'unité de justification dans une même annonce.

S'il est nécessaire, en effet, pour l'harmonie, que les caractères appartiennent à la même famille, il est non moins obligatoire que les caractères se répartissent sur des largeurs égales. Des lignes de longueurs différentes obligeraient à une accommodation constante,

Fig. 120). — Hauteur de l'original : 20 centimètres.

réduiraient considérablement l'aération et enlèveraient le cachet d'harmonie résultant de la symétrie. Les points d'arrêt de texte eux-mêmes sont amoindris de ce fait.

L'annonce Bon Ami (*fig.* 120) offre une justification régulière agréable, alors que Try the Trail (*fig.* 121), bien que joliment illustré, perd de son effet en raison d'une justification irrégulièrement décroissante.

Ainsi donc garder, d'une façon générale, du haut en bas de l'annonce, la même justification en ayant soin d'aérer, est une tactique recommandable même lorsqu'une illustration ou un cadre sembleraient exiger que le texte épousât leurs formes.

Les titres, lorsqu'ils seront sur plusieurs lignes, devront avoir la même justification.

Fig. 121. — Hauteur de l'original : 20 centimètres.

Cependant, dans certains cas, on se verra obligé de modifier celle-ci dans différentes parties. En général, on coupera le paquet principal par des points d'arrêt, qui auront une justification identique entre eux, mais différente de celle du texte principal. Ainsi, l'on aura des paquets mis en valeur, agréables à lire et dont l'action sera augmentée de celle des points d'arrêt. C'est un peu le cas de l'annonce Art (*fig.* 122).

Comment on l'obtient. —

Vous allez nous faire remarquer qu'il est difficile, lorsque des caractères ne terminent pas la ligne, d'obtenir des justifications absolument identiques, surtout dans le cas de justifications étroites et de titres.

Il y a deux ressources.

La première consiste, lorsque cela n'est pas trop disgracieux, à décaler les caractères pour obtenir la justification voulue. Lorsque cette tactique produirait un mauvais effet, il faudrait utiliser soit le bout de ligne, soit des points qui finissent les lignes. Pour ce dernier cas, les fondeurs ont inventé du reste quantité de petites vignettes agréables. Nous devons leur en savoir gré.

La notion de l'unité de justification est malheureusement encore inconnue, non seulement des annonceurs, mais encore des meilleurs typographes.

Fig. 122. — Hauteur de l'original : 20 centimètres.

Les vignettes et la ligne d'orientation. — Parlant de la vignette typographique, nous sommes obligés de constater que les fondeurs ont mis à la disposition des annonceurs, à côté de signes utiles, quantités d'autres signes sans valeur, dont l'emploi vient inférioriser le texte.

Celui-ci doit toujours être de la plus grande simplicité possible et ne comporter que les ornements strictement nécessaires.

Les lettres majuscules à vignettes illustrées, dans le genre de celles qui commençaient les chapitres des livres du xviiie siècle, sont quelquefois employées. Leur masse un peu forte a l'inconvénient de fausser souvent la ligne d'orientation et de faire aller l'œil, d'une masse très grosse, sur des caractères tellement différents de celle-ci que l'enchaînement, pour l'œil qui lit rapidement, devient impossible.

Nous préférons de beaucoup, à ces vignettes illustrées et surchargées, lorsque l'on tient absolument à faire quelque chose de spécial, l'emploi d'initiales d'un point légèrement supérieur à celui du texte. Nous en avons eu un exemple, dans l'annonce Rollins (p. 148).

L'unité d'aération. — Pour que l'annonce typographique soit agréable, il faut que le texte soit largement entouré d'air. Les annonces ont besoin d'air en quantité. Il y a lieu de se rappeler que la largeur du blanc existant sur l'un des côtés doit se retrouver sur les autres côtés d'un même paquet de texte. Une fois qu'une unité d'aération a été ainsi adoptée pour l'une des parties, on doit la retrouver à peu près identique entre les différents paquets de justification, comme entre les paquets de texte et les bords de l'annonce. Toutefois cette exigence n'est pas absolue pour les blancs espaçant les divers paquets de texte ; ces blancs, tout en étant égaux entre eux, pourront différer des blancs du pourtour général.

Typographie et ligne d'orientation. — Lorsqu'une annonce n'est composée qu'en typographie, le point de départ de la ligne d'orientation doit se trouver en haut et être composé en caractères plus gros que le reste.

S'il en était autrement, comme une annonce typographique ne possède rien qui puisse modifier la ligne d'orientation, la ligne serait faussée dès le début.

Suivant les cas, le point de départ pourra être placé à droite ou à gauche, en raison des exigences du cadre et de l'originalité de celui-ci. Une flèche ou un signe typographique formant index permet cette fantaisie.

Fatalement, dans l'annonce en caractères de fonderie seuls, la ligne d'orientation doit suivre absolument sa normale, et partir du coin

FIG. 123. — L'original avait le format commercial.

« *Vous cousez* ». — Bien qu'il s'agisse d'une circulaire, nous retrouvons dans celle-ci
tous les principes typographiques appliqués à l'annonce. Nous avons deux paquets
de justification, A et B desaxés en raison de la place de l'illustration. L'unité d'aération est conservée ; les blancs C et D sont égaux. Il en est de même des blancs H et G.
Le blanc F est contre-balancé par la largeur de l'illustration I. Les points d'arrêt ont
des justifications identiques, l'un d'eux a été désaxé pour assurer un enchaînement
Certains caractères ont été décalés pour assurer la justification. Le point de départ
typographique est visible. Le point final, d'une importance superficielle assez grande
au point de vue visibilité, est ramené à une juste proportion par l'emploi des capitales
Cheltenham. La ligne d'orientation est bonne, car elle part de la gravure qui la rac-
corde au point de départ de texte, lequel s'enchaîne aux points d'arrêt et finit au
point final.

gauche en haut, pour venir au coin droit en bas. Les meilleures annonces seront encore les plus simples, c'est-à-dire celles dont les points d'arrêt suivront la ligne verticale médiane de l'annonce.

Une disposition intéressante est celle dont les points d'arrêt suivent cette ligne, mais dont le point de départ prend à gauche et dont le point final se trouve à droite ou inversement.

Le point de départ, devant être plus intense que le reste, les points d'arrêt seront moins considérables. Le point final pourra égaler le point de départ. Il est préférable que cette partie soit toutefois moins importante. Les points d'arrêt pourront être doublés de points secondaires de masse inférieure.

Nous avons parlé continuellement de familles de caractères. Nous devons préciser, ici, que la valeur d'une lettre n'est pas tant son point typographique, c'est-à-dire sa hauteur, que l'impression produite sur l'œil.

Certaines lettres élancées, maigres, sont du même point que celles d'autres familles et ont une valeur de moitié au point de vue visuel. Les oppositions les plus marquantes se trouvent entre le Cheltenham et le Morland.

Il y aura lieu d'en tenir compte dans l'établissement de la ligne d'orientation et de ses différents points. Au lieu d'étudier celle-ci lignomètre en mains, ce sera par l'impression de visu qu'il faudra juger.

Illustration et typographie. — Après avoir supposé l'annonce de texte seul, il y a peu à dire de celle qui comprend à la fois l'illustration et le texte. En effet, le texte, quel que soit le cas, vient à la suite de l'illustration ou du mouvement de la ligne d'orientation qui oblige à lire ce texte et il doit suivre les lois qui précèdent.

Cependant, lorsque le texte se trouvera immédiatement en dessous de l'illustration, le point de départ typographique pourra être de valeur moindre ou égale au point d'arrêt qui suit, étant donné que l'association entre l'illustration et le point de départ fait bénéficier ce dernier de la valeur de l'illustration.

XXIV

RÉDACTION DE L'ANNONCE

C'est la suggestion verbale mise en pratique.

Concevoir et rédiger. — Nous possédons maintenant les éléments du travail, il ne s'agit plus que de se mettre à la besogne.

Ce travail, c'est à la fois la conception et la rédaction; mais, en ce qui concerne l'annonce, étant donné que la conception est particulière à chaque cas, c'est la rédaction seule qui va nous intéresser.

En rédaction comme en illustration, nous avons deux sortes de textes: l'un, purement documentaire, exposant les faits, les arguments; l'autre, entièrement suggestif, dont le but est d'inciter à la vente.

Nous allons étudier les deux.

Rapports entre l'illustration et la rédaction. — Dès maintenant déterminons la part de l'illustration et celle du texte.

Tenant compte que l'illustration est presque toujours plus rapidement et plus généralement documentaire et suggestive que le texte, chaque fois que celle-ci pourra être employée, c'est elle qui devra faire la partie la plus intéressante du travail, ne laissant au texte que le soin de donner des documents secondaires et de préciser ceux que l'illustration ne pourra fournir.

Il est évident qu'une machine, même utilisant la suggestion indirecte, ne peut formuler par elle-même le nombre de tours qu'elle fait à la minute et le nombre de chevaux qu'elle demande.

On aura beau, pour un produit alimentaire, mettre côte à côte casseroles, cuillères servant à manipuler ce produit, il sera utile de préciser à côté le nombre de cuillerées qu'il faut pour faire un potage, par exemple. C'est même en sachant reconnaître la part d'action relative à chacun des composants de l'annonce que le rédacteur saura donner au texte un effet utile sans superféter celui-ci à l'illustration.

RÉDACTION DOCUMENTAIRE

Le document seul. — En principe, et étant donné que les espaces sont toujours restreints au strict minimum, il y aura lieu de faire un texte aussi condensé que possible.

Le texte documentaire, s'il est seul, doit dépeindre le produit annoncé. Il doit donner ses caractéristiques, préciser ses qualités, mettre en relief ses avantages. Son domaine est celui du fait brutal. Ainsi l'annonce qui serait composée des seuls mots « Chocolat Menier » n'aurait qu'un but documentaire, réduit à sa plus grande simplicité. Elle nous annonce brutalement que M. Menier fabrique du chocolat et qu'il en tient à notre disposition, sans plus.

Un texte documentaire aussi bref a une certaine valeur pour des maisons très connues, mais n'est pas suffisant pour celles qui se lancent. Il est nécessaire de préciser les qualités et les points qui différencient un chocolat nouveau d'un produit similaire ancien.

C'est ainsi que les mots « Chocolat Lacté Suchard » sont une augmentation de la documentation, en précisant le genre du produit.

Nous trouvons une amélioration de la documentation du texte dans l'annonce du cacao Z..., qui tient à affirmer qu'avec X boîtes de son produit on peut faire plus de tasses qu'avec une dépense correspondante en tablettes de chocolat.

Ceci appartient encore au domaine des faits.

Gradation des arguments. — Le premier travail du rédacteur d'annonce consiste tout d'abord à se documenter. Pour cela, il doit se procurer les arguments en faveur du produit. Lorsqu'il y aura lieu, il utilisera les termes techniques.

La constitution de cette partie de la rédaction ne doit comporter aucune forme de style. Toute personne pourra en fournir les éléments au rédacteur.

C'est ce qui explique l'inutilité d'être technicien du produit que l'on vend pour être rédacteur d'annonce.

Mais les documents ont une valeur plus ou moins grande. Les uns peuvent être décisifs, les autres n'avoir qu'une influence relative.

Il y a donc lieu de se préoccuper de leur gradation. Le premier argument en place et en visibilité sera celui qui aura l'action la plus grande et la plus forte sur l'ensemble des acheteurs. Il ne faut pas oublier qu'un argument a une valeur propre sur chaque individu, et il faudra donc prendre sa valeur moyenne sur la masse.

Les autres arguments viendront par ordre inverse d'intensité.

Il peut se faire que certains arguments aient une valeur à peu près égale. Il faudra, dans ces conditions, respecter leur valeur. Mais, s'il y en avait une trop grande quantité, une annonce ne pouvant être une brochure, il faudra garder par devers soi un seul argument capital ou les principaux.

Une bonne manière d'opérer consiste, en général, à mettre en vedette et à faire le point d'arrêt avec l'argument principal et à énoncer les autres sous forme rédactionnelle pure, avec une importance typographique beaucoup moins grande.

Comment obtenir l'argument parfait. — Bien souvent celui qui vend le produit se figure être le mieux à même de faire connaître les points qui militent en faveur de celui-ci.

Cette opinion est généralement vraie. Cependant, dans la plupart des cas, ce n'est pas l'annonceur qui devra spontanément fournir les renseignements.

Un bon stratagème pour les obtenir consiste, de la part du rédacteur d'annonces, à observer une discussion, soit entre l'annonceur et l'un de ses clients, soit entre l'un des vendeurs habituels du produit et la clientèle.

L'on prend ainsi, sur le vif, des arguments de valeur qui souvent resteraient ignorés et que seul, le feu de la discussion fait mettre en avant.

Nous venons plus haut d'employer, pour plus de commodité, le mot « argument », que nous prenons jusqu'alors dans son sens habituel.

Toutefois, si l'on doit recueillir tous les points de mise en valeur du produit, même sous la forme argumentaire, leur utilisation dans le texte documentaire ne devra rien avoir qui sente la discussion. Tous les points de mise en valeur du produit devront être exposés, comme de simples faits.

Comparatifs et superlatifs. — Au point de vue documentation, les rédacteurs ont souvent la tendance fâcheuse d'opposer leurs produits à ceux des autres, c'est-à-dire de faire des comparaisons ou d'employer des superlatifs. Au point de vue suggestif pur, il y a là une erreur. Les faits suggèrent par eux-mêmes et, pour revenir à notre comparaison médicale du début, nous dirons que dans la documentation on aura intérêt à éviter toutes comparaisons. Les faits doivent parler tout seuls et suggérer sans appeler l'attention sur d'autres produits, soit par des comparatifs, soit par des superlatifs.

Cette tendance a été fréquente et, de son abus même est née sa condamnation. En effet tous les chocolats sont les meilleurs, toutes les machines les plus économiques et l'esprit du public n'est pas plus fixé pour cela. L'abus de ces modes confirme, en somme, la condamnation que nous prononçons au point de vue théorique.

L'usage du texte comparatif est condamné, lorsqu'il ne vise directement aucun produit concurrent, à plus forte raison faut-il le rejeter lorsqu'il a une tendance à viser un compétiteur.

Là, c'est carrément se lancer dans une inhibition et suggérer pour le produit de celui auquel on cherche à nuire. En effet, on en indique l'existence.

Le rédacteur, au point de vue documentaire, doit supposer que son produit est unique au monde et qu'il doit le vendre à tous les usagers possibles, sans s'inquiéter de tout ce qui peut le gêner. Sa marche est celle d'un obus. Elle doit ignorer les résistances. L'expression anglaise, en ce qui concerne l'annonceur, est exacte : « He must go right through. »

Envisager la solution autrement, en ayant en vue la concurrence, serait fausser le rendement de son travail.

RÉDACTION SUGGESTIVE

Action personnelle du vendeur. — Il est probable que si une annonce composée de texte seul ne comportait qu'une partie purement documentaire, son effet serait presque nul.

En effet, nous sommes habitués dans l'existence, pour décider de ce que nous voulons faire, à rassembler des documents, de manière à ce que nos achats soient faits, autant que possible, au mieux de nos intérêts.

Mais, si après avoir acheté un article nous observons ce qui s'est passé pour acheter celui-ci, nous sommes obligés de reconnaître que, bien souvent, l'achat a été fait non seulement sur les qualités réelles du produit, mais aussi, pour une grande part, en raison de la puissance persuasive du vendeur.

On peut dire de la vente par vendeurs, que l'action personnelle entre quelquefois jusqu'à 80 et 100 0/0 dans l'issue finale. L'individu qui a foi dans le produit qu'il vend possède la conviction de la parole, ce qui est pour beaucoup dans le résultat. Certaines maisons, du reste, tiennent à s'attacher, d'une façon toute particulière, les vendeurs habiles.

Ceux-ci, ainsi que nous l'avons dit déjà, font de la suggestion sans le savoir, et c'est leur mode opératoire intuitif que le texte suggestif emploiera intentionnellement pour rendre valable le texte documentaire.

Rédactions suggestive et documentaire réunies. — Le rôle du texte suggestif est d'obliger à la vente, en excitant le besoin latent et en le déterminant, alors que les arguments en votre faveur ne seraient pas suffisants pour inciter l'acheteur à venir chez vous.

Nous classons le texte en texte documentaire et en texte suggestif. Il ne faudrait pas déduire de cela que les deux doivent être séparés.

On pourrait cependant parfois procéder ainsi et énumérer brutalement les arguments en faveur du produit et les compléter par un texte qui suivrait. Cependant cette façon de faire serait par trop ingénue, et la partie suggestion doit s'allier à la partie document, dans le texte, d'une façon indissoluble.

Si nous avons posé la différence, c'est qu'il est nécessaire de la connaître pour pouvoir travailler utilement et pour que la rédaction soit fructueuse.

Influence du medium sur la rédaction. — Les mots que l'on viendra superposer au texte documentaire ne doivent avoir qu'un but : tirer parti des faits, les présenter sous leur meilleur jour et les rendre, sans secousses et sans heurts, concluants pour l'acheteur éventuel.

Et c'est là qu'il y aura lieu, au moment de se mettre au travail, de se rappeler les principes suggestifs.

Il faudra donc que le texte soit fait suivant les media dans lesquels il doit se trouver, c'est-à-dire suivant les milieux dans lesquels il doit aller.

Le texte suggestif d'une annonce, à notre avis, peut et doit différer, suivant les journaux dans lesquels il se trouve.

La réceptivité de chacun nécessite une modification.

VERBES, MODES ET TEMPS

Le verbe. — Pour qu'un texte suggère, il est nécessaire qu'il ait recours à la forme verbale.

La suggestion existe par le seul fait de l'annonce, mais elle sera intensifiée au plus haut degré, si l'annonce parle réellement.

Au début de la publicité, l'annonce, bien que timide dans ses formes, était une annonce verbale. Il suffit de lire l'annonce Colombeau (*fig.* 8), extraite d'un almanach de la fin du XVIIIe siècle, pour se rendre compte que le verbe existe dans la phrase. Mais il est arrivé, par suite de circonstances diverses, parmi lesquelles la plus importante a été la valeur constamment augmentante des espaces dans les journaux, que l'annonceur, soucieux d'économiser d'un côté et de créer la visibilité de l'autre, a mis certains mots en vedette pour constituer des points d'arrêt. Il a supprimé ainsi le verbe de son annonce et est tombé dans « l'annonce-enseigne », où la rédaction est absolument inconnue.

La fausse tradition. — Cette tendance fâcheuse et irraisonnée a créé, chez beaucoup d'annonceurs, un état d'esprit particulier. Du moment qu'une annonce parle, qu'elle contient un verbe, elle cesse pour eux d'être sérieuse.

La sobriété à laquelle ils sont habitués leur fait considérer comme une débauche inutile de paroles des annonces conçues autrement. Le pis, c'est que ces annonceurs se prétendent gardiens de la tradition.

La tradition, aujourd'hui ne saurait nous intéresser, car nous voulons avant tout des choses rationnelles. Mais, même à leur point de vue, ils sont dans l'erreur, car les premières annonces ont été purement verbales.

Fig. 124. — Grandeur naturelle.

Puissance du verbe. — Si, pour une machine, on se contente d'énumérer sommairement le nombre de tours qu'elle fait à la minute, la phrase sera moins pressante pour celui qui la lit que si un verbe y intervient.

Comparez ainsi, en face d'une illustration supposée, les deux textes :

1° « 80 tours à la minute »;

2° « La particularité de cette machine est de faire 80 tours à la minute ».

Il est évident qu'un monde sépare ces deux rédactions. L'une montre un fait brutal qui n'éveille pas notre attention; l'autre appelle spécialement notre attention et, d'un argument quelconque, en fait un argument positif et de grande valeur.

Fig. 125. — Grandeur naturelle.

L'annonce Métal Alicia (*fig.* 124), mise en opposition avec celle de Greenwod & Batley (*fig.* 125), montre une légère amélioration.

Le « *vous* ». — Si la forme verbale de l'annonce choque quelques retardataires, l'annonce s'adressant directement avec le « vous », au lecteur, a provoqué le sourire de la part d'ignorants. Cependant, c'est elle qui détient le maximum de puissance suggestive.

Nous l'avons posé au commencement de cet ouvrage : l'homme s'intéresse à lui avant tout autre chose. Sa personne, ce qui l'environne, son magasin, sa table, ses vêtements, sont pour lui une chose intéressante, alors que ceux d'autrui cessent même parfois d'exister à ses yeux.

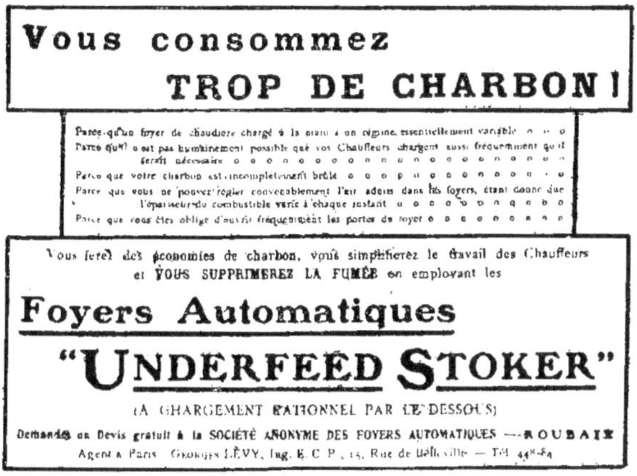

Fig. 126.

Dans ces conditions, c'est manquer volontairement une partie de son effet que de négliger l'emploi du « vous ».

Reprenant l'exemple ci-dessus, il suffit d'ajouter à notre phrase ce mot qui dirige son action vers le lecteur pour que la suggestion soit intensive : « Vous serez frappé par la particularité de cette machine : elle fait 80 tours à la minute. » Ceci s'adresse au lecteur de l'annonce et le touche, tandis que le reste semble être pour tout le monde.

L'annonce « Vous consommez trop de charbon » (*fig.* 126), bien que n'ayant pas une mise en valeur extraordinaire, s'inspire de ce bon principe.

Le « *vous* » *inutile ou dangereux*. — Les rédacteurs, qui ont employé le « vous », ont cru bon quelquefois d'y ajouter le mot « tous », ne se doutant pas que par cette seule adjonction, ils détruisaient complètement l'effet cherché. Au lieu de s'adresser au « moi », ils faisaient, du coup, appel à la généralité. Or, des intérêts qui sont les nôtres, mais qui sont communs à tous, perdent de ce fait une grande valeur à nos yeux.

Il y a lieu également de se méfier des abus. Il faut surtout faire attention à ce que le « vous » soit employé uniquement lorsque l'on suggère et que l'on cite des faits, lorsque l'on suppose à l'annonceur une qualité qu'il n'a pas.

Par contre, chaque fois que vous ferez allusion à la coutume que l'annonce blâme, à l'emploi de produits que vous condamnez, il faut cesser de vous adresser au lecteur de l'annonce, pour avoir l'air de parler à la masse, à laquelle le lecteur se figure ne jamais appartenir.

Ces principes, que nous posons comme règles en matière de rédaction de publicité, sont constamment employés par les grands orateurs qui savent manier le public.

Lorsqu'ils veulent agir sur les gens et les flatter, ils leur disent « vous ». Lorsqu'ils blâment certaines tendances et qu'au fond ils s'adressent encore à ceux qui les écoutent, c'est le mot « on » ou les formes impersonnelles qu'ils emploient. Et l'on peut dire qu'une bonne annonce est un peu, dans son genre, comme le discours d'un bon orateur.

L'interjection. — Sans savoir pourquoi, quelques annonceurs ont employé le « vous » et sont même sortis de l'extrême limite de son emploi. Estimant qu'ils parlaient au public, au lecteur de l'annonce en personne, ils ont utilisé l'interjection.

« Commerçants !... Malades !. . Vous qui souffrez !... » telles sont les formules que l'on a rencontrées dans les journaux.

Une interjection n'a jamais suggéré.

Nous ne voyons pas un médecin employer ce système devant l'un de ses patients.

Mais, sans chercher la comparaison médicale, nous pouvons voir, dans l'existence, que ceux qui nous appellent au passage, dans la rue, paraissent comme des gêneurs et, en général, nous n'aimons pas entendre faire « pstt » derrière nous. Il en est ainsi en publicité.

L'impératif. — Il est une inhibition aussi dangereuse que l'interjection, nous allons l'examiner, au point de vue principe : c'est la formule impérative.

Si nous admettons très bien une suggestion douce, nous sommes portés à réagir contre tout commandement.

Le rédacteur d'annonces ne devra pas perdre de vue ce point important de la théorie.

Le présent seul suggère. — D'autres règles doivent être observées. C'est ainsi que dans la forme parlée, que nous considérons comme obligatoire, le temps et le mode du verbe ont une importance considérable. Il y a des temps et des modes qui suggèrent ; d'autres qui ne peuvent provoquer ce résultat.

Tout conditionnel détruit l'affirmation, base de la suggestion. Le futur rend son action incertaine. Le passé l'éloigne d'elle et ne lui donne plus qu'une valeur rétrospective. Seul, le présent a l'avantage d'être constant et d'inciter à l'acte en le rendant immédiat. Ainsi, les phrases suivantes vous montreront l'emploi de différents temps :

« Cette eau a été adoptée par le public. »

« Cette eau est déjà adoptée par le public. »

« Cette eau sera adoptée par le public. »

« Cette eau doit être adoptée par le public. »

« Cette eau est adoptée par le public. »

De toutes les formules, la dernière seule nous donne la constatation d'un fait présent. Elle nous met en face d'un acte qui s'accomplit, émulateur, suscitant l'imitation.

Vous pourriez nous faire remarquer que, lorsqu'il s'agit d'un article neuf, cette formule peut être osée et anticipée. Nous sommes d'accord avec vous; mais, comme le médecin suggérant formule au préalable les affirmations qui entraînent les actes subséquents, vous ne pouvez faire de la publicité utile et suggestive sans opérer comme lui, c'est-à-dire sans anticiper sur le fait pour en obtenir la réalisation.

Annonce sans verbe. — Il nous semble utile, pour terminer, de montrer par des exemples, créés pour les besoins de la cause, trois annonces (*fig.* 127, 128, 129). Les voici ci-contre :

ANNONCES - AFFICHES - CIRCULAIRES.
RÉDACTION SUGGESTIVE.
X..............., CONSEIL

FIG. 127. — Grandeur naturelle.

COMMERÇANTS !
SI VOUS VOULEZ
DE LA PUBLICITÉ SUGGESTIVE,
CONFIEZ-LA A X..............., CONSEIL

FIG. 128. — Grandeur naturelle.

VOUS DÉSIREZ VENDRE PLUS.
LA PUBLICITÉ DE X................
FAIT VENDRE.

FIG. 129. — Grandeur naturelle.

L'analyse de ces trois annonces est facile.

La première nous amène dans ce que certains annonceurs appellent la tradition correcte. Elle ne contient aucun verbe; seuls des termes à qui aucun sertissage ne donne de valeur y trouvent place. A lire une telle annonce, rien ne vient vous inciter à confier votre publicité, à X... plutôt qu'à un autre. Rien ne crée pour vous le besoin, ni le suscite. Cette annonce est falote et est la plus mauvaise utilisation que l'on puisse faire d'un emplacement loué.

Annonce *verbale fautive*. — La deuxième comporte l'emploi du verbe et de la forme parlée au lecteur de l'annonce, mais elle a l'inconvénient d'employer le « pstt », la fâcheuse interjection à laquelle nous avons fait allusion. Elle est incorrecte de ce seul fait. Elle semble nous arrêter au passage.

De plus, elle contient un conditionnel : « si vous voulez » ; par conséquent, elle nous met dans l'obligation de douter de la nécessité, pour nous, de faire de la publicité.

Si petite que soit cette annonce, elle contient encore une autre faute. C'est l'impératif auquel nous nous empressons de résister.

Annonce *verbale suggestive*. — Par contre, regardez la douceur de la troisième annonce. Elle contient, en deux phrases, deux constatations de fait qu'aucun conditionnel, futur ou passé, ne vient amoindrir.

La première phrase répond, en effet, au désir de chaque commerçant de vendre davantage et, en le constatant, elle ouvre la porte à la suggestion de la deuxième phrase montrant que la publicité de X... fait vendre.

Cette deuxième constatation de fait est anticipée ; mais, comme nous l'avons dit, il est utile d'opérer ainsi de manière à pouvoir suggérer. De plus, en l'espèce, cette promesse de la seconde phrase est faite pour exciter le besoin dont la porte a été ouverte par la première sentence.

Lorsque le lecteur de la troisième annonce a fini de la lire, il a au moins l'envie de vérifier de visu les affirmations de l'annonceur. Une fois qu'il en est là, les trois quarts du chemin qui conduit chez vous sont faits.

C'est donc la troisième annonce qu'il faudra rédiger.

DIVERS

Le point d'arrêt *suggestif* et la rédaction. — Dans la rédaction, nous sommes obligés de faire un retour vers la composition typographique.

Lorsque nous utiliserons de longs textes, nous couperons ceux-ci par des points d'arrêt, et ces points d'arrêt devront être, comme nous l'avons vu, documentaires et suggestifs en même temps.

Ces points d'arrêt devront mettre en vedette, tout d'abord, ce qui a trait au besoin à susciter.

Avant d'entrer dans les détails, il est bon d'ouvrir les portes par lesquelles ces détails pourront pénétrer.

Le rédacteur d'annonces, avant de viser à vendre le produit, c'est-à-dire avant d'opérer une transaction commerciale, doit chercher à suggérer. Pensez alors que vous devez, comme dans le cas de l'enfant à qui nous offrions du chocolat, au début de ce livre, susciter un besoin, l'exacerber et l'intensifier à un point tel que toutes les données secondaires portent d'elles-mêmes, sans aucun commentaire.

Le prix dans l'annonce. — Dans la rédaction de l'annonce se posent quelques questions purement commerciales. Elles appartiennent à l'ordre documentaire, mais n'ont pas trait au produit lui-même. C'est ainsi qu'on se demande si l'on doit porter des prix dans une annonce.

Des annonceurs de la vieille école estiment que ceci est inutile.

Les faits nous ont prouvé que toute annonce contenant un prix, donnant ainsi la limite de l'effort pécuniaire à produire, est un très fort instigateur à l'acte de l'achat, car la suggestion n'est pas gênée par un doute qui deviendrait inhibitoire.

On pourrait nous faire remarquer que certains prix sont de nature à effrayer le lecteur de l'annonce.

Ceci est assez juste ; mais comme, tôt ou tard, le lecteur doit entrer en contact avec ce prix, c'est dès le début que le contact doit être assuré. En procédant ainsi, par suite de la répétition, des annonces suggestives contenant le prix pourront même amener l'acheteur à dépasser l'effort normal d'achat qu'il avait lorsqu'il vit l'annonce pour la première fois.

Le prix doit donc être porté dans l'annonce d'une façon générale. Dans certains cas, lorsqu'il s'agira de produits ou d'appareils de valeur essentiellement variable suivant la nature et la fabrication de l'objet, il n'y aura pas lieu de le faire figurer.

On donnera au prix, dans l'annonce, une place dont l'importance variera suivant les nécessités.

Certains objets n'ont comme facteur gênant, dans l'achat, que la dépense. S'il s'agit d'une réduction de celle-ci sur les us en vigueur, mettre le prix en vedette devient nécessaire. Par contre, s'il s'agit d'objets courants, le prix aura une importance moindre.

Raison sociale et adresse. — Après le prix, une question controversée est celle de la valeur et de l'emplacement de la raison sociale.

Ici, nous devons regretter la tendance qu'ont certains annonceurs à étaler pompeusement leur nom qui n'a jamais pu être synonyme du produit qu'ils vendent.

A part de rares exceptions et de produits consacrés par l'usage, tels que le chocolat Menier ou le quinquina Dubonnet, le nom ou la raison sociale devront passer toujours après le produit. Du reste, les deux firmes ci-dessus ont associé sur un pied d'égalité le nom à celui du produit vendu, tandis que certains orgueilleux vont tellement loin que leurs noms viennent bien avant le produit vendu.

Il en est qui veulent le nom au point de départ de la ligne d'orientation.

A notre avis, le nom sera, sauf exceptions citées plus haut, toujours mis au point final, car la chose essentielle est, nous l'avons vu, de suggérer le besoin et de suggérer en faveur du produit. Une fois que le lecteur de votre annonce en est là, il verra toujours, au point final, l'endroit où il peut se le procurer.

Dans ces conditions, le nom et la raison sociale avec l'adresse se trouveront au point final et l'adresse en caractères aussi diminués que possible. Abuser de caractères importants serait enlever à la partie suggestive de l'annonce un espace utile.

L'annonce de certains produits, dont la consommation est urgente, comme le poisson frais, ne manquera pas de porter le numéro de téléphone. Ceux qui peuvent recevoir des commandes d'urgence ajouteront leur adresse télégraphique mais, chaque fois que l'on pourra s'en dispenser, dans un texte court, il y aura lieu encore de le faire, pour réserver à la partie suggestive une place plus importante.

Fig. 130. — Grandeur naturelle.
La suggestion illustrée directe par la chose, les résultats et l'action n'existent pas. Suggestion indirecte par un paysage agréable. Cliché mettant en pratique l'originalité par l'association indirecte des faits. La machine agricole est liée avec la ferme d'un côté et les moissons de l'autre. La ferme existe sur le cliché : les épis représentent les futures moissons. Ce cliché est d'autant meilleur qu'il est publié avec opportunité, en hiver.

Faites lire vite. — Après avoir examiné les éléments de la rédaction, ajoutons que le travail effectif sera celui qui possédera une formule neuve, un tour de phrase habile et limpide, suggérant dans le minimum possible de mots. Pour nous résumer, disons qu'il faudra, autant que possible, obliger le lecteur de l'annonce à lire et à lire rapidement.

Le grand art consiste surtout à ne mettre, dans les phrases employées, que le nombre de mots strictement nécessaire. La phrase incisive, courte, avec un sujet, un verbe, un complément direct, sans plus, vaut mieux que n'importe quel long discours. N'hésitez pas à faire autant de phrases qu'il faudra. Soyez surtout facile à lire et à comprendre.

Mettez-vous à la place du vendeur. — En résumé, pour bien rédiger une annonce, la première chose à faire est de rassembler tous les documents utiles, en faire la sélection, les employer par ordre inverse d'intensité et concréter dans un texte, aussi suggestif que possible, le minimum de mots que vous emploieriez personnellement, si vous étiez chargé de vendre ce produit à un acheteur. Seulement, au lieu de supposer la mentalité de chaque acheteur, il faut fondre toutes les mentalités en une seule et agir en conséquence.

XXV

LES AUTRES MOYENS DE PRESSE

L'ARTICLE

L'article bien manié intensifie l'annonce. Nous l'étudions donc en second lieu, pour montrer comment il doit être fait afin d'en augmenter la valeur.

Sa visibilité. — Nous avons déterminé la valeur de l'article, point n'est besoin d'y revenir.

Tout l'intérêt et toute la valeur de l'article résident dans sa présentation rédactionnelle. Il n'y a pas à s'inquiéter, d'une façon générale, de son lignage et de sa justification, cette dernière surtout étant commandée par le journal.

Dans certains cas, pour lui créer une visibilité particulière, on pourrait à première vue faire ce qui a été essayé par quelques maisons : composer un texte avec des caractères de familles différentes de celles employées d'habitude dans le journal. Si l'on crée ainsi la visibilité, l'on supprime du coup tout l'effet que cherche à produire l'article en passant comme une chronique purement documentaire du journal. C'est le bout de l'oreille qui se montre d'une façon par trop évidente.

Il y a, d'une façon courante, deux genres d'articles dont le rédacteur aura à s'occuper. L'un est celui qui est destiné au technicien et qui est mis dans des revues spéciales et l'autre destiné au public.

Dans les deux cas, la rédaction devra toujours être simple et documentaire et, comme dans le cas de l'annonce, le document de l'article devra s'allier continuellement à la partie suggestive du texte qui, en l'espèce, fera à elle seule la plus grosse partie de la besogne.

Article pour le public. — Dans la presse quotidienne, on n'aura à rédiger que des articles faits pour la masse. Ceux-ci devront être à allure vive. Le style sera courant, aisé à lire et tel qu'on ne sente pas la présence de l'annonceur.

Pour arriver à ce résultat, il ne faut pas que l'article soit seul et il est nécessaire que celui qui le rédige ait la sensation que l'action de sa rédaction sera renforcée par une série d'annonces. Faute de quoi, il aura une tendance à trop prôner le produit au lieu de faire une chronique intéressante.

Certains articles qui ne sont pas soutenus par l'annonce offrent justement l'inconvénient de mentionner l'adresse de l'annonceur. Ceci enlève une énorme partie de leur effet, en montrant la présence de la publicité, là où l'on cherche à la masquer.

L'article doit avoir une rédaction d'autant plus suggestive, excitant le besoin présent du lecteur, que son action est fugace.

L'article comporte souvent des rappels. Ceux-ci deviennent très difficiles à rédiger. L'article initial, pour être bon, a dû utiliser toutes les poussées suggestives possibles et employer, en général, la majeure partie des documents. Le rappel n'est donc qu'un résumé ou un sommaire postérieur amoindri de l'article.

La rédaction du rappel demandera des soins particuliers, et son rédacteur devra surtout envisager la nécessité de créer et d'intensifier le besoin.

Fig. 131. — Hauteur de l'original : 140 centimètres.

Affiche. — Suggestion illustrée directe par la chose en action. Le résultat est mal exprimé : la soif de la grenouille ne peut le remplacer. Suggestion indirecte fautive, toujours du fait de la grenouille. La ligne d'orientation aurait été bonne si l'on n'avait pas fait remonter l'œil pour lire le texte dans des conditions anormales.

Articles techniques. — Dans la presse technique, l'allure de l'article sera différente. Le public qui lit des journaux de ce genre les lit pour y trouver des documents. La partie suggestive sera donc moins intense que la partie documentaire.

Un public qui est habitué à discuter tous les jours de la valeur des mots et des choses qu'on lui présente, sait éliminer une poussée par trop excitante du besoin. Il ne voit que le « fait » qu'il a l'habitude d'analyser.

Il sera inutile dans la presse technique, de faire des rappels d'articles, car le premier doit être rédigé de façon telle qu'il ait donné son maximum d'intensité. L'annonce, en ce qui concerne l'appui à lui donner, continuera son effet.

Par contre la série d'articles pourra être utilisée en prenant des points de détail du produit ou de la machine vendue, de manière à rappeler celui-ci ou celle-ci le plus fréquemment possible.

Remarques générales. — Qu'il s'agisse de journaux techniques ou de la presse quotidienne, il faudra produire d'abord des faits. Chaque fois qu'on le pourra, il y aura lieu d'y adjoindre des illustrations dont nous avons vu la valeur et la portée. Rappelons que, parmi les documents de l'annonce, nous demandons le prix, mais que, par contre, il doit être banni de l'article, secondé par l'annonce.

L'ATTESTATION

Les études successives de l'annonce et de l'article nous amènent fatalement à parler de l'attestation en matière de publicité. L'un et l'autre l'emploient, et l'on sait que certaines brochures sont composées exclusivement d'attestations. L'attestation est la réalisation d'un acte prouvé, authentique, et par conséquent, incitateur de l'acte identique. Mais, comme de toutes choses dont on a abusé, elle tend à perdre de sa valeur. Si, de temps en temps, on peut et on doit l'employer dans l'annonce et l'article pour intensifier une suggestion, il y aura lieu d'en réserver l'emploi pour la brochure.

Certaines maisons, du reste, ont pris l'habitude de joindre à leurs envois de catalogues ou de documents généraux, des reproductions photographiques d'attestations. La suggestion de l'attestation se trouve ainsi augmentée.

LES PETITES ANNONCES

Leur popularité. — De tous les moyens employés en publicité la petite annonce est certainement le plus populaire. Il faut voir, comme raison à cela, son bon marché qui permet à tous de l'utiliser, soit pour la recherche d'un emploi, soit pour trouver un employé.

De plus, quiconque veut se défaire d'un vieux cheval ou trouver une auto d'occasion y a recours. On est même allé jusqu'à les utiliser pour les opérations matrimoniales.

La petite annonce n'est pas encore suffisamment implantée en France, dans tous les journaux, pour qu'elle rende à ses principaux clients tous les services qu'ils pourraient en attendre. Cependant ce moyen se développe de plus en plus et il faut louer les journaux qui en encouragent l'emploi.

Le commerçant lui-même a trouvé dans les petites annonces un serviteur parfois utile. C'est ainsi que, pour se procurer des adresses d'acheteurs possibles, certaines maisons qui ne vendent que du neuf, font annoncer, sous un nom d'emprunt, des occasions.

Aucune suggestion possible. — La rédaction des petites annonces ne s'inspire pas du tout, ou réellement très peu, de la suggestion. Elle cherche à concentrer dans un style simplifié, et surtout en mots abrégés, les faits que l'on veut porter à la connaissance des intéressés.

Si vous prenez une page de petites annonces, vous serez surpris de voir comment un problème de rédaction aussi simple est compliqué à plaisir par ceux qui cherchent à le résoudre.

Les mots simples. — C'est ainsi que beaucoup de gens emploient la formule : « On demande », qui se comprend d'autant moins que, dans la majeure partie des cas, leur annonce est portée dans une rubrique spéciale, ayant cette formule comme en-tête.

C'est au style télégraphique que l'on doit tendre.

Ainsi, dans l'annonce reproduite ci-dessous (*fig.* 132), nous supprimerions utilement les mots : « On demande employé ». Il pourrait en être ainsi de « homme ou dame ». Il n'y a lieu de spécifier que lorsque

> On dem. employé sténo-dactylogaphe, homme ou dame, connaiss. bien l'anglais, ayant pris habitude de comptabilité simple, et correspondance financière par stage dans banque. Connaissance langue allemande serait utile. — S'adresser avec références, de 10 heures à midi, 2, rue du Quatre-Septembre, 2. Paris.

FIG. 132.

le sexe est déterminé. « Ayant pris habitude de » serait également supprimé en ajoutant le mot « et ». Les mots « allemand utile » remplaceraient la longue phrase qui n'en dit pas plus. « S'adresser avec » peut aussi se biffer, du moment que l'on indique l'heure de réception.

En publicité, il ne faut pas de style académique, surtout dans les petites annonces, qui comportent l'abréviation des mots.

RUBRIQUES DIVERSES

Quelques journaux, les revues surtout, ont adopté des rubriques dans lesquelles elles classent leur publicité. C'est ainsi que l'on voit des rubriques intitulées « maisons recommandées », « articles à se procurer pendant le mois », « produits de saison », etc...

Il est bon de connaître la possibilité de se servir de ces moyens qui, dans certains cas, permettent de faire une publicité effective saisonnière, dans des conditions relatives de bon marché. Cette publicité bon marché offre l'inconvénient de toutes les publicités par trop en commun d'avoir des unités manquant d'opposition entre elles et se nuisant mutuellement.

Parfois même l'annonceur aura intérêt à affermer une rubrique pour son compte laquelle, sous un même titre, pourra varier à chaque numéro.

du journal. Le Lundi de Michelin, signé par Bibendum, en est un exemple.

CONTROLES

Utilité du contrôle. — C'est au moment où l'on a envisagé à peu près tout ce qui, dans la presse, intéresse le commerçant, l'annonceur qui fait sa publicité, que l'on doit s'occuper de la question des contrôles.

L'avantage de la publicité par la presse est justement de permettre de se rendre compte du rendement au fur et à mesure des opérations.

Les diverses clefs. — Pour ceci, on se sert de clefs. L'un des moyens les plus fréquemment employés consiste à donner une lettre de référence au catalogue promis. Toute demande reproduisant la lettre ou le chiffre de référence indique le journal d'où provient la demande. Ceci est indispensable, de manière à voir ce que produit chaque medium.

Le procédé ci-dessus, qui s'est implanté récemment en France, offre l'inconvénient, à la longue, de devenir par trop évident au public qui y répond bénévolement. Lorsque l'on emploiera ce moyen il sera bon d'agir avec prudence et de ne pas abuser des chiffres et des lettres. Le public est défavorablement impressionné par une maison qui laisse supposer qu'elle a un nombre de catalogues supérieur à celui que ses opérations semblent lui permettre. Il voit de ce fait un bluff là où il n'y en a pas.

Un autre procédé a consisté à faire précéder le nom de deux initiales, dont on varie l'ordre suivant le medium employé. Ce procédé est efficace et difficile à déceler. Mais il ne peut être employé par des maisons qui sont connues depuis longtemps et dont la raison sociale est intangible. Ce procédé ferait croire qu'il s'agit d'une autre maison. De plus il est encore un de ceux qui, à la longue, impressionnent défavorablement le public.

Dans le même ordre d'idées, se trouve le département XX, le rayon 22 ou la division 100, qui sont également inhibitoires. Du reste, la plupart de ces clefs n'ont été employées que par des maisons dont le but de la publicité est douteuse.

La superposition des clefs. — Quelques-unes même ont accumulé l'emploi de plusieurs moyens, tombant ainsi dans le grotesque. L'on peut déduire de cet abus qu'elles ne comprenaient pas ce qu'elles faisaient.

C'est ainsi que quelques-unes emploient simultanément le coupon à détacher et la division 22, ou tous autres moyens de référence.

Les clefs discrètes. — De tous les procédés, certes le plus commode et le plus sûr paraît être le coupon à détacher, pour l'obtention d'échantillons ou catalogues gratuits.

Inutile de faire varier ses formes, suivant chaque journal, car il suffit de regarder au dos pour être fixé. Mais tous les articles ne peuvent s'en servir.

Sur les thèmes ci-dessus, le champ reste ouvert, pour l'esprit fécond qui, suivant chaque cas, emploiera un contrôle nouveau, aussi discret que possible. Les allusions dans le texte, par exemple, si elles exercent un contrôle moins serré, n'ont pas l'inconvénient de nuire à l'effet suggestif. Les maisons importantes auront recours utilement à des clefs comme les suivantes :

M. le directeur du Service commercial, M. le directeur du Bureau commercial. Ces clefs pourront se compléter du nom du chef, dont les initiales pourront varier sans que la raison sociale soit altérée.

L'ENCARTAGE

Erreur de principe. — L'annonce et l'article n'ont pas paru suffisants dans la presse. L'annonceur a songé à utiliser ce dernier medium, pour porter à domicile la circulaire.

Ce moyen de publicité, appelé encartage, est faux en son essence. Il utilise un medium de publicité générale pour véhiculer de la publicité individuelle.

Action éphémère. — Si l'encartage peut rendre des services, il a l'inconvénient parfois d'être éphémère comme action. En général, comme il se compose d'une ou plusieurs feuilles volantes, celles-ci sont, aussitôt vues, sorties de l'organe qui les contient et mises à part.

Le plus souvent ces feuilles ne sont pas lues au moment du courrier général, et au lieu d'être classées avec celui-ci après lecture, elles passent immédiatement au panier.

Il faudrait qu'elles puissent, séance tenante, déterminer le désir d'achat, pour qu'elles soient regardées intentionnellement. Comme elles ne sont souvent que de simples circulaires, elles ne suggèrent que très peu.

La publicité individuelle. — De plus, l'encartage entraînant avec lui l'effet de la publicité individuelle à domicile semble être animé d'un esprit d'intrusion qui déplaît. Il est évident, aux yeux du public, que la circulaire par l'encartage cherche à dépasser, dans son action, l'annonce plus discrète.

Nous ne le condamnons pas pour cela, mais nous disons que son action ne sera bonne qu'autant qu'elle viendra corroborer et intensifier momentanément, avec détails, une campagne d'annonces. Nous préférerions, cependant, l'envoi d'une brochure fait directement chez les intéressés.

L'économie du port qu'envisagent les annonceurs se servant de l'encartage est du reste visé par la loi, et ce moyen deviendra un mode de moins en moins pratique.

D'autre part, pour avoir toute sa valeur, l'encartage doit être isolé. Il y en a plusieurs, parfois dans un journal, et les suggestions diverses s'opposant, nuisent à l'effet cherché,

XXVI

L'AFFICHE

Nous exposons des idées pratiques qui ont toujours donné un affichage puissant.

GÉNÉRALITÉS

L'affiche diffuse. — De tous les moyens de publicité, celui qui produit la plus grande impression sur le public, c'est évidemment l'affiche.

Cette impression n'est pas d'une nature profonde. Nous avons vu qu'il ne suffit pas, pour l'annonceur, de se faire remarquer : il lui faut, avant tout, vendre.

En effet, ce que l'affiche doit faire, en principe, c'est créer auprès du public, dans un temps minimum, une impression suffisamment favorable du produit ou de l'objet annoncé. Il faut qu'en en clin d'œil, non seulement l'attention du public soit captée, mais aussi que l'acheteur éprouve le besoin du produit et aie son attention transformée en désir d'achat et, au besoin, en achat.

Demander à l'affiche de provoquer un achat est lui poser un problème, en général, très au-dessus de ses forces. L'affiche qui fait vendre directement est un but que le concepteur doit chercher à atteindre, mais que l'annonceur ne devra jamais envisager comme possible.

D'une façon courante si l'affiche aide à la vente, elle ne peut pas la faire conclure et il faut donc lui demander de

Fig. 133. — Hauteur de l'original : 60 centimètres.

Tableau. — Suggestion illustrée directe par la chose, en action, avec les résultats. Il est évident que les chaussures caoutchouc protègent les pieds de l'enfant. Suggestion indirecte résultant de l'aspect agréable de l'affiche. Ligne d'orientation parfaite. Le parapluie est en rouge vif et capte l'œil pour l'amener sur la chose elle-même et sur le texte.

faire une chose toute simple qui est la diffusion du nom ou du produit. On y arrive, soit par l'affiche-texte, soit, plus sûrement, par l'affiche illustrée.

L'affiche-texte. — A notre époque l'on constate encore quelques affiches composées exclusivement de texte. Nous ne pouvons pas dire qu'il s'agisse là d'une erreur, car certains produits sont difficiles à concréter dans une illustration. Mais, lorsque celle-ci est possible, c'est s'inférioriser volontairement au point de vue visibilité et suggestion que d'employer le texte seul.

Nous n'étudierons pas autrement l'affiche de texte, qui ne comprend que quelques mots, dont l'agencement s'inspirera des conseils que nous avons donnés pour l'annonce.

Fig. 134. — Hauteur de l'original : 140 centimètres.

Affiche. — Suggestion illustrée directe par la chose, en action, avant le résultat. Suggestion indirecte par le visage agréable de l'enfant et ses vêtements. La ligne d'orientation serait bonne si les mots « Filtre Berkefeld » étaient reportés dans le cadre noir.

L'affiche illustrée. — Chaque fois qu'il sera possible, l'affiche sera donc illustrée.

L'affiche doit être conçue en vue des principes de son action.

Or, l'action de l'affiche ne peut s'exercer que pendant un temps restreint qui varie de quelques secondes à quelques minutes au plus.

L'affiche se trouve presque toujours dans les lieux où l'on passe. Celles qui sont à l'intérieur de certains édifices sont plutôt des tableaux-réclame et participent au mode d'action de ceux-ci.

Etant donné que l'effet doit être produit rapidement, il y a intérêt à concréter le sujet dans une illustration qui suggère non moins rapidement.

Dans ces conditions, l'affiche doit laisser agir avant tout l'illustration.

Le texte qui viendra seconder son effort sera aussi court et aussi réduit que possible. Long, il ne pourra jamais être lu.

Le document d'abord. — Si nous demandons l'illustration, nous devons dire que cette illustration doit être avant tout documentaire. Elle pourra utiliser l'allégorie si elle veut, elle pourra parfois avoir recours à la suggestion indirecte; mais il faut, avant toutes choses, qu'elle contienne la suggestion directe, c'est-à-dire la mise en évidence du produit.

Toute affiche qui ne répondrait pas à ce but serait faussée dès sa conception.

Mais, si le document doit être mis en avant et si, comme dans l'annonce, on doit mettre la chose en action avec ses résultats, il faut donner au tout un cachet artistique et une visibilité tout à fait particulière. L'affiche doit, en effet, tenir le record de la visibilité.

L'erreur de la tache. — A ce sujet, pour créer la visibilité, certaines théories ont été émises. Les unes ont en vue la création d'une tache sur un mur. Leurs auteurs estiment que l'affiche opère du moment qu'elle est vue. Cette théorie, malheureusement, est insuffisante. Elle n'amène même pas toujours à la puissance de diffusion de la publicité.

En effet, beaucoup d'affiches ne sont connues que des noms de ceux qui les signent, le produit lui-même étant ignoré. La tache n'est utile qu'à la condition expresse qu'elle soit suggestive en faveur du produit et qu'elle ne fasse pas une réclame à l'artiste, au détriment de l'annonceur.

L'erreur de la curiosité. — Après la théorie de la tache, il faut voir celle de la curiosité, qui est aussi vaine.

Chaque fois que l'on oblige le cerveau à un effort, ne serait-ce que celui de l'attention, on risque de compromettre le résultat. Si la curiosité peut être bonne dans une série d'annonces, elle devient difficile à appliquer dans l'affiche, dont l'action — il ne faut pas l'oublier — doit se faire en quelques instants.

Simplicité de conception. — En dehors du principe suggestif, dont il a lieu de ne pas se départir, le concepteur d'affiches doit bien être pénétré que celle-ci choisit difficilement son milieu. Si certains murs se trouvent dans des quartiers riches, d'autres sont dans des endroits où la réceptivité particulière est sportive ou agricole. C'est donc toute la masse qu'il faut toucher. Par conséquent, l'affiche s'adresse à toutes les mentalités. Aussi artistique soit-elle, il faut qu'elle puisse être comprise par les plus simples sans aucun effort.

C'est là qu'il ne faut pas laisser l'artiste suivre une inspiration qui pourrait être au-dessus ou à côté du public qu'elle doit toucher.

LE TEXTE

Peu de texte. — Avant d'examiner comment on doit faire une affiche illustrée, il y a lieu de se demander si elle doit contenir beaucoup de texte. En ayant en vue son mode d'action, nous sommes obligés de réclamer des phrases lapidaires, aussi visibles que possible. Les principes qui guideront le rédacteur sont exactement les mêmes que ceux qui régissent l'annonce, avec cette différence que le texte cherchera à être aussi condensé et réduit que les circonstances le permettront.

Fig. 135. — Cette affiche a été exécutée en différentes dimensions. Les plus grandes représentaient un panneau de 5 mètres environ de longueur.

Le prix dans l'affiche. — Puis, comme dans l'annonce, doit-on porter le prix de l'objet annoncé? Bien que cette pratique ne soit pas courante nous n'y voyons, pour notre part, aucun obstacle et nous comprenons très bien que le High Life Tailor, dont toute la publicité est basée sur le prix de 69 fr. 50, répète ce prix partout. C'est ainsi que son affiche originale et paradoxalement suggestive le contient (*fig.* 135). Nous ne voyons là qu'une continuité rationnelle de son plan de campagne.

Si tous les murs devenaient ainsi des supports d'étiquettes, cela pour-

rait changer notre conception et nos modes actuelles, mais il n'y aurait
aucune faute, et nous ne pourrions qu'encourager cette tendance.

Seulement le prix demande à être présenté d'une façon spéciale, et
il ne vaut qu'à la condition de constituer, en soi, un argument important.

Dans le cas envisagé plus haut, il s'agit d'un leit motiv qui a même
caractérisé la maison.

L'ILLUSTRATION

La figure humaine. — Si l'étude du texte de l'affiche est insignifiante,
nous allons voir que celle de son illustration devient très complexe.

Etant donné que tout ce qui a trait à l'homme ou à la nature humaine est immédiatement plus suggestif que n'importe quelle autre proposition, nous demandons que l'être humain figure à chaque fois que cela se pourra dans l'affiche. C'est lui qui, sera agissant, et il interviendra comme facteur d'augmentation de la poussée suggestive gravitant autour du produit.

Fig. 136. — Hauteur de l'original : 120 centimètres.

Affiche. — Suggestion illustrée directe par la chose, en action,
avec les résultats. Le principe est bon. Suggestion indirecte
bonne par le milieu, mais mauvaise par les personnages.
Ligne d'orientation faussée par les mouvements et les
regards. Emploi fautif des lettres alignées verticalement.
La ligne de texte du haut du cadre aurait dû être au-
dessous. A noter encore le mauvais effet du texte sur
l'illustration, presque invisible.

Nos artistes ont toujours eu tendance à utiliser la forme humaine, ce dont il faut les
louer.

Toutefois, il est un reproche à leur faire. C'est qu'en général, ils ont
abusé de la femme ou d'autres personnages qui ne sont pas en rapport
avec le sujet.

Unité du sujet. — Ayant établi la nécessité de faire entrer l'être humain dans l'affiche, une question se pose. Comment doit-on le faire figurer? Est-ce qu'il est bon de suivre certaines affiches, plus ou moins humoristiques, comme celle de la Menthe-Pastille, à qui nous avons fait allusion plus haut et où tous les souverains de l'Europe sont entassés pêle-mêle dégustant une liqueur?

Ou bien, devons-nous imiter l'affiche très connue du chocolat Menier (*fig.* 137), laquelle nous montre une enfant, toute seule, écrivant sur un mur? La vérité est du côté de l'unité contre la multiplicité. Ceci est facile à comprendre.

Fig. 137. — Hauteur de l'original :
160 centimètres.

Le lecteur remarquera que ce cliché est inversé; ceci résulte d'une erreur d'imposition de la pellicule photographique tramée sur la plaque de métal avant la morsure par les acides. Nous avons maintenu le cliché, ce qui nous permet de signaler que, dans certains cas (lorsqu'il n'y a pas de texte surtout) on peut faire retourner un dessin par la simple inversion de la pellicule chez le photograveur. Nous avons utilisé fréquemment ce système pour obtenir des lignes d'orientation correctes dans des clichés joints à des textes.

Les mouvements suggestifs.
— Si l'homme comporte une puissance suggestive, cette puissance doit s'appliquer évidemment à chacun des sujets humains, dont une affiche est composée.

Or, de la diversité de leurs mouvements, il en résulte un ensemble où tout est confus. Puis, si nous examinons la chose au point de vue de la ligne d'orientation dont nous réclamons, comme dans l'annonce, l'application, nous verrons que la multiplicité des mouvements est faite tout simplement pour égarer l'œil, qui ne sait plus où se poser.

Il faudra même que le compositeur de l'affiche tienne compte soigneusement des mouvements de l'être humain, du moment qu'il est obligé de l'employer.

Un bras qui sera pointé d'une certaine façon entraînera le regard sur l'affiche voisine et empêchera de lire la légende qui accompagne l'illustration.

Lorsque le texte sera en bas et que le sujet aura les yeux tournés vers le ciel, il y aura encore une faute. Le point de départ de la ligne d'orientation, chaque fois que l'on a un sujet dont la figure est visible, est cette figure même. La direction de la ligne est engendrée par la direction du regard.

L'affiche dont les mouvements ne seraient pas suggestifs doit avoir sa ligne d'orientation commençant sur la figure du sujet et finissant dans le bas où le texte doit se trouver.

A part de rares exceptions, — et nous rappelons en cela l'enseignement vu au sujet de l'annonce, — le texte devra toujours se trouver au-dessous de l'illustration, à moins que, comme dans le cas du chocolat Menier, la ligne d'orientation créée par le bras permette et oblige le déplacement de la légende.

Donc, autant que possible, mettons un sujet au plus dans une affiche, après la chose elle-même, bien entendu.

Les comparses. — Lorsque, pour la commodité, il deviendra nécessaire de placer un second sujet, celui-ci devra être mis de telle façon qu'il ne gêne aucunement. Pour cela, on utilisera des effets de perspective exagérés mais logiques en plaçant le second personnage accessoire dans le lointain.

Un autre système consistera à le faire couper partiellement par le cadre, de manière à ne laisser de lui que juste les éléments utiles pour le rôle de comparse qu'il doit jouer.

Fig. 138. — Hauteur de l'original : 160 centimètres.

Affiche. — Suggestion illustrée directe par la chose très réduite. La chose n'est pas en action. Les résultats n'y sont pas. La suggestion indirecte n'existe pas. Cette affiche a cependant un grand caractère artistique, une visibilité parfaite qui peuvent racheter en partie son manque de théorie et de technique. Le nom de l'objet est insuffisamment visible.

Le regard. — Les artistes ont toujours aimé reproduire, dans leurs annonces, leur personnage ayant le regard tourné vers le public. Tout ce qu'ils peuvent faire comme dérogation c'est offrir des profils. Il est rare qu'ils suivent l'exemple de l'affiche Menier et que le sujet ait le dos tourné au public.

Nous insistons sur ce point. Lorsqu'un personnage est trop bien traité, par trop artistique ou intéressant en lui-même et qu'il regarde le public, l'intérêt publicitaire de l'affiche diminue sensiblement. Alors même que la légende se trouverait au pied du personnage, elle devient difficile à voir.

Il faut donc se méfier à la fois et du mouvement et du regard des personnages. Ces sollicitations de l'œil devront toujours, autant que possible, se rapporter au sujet.

Les accessoires. — Si nous demandons l'unité de personnage, nous devons nous montrer également très sévères en ce qui touche les accessoires.

Par accessoires il ne faut pas entendre le contenant de certains produits que nous avons étudié avec l'annonce et dont l'utilité en affiche est souvent aussi grande.

On a placé dans certaines affiches, pour former fond, ou pour les « meubler », des animaux, des chiens, des voitures automobiles, des maisons qui fuient dans la perspective ou se plaquent sur le sujet. Ceci constitue une faute. En dehors de la suggestion directe par l'objet et de la nécessité du mouvement entraînant la présence de l'être humain, l'affiche doit avoir un fond aussi simple que possible.

Les paysages et la vie. — La question du fond nous amène à parler des affiches de chemins de fer qui représentent des paysages.

La suggestion directe par la chose oblige à ce que le paysage soit la partie intéressante et constitue le fond de l'affiche. Mais il y a lieu, suivant l'expression artistique, de donner de la vie, en plaçant un personnage.

La proportion et la situation du sujet varieront suivant l'emplacement. Cependant, pour faire goûter la beauté d'un paysage, il faut placer le personnage qui le contemple au premier plan, dans l'attitude que l'on aurait soi-même.

L'affiche d'Avranches (*fig.* 139) en est un exemple.

Dimensions. — En faisant une affiche, la question suivante se pose : Quelle sera sa dimension ?

Nous l'avons dit plus haut ; tout est relatif. Cependant nous conseillons d'employer le maximum des dimensions courantes qui, actuellement,

représente $1^m,20 \times 1^m,60$.
Cette dimension peut être tirée sur la plupart des presses des lithographes. Les autres affiches, d'un format plus grand, ne sont que des exceptions.

Coloris. — Le coloris, ce souci, ce cauchemar des artistes, doit suivre avant tout les lois de l'op-position. Il n'y aura simplement qu'à ne pas imiter les tendances du moment.

Si les murs se couvrent de rutilances ou de taches impétueuses, une simple affiche en teintes pâles sur fond blanc formera un trou béant où le regard se précipitera. Si les af-fiches environnantes sont neutres, on peut risquer

Fig. 139. — Hauteur de l'original : 120 centimètres.

des couleurs vives, à la condition de ne pas tomber dans le manque de goût.

La valeur intrinsèque de la couleur. — Cette question de couleurs a fait couler beaucoup d'encre. On a voulu ramener tout à elle, dans l'affiche, c'est-à-dire à une action de pur chromatisme.

Or, à notre avis, si un agencement habile des couleurs peut permettre de créer la visibilité, cette dernière peut s'obtenir aussi bien avec blanc et noir, que blanc et rouge, que vert et rouge, etc... En effet, même la valeur visuelle d'une couleur dans l'affiche est différente de la valeur visuelle de cette couleur prise isolément.

Dans l'affiche, la couleur n'agit pas par elle-même, mais en raison de la forme sur laquelle elle est appliquée. Il devient inutile de dire que le rouge vaut comme rouge, car il vaut surtout comme partie intégrante du personnage, qu'il met en relief.

Dans ces conditions, les théories et les écoles de couleurs cessent d'exister. Là surtout nous en revenons à la loi d'opposition aux tendances du moment, et aux lois de l'harmonie des couleurs qui sont connues aujourd'hui de tout le monde.

Lithographie ou trichromie. — Puis une question nouvelle, que les progrès actuels soulèvent, se pose : Qui fera l'affiche ? Le typographe ou le lithographe ? C'est-à-dire fera-t-on de l'affiche lithographique ou à l'aide du procédé trichrome dont nous avons parlé ?

Cette querelle qui naît à peine doit être, pour nous, tranchée dans un sens pratique. Peu nous importe que le procédé soit lithographique ou typographique, pourvu que l'on nous donne, autant que possible, des couleurs franches et agréables, nettes comme on en obtient avec les bons à-plats.

Notre goût artistique nous porterait à désirer voir sur les murs des tableaux de maîtres. La simili-photogravure, en couleurs surtout, doit contribuer à ce résultat ; mais qu'y gagnerons-nous ?

Nous l'avons dit, nous ne devons pas transformer les murs en un Salon, mais nous devons y mettre des choses essentiellement suggestives et visibles au plus haut chef. Or, du jour où l'on emploiera le procédé des trois ou quatre couleurs, les murs tendront à s'uniformiser, au point de vue visibilité.

De plus, le modelé qui est ainsi acquis est inutile. L'affiche doit être artistique en son essence, mais schématique dans son exécution, en raison de sa courte durée d'action visuelle. Du jour où l'on viendra mettre dans l'affiche des détails d'art que l'on soumettra, pour ainsi dire, à l'examen du public, celui-ci s'érigera en critique. Alors son attention déviera du but que l'on se propose et annihilera la poussée suggestive.

Donc, peu nous importe quelle sera l'exécution du moyen, pourvu que celle-ci nous rapproche, le plus possible, d'un personnage unique avec la chose en action et le tout, sous la forme la plus schématique et la plus visible possible.

La lithographie traitant par à-plats et quelques teintes à peine fondues, met au service de l'annonceur suffisamment de moyens pour répondre à ce programme. C'est ce qui nous ferait peut-être opiner en sa faveur. Ajoutons surtout que le procédé trichrome ne pourra pas, d'ici longtemps, atteindre le grand format, à moins de juxtaposer quantités de petits clichés très onéreux, qui se raccordent mal.

Esquisse en grandeur d'exécution. — En résumé, lorsque vous voudrez faire composer une affiche, déterminez vous-même, d'après vos connaissances de la théorie, le sujet voulu. Puis confiez-en l'exécution à l'artiste, mais faites exécuter un dessin en grandeur naturelle, si possible, car une esquisse par trop petite ne produira plus du tout le même effet lorsqu'elle sera agrandie. Les augmentations ou les réductions de sujets, en publicité, ont toujours été néfastes.

Pas de suggestion indirecte. — Ce que nous venons de dire de l'affiche est aussi vrai pour les produits de consommation que pour les produits industriels ou pour les machines. Il suffit de l'appliquer, suivant les cas et avec les connaissances générales de la théorie.

Notons, en finissant, que l'affiche, nécessairement schématique, rend difficile, sinon impossible, la suggestion indirecte. Seules la sympathie et la fraîcheur émanant du sujet sont utilisables.

Notes lithographiques. — Nous croyons utile de donner à l'annonceur qui s'occupe directement de sa publicité quelques détails sur les procédés d'illustration de l'affiche.

Les formats rencontrés le plus fréquemment sont les suivants. La plupart se font également en format double d'une seule pièce comme en format simple.

Papier colombier	60 × 80	centimètres	
— Double colombier	80 × 120	—	
— Quadruple raisin	100 × 140	—	
— — colombier	120 × 160	—	
— Et finalement	130 × 200	—	

L'impression de ces papiers est assurée uniquement au moyen de la lithographie.

Lithographie. — Ce procédé d'impression n'exige pas de gravure. On dessine simplement le sujet à tirer sur une pierre lithographique en ayant soin de le dessiner à l'envers.

Cette pierre est ensuite traitée pour permettre à l'eau qui mouille la pierre pendant le tirage de ne laisser l'encre prendre que sur les parties dessinées.

Le papier s'imprime ainsi directement sur la pierre, et le dessin, primitivement inversé, se trouve dans sa position normale sur le papier.

Le procédé que nous venons de décrire ne s'applique qu'aux affiches tirées en une seule couleur. Pour reproduire des dessins en plusieurs couleurs, ce qui est le cas général, on emploie la chromolithographie.

Le procédé employé ne change pas, mais il se complique, car au lieu d'une seule planche par affiche, il en faut une pour chaque couleur imprimée.

On commence par faire un croquis du contour des couleurs, puis on fait sur chaque pierre le dessin pour chaque couleur que l'on voudra tirer.

Quand les couleurs se juxtaposent les unes aux autres et ne se recouvrent pas, on dit qu'on procède par à-plats.

Le plus souvent, pour diminuer le nombre des planches et des tirages, les couleurs se recouvrent par endroits et donnent des teintes qui n'exigent pas une coloration spéciale. Le bon compositeur d'affiches connaît l'influence qu'ont les couleurs complémentaires les unes sur les autres.

Pour donner au dessin un certain modelé, on pose des points à la plume ou au pinceau, ou bien on retouche au crayon. D'autre part, on diminue la crudité de certaines teintes et l'on produit un effet particulier en parsemant sur une surface déterminée une multitude de petits points par le procédé de la brosse ou du couteau.

En résumé, le lithographe travaille suivant l'effet que son client désire obtenir.

Dans les explications que nous venons de donner, nous avons supposé que l'on utilisait la pierre lithographique pour obtenir les planches destinées à l'impression ; aujourd'hui la pierre tend à être délaissée pour l'aluminium qui est aussi facile à traiter et qui offre l'avantage d'être plus économique et plus maniable pour les grandes surfaces. Il s'adapte aux machines rotatives modernes.

Nous ne pouvons entrer dans des détails plus complets, ils ne sont pas de notre domaine, mais bien du domaine du lithographe. Cependant, à titre documentaire, nous donnons les diverses phases de la confection d'un dessin lithographique en couleur, processus identique à celui de l'impression d'une affiche.

LITHOGRAPHIE

en couleurs

Les documents ci-contre sont dûs à l'obligeance du Maître Lithographe parisien, M. Déchaux, spécialiste de la lithographie depuis la machine plate jusqu'au procédé moderne d'impression sur machine rotative à report sur caoutchouc.

La démonstration porte sur une impression en trois couleurs ; elle reste exacte pour un tout autre nombre de couleurs.

Pour commencer, le sujet est l'objet de ce qu'en terme de métier on appelle le "trait" (fig. o). Il est dû au "chromiste" qui, sélectionnant les couleurs, les délimite sur une même pierre.

De celle-ci, des "reports" sont faits sur autant de pierres qu'il y a de couleurs, les détails de couleurs que la pierre ne doit pas imprimer, étant supprimés. On assure ensuite le remplissage de chaque pierre, soit au pinceau, au crayon, à la brosse, etc...

En l'espèce, il y a, pour le tirage, une pierre pour le jaune, une pour le rouge, une pour le bleu. On les tire successivement dans l'ordre précité, l'une après l'autre et l'on obtient ainsi les phases fig. 1 - 3 - 5. Ce n'est que pour montrer chaque planche séparément que nous avons donné à part, fig. 2 et 4, l'impression séparée du rouge et du bleu.

L'illustration coquette, fraîche et vivante, spécialement adaptée à la reproduction lithographique est due à E. Maurus le dessinateur publicitaire particulièrement qualifié.

2. Rouge (pro-forma).

3. Rouge effectivement tiré sur jaune.

1. Jaune effectivement tiré.

0. Trait délimitant chacune des couleurs.

4. Bleu (pro-forma).

5. Bleu effectivement tiré sur jaune plus rouge.

LITHOGRAPHIE

en couleurs

Les documents ci-contre sont dûs à l'obligeance du Maître Lithographe parisien, M. Déchaux, spécialiste de la lithographie depuis la machine plate jusqu'au procédé moderne d'impression sur machine rotative à report sur caoutchouc.

La démonstration porte sur une impression en trois couleurs ; elle reste exacte pour un tout autre nombre de couleurs.

Pour commencer, le sujet est l'objet de ce qu'en terme de métier on appelle le "trait" (fig. o). Il est dû au "chromiste" qui, sélectionnant les couleurs, les délimite sur une même pierre.

De celle-ci, des "reports" sont faits sur autant de pierres qu'il y a de couleurs, les détails de couleurs que la pierre ne doit pas imprimer, étant supprimés. On assure ensuite le remplissage de chaque pierre, soit au pinceau, au crayon, à la brosse, etc...

En l'espèce, il y a, pour le tirage, une pierre pour le jaune, une pour le rouge, une pour le bleu. On les tire successivement dans l'ordre précité, l'une après l'autre et l'on obtient ainsi les phases fig. 1 - 3 - 5. Ce n'est que pour montrer chaque planche séparément que nous avons donné à part, fig. 2 et 4, l'impression séparée du rouge et du bleu.

L'illustration coquette, fraîche et vivante, spécialement adaptée à la reproduction lithographique est due à E. Maurus le dessinateur publicitaire particulièrement qualifié.

XXVII

TABLEAU-RÉCLAME

Ce moyen, dont la valeur est souvent méconnue, seconde utilement le détaillant.

Affiche d'intérieur. — En concevant l'affiche, on doit penser que celle-ci est posée à l'extérieur et sur la voie publique.

C'est ce qui la différencie du tableau-réclame qui est apposé à l'intérieur des locaux et possède, par conséquent, une action totalement différente.

La plupart des affiches, posées autrefois dans les gares où l'on séjournait longtemps, étaient plutôt des tableaux-réclames que des affiches au sens propre du mot.

Aujourd'hui, par tableau-réclame, on envisage surtout des affiches réduites, destinées à seconder le détaillant pour créer, dans son magasin, une réceptivité en faveur du produit dont il est le dépositaire.

Suggestion sur le lieu de consommation. — L'histoire suivante arrivée à l'un de nos amis anglais est typique ; nous l'extrayons de la revue « Commerce et Industrie » :

« Mon ami O.-J. Gérin a trop souvent parlé de la publicité et de la nécessité d'utiliser les états de réceptivité pour que je ne lui donne pas une preuve que j'ai pu enregistrer moi-même.

« Premièrement, je dois confesser que je suis très gourmand. Deuxièmement, je dois ajouter que toute sollicitation de mes sens, alors que je n'exerce pas mon vice, me laisse indifférent. Je ne suis gourmand que chez moi, à table ou au restaurant, c'est-à-dire en pleine réceptivité. C'est ainsi que je vois des boutiques de pâtissiers qui ne me suggèrent qu'à moitié.

« L'autre jour, j'étais à Finsbury Park, London (N.). Après un intéressant match de cricket, j'entre dans une crémerie avec deux de mes amis. Je me fais servir plusieurs gâteaux et un thé succulent. Mon thé était à peine achevé que mon œil tombe sur une pancarte : « Ice Creams, 1 sh. every flavour », disait cette pancarte séductrice et tentatrice, c'est-à-dire : « glaces à tous parfums, 1 sh. » L'effet de ce morceau de carton, grand comme mes deux mains mises bout à bout, fut extraordinaire. Ma réceptivité était à la gourmandise et j'avais une sollicitation qui, pour être douce et discrète, ne tarda pas à devenir impérieuse. « On prend des glaces? » dis-je à mes amis.

« Vous êtes fou, mon pauvre Scratcher, après trois éclairs et du thé « chaud ! »

« Je fus obligé de convenir que ce n'était pas très rationnel. Cependant l'écriteau me hantait, j'insistai auprès de mes amis. Ils se moquèrent de moi. Et l'écriteau me disait toujours : « Ice Creams », et je voyais la suite : « every flavour » !

« Dites, Parker, je prends une framboise. Vous, c'est de la vanille « qu'il vous faut ».

« Parker éclata de rire, tandis que mon regard s'accrochait désespérément à la pancarte.

« Pendant ce temps, Evanson réglait nos consommations.

« Parker me prit par le bras et m'entraîna hors de l'établissement. Je me laissai faire, mais quelque chose de moi restait à la crémerie.

« Il était cinq heures du soir lorsque je vis la pancarte pour la première fois. A neuf heures, elle dansait encore devant mes yeux tant et si bien que, n'y tenant plus, je fus, rentré dans Londres, me commander la glace tant désirée. La suggestion avait été impérieuse, tenace, agissante. » (Joe Scratcher.)

Permanence devant le regard. — Il résulte donc de ceci que le tableau-réclame fait consommer, car la réceptivité est intense sur le lieu de consommation ou d'achat. C'est ce qui fait que sa composition doit être différente de celle de l'affiche dont la réceptivité est plus éloignée du besoin.

Ainsi, au lieu d'appeler l'attention exclusivement sur le document et un personnage unique, on pourra se permettre de placer plusieurs personnages et de mettre des accessoires.

Lorsque l'on est dans un magasin ou dans une salle de dégustation, le regard a plus de temps pour examiner le tableau. Dans ces conditions, on doit tendre à augmenter autant que possible son effet artistique, et ici, contrairement à ce qui se passe pour l'affiche, la suggestion indirecte devra être intense et mise en avant. Le décor aura donc une importance.

Plus documentaire que l'affiche. — Le tableau-réclame pourrait être également plus documentaire que l'affiche et comporter, soit dans une mise en scène simple, soit dans des cartouches, les détails qui militent en faveur du produit.

Cependant, étant donné que le tableau-réclame est placé, en général, chez un marchand de produits, certains points de documentation secondaires devront être négligés. Ceux-là devront être exposés verbalement par le détenteur du produit. C'est donc un appel direct au besoin et l'exacerbation de celui-ci que devra viser le tableau-réclame. Il se trouve ainsi participer en action à celle de l'affiche et à celle de l'annonce. Toutefois il ne devra pas emprunter aux deux la totalité de leurs composants.

Éducation suggestive. — Les tableaux-réclame, continuant à l'intérieur des établissements où l'on achète le produit, la publicité générale faite d'autre part, leur but est d'agir à la fois comme suggestifs immédiats et comme memento produisant ultérieurement l'acte suggéré.

Dans ces conditions, il faudra qu'ils soient éducatifs. Le public doit trouver en eux, soit par le sujet qui les illustrera, soit par une vedette typographique très visible, un point qui saute à l'œil et qui puisse déterminer l'acte de l'achat en réveillant immédiatement les suggestions antérieures, ceci au moment où le besoin est sur le point d'être satisfait.

Lithographie ou trichromie. — Nous avons dit en parlant de l'affiche que peu nous importait qui ferait celle-ci. A l'heure actuelle, le lithographe fait tous les tableaux-réclame.

Nous croyons que, dans un avenir proche, c'est à la trichromie ou aux procédés identiques que l'on devra avoir recours. Plus il y aura de modelé et plus le côté artistique sera soigné, plus la suggestion sera forte.

Notons également que le tableau-réclame est un objet qui doit plaire et être ornemental au point de remplacer toutes autres décorations murales, à l'intérieur des établissements où il est posé.

Son côté artistique doit donc être particulièrement étudié et le texte typographique, pour ne pas déparer l'effet, devra toujours se trouver en dessous, en légende aussi courte que possible.

XXVIII

UNITÉ-MULTIPLICITÉ

Le moyen doit-il être employé isolément ou en série? C'est
cette question qui est examinée ci-dessous.

L'affiche immense est impossible. — Il ne suffit pas de faire des
affiches, il reste à se demander combien d'exemplaires on apposera sur
les murs, ou plutôt de quelle façon seront posés ces exemplaires.

Rappelons à ce sujet que la visibilité n'est pas un facteur suffisant
pour obliger le public à regarder une affiche, si celle-ci ne tombe pas
dans son champ visuel.

La visibilité ne provoque pas l'œil, mais l'attache simplement. Dans
ces conditions une affiche, mal apposée ou placée au milieu d'une multitude d'autres affiches, reste inopérante.

Seule, l'augmentation de la dimension peut provoquer le regard, par
l'augmentation du champ dans lequel se trouve le moyen de publicité.
Nous savons que l'affiche, en raison de son exécution, ne peut avoir des
dimensions s'augmentant à l'infini. De plus, il serait inutile, même dans
le cas où l'on pourrait le faire, de poser des affiches immenses. Elles
n'auraient pas d'effet utile, l'œil ne pouvant embrasser plus d'une certaine surface à la fois. Or, en se rappelant que l'affiche est vue rapidement,
il faut que l'œil qui tombe sur elle n'ait pas à faire une excursion avant
de trouver la chose utile et suggestive. Dès qu'il rencontre l'affiche, il
doit savoir ce qu'elle a à dire.

Manque de *visibilité* de *l'affiche isolée*. — Puisque l'augmentation
de la dimension n'est pas réalisable et n'est pas utile au delà de certaines proportions, voyons comment on peut élargir le champ d'action
de l'affiche.

Si vous posez une seule affiche, l'œil aura moins de chance de la rencontrer que si dix affiches identiques sont placées à côté l'une de l'autre,
en une ligne ininterrompue. En effet, pour le même objet, le champ
d'action est beaucoup plus grand. Dix affiches côte à côte créent une
masse visuelle énorme et il suffit que l'œil rencontre le dixième de cette

masse pour que l'affiche produise son effet suggestif maximum, alors qu'une affiche de dimension dix fois plus grande ne pourrait assurer ce résultat, en raison de ce que nous venons de dire plus haut.

Juxtaposition et séries. — C'est donc de ce côté qu'il y a lieu de chercher la solution et de modifier la conception actuelle de la pose.

L'effet des affiches posées en séries n'est pas seulement de permettre l'augmentation de leur action sur le champ visuel du passant. A cette action s'en ajoute une autre. D'abord c'est le fait de créer une masse uniforme, harmonique, où tout s'enchaîne et qui constitue une espèce d'inhibition à l'effet suggestif des affiches voisines. L'intensité d'action de l'affiche en série s'accroît du fait de l'amoindrissement des suggestions environnantes.

Puis, comme nous l'avons déjà dit, l'annonceur bénéficie de l'impression ressentie par le public. Pour ce dernier, l'annonceur qui peut juxtaposer dix affiches est riche et puissant.

Circulation et stagnation. — Nous pouvons donc dire qu'en principe il vaut mieux poser dix séries de dix affiches, dans une ville, qu'en disséminer cent dans toute cette ville. Ceci est facile à comprendre. Les villes ont des points où la circulation est intense. Ces points de circulation sont fréquentés par tout le monde. En apposant des affiches en dehors de ces points de circulation, c'est s'exposer à ne frapper qu'un dixième, un centième peut-être de ceux que vous visez. Il vaut donc mieux obliger les gens habitant des points de stagnation à voir les affiches dans les points de circulation où ils sont obligés de passer que de mettre la suggestion à leur portée, en l'enlevant du point où elle peut avoir son maximum d'effet.

Ceci est important. Il est bon de chercher à frapper l'individu dans la masse ; mais, dans la publicité générale, ne visez pas trop l'individu isolé, qui sera sollicité par la publicité à domicile ; attachez-vous donc à la généralité.

Dix séries d'affiches, aux points de circulation, auront plus d'effet ainsi que cent affiches disséminées, d'abord parce qu'elles touchent pratiquement au moins le même nombre d'individus et ensuite parce que l'intensité visuelle engendre une suggestion directe beaucoup plus grande.

Répartition du nombre. — Nous avons pris dix affiches comme exemple, de manière à fixer davantage l'attention, mais en général on pourra se contenter de quatre ou cinq affiches mises côte à côte. En effet, en juxtaposant dix affiches 120×160, on obtient soit 12 mètres de longueur, soit 16 mètres en hauteur. Or il est difficile de trouver des panneaux de ces dimensions. A ce sujet, il faut bien remarquer que les panneaux horizontaux, dans l'angle visuel, seront en général préférables aux panneaux en hauteur. Ces derniers n'auront de valeur que s'il y a du recul.

Les amateurs d'originalité pourront faire des diagonales, des croix, des arcs, des cercles, mais ils éviteront, autant que possible, ce qui rétrécit le champ visuel, et ils se rappelleront que la longueur est le sens le plus intéressant.

Nous avons soin de spécifier que c'est côte à côte que les affiches doivent être placées car, si on laissait entre chaque unité l'intervalle voulu pour en placer une ou plusieurs autres, le résultat immédiat serait de laisser à chaque affiche sa valeur propre. L'effet cherché ne serait pas atteint, l'œil ayant à franchir des suggestions intermédiaires, avant de se rendre compte de la similitude des affiches séparées d'un même produit.

D'après ce qui précède, vous voyez que l'annonceur qui applique le principe de la multiplicité peut arriver à réduire la dimension de ses affiches pour utiliser un mode de pose qui remédie au manque de dimension.

Cependant l'annonceur qui cherchera le maximum d'effet fera bien de s'en tenir au grand format courant, c'est-à-dire 120 × 160.

La multiplicité de l'affiche nous amène à parler de l'exagération de l'emploi de l'unité. Nous avons déjà dit que nous ne comprenons pas le mot obsession; or, certaines affiches, apposées unitairement mais à profusion, ont un effet désastreux. Elles semblent vouloir poursuivre les gens et s'agripper à eux. Cette obsession constitue une diminution du rendement d'autant plus grande que la valeur de l'affiche est moindre soit au point de vue suggestif, soit au point de vue exécution, le nombre obsédant étant le meilleur procédé à employer pour bien manifester l'infériorité de l'affiche.

L'annonce réclame l'unité. — Est-ce que ce qui est vrai pour l'affiche l'est également de l'annonce? Peut-on, à valeur suggestive égale, utiliser une page ou quatre quarts de page, sur une même page? Vaut-il mieux employer dans le même cas deux hauts de pages recto et verso, ou bien un haut verso et un bas recto, se faisant face?

A première vue et bien que cette façon d'opérer ne soit pas rentrée dans les mœurs jusqu'ici, elle serait possible, mais seulement comme moyen d'exception. Elle ne vaudrait rien comme usage normal. Vous vous demandez pourquoi? L'affiche et l'annonce n'ont pas du tout la même façon d'agir.

L'affiche doit se voir en un clin d'œil et se placer dans le champ visuel, étant donné que le public passe devant elle, sans intention de s'arrêter.

Par contre, l'annonce offre l'avantage, par le fait du medium où elle se trouve, d'être à peu de chose près dans le rayon où opèrent les yeux et le cerveau.

Elle reste donc plus longtemps sous le contrôle et a plus de temps pour assurer son effet suggestif.

Fig. 140. — Hauteur de l'original : 6 centimètres.

Annonce allemande artistique. Suggestion illustrée directe absente ; ni action, ni résultat. Le texte seul donne la chose. Excellente suggestion indirecte par des visages d'enfants sympathiques. Ligne d'orientation bonne, l'enchaînement en perspective des enfants amenant sur le texte.

Dans ces conditions, chercher à multiplier l'annonce dans un même medium serait une pratique généralement désastreuse au point de vue finance. Aucune augmentation de vente ne viendrait faire compensation à la dépense.

L'affiche en série a pour raison d'être le déplacement de certaines unités pour en intensifier le rendement ; il n'en pourrait être ainsi de l'annonce.

Le tableau-réclame demande l'unité. — Pour les mêmes raisons que l'annonce, le tableau-réclame sera apposé unitairement.

Produits divers d'une même maison. — Sous prétexte de donner satisfaction, au principe général de la multiplicité que nous venons de poser, certains annonceurs ont mis côte à côte deux, trois affiches ou annonces. Mais ces moyens présentaient des produits d'une même firme, sans aucune connexité entre eux.

Nous avons vu des maisons, dans des annonces parallèles, présenter des grilles de clôture et des automobiles.

Bien que certains articles ou produits puissent avoir entre eux des rapports plus immédiats que ceux qui précèdent, on commettra toujours une faute en juxtaposant des moyens ayant trait à des produits divers bien qu'ayant une même origine.

Non seulement les annonces se nuisent mutuellement en s'opposant l'une à l'autre, mais leur opposition se reporte sur la firme elle-même. Le public voit difficilement un même individu fabriquant des choses différentes. Le public a d'autant plus raison que les maisons qui opèrent ainsi sont plus logiques d'autre part et séparent, dans leur direction et dans leur comptabilité, leurs exploitations diverses. Elles se mettent donc en opposition avec elles-mêmes en les réunissant dans un même moyen de publicité ou en rapprochant deux moyens pour des produits différents de même origine.

Annoncez donc séparément les produits que vous fabriquez et qui s'opposent entre eux.

XXIX

JUGEMENT PROGRESSIF

L'idée exposée dans ce chapitre crée un champ d'expériences
pratiques pour ceux qui ne sont pas encore maîtres de la
réclame. Elle leur donne la pierre de touche qui évite
bien des dangers.

Savoir ce que l'on fait. — Lorsqu'une maquette d'affiche et un schéma d'annonce sont terminés, l'on serait très désireux, avant de faire les frais d'exécution, de savoir quelle est la valeur de ces moyens et leur rendement probable auprès du public.

Ceux qui opèrent en suivant la méthode suggestive savent d'avance où ils vont. Les autres ont besoin souvent de l'approbation de leur entourage pour avoir l'assurance que ce qu'ils ont fait est bien ou mal. Or, en se basant sur des avis de ce genre, ils sont souvent déçus.

Comment l'annonceur pourra-t-il s'y prendre pour avoir le critérium de valeur de son affiche ?

La première chose qu'il doive faire pour connaître la potentialité de vente du moyen qu'il vient de déterminer, c'est de mettre celui-ci en contact avec le public, de manière à opérer un essai sous forme de referendum restreint et sans dépenser un centime.

Critiquer au lieu de juger. — Cependant, en disant que l'annonceur devra mettre le moyen en contact avec le public, nous devons dire qu'il ne faut pas chercher à obtenir une critique de la chose, mais à se rendre compte de l'effet produit spontanément par elle.

C'est donc dans cet ordre d'idées que l'on évitera de faire appel à la critique de la plupart des personnes s'occupant de publicité. Celles-ci, en effet, ne sauraient être impartiales. Concevant elles-mêmes, elles ne peuvent arriver à concéder qu'un autre fasse bien. Elles ne tiennent pas compte que deux vues différentes sur un même sujet peuvent donner un résultat identiquement bon. Le technicien peut estimer comparativement deux affiches ; il lui est difficile de fixer exactement la valeur intrinsèque d'une seule. Il peut signaler les fautes commises ; il ne peut formuler par avance l'intensité du rendement.

A qui donc soumettre la chose ? A des amis? — Ils n'ont pas les connaissances voulues et ils chercheront à s'ériger, soit en louangeurs dangereux à écouter, soit en censeurs frappant à tort et à travers.

La puissance de vente, au lieu de l'art. — Du reste, ce que l'on doit soumettre à l'appréciateur ce n'est pas la ligne artistique. Peu importe, en effet, que le buste de la femme qui orne l'affiche soit trop long ou trop court, si ce buste fait vendre. Il est aussi indifférent de savoir si les caractères sont ceux qui plaisent au dessinateur, pourvu que ces caractères fassent bien ressortir ce que vous voulez mettre en vedette. Et ce ne sera pas un grammairien qui pourra juger de la correction de votre texte: certaines phrases très académiques ont ruiné des entreprises.

Si vous voulez l'opinion publique, c'est au public lui-même qu'il faut la demander. Faites un petit referendum ramené au minimum possible d'individus. Ce n'est pas difficile.

Séries d'intéressés. — Il faut tout d'abord sérier les catégories de gens que l'on veut toucher. Sur ce point soyez large et n'oubliez personne. Ce n'est pas seulement dans la catégorie de l'acheteur éventuel qu'il faut chercher votre jury, mais aussi chez ceux qui doivent manipuler votre produit à un titre quelconque. Et, dans l'acheteur éventuel, n'oubliez aucun échelon social, si votre marchandise s'adresse à tous.

Un tel referendum vise depuis deux ou trois, jusqu'à une trentaine de séries d'individus. Prenez trois individus dans chaque série et vous aurez les juges les plus stricts et les plus impartiaux que vous puissiez désirer.

Encore, dans votre façon de procéder, est-il utile d'opérer avec un certain tact. Il est nécessaire surtout de demander aux gens non ce qu'ils pensent de l'affiche, mais bien du produit annoncé.

Le jugement de l'ignorant. — Maintenant, dans les diverses opinions émises, à qui donner le coefficient maximum? Sans doute aux gens les plus instruits, les plus intelligents?

Erreur capitale. C'est le jugement de l'ignorant, du cerveau le plus lourd qui aura de la valeur. Car l'ignorant seul jugera non pas sur les à-côtés, mais bien sur le fait brutal.

Nous n'en voulons comme preuve que le petit fait suivant que nous avons cueilli sur le vif.

Un enfant. — Un garçonnet en extase devant l'une des plantureuses et beuglantes laitières de Vinay, reproduite plus haut (*fig.* 102), s'exclamait : « Qu'est-ce qu'elle a encore à crier, celle-là ? » Ce garçonnet avait quatre ans et ne savait pas lire.

« Tu ne vois donc pas que c'est du chocolat, grosse bête !... » rectifie aussitôt une fillette avec laquelle il jouait, celle-ci l'écrasant du haut de ses six années et de tout le poids de son savoir.

« Bien sûr, que je ne vois pas cela », répondit le garçonnet.

Une fillette. — La fillette qui savait lire a bien pu se rendre compte que l'affiche Vinay a trait à un chocolat lacté. C'est tout ce qu'elle a vu. Cette affiche ne lui a pas donné l'impression que ce chocolat était meilleur que ceux qu'elle consomme tous les jours, en enfant gâtée. Si cette impression avait été produite, si même l'affiche eût éveillé l'idée de supériorité ou seulement de comparaison, l'enfant nous eût dit: « Vous m'en achèterez, s'pas ? »

Cette enfant, par l'affiche, a enregistré seulement l'existence d'un chocolat lacté Vinay, article qui ne l'intéresse pas plus après qu'avant.

Un homme. — Si, après l'enfant, sachant lire, nous nous examinons, nous nous étudions, nous sommes obligés de constater que l'affiche a eu plus de prise sur nous. En effet, la mentalité de l'homme d'affaires est telle qu'il ne peut entrevoir un seul instant la perspective d'un élément nouveau, quelles que soient ses qualités, sans qu'il le note en vue d'une utilisation ultérieure, après comparaison.

Pour notre part, nous serons appelés tôt ou tard à goûter du chocolat Vinay pour nous rendre compte de sa valeur par rapport à ceux que nous connaissons.

Par contre, le garçonnet ignorant, n'ayant pas à sa ressource la lecture pour savoir ce que veut dire l'affiche, n'y a vu que des vaches inutiles, appelant sans doute un veau absent. Il ne comprenait pas l'utilité de ce beuglement « muet », qui le laissait aussi ignorant qu'avant.

Valeur des jugements. — Classons un peu ces trois jugements et voyons leur progression. Sur trois personnes touchées par l'affiche :
Une ne sait rien;
Une sait qu'il existe un produit qui n'éveille aucun désir ;
Une seulement à l'idée de comparer.

De ces trois jugements, le plus sain, le plus impérieux, c'est le premier. Il n'a retenu que le fait brutal, le néant de l'excitation des sens. Or, ce sont les sens que l'annonce doit exciter.

Si l'enfant nous a servi d'exemple, si nous considérons parfois son jugement comme inappréciable, il est évident que nous avons tenu surtout à démontrer que le jugement du consommateur le plus ignorant est le plus utile à l'annonceur. Subsidiairement, les autres jugements éclairent graduellement en raison inverse des facultés mises en jeu.

En effet, le jugement de l'ignorant représente le maximum de résistance à l'action de l'affiche, alors que celui de l'homme instruit et intelligent représente le maximum d'impressionnabilité à cette même action. Le premier donne nettement la valeur négative, l'autre n'est qu'un indice de la valeur positive.

L'annonce qui réussit doit être celle qui vainc tous les obstacles qui entourent le cerveau humain.

Un referendum. — Pour appliquer notre façon de voir, au lieu du chocolat Vinay, qui n'est peut-être qu'un chocolat à croquer (rien n'indique autre chose ou le contraire), supposons qu'il s'agisse d'un chocolat à cuire. A qui nous adresserons-nous pour connaître la valeur de l'affiche ?

D'abord à l'acheteur. Dans cette catégorie, nous avons la clientèle riche, la clientèle bourgeoise, la clientèle ouvrière, la clientèle campagnarde.

Puis, nous avons la cuisinière qui, dans deux des clientèles ci-dessus, manipule le produit sans décider absolument de l'achat, mais dont l'opinion est intéressante à connaître.

Dans la liste des consommateurs qui ne sont pas acheteurs, il y a lieu de mentionner les enfants, quelquefois les hommes.

Il y a une classe qu'il ne faut pas négliger non plus, c'est le médecin, qui peut opposer son veto à l'emploi de notre chocolat.

Faites parvenir le schéma ou la maquette de l'affiche aux membres du jury ainsi composé et, au bout d'une huitaine, prenez votre carnet de notes et interwievez.

Demandez ce que l'on pense du produit.

Si la femme du monde trouve que votre affiche est belle, que le profil effacé de l'enfant est délicieux, que le coloris est riche, c'est que votre travail est inopérant sur cette catégorie de gens. Il vaudrait quelque chose si l'on vous déclarait : « Réellement, il n'y a que des gens chics pour consommer ce chocolat ».

Même réflexion, à peu de chose près, pour la clientèle bourgeoise.

Dans la clientèle ouvrière, ce n'est pas parce que votre interwievé déclarera que l'ouvrier de l'affiche « dégote » que vous aurez réussi, mais bien quand on vous dira que ce chocolat doit réparer les forces du « pauvre prolétaire ».

La campagnarde ne devra avoir aucune extase.

Il ne faut pas qu'elle admire les rutilantes couleurs du jupon de la bonne femme que l'on aura campée sur un fond de verdure. Ce qu'il faut extraire d'elle, c'est la phrase suivante : « Maintenant, je vais me payer du chocolat tous les matins, tout comme les belles dames. Pourquoi pas ?... »

La cuisinière n'a qu'une chose à formuler, elle a trait à la facilité de la manipulation : « Ça doit être plus facile à cuire que ce sale chocolat X..., faudra que je dise à la patronne d'en essayer. »

Les enfants ne devront pas apprendre l'alphabet sur l'affiche et vous dire que le grand C est comme celui de leur album de cartes postales. Il est nécessaire qu'ils vous disent : « Ça doit être bon, tu m'en donneras, dis ? »

Les hommes sont moins intéressés sur

Fɪɢ. 141. — Hauteur de l'original : 9 centimètres.

Goodrich. — Ingéniosité exagérée. Suggestion illustrée directe par la chose en action, indécision des résultats. Suggestion indirecte douteuse. Ligne d'orientation fausse, le pneu en marche à l'avant de l'auto ayant une tendance à mener le regard en avant du texte et à l'entraîner dans son mouvement.

ce point. Ils mangent ce qu'on leur donne. Leur jugement sera donc flou et indécis. Il n'y aura à en retenir que très peu.

L'opinion du médecin devra se résumer par : « Au moins, celui-là ne constipe pas. » Vous pouvez être sûr alors qu'il le recommandera.

Le coefficient des jugements. — De tous les jugements ci-dessus, lesquels auront le fort coefficient? Evidemment, ceux qui proviennent des individus réfractaires à l'effet de l'affiche, par suite de leur ignorance ou d'une mentalité peu ouverte. On pourrait les classer de la manière suivante :

Coefficient 10 : enfants ne sachant pas lire.

Coefficient 8 : enfants sachant lire ; campagnarde.

Coefficient 7 : cuisinière ; femme d'ouvrier.

Coefficient 3 : femme riche ou bourgeoise.

Coefficient 2 : médecin.

Coefficient 1 : l'homme quel que soit son milieu.

Classez tous les arguments obtenus ainsi, faites-en une moyenne et vous aurez une idée assez précise de la valeur de votre affiche et de l'effet qu'elle produira sur le public. Rappelez-vous bien que ce ne sera pas la valeur artistique de l'affiche que vous aurez — vous n'exposez pas pour le « Salon du Pauvre », — mais bien sa valeur intrinsèque : sa puissance de vente.

Pour d'autres produits vous opérerez de la même façon, en ne perdant pas de vue que votre referendum doit s'adresser à toutes les catégories d'acheteurs, usagers, manipulateurs du produit, et que le coefficient à donner aux jugements est en raison inverse de l'instruction et de la mentalité des gens auxquels vous vous adresserez.

XXX

BROCHURE, BOOKLET ET CATALOGUE

Le booklet est décisif pour entraîner la suggestion. Il est
le centre de la publicité individuelle.

GÉNÉRALITÉS

Différence entre la brochure et le catalogue. — L'abus des termes anglais fait que l'on commence à préférer le mot « booklet » au mot « brochure ». Or, comme les deux ont la même signification, nous les emploierons indifféremment.

Si nous suivions un ordre chronologique, avant d'étudier la brochure nous examinerions le catalogue.

Cependant, comme nous faisons de la publicité suggestive, nous devons tous nos soins au facteur qui décide de la vente, avant de porter notre attention sur des parties de la publicité qui, en elles-mêmes, ne constituent pas un moyen.

Le catalogue, dans le sens précis du mot, n'est qu'un « price-list », c'est-à-dire un prix courant d'une certaine importance. Du jour où il participerait de la brochure, sa principale action serait donc celle que nous étudions à l'heure actuelle.

Tous les points de conviction. — Ce qui fait la force de la brochure, c'est qu'elle contient ou doit contenir en elle tous les arguments que les autres moyens ne peuvent et ne doivent développer.

L'affiche doit être schématique ; l'annonce doit être souvent brève et précise ; le booklet pourra se permettre toutes les longueurs.

Le seul point que l'on doive envisager, c'est que sa longueur ne devienne pas un facteur de monotonie. Pour cela, nous verrons que, soit la rédaction du texte, soit son illustration viendront parer à cet effet.

L'action du vendeur. — L'action de la brochure égale, par suite des arguments que l'on peut y mettre, celle du vendeur. Elle bénéficie, comme toutes les choses imprimées, de leur puissance spéciale que nous avons étudiée au chapitre de la suggestion.

Lorsque nous trouvons un vendeur dans un magasin, celui-ci peut nous importuner par une quantité d'arguments précisés avec une allure combative que lui impose son besoin de convaincre.

Cette façon de procéder vis-à-vis de l'acheteur constitue une gêne et peut entraîner parfois, derrière elle, des ventes manquées.

Conviction et non argument. — Le booklet n'opère pas ainsi.

Au lieu de répondre pied à pied aux arguments que l'acheteur peut opposer au vendeur, le booklet prévoit toutes les objections et, au lieu de chercher à y répondre, doit faire le nécessaire pour les solutionner sans que le lecteur s'en aperçoive. Dans bien des cas même, certaines difficultés, en apparence insolubles, pourront être tournées avantageusement par une phrase habile.

Donc, en ne prenant que sa valeur intrinsèque, le booklet est, de tous les moyens de publicité, celui qui peut produire le plus d'effet. Malheureusement, il a un peu contre lui l'inconvénient de tous les moyens de publicité à domicile, c'est-à-dire l'intrusion. Mais, de toute la publicité individuelle il est certainement le moyen qui sait le plus rapidement se faire pardonner son entrée sans invitation, à la condition, bien entendu, que celui qui l'envoie sache comment le faire pénétrer.

Présentation. — « La façon de donner vaut mieux que ce que l'on donne », a dit la Sagesse des Nations.

En publicité, il y a lieu de s'inspirer de ce principe et d'avoir, présente à la mémoire, l'impérieuse nécessité de donner la brochure d'une façon spéciale. Cette façon de l'offrir consiste, en dehors du texte qui doit avoir une valeur propre, à lui donner une présentation tout à fait particulière. C'est pourquoi nous étudierons sa présentation avant la rédaction.

Il sera inutile de bien rédiger une brochure, de faire un texte puissamment suggestif, si celui-ci est destiné à être mis sur du papier de qualité inférieure que protège une couverture de mauvais goût.

Le luxe. — En règle générale, c'est presque du luxe que nous demanderons à la brochure. Nous partons de ce principe que, quel soit le milieu, une présentation luxueuse est un hommage pour celui qui la reçoit.

Dans les milieux riches, le booklet élégant ne sera pas en dehors de son cadre. En apparence, il pourrait l'être dans un milieu ouvrier, mais la satisfaction énorme que le travailleur éprouve en recevant un imprimé luxueux vient rétablir la balance. L'ouvrier a l'impression qu'on le considère comme quelqu'un, ce qui vient augmenter l'action suggestive du texte.

Fig. 142. — Hauteur de l'original : 15 centimètres.

« *Mieux que le thé : sa fleur* ». — La ligne d'orientation de cette annonce est bonne. Le texte part du coin gauche en haut pour descendre au coin droit en bas. La valeur des points de départ et final assure l'enchaînement de la lecture. Les points d'arrêt secondaires sont moindres. L'équilibre est assuré par des masses égales, dans le coin gauche supérieur et dans le coin droit inférieur. L'unité de justification est respectée dans les masses de texte, dans les points d'arrêt et dans le point final. L'unité d'aération est observée ; c'est la même largeur de blanc que l'on rencontre partout. L'unité de famille a été observée : le texte est en cheltenham et les points d'arrêt sont en morland.

Il n'y a pas là, en effet, inhibition de milieu par une suggestion maladroite. Il y a simplement une intention de plaire.

Donc, il faut que, dès qu'il se présente, sous bande ou sous enveloppe, le booklet sache plaire.

LA COUVERTURE

Papier et format. — La couverture, dans ces conditions, devra s'inspirer de ce qui se fait de mieux. Il nous serait difficile, en l'espèce, de dire : prenez tel papier plutôt que tel autre, car les modes varient assez fréquemment, et le seul intérêt qu'il y ait c'est de ne pas être en retard sur celles-ci.

Par contre, en dehors du papier, la question format peut également suivre une mode spéciale mais est plus facultative et laisse place à toute l'originalité. Dans le format, on pourra utilement suivre les lois de l'opposition et contrecarrer la tendance du moment en conservant toujours des formats de proportions agréables à l'œil et commodes à manier.

Une couverture d'une couleur ou d'un genre autre que ceux qui se font couramment, serait d'abord, dans certains cas, difficile à se procurer et passerait ensuite pour être un manque de goût.

Par contre, l'originalité du format fixe l'attention.

Le titre. — Avec la couverture commence la suggestion indirecte, qui doit préparer la suggestion directe du texte intérieur.

Elle doit presque toujours contenir au moins le titre de la brochure.

Il peut être de bonne guerre, lorsqu'une couverture est très luxueuse, de ne mettre le titre qu'à l'intérieur, mais alors la question reste entière et elle ne fait que se déplacer d'une page. La première page intérieure devra contenir seulement ce qui aurait pris place sur la couverture.

Le choix du titre devra être aussi suggestif que possible et porter à la curiosité.

On s'inspirera bien, dans sa composition typographique, de ce que nous avons dit en ce qui concerne l'annonce.

Si l'on ne peut mettre le tout sur une seule ligne, il faut avoir recours à des lignes qui auront une même justification.

La connaissance de la ligne d'orientation est nécessaire pour la mise en place du titre.

Un titre placé dans le coin gauche supérieur d'une couverture incite moins à tourner la page que lorsqu'il est placé dans le coin droit inférieur.

Avec le titre, certains artifices pourront inciter à tourner cette première page. L'essentiel est que l'on puisse franchir le pas qui sépare l'attention créée par la couverture, de la lecture du texte.

Illustration non suggestive. — Bien souvent on a illustré la couverture des booklets.

Quoique nous soyons partisans de la suggestion directe par la chose en action, nous demandons que, dans certains cas, la couverture ne contienne pas cette suggestion, car elle pourrait être suffisante pour faire écarter la lecture de ce qui est à l'intérieur.

Si nous prenons un exemple personnel : les machines à coudre ne nous intéressent pas. La brochure sur la couverture de laquelle serait reproduite cette machine serait certaine de passer au panier.

Ceci, en raison toujours du caractère particulier qu'offre l'action de la publicité individuelle.

Si nous permettons une illustration, ce sera une illustration tout à fait indépendante du texte, faite dans le but d'orner ou d'inciter à la curiosité pour amener à la lecture de ce qui est à l'intérieur. Alors l'illustration devra bien se rappeler les principes de l'originalité et de la ligne d'orientation. En l'espèce, la ligne doit tendre à faire regarder la page qui suit immédiatement.

LE CORPS

Abondance de l'illustration. — Après la couverture, nous arrivons à la partie immédiatement suggestive qui est le corps de la brochure.

Nous devons demander à l'illustration de faire la plus grosse partie de l'effort.

Un booklet ne comportant que du texte seul, à une époque où nous sommes accablés de choses à lire, ne nous intéresserait pas. Il faut que ce texte soit accompagné de fréquentes illustrations.

Ces illustrations auront pour but de suggérer directement par la chose et indirectement par le milieu.

Emplacement des illustrations. — Dans beaucoup de cas, elles ne seront placées que comme points d'attraction pour l'œil. On cherchera, autant que possible, l'effet suggestif ayant trait à l'objet.

Pour nous, une et deux illustrations par page dans une brochure ne seraient pas de trop, suivant leur disposition et leurs dimensions.

Dans la mise en place des illustrations, il y a lieu de ne pas perdre non plus de vue le principe de la ligne d'orientation.

Il faut que les clichés soient placés de telle façon que leur enchaînement amène l'œil du haut de la page verso au bas de la page recto. Il faut même que chacune de ces illustrations comportant des personnages voie l'action de ceux-ci se concentrer du côté du texte, pour la page verso surtout.

Par contre, la dernière illustration dans le bas de la page verso aura utilement un geste nettement indicateur de la page voisine; elle ne doit pas faire relire.

Quelquefois on ne dispose que d'une petite illustration par page ou toutes les deux pages.

Dans ces conditions, comment doit-on les placer?

Lorsque l'on a une illustration par page, c'est carrément au recto et dans le haut de préférence qu'elle devra se trouver. Dans le cas où l'on disposerait de moins, ce sont les premiers et derniers rectos se suivant qui auront l'illustration. S'il en reste une ou deux pour les pages du milieu, on pourra les y utiliser.

N'oublions pas que l'habitude de lire est telle que l'on prend indifféremment au commencement ou à la fin. C'est à ces points que la suggestion directe ou indirecte par l'illustration doit se trouver, plutôt qu'au milieu.

FIG. 143. — Hauteur de l'original : 30 centimètres.

Il s'agit d'une sauce toute préparée destinée au poisson comme à la viande. Le nigaud espère attraper des poissons parce que sur la bouteille il y a la mention « Pour toutes espèces de poissons ». Annonce entièrement humoristique. Visibilité créée par une tonalité douce. Suggestion illustrée directe, par la chose, douteuse. Inhibition, car l'action est différente de la réalité à créer. Absence de résultat. Suggestion indirecte inhibitoire : les gens qui emploient la sauce ne sont pas du milieu indiqué par l'illustration.

Coupures du texte. — Mais ceci n'est pas encore suffisant. Il faut arriver à faire lire tout et, pour cela, nous demandons la coupure fréquente des textes, telle qu'elle est pratiquée par les Américains, à l'aide de petites phrases incisives, ayant trait à ce qui suit et obligeant à la lecture.

Ces phrases pourront couper le texte, dans l'ordre même des lignes, en employant des caractères légèrement plus gros que le reste, ou bien elles seront constituées par des annotations en marge.

Dans ce dernier cas, pour le coup d'œil, il y aura lieu, lorsque ces titres prendront plusieurs lignes en marge, d'employer une justification identique d'un bout à l'autre de l'ouvrage.

Texte et thème. — Quant au texte lui-même, en dehors de la partie documentaire, aussi complète que possible, il sera suggestif, mais d'un style vif, agréable, précis et familier. Quelquefois, on sortira de la banalité, pour présenter la chose sous forme d'historiette. Il sera bon d'utiliser parfois le mode de fabrication d'un produit pour le présenter au public. Dans certains cas, c'est la cueillette ou la récolte qui serviront de thème.

Comme thème, la brochure n'a pas de limite, pourvu que son texte mette, à chaque fois, la chose en contact avec le lecteur de la façon la plus agréable et la plus suggestive possible.

Nombre de pages. — Combien de pages doit contenir une brochure ?

Le format influe sur le nombre de pages, aussi y a-t-il lieu de le tenir dans des dimensions moyennes.

Quel que soit le format, nous estimons qu'une brochure ne peut avoir pratiquement moins de douze pages et plus de vingt. Moins serait lui enlever de l'ampleur, plus serait l'allonger et la rendre pesante. Si l'on ne peut mettre tout dans une brochure de cette longueur, il faut garder la partie supplémentaire pour une brochure que l'on enverra plus tard.

Les caractères. — Etant donné que l'on a déterminé à peu de chose près le nombre de pages de la brochure, en raison de ce que l'on veut qu'elle contienne, comment doit-on travailler?

Pour bien faire, il faut d'abord choisir les caractères. Toute brochure intéressante et suggestive doit avoir des familles nouvelles, mais sans fantaisies exagérées.

La composition. — Une fois que l'on a déterminé les caractères, il y a lieu de voir combien de lettres à la ligne et combien de lignes à la page on pourra mettre. Aussitôt ce travail terminé, on peut dresser le sujet sur lequel on bâtira le texte.

Il faut, au préalable, avoir recueilli toutes les illustrations que l'on compte utiliser. Leur mise en place suivra, autant que possible, les divisions du texte, et c'est à la machine à écrire, pour bien faire, que l'on composera, ensuite.

Beaucoup d'annonceurs, jusqu'ici, ont cru heureux de mettre l'illustration d'un côté, le texte de l'autre, et de donner à l'imprimeur le soin d'assembler le tout pour le mieux.

Il est inutile de vous dire que ce travail sans méthode ne peut donner des résultats, dans la brochure comme ailleurs. Etant donné qu'elle contient toute la puissance suggestive de tous les arguments que vous avez à donner, vous devez conserver l'unité suggestive des différentes parties qui sont le texte, l'illustration et la présentation générale.

Rapports du papier et de l'illustration. — Nous n'avons pas parlé du papier, car celui-ci dépend du genre d'illustration employée. Nous avons examiné ce point à la partie annonce. Mais si la question papier est subordonnée au genre d'illustration, si même l'originalité d'un papier à la forme oblige à renoncer à la simili-photogravure pour employer d'autres modes d'illustration, nous devons réclamer, autant que possible, de l'impression en deux couleurs au moins, plus si possible.

La diversité des couleurs permet d'avoir certains effets, de donner et d'augmenter des valeurs, sans exagérer la masse des titres ou des illustrations. Les clichés en profiteront largement. Souvent un fond lithographique, très léger, d'une teinte pâle, viendra donner au tout un cachet spécial et le mettre en relief.

Nous devons faire remarquer qu'à l'heure actuelle la lithographie, en dehors du fond dont nous parlions, ne saurait donner une valeur artistique à la brochure. Par contre, la photogravure en trois couleurs, soit pour la couverture, soit pour le texte, viendra mettre une note spéciale.

Seulement nous recommandons de ne pas l'employer abusivement. Du contraste avec les similis en une seule teinte résultera son effet qui serait atténué par l'excès.

Le prix. — Doit-on ou ne doit-on pas porter le prix dans une brochure ?

Évidemment, lorsqu'il n'y aura qu'un prix à porter, on pourra le glisser discrètement à la fin du booklet. Cependant, si ce dernier devait, de ce fait, sortir de son caractère de documentation agréable, son effet serait en partie détruit.

Raison sociale et adresse. — Vous remarquerez que nous avons parlé d'un titre pour la couverture, et nous pouvons surprendre beaucoup de gens en déclarant que nous n'avons nullement besoin, sur cette couverture, de la raison sociale du vendeur et de son adresse. Ceci tient à ce que le but de la brochure est d'intéresser avant tout et de ne donner qu'à la fin les documents qui sont les derniers points dans la réalisation de l'acte d'achat.

Dans le booklet, comme ailleurs, il faut d'abord suggérer le besoin d'une façon intense, prouver que l'article est bon et dire où l'on peut se le procurer ensuite.

Pour nous, la dernière page intérieure de la couverture semble être l'endroit propice pour mettre, avec toute l'originalité et le goût voulus, la raison sociale et l'adresse.

La présentation. — Si nous utilisons la dernière page de la couverture de cette façon, nous adopterons volontiers le système américain qui consiste à mettre à la deuxième page une phrase très sobre de présentation, dans le genre de la suivante :

« Avec les respectueux hommages et compliments de M. V... »

Cette phrase, sous forme de cliché, reproduisant l'écriture à la main, produira un très bon effet.

Dans d'autres cas, on pourra mettre des phrases originales comme la suivante :

« Si cette brochure peut vous intéresser... »

L'attestation. — On a souvent voulu employer l'attestation dans le booklet. A moins que l'on ne fasse un recueil spécial, l'attestation n'a pas sa place dans la brochure. Son allure est par trop significative. L'annonceur intelligent verra s'il doit l'employer séparément dans son M. O. B.

Aération et marges. — Comme recommandations finales : pas de lignes horizontales trop longues et contenant trop de caractères ; de l'interlignage aussi large que possible et pas de paquets de texte trop longs sur une même justification. S'il en était ainsi, il faudrait les couper de manière à ce que la hauteur n'ait pas l'air d'une colonne de journal.

Fig. 144. — Hauteur de l'original : 30 centimètres « Comment, cela ne va qu'à moitié ! Vous devriez prendre des pilules Beecham ». Annonce légèrement humoristique. Suggestion illustrée directe absente. Le texte seul présente la chose et laisse supposer ses résultats. Suggestion indirecte douteuse.

Naturellement, là comme ailleurs, nous demandons la plus grande aération possible ; tout autour du texte, des marges très franches et très blanches. Trois des côtés, au moins, devront avoir des marges très larges. Par suite de certaines dispositions spéciales, l'un des côtés pourrait s'en dispenser à la condition qu'il y ait équilibre du tout.

*
* *

Pour nous résumer, la brochure est un moyen de suggestion documentaire par excellence, mais qui doit autant que possible ne pas en avoir l'aspect.

Tout doit être fait pour lui éviter cette apparence.

CATALOGUE

Suggestion documentaire. — Après avoir exposé la confection du booklet, il est difficile de parler du catalogue.

Tel que nous l'envisageons, il devient un fascicule à joindre à la brochure. Dans certains cas, il sera employé séparément.

Dans ces conditions il devra, pour ne pas manquer à l'esprit d'unité de votre publicité, avoir le même aspect que votre booklet, être aussi bien présenté.

Lorsqu'il contiendra des illustrations, celles-ci seront, cette fois purement documentaires par la chose elle-même, sans plus, mais avec le prix.

L'illustration gagnera à être bien présentée et aussi fidèle que possible.

Les procédés de trichromie que l'on emploie à l'heure actuelle ont permis d'obtenir des catalogues dans le sens strict du mot dont le feuilletage n'était pas déplaisant.

Dans ces conditions, un moyen qui est rébarbatif en lui-même peut se faire tolérer et produire quelques résultats.

Disposition. — Si nous avons demandé pour la brochure un texte en somme abondant sans être touffu, les explications du catalogue devront être aussi sobres et concentrées que possible. Nous demanderons à ceux qui ont à en rédiger de sortir des formes vraiment banales que possèdent encore, à l'heure actuelle, nos meilleurs catalogues.

Dans certains catalogues, le cadre est inconnu. L'illustration et le texte s'enchevêtrent d'une façon déplorable qui gêne la lecture.

Il serait pourtant si simple de faire un cadre sertissant et mettant le tout en relief par une disposition originale !

Nous demandons pour le catalogue, d'une façon générale, le même effort de présentation que pour le booklet.

Cependant, dans un budget restreint, dont les autres moyens seraient particulièrement soignés, le catalogue ou prix courant pourrait être réduit à sa plus simple expression comme présentation. Toutefois, même avec une faible dépense de papier et d'impression, nous réclamons la netteté et l'originalité.

Le catalogue géant. — Le catalogue géant qui seconde certains M. O. B. et leur sert d'axe s'inspirera de ce qui précède. Il visera plutôt à être instructif, une espèce d'encyclopédie spéciale, qu'un assemblage de prix et de choses. L'indication du mode d'usage des articles est un moyen suggestif qui double la valeur d'un gros catalogue.

Comme seules, des maisons très importantes peuvent l'éditer, celles-ci peuvent lui donner l'ampleur nécessaire en volume permettant d'y adjoindre des explications suggestives.

XXXI

MAIL ORDER BUSINESS (M. O. B.)
OU VENTE PAR CORRESPONDANCE

> Tout homme qui fait de la publicité sérieuse doit connaître
> à fond ce qui a trait au M.O.B., base de la publicité
> individuelle et complément obligatoire de presque toutes
> les opérations de la publicité générale.

DÉFINITION ET ROLE

Le M. O. B. — Avant d'entrer dans l'étude de la vente par correspondance, il est indispensable de définir exactement le Mail Order Business (M. O. B.) et son complément indispensable, le Follow-up. Nous sommes obligés de le faire, en présence des significations très diverses que l'on donne à ces deux expressions.

Qu'est-ce que le M. O. B?

Mot à mot, on doit traduire par « courrier, commande, affaires », c'est-à-dire la commande obtenue par la correspondance. Nous avons fait de cela une traduction logique et pleine de bon sens, dans les mots « vente par correspondance ». Ce point est donc très clair.

Le F. U. — Qu'est-ce maintenant que le Follow-up ?

Littéralement nous obtenons « suivre sur ». Mais, comme il s'agit d'un anglicisme intraduisible et inintelligible, nous pouvons dire que follow-up équivaut à « suivre jusqu'au bout les affaires entamées ».

La traduction libre de « rappel d'offres méthodique », due à M. D.-C.-A. Hémet, est certainement la meilleure de toutes celles que nous connaissons. Elle désigne la chose mieux que tout. Le mot « méthodique » implique, en effet, que le rappel d'offres ne doit pas être fait d'une façon banale, mais en suivant des règles bien précises. Il ne peut donc y avoir erreur sur ces deux définitions.

Les deux sont inséparables. — Jusqu'ici, on a mal compris la valeur de ces termes, car beaucoup ont cherché à opposer M. O. B. à F. U. ou inversement. Or, les deux ne font qu'un tout et ne peuvent exister l'un sans l'autre. Un casuiste même ne trouverait pas de différence de valeur entre les deux expressions.

Quelques-uns peuvent vouloir limiter l'appellation « vente par correspondance » à une campagne où la lettre fait exclusivement toutes les démarches et où cette lettre sollicite en premier lieu. Ceci est assez juste, mais il est non moins vrai qu'il y a également « vente par correspondance », lorsqu'une opération est conclue par des lettres exclusivement sans le secours du vendeur, sur des adresses obtenues par des annonces. Le terme « vente par correspondance » est opposé, dans ce cas, soit à la vente faite chez un client par le représentant ou le voyageur, soit à la vente faite au magasin par des vendeurs avec ou sans action de l'annonce.

Il faut donc appeler « vente par correspondance » toute opération dont la CONCLUSION est amenée par lettre.

Il y a également M. O. B. lorsque la correspondance relance un client déjà acquis, mais ayant suspendu ses ordres.

Dans tous les cas, il faut pratiquer le rappel d'offres méthodique, d'une façon constante et patiente.

Il n'y a pas de M. O. B. sans rappel et, par conséquent, de rappel sans M. O. B. Les deux appellations doivent être considérées comme absolument synonymes.

La seule distinction possible pourrait consister à appeler M. O. B. l'ensemble de l'opération, lorsqu'il n'y a pas eu d'autres moyens que la correspondance employée, et F. U. les rappels sur annonce ou affaires antérieures. Cette distinction serait pratiquement inutile.

De ce qui précède, on peut voir que le procédé du M. O. B. a une valeur énorme en publicité et que l'on doit en soigner l'étude.

Le M. O. B. *indispensable*. — Dans certains cas, il peut constituer un plan complet à lui tout seul. C'est ainsi que certaines campagnes sont menées exclusivement par quelques lettres, sans aucun adjuvant de quelque ordre qu'il soit.

Cette façon d'opérer est plutôt scabreuse, nous en trouverons plus loin le pourquoi.

En dehors de la campagne complète menée par le M. O. B., celui-ci a toujours à son actif le fait de conduire à bien les efforts d'une campagne d'annonces. Suivant qu'il est bien ou mal fait, il valorise celle-ci ou la réduit à néant.

Il ne faut pas perdre de vue, non plus, que lorsqu'un client a déjà commandé, ce sera le M. O. B. qui viendra tenir ce client en haleine et assurer à nouveau ses ordres. Si l'on tient compte d'un autre côté que, commercialement, il est peu de moyens de publicité qui amènent normalement l'achat direct, on doit avouer que le M. O. B. est beaucoup plus important qu'on ne l'a cru jusqu'ici.

N'oubliez pas que la vulgaire circulaire envoyée négligemment appartient à la vente par correspondance, que la brochure, la plaquette, le catalogue ne peuvent avoir leur plein effet que s'ils sont secondés par des lettres. Il est téméraire aujourd'hui d'envoyer des brochures ou des prospectus sans venir rappeler cet envoi ou même sans l'annoncer. Procéder autrement serait s'exposer à perdre presque tout l'effort fait.

En principe, on peut dire que, sauf le cas de vente absolument directe et immédiate obtenue par l'annonce, le M. O. B. est obligatoire partout en publicité.

VALEURS RESPECTIVES

Pas de principes absolus. — Ceci posé, il n'est pas mauvais de déterminer les valeurs comparatives de l'annonce seule et du M. O. B. combiné avec l'annonce.

Ici, il est téméraire de poser des principes absolus. La seule chose que l'on puisse faire, c'est d'énoncer des principes généraux et de laisser chaque annonceur à même d'en prendre l'essence, pour l'employer suivant les circonstances.

En effet, il n'est pas deux maisons qui aient des besoins identiques, des produits identiques et dont l'organisation soit semblable. Les circonstances particulières viendront se greffer sur les principes généraux.

Annonce et vente directe. — Dans l'emploi de l'annonce seule, il y a lieu d'examiner si elle vend directement ou indirectement.

Elle vend directement, lorsque le public s'adresse à l'annonceur pour lui acheter des produits. Elle vend indirectement, lorsque le produit est tenu par le détaillant. Ce dernier cas nous intéresse moins, car le contrôle est beaucoup plus difficile et parce que l'action de l'annonceur se borne souvent à faire l'annonce. Il ne peut influer que rarement sur l'acheteur.

Dans la vente directe, l'annonce sera intéressante pour des produits à consommation limitée et non renouvelée constamment. Certains produits pharmaceutiques, par exemple, s'en trouveront bien. Beaucoup d'articles à bon marché et dont on ne fait consommation qu'une seule fois, seront vendus également assez facilement par l'annonce. Les étrennes, les cadeaux peuvent bénéficier de ce mode de publicité.

Il est bon de remarquer que chaque fois qu'il ne s'agit que d'une dépense relativement peu importante, l'annonce opère assez bien, car la décision de l'achat ne demande pas un grand examen.

Par contre, son effet est beaucoup plus lent lorsque l'objet ou le produit à vendre coûte cher et que la décision demande une espèce d'étude préalable. Alors, son effet peut être nul. Vous ne vendrez jamais une auto sur une annonce seule, alors que vous vendrez un porte-plume réservoir.

L'annonce sera encore bonne dans la vente directe, chaque fois que l'article à vendre est un de ceux qui piquent la curiosité ou provoquent un désir immédiat.

Mentalité de l'acheteur direct. — Nous ferons remarquer que la clientèle de l'achat direct sur annonce est douée d'une mentalité éminemment suggestible. Elle représente, en général, l'homme crédule. Celui-ci aura de plus en plus tendance à disparaître au fur et à mesure que la publicité s'épanouira. Acheter directement sur le vu de l'annonce ne paraît pas raisonnable. C'est donner trop de crédit aux annonceurs dont quelques-uns sont malheureusement douteux.

Si la vente se faisait sur l'envoi d'un catalogue indiqué sur une annonce, ce ne serait plus de la vente directe, car l'annonceur aurait comme « devoir absolu » non pas d'attendre les ordres des clients, mais de les provoquer au plus tôt, par des lettres subséquentes. Il entrerait ainsi, malgré lui, dans le M. O. B.

Voici donc quels sont à peu près les cas dans lesquels on peut employer l'annonce seule. Cependant, nous devons déconseiller son emploi aux annonceurs, car beaucoup de gens mis en face d'un achat immédiat, sans examen possible de la chose, réagissent en défense et n'achètent pas.

Vente directe, annonce et M. O. B. — Par contre, si vous laissez à ces mêmes personnes la possibilité de se documenter d'une façon quelconque, par l'envoi d'un catalogue, d'une circulaire, de références, etc., elles vous enverront volontiers leur adresse. Sans s'en douter, elles se mettront à la merci de votre M. O. B., sauf dans le cas, bien entendu, où vous vendrez indirectement, c'est-à-dire par détaillants et intermédiaires. Dans ce cas, le M. O. B., dans les affaires courantes, ne sera pas employé.

Cependant, pour certains lancements, la vente par correspondance sera un appoint utile et énorme.

L'annonce avec M. O. B., comme nous venons de le voir, convient à la presque totalité des articles.

L'annonce piquant la curiosité provoque l'obtention de l'adresse. Bien entendu, il s'agit toujours, dans ce cas, de vente directe.

Vente directe par M. O. B. seul. — La vente par correspondance, utilisée seule, peut être employée dans beaucoup de cas. On y a recours même pour des produits de consommation courante et renouvelée, des vins, des huiles. On devra toujours, autant que possible, s'en servir pour des objets, soit de luxe, soit d'un prix élevé et, en général, de consommation non renouvelable. L'auto, dans des milieux choisis, peut se vendre par correspondance.

Le M. O. B. pourra être pratiqué avec fruit, pour certains articles que l'on n'achète qu'une fois, mais entraînant une consommation subséquente. Dans ce genre, les phonographes sont à citer plus particulièrement.

Le premier avantage du M. O. B., employé dans ce cas, est de permettre l'évaluation de la dépense à faire, en comparaison du résultat probable.

Un des inconvénients de la vente par correspondance employée seule, c'est qu'elle provoque une espèce de réaction de la part de ceux qui la reçoivent. Ceci est vrai, avec ou sans adjuvant, mais plus surtout dans le dernier cas.

En effet, il y a là une démarche personnelle, par conséquent intéressée, du vendeur auprès d'un acheteur possible. Or, chaque fois que l'on vient nous proposer quelque chose, nous avons toujours tendance à dire que nous n'en avons pas besoin. L'annonce est beaucoup plus impersonnelle. Elle n'a pas l'air de s'adresser plus particulièrement à vous qu'à votre voisin, et son action insinuante est beaucoup plus profonde. Dans ces conditions, le M. O. B., employé seul, demande une profonde connaissance du caractère humain, des goûts et des milieux, et il devra agir, comme nous le verrons, d'une façon spéciale suivant chaque cas. Déjà difficile à manier lorsqu'il est accompagné d'autres moyens, le M. O. B. seul est d'une pratique très délicate.

Vente indirecte, annonce et M. O. B. dans le lancement. — Nous avons vu plus haut que le M. O. B. peut être utilisé dans certains lancements, alors même que la vente serait indirecte. Nous pouvons signaler schématiquement un plan qui a été mis en pratique et qui est parfait.

Ce plan comprend le lancement par échantillons et s'applique, par conséquent, à des produits de consommation courante et généralement renouvelée. Les chocolats, les lessives, les produits alimentaires, les conserves, etc., rentrent dans cette catégorie.

Le plan consiste à porter à la connaissance du public, par voie d'annonces, la distribution gratuite d'échantillons, sur le vu d'un bon à découper dans le journal. Le résultat est que tous les intéressés s'empressent de bénéficier des échantillons et de fournir leur adresse. L'utilité de ces adresses paraît à première vue problématique, étant donné que l'annonceur vend par détaillant.

La première chose que l'annonceur fera, sera de se mettre en rapport avec les consommateurs bénévoles qui lui ont donné leur nom. Il les incitera à la consommation. Non seulement il les incitera à la consommation, mais il pourra leur demander l'adresse de leurs amis, de manière à faire sur ceux-ci une campagne directe. Il y a évidemment un certain déchet, mais cette façon d'opérer est très bonne.

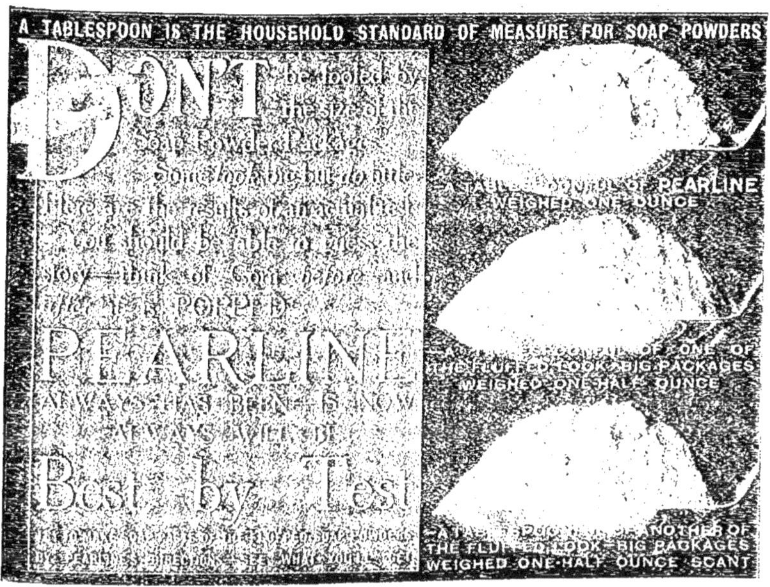

Fig. 145. — Hauteur de l'original : 10 centimètres.

Suggestion illustrée directe par une partie de la chose. Pas d'action, les résultats sont indiqués, mais d'origine démonstrative. L'on montre qu'une cuillerée de Pearline, sous une même apparence que les produits similaires, pèse 30 gr. alors que les autres pèsent la moitié moins. Aucune suggestion indirecte. Ligne d'orientation fausse.

Si un détaillant vous demande un dépôt dans une localité, vous n'avez qu'à le lui accorder, en lui passant un noyau de clientèle tout fait et un bon stock de marchandises.

Si le détaillant ne vient pas spontanément à vous, demandez aux consommateurs quels sont leurs fournisseurs habituels et commencez, auprès de ces derniers, une campagne de M. O. B. directe et active, parallèlement à celle que vous mènerez auprès des consommateurs.

Le résultat, c'est qu'au bout de peu de temps vous aurez un dépositaire dans la localité et des clients tout assurés.

Ce système ne permet pas de se dispenser des voyageurs, mais il réduit singulièrement leur importance. C'est une des façons les plus rationnelles d'obtenir un lancement parfait et méthodique.

RENDEMENT

Le travail. — Il en est qui ont réellement trop demandé à la vente par correspondance, exigeant d'elle la fortune et qui, ne l'ayant pas obtenue, ont maudit le M. O. B. et tous ceux qui le conseillaient. Nous en connaissons d'autres qui ont écarté systématiquement la vente par correspondance, sous prétexte que cela leur occasionnait trop de travail.

Voilà le grand reproche : le M. O. B. oblige à beaucoup de travail. Il est inutile, en effet, de le pratiquer si vous n'avez pas la ferme intention de lui donner tous les adjuvants dont il a besoin. Les classements modèles, les contrôles les plus sévères sont obligatoires. Sans eux les lettres les mieux rédigées ne pourront rien. Leur démarrage sera inutile et inopérant. Une lettre n'est, après tout, qu'une lettre et, si elle n'est pas aidée; vous pouvez dire qu'elle reste « lettre morte ».

En dehors du classement, du contrôle, la vente par correspondance demande, si vous devez l'appliquer sur une échelle un peu importante, à ce que vous ayez, d'avance, le personnel dont vous pouvez avoir besoin, à cet effet. N'attendez pas pour le prendre que les résultats de la correspondance soient là. Il serait trop tard. Rien ne demande le follow-up le plus immédiat, comme la lettre arrivée dans un M. O. B. C'est là qu'il faut insister auprès du client éventuel et ne pas hésiter à répondre, par le retour du courrier, ni à employer la lettre personnelle à la place de la lettre formule si un rien, dans la lettre de votre demandeur, semble en indiquer l'opportunité.

L'action de l'individu. — Nous signalons un autre point important. Le M. O. B., dans certains cas, ne dispense pas de l'action personnelle du chef de maison ou de ses représentants. Le rôle de la correspondance au service de la vente est de vous amener des clients, le plus possible. Ceux-ci sont votre proie dès qu'ils ont répondu à vos avances ; mais encore, est-ce à vous de les saisir, avant qu'un concurrent ne l'ait déjà fait. Si une démarche personnelle à domicile doit enlever la commande, n'attendez pas, allez-y de suite. La lettre a déjà fait beaucoup, puisqu'elle vous a présenté au client futur.

Lorsque vous ne secondez pas votre M. O. B., il vaut mieux vous abstenir d'en faire, car dans ce cas, tous vos efforts, toutes vos dépenses, ne serviront qu'à préparer le travail pour des concurrents plus actifs que vous ou plus commerçants dans leurs vues. Or, vous ne devez ni aimer, ni désirer travailler pour vos concurrents.

Constance d'action. — Nous ajoutons même qu'en raison de sa mentalité spéciale, que nous étudions plus loin, la clientèle de la vente par correspondance est essentiellement volage. Il ne faut pas la considérer définitivement acquise parce qu'elle figure sur vos livres. C'est là une grave erreur. Si vous vendez un article dont l'usage se renouvelle, ce n'est pas une fois que vous devez faire du M. O. B. Du jour où ce service est installé chez vous, il doit y rester à demeure, se perfectionner, se développer et être porté au maximum de son rendement par tous les moyens possibles.

N'oublions donc pas que la vente par correspondance nous aidera chaque fois que nous aurons besoin d'elle. Mais, si c'est un excellent serviteur, il a des exigences qu'il faut absolument satisfaire, sans quoi il faut vous attendre de sa part au pire des sabotages.

Le rendement décevant. — Après le travail que vous occasionne le M. O. B, il est bon, avant d'en examiner certains détails théoriques ou d'application, de s'occuper du rendement et du coût comparé avec celui des autres moyens de publicité qui peuvent être employés concurremment ou séparément.

S'il est une chose qui ait déçu ceux qui ont employé pour la première fois la vente par correspondance, c'est certainement son rendement. C'est là que l'illusion s'est évanouie, laissant place à une déception amère. L'une, pas plus que l'autre, n'est justifiable.

Dans les exemples qui vont suivre, nous ne ferons allusion qu'à des cas où l'achat ne peut être provoqué immédiatement, soit à la lecture de l'annonce lorsqu'elle est employée, soit par la première lettre. Nous avons placé nos exemples, pour la majorité de nos lecteurs, sur des cas où, avant l'achat, le catalogue ou les tarifs sont d'abord demandés, ainsi que des renseignements.

M. O. B. prospecteur et M. O. B. vendeur. — L'étude du rendement de la vente par correspondance demande à être divisée en deux cas bien distincts.

Tout d'abord on peut demander à la lettre de révéler les adresses des clients éventuels. C'est alors le M. O. B., prospecteur d'adresse, que l'on pratique. Dans l'autre cas, on demande à la lettre de provoquer seulement la commande.

Dans beaucoup de cas ces deux exigences sont fréquemment réunies.

M. O. B. prospecteur et vendeur. — Un premier exemple de rendement est un de ceux relevés par l'un de nous, comme directeur commercial et de publicité d'une assez grosse entreprise. Les deux M. O. B. entrent ici en jeu.

Le follow-up, en ce cas, était appliqué en grand. En effet, les lettres avaient à rappeler les offres faites par nos représentants ainsi que les clients éventuels obtenus du fait de nos annonces. Les deux catégories étaient à peu près égales. En plus, nous prospections directement la clientèle par la lettre.

Les articles vendus s'appliquaient à la construction et demandaient, comme tout ce qui touche au bâtiment, de longues réflexions avant la décision. Par contre, toute vente manquée représentait un client irrémissiblement perdu. L'article ne se vendait qu'une fois et il était très rare que la même personne fît construire beaucoup d'immeubles ou d'usines.

Tous les deux mois, régulièrement, l'on procédait au rappel de tous les gens prospectés et qui n'avaient pas donné, durant ce temps, signe de vie.

Dans cette période de deux mois, on enregistrait environ 5 0/0 de commandes spontanées ou résultant de la marche normale de la maison sans que le rappel par correspondance ait eu à fonctionner.

Une fois les rappels commencés, ils se poursuivaient avec une régularité et une patience inlassables. Tous les mois, durant la première année de rappel, les gens que nous avions couchés sur nos fiches recevaient des nouvelles de notre maison. Les lettres étaient toujours dictées spécialement pour chaque individu et accompagnées de nouveaux documents. Après la première année de rappel, on en faisait encore un tous les six mois. Ce manège a duré les quatre années que l'un de nous s'est occupé de cette affaire et doit continuer encore. Voici quels sont les résultats :

Sur cent noms portés à nos fiches, 5 0/0 commandaient librement dans les deux mois, 10 0/0 commandaient dans l'année qui suivait à la suite des rappels, les trois autres années de rappel n'amenaient plus qu'un contingent de 2 0/0 de commandes. Au total, 17 0/0 des gens sollicités par nous commandaient et, sur ce chiffre, 12 0/0 devaient être portés au crédit d'un follow-up rigoureux.

La durée des rappels sur un même nom était exceptionnellement longue, car les gens qui ont à faire construire sont très lents à se décider et reculent souvent d'un an ou deux leurs projets. La façon d'opérer adoptée l'aurait prouvé si nous ne nous en étions pas doutés à l'avance.

L'appoint de la vente par correspondance à une affaire est donc réellement utile. Toutefois les chiffres de rendement ci-dessus ne doivent pas être pris comme base d'évaluation. Dans beaucoup de cas, ils seraient au-dessus de la vérité.

Facteurs influant sur le rendement. — Le pourcentage du rendement, du reste, ne doit pas être examiné pour lui seul. Il faut tenir compte des dépenses spéciales qu'il a entraînées d'une part, et de l'autre de la marge de bénéfices que l'on a sur les objets ou produits vendus. Certaines maisons auront plus d'avantage à avoir un rendement de 3 0/0 que d'autres 10 0/0. De même les commerçants ou industriels, dont la consommation des produits est constamment renouvelée, ne doivent pas envisager le rendement de leur M. O. B. comme ceux qui ne vendent qu'une fois. L'évaluation du rendement ne doit pas se faire en pourcentage seulement, mais en tenant compte de tous les facteurs qui viennent le valoriser ou l'inférioriser.

Pour se tenir dans une bonne moyenne, on peut dire que le rappel pratiqué sur un démarrage obtenu, soit par l'annonce, soit par les autres moyens de prospection de clientèle, au service

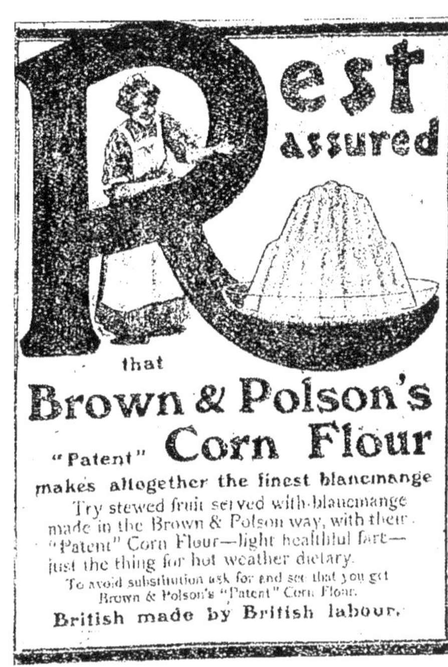

Fig. 146. — Hauteur de l'original : 15 centimètres.

Bonne visibilité. Suggestion illustrée directe par la chose. Ni action, ni résultat. Aucune suggestion indirecte. Ligne d'orientation bonne. Le début du texte, en effet, bien qu'au-dessus de l'illustration associée à l'R gigantesque se lit d'autant plus facilement que le mouvement du bras est dans le sens de ce texte.

de la maison, doit se tenir entre 5 et 20 0/0 environ. Le surplus constituerait une aubaine, moins laisserait supposer une faute dans le fonctionnement du M. O. B. ou une lacune dans le travail subséquent.

Rendement du M. O. B. prospecteur. — Il est encore assez facile d'obtenir des chiffres relativement intéressants lorsque la prospection de l'adresse est un fait acquis par d'autres moyens qui ont déjà plaidé en votre faveur. Quand il s'agit de la prospection elle-même, on se lance dans un inconnu où les seules prévisions que l'on puisse faire doivent s'inspirer du plus absolu pessimisme.

Quiconque, n'ayant pas au préalable pratiqué un M. O. B. identique, s'aviserait de formuler un chiffre de prévisions, risquerait fort de se tromper dans de très grandes proportions.

Nous pouvons citer comme une exception les rendements de 20 0/0 et quelquefois 50 0/0 obtenus dans des milieux très fermés et sollicités à l'aide d'avantages particulièrement favorables. Mais là, il faut, pour tomber dans les chiffres justes, parler de 5, 3, 2, 1 0/0 et même moins. La moyenne s'appliquant à l'ensemble des affaires doit être considérée comme étant de 3 0/0. Et c'est ce chiffre, en apparence ridicule, qui pourra effrayer bien des commerçants.

Loin de les effrayer, il leur est utile, car il leur donne le moyen de proportionner leur effort au point de vue dépense, aux rentrées qu'ils peuvent espérer. Il ne faut pas l'oublier, les clients s'achètent comme de la marchandise. Vous employez les lettres, les brochures, les annonces, mais tout cela vous le payez en argent, et vous pouvez très bien dire que vos clients vous coûtent à peu près tant ou tant.

Le ballon d'essai. — Dans certains cas lorsque votre plan sera très peu compliqué, vous pourrez lancer de petits ballons d'essai pour déterminer le pourcentage de rendement. Méfiez-vous, car le lancement ne vous donnera pas le prix de revient exact de votre campagne future, encore moins le rendement exact. Ce ne seront que des à peu près.

Consommation unique ou consommation renouvelée. — Dès que vous êtes sur la trace d'un rendement que vous pouvez évaluer, il ne vous reste plus qu'à envisager si vous vendez un produit à consommation unique ou à consommation renouvelée. Dans le premier cas, vous connaissez la marge exacte dans laquelle vous évoluerez : un client ne pouvant acheter qu'une fois. Dans le second cas, vous aurez à vous débattre entre les frais s'accumulant pour conserver la clientèle, frais obligatoires, et les rentrées toujours douteuses qui peuvent s'envoler devant l'arrivée de nouveaux concurrents. N'oubliez pas que le pourcentage primitif doit être encore diminué des déchets qui peuvent survenir. Mais on doit garder une bonne moitié des gens prospectés et arrachés à leur indifférence. Moins de la moitié serait mauvais et indiquerait encore une faute quelconque dont le commerçant devrait rechercher la raison.

PSYCHOLOGIE

Mentalité de l'individu et action du M. O. B. — Ici nous entrons dans le vif du sujet et nous touchons à l'un des points les plus intéressants de l'étude du M. O. B. C'est, en effet, par la connaissance profonde de la psychologie de la vente par correspondance que tout commerçant pourra pratiquer fructueusement ce mode de publicité.

Deux choses doivent être considérées dans cette étude : la première est la mentalité de l'individu qui achète, par le fait de la correspondance qu'il reçoit ; la seconde est l'action provoquée par la correspondance sur ceux qui la reçoivent.

Ces deux côtés doivent être étudiés séparément, car le problème à résoudre consiste à utiliser l'action de la correspondance sur la mentalité de l'acheteur.

Quel est donc l'état d'esprit de celui qui est visé par le M. O. B. ?

Suggestibilité. — Il ne faut pas hésiter à le poser dès l'abord : tout individu qui achète sur la sollicitation de la correspondance est, en principe, un suggestible au plus haut chef. La suggestibilité de l'individu est d'autant plus grande que le M. O. B. est plus brutal et plus direct dans sa forme.

Lorsqu'une personne reçoit une lettre d'une maison qu'elle ne connaît pas et qu'elle donne suite à la proposition, sa suggestibilité est telle qu'il ne faut pas hésiter à classer cette personne parmi les naïfs.

Manque de méfiance. — Il est évident qu'accepter une proposition qui vous parvient par lettre, d'inconnus, sans que rien ne donne à cette proposition un caractère d'authenticité, prouve un manque d'habitude et de liberté dans le jeu du libre arbitre. Un tel acte révèle une absence complète de l'esprit de contrôle, du sens critique et de ce que le vulgaire appelle : la méfiance.

Nous devons toutefois constater qu'il en est ainsi. Des gens achètent souvent sans les avoir vus, des objets pour lesquels ils n'éprouvent parfois nul besoin.

La confiance accordée. — Nous devons dire que presque toujours le M. O. B. est moins brutal et contient, en dehors de la lettre personnelle, des moyens et des faits qui authentifient son auteur.

Une vieille réputation permet à nos grands magasins de faire fructueusement de la vente par correspondance parce qu'ils sont universellement connus.

On comprend alors que la méfiance s'évanouisse et que le client soit plus facile à décider. Cependant, il faut encore considérer celui qui achète seulement sur le vu d'un catalogue, sans juger de la chose elle-même, comme un être suggestible chez qui l'individualité et l'esprit de contrôle font en partie défaut. Il est utile de montrer en quoi la personnalité n'existe pas et en quoi le libre arbitre ne fonctionne pas en son entier dans un tel achat.

Un achat indépendant. — Quand nous avons un besoin, celui d'un vêtement, par exemple, nous décidons en principe de l'achat. Puis nous procédons à l'achat avec méthode.

Si nous avons un bon tailleur, nous retournons chez lui sans nous demander s'il en est de meilleur ou de meilleur marché. Nous savons que, dans certaines choses, le mieux est l'ennemi du bien. Du reste, les heures perdues, le temps passé en recherches nouvelles contrebalancent la légère économie que nous pourrions faire.

Par contre, notre tailleur ne nous satisfaisant plus, que faisons-nous ?

Nous nous documentons nous-mêmes. Nous repérons d'abord ceux de nos amis qui sont bien habillés et qui ont la réputation de ne pas gâcher l'argent. Nous nous enquérons auprès d'eux de leurs fournisseurs, des prix qu'ils paient ; nous palpons les étoffes. En plus, quand nous nous promenons, nous regardons en ville, les expositions des tailleurs et nous nous faisons ainsi une opinion personnelle.

Avant que d'acheter, notre jugement est fait. Si nous recevons, entre temps, une invitation d'un grand magasin à essayer ses habits dont nous ne voyons dans ses catalogues que des gravures outrageusement avantagées, nous lui demandons ses échantillons. Nous estimons que nous devons mettre dans nos recherches pour notre habillement tout le soin voulu. Nous savons qu'à notre époque le vêtement fait bien les trois-quarts du moine.

Nous sommes portés à nous défier, malgré tout, de la chose que nous ne pouvons vérifier qu'en gravures sur le catalogue. Notre expérience personnelle nous a prouvé, en effet, que tout ce qui est imprimé est mieux qu'en nature.

Il y a toute chance pour que notre achat se porte sur le tailleur qui travaille très bien pour l'un de nos amis depuis dix ans et à des conditions raisonnables de prix.

Voici un achat rationnel, achat type où la volonté agit et décèle une personnalité.

Les facteurs de l'achat suggestif. — Tout autre est la façon d'acheter du monsieur qui reçoit un catalogue de la « Belle Meunière » et qui adresse ses ordres à cette maison, sur le vu seulement de la campagne entreprise contre lui.

Cet individu se laisse influencer par trois choses :

La première de toutes, c'est la renommée de la maison, renommée établie surtout par la publicité générale et peut-être aussi par une qualité particulière.

La deuxième, c'est la rédaction, c'est-à-dire les phrases convaincantes destinées à faire de l'effet sur le client futur. L'action du texte est si bizarre et puissante que tel qui s'en voudrait d'écouter un camelot ou un charlatan aux fêtes publiques, admet les mêmes arguments, souvent moins bien présentés dans le M. O. B.

La troisième, c'est la suggestion par l'illustration.

L'illustration supérieure à la réalité. — Il ne s'agit souvent que de dessins au trait, indiquant une origine non documentaire. Cependant le public se figure que les vêtements vont lui être livrés tels qu'ils sont dessinés. Son erreur va jusqu'à croire qu'ils resteront éternellement ainsi, alors qu'au bout d'un certain temps, le tout aura peut-être la plus piteuse allure.

Fig. 147. — Hauteur de l'original : 17 centimètres. Cliché artistique. Suggestion illustrée directe par la chose en action et les résultats. On peut louer l'auteur de ce cliché d'avoir représenté au second plan, la souffrance se dissipant. Suggestion indirecte très bonne par un visage très sympathique. Ligne d'orientation défectueuse, le texte aurait dû être au-dessous.

Le dessin offre cet avantage sur la chose elle-même c'est qu'il ne vieillit pas et ne se déforme pas. Il peut ainsi parler plus longtemps au public que l'objet réel. Il laisse l'impression de l'immuabilité de l'objet qui semble devoir rester indéfiniment tel qu'il est présenté. Que dire alors des simili-photos, ces « faux documentaires » truqués de toutes pièces, laissant croire au public que les formes qu'on lui présente sont exactement celles qu'il aura.

Cette suggestion qui semble évidente pour les habits, est aussi vraie pour le reste, qu'il s'agisse d'articles de consommation ou de produits industriels, voire même de machines.

La suggestion demande à être véridique. — Et si, lorsque les trois choses ci-dessus sont assemblées, on s'explique que le M. O. B. puisse rendre, l'on comprend aussi que celui qui achète dans de telles conditions manque totalement de personnalité en négligeant les autres éléments pouvant fixer son jugement.

Donc, quel que soit le cas, l'acheteur du M. O. B. est un suggestible. Ceci est important à savoir pour ceux qui emploient fréquemment ce moyen. En matière de vente suggestive, la palme est au dernier et plus offrant enchérisseur.

Ne croyez pas que nous voulions vous recommander une surenchère folle qui n'aurait d'autre effet que de vous déconsidérer et de vous ruiner. Tout au contraire, comme nous le verrons tout à l'heure, vos suggestions devront se rapprocher le plus possible de la vérité. C'est ainsi qu'elles seront le plus efficaces.

L'acheteur à conquérir. — Si l'acheteur par correspondance montre sa passivité plus ou moins grande du fait qu'il passe commande, il ne faut pas perdre de vue que le M. O. B. ne sollicite pas que des acheteurs certains. Il doit en outre chercher à transformer tous ceux qu'il sollicite en acheteurs. Il est bon alors de voir quel est l'effet qu'il produit sur la masse de ceux qui le reçoivent.

Si nous écartons ceux qui, très rares, sont de suite convaincus, nous devons dire qu'il y a en apparence deux catégories de gens touchés par le M. O. B., les indifférents et les réfractaires.

Indifférents et réfractaires. — Les indifférents sont ceux qui reçoivent lettres et catalogues avec le plus profond des mépris. Ce mépris quelquefois est tellement fort qu'il va jusqu'à l'absence de lecture.

Cependant l'indifférent en matière de M. O. B. n'est qu'une catégorie factice, car il finit par appartenir, du fait de la ténacité de l'opération dirigée contre lui, soit à la catégorie des acheteurs, soit à la catégorie des réfractaires.

Une campagne habilement menée finira par vaincre la résistance de celui contre qui elle est dirigée. Un jour ou l'autre, un mot ou une gravure intéressante tombent sous les yeux, et l'on est pris au piège.

Moins souvent l'acheteur sollicité devient réfractaire au point de prendre en grippe ceux qui le sollicitent à jet continu. Nous verrons que justement l'habileté consistera à solliciter les gens le plus souvent possible, tout en leur laissant l'impression que c'est un contact agréable que vous avez avec eux. La meilleure impression que vous puissiez produire est celle qui fait désirer la venue subséquente de vos divers moyens dont la présentation est telle qu'on les conserve.

L'intrusion et la réaction. — Quoi qu'il en soit, la première impression que produit le M. O. B. est celle que produit tout individu qui vient dans une société où il n'est point demandé. C'est un gêneur et il lui faut de hautes qualités pour se faire oublier, puis agréer.

Lorsque nous allons chez un commerçant, nous considérons que nous honorons celui-ci de notre visite en lui apportant un peu d'argent. Par contre, lorsque ce même commerçant vient chez nous tirer le cordon de la sonnette par l'intermédiaire du facteur, nous le considérons comme un intrus. C'est cette impression que tout M. O. B. engendre à son début : celle de l'intrusion. Elle pourra lui être pardonnée à la longue, s'il sait s'y prendre.

La vente par correspondance provoque donc, dès l'abord, chez tous les gens avertis et réfléchis un effet de réaction dont il faudra se méfier et auquel il faut chercher constamment à remédier. La présentation des moyens, que nous étudierons à part, sera pour beaucoup dans la première impression faite sur le client cherché.

La lettre ne peut tout contenir. — Nous arrivons à nous demander comment l'on doit employer les arguments pour atteindre la clientèle éventuelle. Rappelons-nous que nous avons devant nous des suggestifs, des indifférents et des réfractaires.

D'aucuns vous conseilleraient de rassembler tous vos arguments en un seul document, certains sont-ils que de cette façon ils porteront sur tous, sans ennuyer les plus grincheux.

Ceci serait beau et facile si c'était toujours juste et pratiquement réalisable. Malheureusement ce n'est ni l'un ni l'autre.

Ce n'est pas réalisable, car, s'il faut quelquefois de longs instants de conversation à un commerçant dans son magasin pour convaincre le client qui est venu de son plein gré, que dire des lignes qu'il faut écrire pour faire savoir tout ce que l'on a à communiquer au public souvent mal disposé.

De ce qui précède il résulterait qu'il est difficile sinon impossible de donner à la clientèle du M. O. B. des arguments destinés à la convaincre. Il n'en est pas ainsi.

Prévoyez l'objection. — D'abord, vous n'aurez pas à réfuter, par lettres ou brochures, toutes les objections que l'on vous ferait verbalement. Elles ne se produiront généralement pas, mais elles doivent pourtant être prévues, non pas pour y parer, mais pour que certaines façons d'exposer votre pensée en empêchent l'éclosion.

La brochure indispensable. — Vous devez donc réduire les arguments à un strict minimum. Mais presque toujours ce strict minimum est plus qu'il en faut pour toute une campagne de lettres, fût-elle très longue, à plus forte raison pour une seule missive. Puis, de cette façon, s'il est beaucoup de points à faire valoir dans une campagne échelonnant vos motifs de conviction, le premier serait oublié lorsque les derniers ne seraient pas encore parvenus.

Nous arrivons ainsi à conclure que la base d'un M. O. B., dans la majorité des cas, devra être la brochure. Celle-ci peut se permettre toutes les longueurs et sa permanence peut être, du fait de sa présentation, rendue plus longue que celle de toutes les lettres ou circulaires. Ces dernières durent le temps que durent les lettres : le temps qu'on les ouvre.

Importance de la lettre. — En procédant de cette façon, nous avons l'air de choquer les gens qui voient ainsi la lettre reléguée au second plan. Ce n'est pas exact, car c'est à elle qu'appartient la conclusion de l'affaire : c'est encore là l'essentiel.

Nous connaissons cependant des M. O. B. qui ne sollicitent que par la brochure ou le catalogue et non sans succès. Des commerçants réalisent ainsi le problème posé au début de ce chapitre, qui consiste à envoyer les arguments en un paquet.

Pourtant presque toujours il faudra que la lettre intervienne. Non seulement elle viendra rappeler la série des arguments énoncés dans la brochure, non seulement elle reprendra un à un les points principaux de conviction pour les mettre en valeur, mais elle précédera la brochure et appellera l'attention sur elle.

La première lettre. — Une lettre appelant l'attention sur une brochure envoyée simultanément ne doit contenir aucun argument. Son but est simplement d'appeler l'attention. Il serait inutile d'y glisser un fait de nature à convaincre, car ce fait fera double emploi avec le document qui suit. Il n'aurait comme effet que de déflorer une chose qui aura plus d'impression dans la brochure que dans la lettre.

La lettre, la première lettre surtout, est l'intruse. Chaque chose qu'elle voudrait dire en votre faveur est le meilleur moyen d'appeler l'attention sur ce point et de provoquer, ipso facto, la réaction sous la forme de méfiance.

La brochure, moins directement personnelle dans son essence et dans son allure, exposera votre plaidoyer avec plus de délicatesse et de discrétion. Laissez-lui donc la parole.

Beaucoup de nos lecteurs verront ainsi la raison pour laquelle nous recommandons dans un plan un peu long une simple lettre sans arguments en premier lieu. C'est que celle-ci ne dit rien qui soit discutable. Elle passe donc et entraîne derrière elle votre nom. Si c'est la première fois que ce nom est soumis au public, il ne s'y attache rien de commercial et il entre dans l'esprit du client éventuel, sans difficulté. En réalité, vous n'avez pas fait, par cette lettre, acte effectif de commerçant et l'on vous en sait gré.

La brochure survenant n'a plus à essuyer le feu du premier contact. Elle porte davantage et fait un ouvrage beaucoup plus utile que si elle fût arrivée de but en blanc.

La conquête des suggestibles. — En opérant ainsi, nous avons toutes chances de voir venir à nous tous les spontanés, c'est-à-dire toute la clientèle normale et immédiate du M. O. B.

Pour celle-ci, il est inutile de faire pression sur elle, elle viendra d'elle-même. A son égard, il est donc inutile, sinon dangereux, de mettre en relief tel ou tel argument qui serait peut-être le moyen de l'inciter, pour une fois, à cette réflexion qui est si dangereuse dans l'achat. Donc, pour obtenir les clients spontanés, il n'y a rien à mettre en avant. Ceux-là achèteraient même sur l'envoi d'une photographie de l'objet à vendre avec l'indication du prix et de votre adresse sans plus.

Heureusement les clients de ce genre ne sont pas nombreux, car ils se ruineraient trop vite et fausseraient tout le marché.

Les indifférents et la gradation d'arguments. — Toutefois il est, nous l'avons vu, à côté du spontané, des acheteurs éventuels qui ne demandent qu'à se laisser convaincre. Pour eux commencera la gradation de vos arguments. A ceux-là, ne leur en mettez pas de trop. Présentez simplement la réponse à quelques objections générales et secondaires, réponses ayant trait surtout à la nature générale de l'objet plutôt qu'à sa valeur intrinsèque. Avec eux créez surtout le besoin, la nécessité.

S'il est utile, employer à cela, deux, trois, quatre lettres ou moyens identiques tels que la plaquette. Bien souvent cette dernière, si elle est luxueuse, sera plus opérante que la lettre. Elle saura, comme la brochure dont elle n'est qu'une réduction, passer avec plus de facilité parce qu'elle est plus discrète.

Lorsque la gamme des arguments sera assez longue, nous conseillons l'emploi alterné de la plaquette et de la lettre. La lettre ne devra jamais être abandonnée, car elle a une allure plus pressante et, si elle est moins insinuante, maniée avec soin, elle est plus concluante. Elle peut obliger celui qui la reçoit — et c'est là son intérêt — à répondre. Alors la campagne de lettres personnelles peut avoir un effet définitif.

A procéder par gradation dans l'emploi des arguments, on a l'avantage de ne pas encombrer le cerveau des gens. Lorsque les motifs de conviction sont sériés, ils ne paraissent pas longs, se lisent et agissent sur les individus auxquels ils sont destinés avec beaucoup plus de facilité que s'ils sont associés à d'autres motifs. Puis, la majorité des acheteurs ne demande qu'à se laisser convaincre par la répétition et l'accumulation constante.

De plus, l'accumulation offre l'avantage de permettre aux réfractaires de s'habituer petit à petit à vous. Il n'y a rien de tel pour venir à bout des gens que la patience.

Les réfractaires et l'argument décisif. — Une campagne qui ne comporterait qu'une seule unité ou moyen serait condamnée d'avance du côté des réfractaires qui constituent un nombre réellement intéressant de clients à solliciter. Pour eux, on aura soin de réserver, pour la fin, l'argument opérant au plus haut chef, le coup décisif qui fait toucher terre à l'adversaire. C'est ainsi qu'il nous est arrivé d'employer, pour la dernière lettre un argument très frappant. Il s'agissait de vendre un appareil pouvant durer une dizaine d'années. Cet appareil, d'une utilité certaine, mais non obligatoire, était un peu neuf dans nos mœurs. Aussi, avions-nous réservé cet appel final : « Moins de vingt-cinq centimes par semaine ». Envisagée ainsi, la dépense semblait insignifiante. Et par contre nous nous serions gardés d'employer un tel argument dès le début, car il aurait été brûlé aussitôt et nous n'aurions rien eu pour le remplacer par la suite.

Cette façon d'opérer est logique. On a épuisé, sur la clientèle assez facile à convaincre, les arguments anodins auxquels les réfractaires se sont habitués. Peut-être même ont-ils discuté ces arguments. Il est inutile de donner en pâture à leur cerveau des séries d'arguments nouveaux. En conséquence, c'est à eux que s'adresse in fine le point décisif, celui auquel on ne peut résister.

Graduez donc vos lettres par ordre d'intensité. Dans cet ordre d'idées, ne vous appesantissez jamais sur le prix au début, qui cependant devra être mis en évidence comme nous l'avons dit pour les autres moyens.

Création de la confiance par la publicité générale. — Aux spontanés, laissez opérer l'achat sans pression. A ceux qui se laissent facilement convaincre, démontrez l'utilité de ce que vous vendez, la réalité du besoin. Et pour les plus durs à la détente, gardez la preuve, par un moyen ou un autre, qu'en faisant la dépense que vous leur demandez, c'est encore eux presque qui seront vos obligés.

Fig. 148. — Hauteur de l'original : 8 centimètres.

Suggestion illustrée directe par la chose. Pas d'action, pas de résultat. Intensification du désir. Essai de suggestion indirecte par le milieu. Ligne d'orientation bouclée, le regard allant des yeux au chocolat et réciproquement.

Nous disions plus haut que la méfiance était généralement, avec la réaction, l'effet produit par la vente par correspondance sur le public. Quel que soit le cas, il faut vaincre cette funeste tendance, qui peut inférioriser le rendement d'une campagne.

Comme toutes les maisons de commerce ne peuvent avoir une réputation universelle, identique à celle des grands magasins, elles doivent chercher les moyens qui, en dehors de la présentation de leur M. O. B., peuvent détruire la méfiance du client éventuel et même inspirer la confiance.

La correspondance seule tendant à provoquer la réaction, il faut, pour les débutants surtout, lui donner un adjuvant qui authentifie la démarche et donne de la notoriété à celui qui la lance. Pour cela, il faut sortir de la publicité individuelle et avoir recours à la publicité générale.

L'annonce, dans les organes généralement lus par ceux que vous voulez toucher, est une bonne chose. Répétez moins souvent, mais faites des placards qui se voient, de manière à créer l'impression que vous existez et que vos moyens sont puissants. L'annonce est le moyen type, mais il peut arriver que l'on y ajoute l'affiche ou d'autres moyens du même genre ; toutefois les frais ainsi entraînés deviendraient tels qu'ils ne pourraient plus être que difficilement supportés par les rentrées d'un M. O. B. seul.

Il est important de se donner cette notoriété. Elle évitera que les gens se disent en recevant la première lettre qui les gêne : « Quel est encore cet escroc ! » Il faut plutôt qu'ils puissent penser : « Ah ! c'est cette maison qui fait une si belle annonce dans le Daily ».

Cette seule différence est énorme et représente le fossé qui sépare le succès des déboires.

Nous venons en somme de rappeler l'application de toutes les règles de la vente et de la publicité ; mais on les perd si souvent de vue qu'en matière de M. O. B. il était utile de les fixer à nouveau et de donner le motif de leur emploi.

Le maintien de la clientèle. — Nous avons dit que la caractéristique de la clientèle du M. O. B. est d'être suggestible. Nous devons ajouter qu'une fois acquise, qu'elle vienne de réfractaires ou de spontanés, elle est passible de la suggestion.

Il faut, en réalité, reconnaître que le mode opératoire employé sur les suggestibles surtout, les a amenés à être plus sensibles encore aux suggestions. Celles venant du dehors opéreront donc sur eux.

Or vous n'êtes pas seul à faire de la publicité et à solliciter une clientèle par le M. O. B. Il faut donc que vous sachiez garder le patrimoine que vous vous êtes constitué et le défendre contre les incursions de vos concurrents.

Les moyens pour y arriver sont divers. D'abord se place la réalisation intégrale de vos promesses. Songez que dans la plupart des cas l'acheteur bénévole vous donne une confiance que rien ne justifie. Si vous savez mériter cette confiance, le client s'attache à vous et l'objet que vous lui avez vendu n'a plus pour synonyme que votre nom. Si vous le décevez sur un point quelconque, vos efforts sont perdus, car au lieu de passer pour la maison très grande que nimbe l'auréole de l'inconnu ou du lointain, vous ne devenez qu'un affreux voleur, ce qui du reste est assez juste comme déduction.

Pour éviter la déception, ayez soin que toutes vos suggestions se rapprochent le plus possible de la vérité. N'avancez rien qui ne soit strictement vrai, probant, mais aussi prouvable. Donnez à vos dessins le plus grand cachet, le plus joli fini que l'on puisse désirer, mais qu'ils soient exacts. Retouchez vos photographies, en ce qui concerne le rendu, mais n'altérez pas la forme.

Laissez tous ces moyens aux amateurs de l'effet immédiat, du résultat qui ne dure pas. La force du M. O. B. d'une maison sérieuse consiste surtout à se tailler une réputation par sa scrupuleuse et rigoureuse honnêteté.

Ceci ne saurait suffire, car la concurrence insinuante prouvera qu'elle fait mieux que vous. Il faut donc, par des moyens continuels, tenir en haleine votre clientèle pour que vos suggestions s'enchaînant, surpassent les suggestions d'autrui.

Envoyez des lettres spéciales à vos clients acquis, donnez-leur des imprimés spéciaux où ils sentent que vous les traitez différemment du public ordinaire et mieux que vos concurrents. Que votre correspondance, une fois le client assuré, ne voie plus en lui une fiche, mais bien un ami. Allez-y surtout de la lettre bien personnelle avec un mot pour chacun.

Auparavant la lettre était considérée comme une intruse ; elle devient, une fois le client acquis, le lien indispensable. Il faudra alors la sortir de la banalité et de l'impersonnalité. Ceci nécessite des chefs de correspondance qui connaissent un peu cette psychologie épistolaire dont nous avons traité par ailleurs.

En somme vous devez prendre votre client dans les mailles serrées d'un filet qui est tissé de la continuité et de la multiplicité des moyens.

Les milieux influent sur la rédaction. — Une autre question doit être examinée, lorsqu'on parle de vente par correspondance. Elle a trait aux différents milieux que vous pouvez solliciter en même temps.

Bien souvent un produit répond à une classe sociale bien déterminée. Certaines maisons ne vendent que dans le grand monde ; d'autres exclusivement à une clientèle ouvrière. La distinction des milieux ne se pose pas dans des cas semblables. Par contre, il est des maisons qui vendent des articles répondant, par des prix ou des présentations différentes, à des catégories sociales multiples. Si nous prenons un phonographe, par exemple, il est évident que sa clientèle peut comporter aussi bien la clientèle ouvrière que celle des salons les plus luxueux. Les fabricants de ces appareils ont des séries de prix variant de vingt à plusieurs centaines de francs pour des sensations musicales ou auditives à peu près équivalentes. Serait-il juste de faire la même campagne de M. O. B. pour toute cette clientèle différente en ses besoins et en ses goûts ?

Partant de ce principe que ce qui est donné au client pour le solliciter n'est jamais trop luxueux, nous ne demanderons pas de faire un catalogue moins joli pour l'ouvrier que pour le gros propriétaire. Ce qui se fait de mieux dans ce sens doit toucher tous les milieux, car l'homme considère qu'il est digne de tous les hommages. Or un catalogue luxueux est un hommage alors qu'une circulaire piteuse peut ressembler à du mépris. Mais il n'en est pas ainsi de la lettre, dans sa conception et dans sa rédaction.

Il nous est arrivé de recevoir dans certaines entreprises des gens aussi simples que des entrepreneurs de la campagne au costume souvent plein de plâtre ; nous recevions aussi des sénateurs, des généraux, des sommités scientifiques. Vous nous auriez traités de fous, si nous avions parlé de la même façon à l'un qu'à l'autre. La joviale cordialité, pleine de dignité qui convenait à l'entrepreneur, n'aurait pas été de mise avec : « Mon Général », pas plus que les termes scientifiques n'auraient produit de l'effet sur les militaires.

Ce que vous faites dans la conversation, quand vous vous adaptez au milieu, nous allions dire à l'habitat, pourquoi tant de commerçants le négligent-ils dans leur M. O. B. ?

Nous connaissons l'objection : cela demande du temps et coûte de l'argent, par suite de la multiplicité des moyens employés. A cela, nous répondons que cette objection est très secondaire, puisqu'il s'agit d'une dépense de valorisation.

Comme nous venons de l'exposer, la brochure doit être omnibus, mais la lettre devra avoir une rédaction adaptée aux milieux que l'on désire toucher.

N'hésitez donc pas à faire des formules spéciales non seulement pour les catégories spéciales qui ont le luxe et la simplicité à leurs extrémités, mais aussi pour chacun de ces mondes séparés qui sont l'université, l'armée, la marine, la magistrature, etc... Ne l'oubliez pas, la femme d'un premier président, fût-elle peu fortunée, ne se traite pas — pas plus en M. O. B. que dans le monde — de la même façon que la femme d'un petit épicier.

Sachez donc faire le plus de séries possibles dans votre M. O. B. lorsque vous vous adresserez à un public par trop hétérogène. Votre rédaction et votre présentation, votre papier à en-tête différeront suivant chaque cas.

LES ÉLÉMENTS

La circulaire. — Jusqu'ici nous n'avons parlé que de la valeur et des effets du M. O. B.

Nous allons examiner les éléments qui lui donnent sa puissance et qui lui permettent de remplir son rôle : ce sont la circulaire, la lettre, la brochure et la plaquette. Le « House Organ » en fait aussi partie; mais, en raison de son importance, nous l'étudierons séparément.

La circulaire est une lettre personnelle mais qui cherche, avant tout, à ne pas le paraître. Son but, est en effet, de simplifier la correspondance et de la rendre plus économique pour l'annonceur. C'est un point qui n'est pas toujours très exact. Editée par quantités, tirée sur de mauvais papier et souvent mal présentée, la circulaire a tendance à produire une mauvaise impression sur son destinataire. Elle n'à pas à être étudiée spécialement ici, car les lois qui la régissent sont celles de la lettre et de l'annonce. Nous renvoyons donc à l'étude de chacun de ces moyens pour ce qui concerne sa rédaction, son illustration ou le choix du papier.

La lettre et le papier. — La lettre, au contraire, est d'une importance capitale dans le M. O. B. Elle est la base de ce service. Elle ouvre d'abord la porte du client et elle conclut l'affaire, ensuite. Tout dans la lettre doit être étudié avec soin, car tout y a une grande importance suggestive. Le choix du papier, qui apparaît comme une chose négligeable, est un point très utile. Beaucoup d'annonceurs font des économies sur leur papier pour leur correspondance ordinaire ou leurs circulaires. En agissant ainsi, ils oublient les lois de la suggestion, car le public est toujours impressionné par l'extérieur, la forme ou, si vous préférez, par le vêtement. Nous avons vu dernièrement l'un de nos amis lancer une circulaire en caractères typographiques de machine à écrire mais sur beau papier permettant une impression soignée et la reproduction d'une photographie. C'était une innovation bien simple, et cependant cette circulaire a eu un rendement exceptionnel. Il faudra donc tenir compte du papier.

L'en-tête suggestif. — C'est le papier, d'ailleurs, qui permet d'avoir une bonne illustration. Or nous recommandons, toutes les fois que le produit s'y prête, de mettre en tête de la lettre un cliché qui fasse de la suggestion par la chose, en y joignant le résultat produit, quand cela est possible. Nous avons, par nos études précédentes, démontré que c'est le meilleur moyen d'intéresser le lecteur et d'entrer en relations avec lui. Ainsi, comme exemple (*fig.* 161), un fabricant de bureaux de travail très pratiques pour les enfants, a eu une excellente idée en représentant plusieurs fois sur l'en-tête de ses lettres un enfant occupé à ses devoirs. Ce bon exemple devrait inspirer tous ceux qui font du M. O. B., de même que les commerçants, en général.

Beaucoup ont comme en-tête de lettres des attributs plus ou moins utiles, des motifs qui n'ont aucunement trait à la chose vendue. Chaque fois qu'il est possible, votre papier à en-tête doit suggérer par la chose que vous vendez.

Dans la généralité des cas, et lorsque l'on est assuré que la lettre tombera dans un milieu bien choisi, toutes les correspondances, même la première lettre, ainsi que tous les rappels devront avoir cet en-tête suggestif.

Illustration dangereuse. — Toutefois il est des cas où une illustration serait inopérante et même dangereuse. Souvent l'on envoie des lettres dans des milieux que l'on ne connaît pas et où il faut pénétrer par surprise. Dans de telles conditions, une gravure trop explicite empêcherait la lecture de la lettre. C'est ce que nous avons vu pour la couverture de la brochure. Il vaut mieux que son but passe inaperçu au premier regard et que l'on soit obligé de lire le texte qu'aura su rédiger un technicien habile.

Rédaction. — La rédaction de la lettre peut s'inspirer de nos conseils généraux pour l'annonce et de ceux donnés lors de l'étude psychologique du M. O. B.

En conséquence, la rédaction doit être claire, courte et précise. La première lettre, particulièrement celle qui doit aborder le client, doit posséder ces qualités. Il en résulte que le rédacteur ira droit au fait et ne s'encombrera pas de périphrases ou de formules trop administratives.

Si le sujet est délicat à présenter et si l'on veut être lu, la première démarche, tout au moins, devra être discrète. On donnera à la lettre une allure complètement personnelle. Dans le cas de lettres faites à la machine, il est préférable qu'elles soient en petits caractères, qui donnent à la correspondance un aspect plus privé.

Présentation. — Certains appareils modernes ou bien l'utilisation de clichés faits d'après un original à la machine à écrire permettent de tirer des milliers de lettres ayant l'air d'avoir été écrites pour chaque individu.

On peut encore augmenter cet effet en donnant l'illusion d'une lettre écrite à la main. Il n'y a qu'à faire un cliché soigné et à le tirer avec de l'encre copiante ; cette dernière remarque est indispensable.

Bien entendu, pour que ces précautions ne soient pas inutiles, on supprime tout ce qui pourrait donner, avant la lecture de la lettre, une indication sur son contenu et l'on se contente de mettre à la fin son nom et son adresse. De même il faut s'abstenir de joindre à la lettre tout prospectus ou imprimé qui viendrait compromettre l'effet cherché.

Par la suite, les professions qui inspirent réellement l'impression qu'elles sont obsédantes, pourront continuer à se servir de lettres écrites discrètement. Mais, en général, s'il est bon parfois d'agir par surprise pour forcer l'attention, le public vous saura gré d'opérer plus ouvertement. Il vous connaît déjà et, si vous n'êtes pas trop important, il vous lira

encore volontiers d'autres fois. Le renouvellement du procédé ne réus-
sirait certainement pas auprès des gens qui trouveraient quelque chose
de louche dans cette manière d'opérer.

En un mot, tout doit tendre à capter la confiance du client, et par
suite amener l'achat.

Fig. 149. — Hauteur de l'original : 36 centimètres.

Suggestion illustrée directe par la chose. Aucune action. Le résultat est exprimé simplement par le texte. Pas de suggestion indirecte. Ligne d'orientation méconnue.

Défauts à éviter. — Il faut donc éviter tout ce qui peut contrarier.
Parmi les inhibitions, nous appellerons l'attention sur l'adresse. Ce
n'est pas sur l'exactitude du numéro ou du nom de la rue que nous voulons insister, mais bien sur la qualité de la personne. Beaucoup de gens
tiennent à ce que leur titre ou leur profession soit indiqué sur leur correspondance. Ils sont défavorablement impressionnés vis-à-vis de ceux
qui ne font pas cette inscription sur l'enveloppe. C'est une légère faiblesse humaine contre laquelle le raisonnement ne peut rien et qu'il

faut, par cela même, éviter de contrecarrer. Il suffit d'un oubli de ce genre pour manquer une affaire importante.

En outre, dans la lettre même, l'on rencontre souvent des formules malheureuses, qui ont pour effet certain d'indisposer le destinataire contre votre proposition. Ainsi, quand vous faites un rappel pour la quatrième fois, il est maladroit de dire : « Après les trois lettres restées sans réponse, que je vous ai déjà écrites... » Le lecteur pense immédiatement qu'après avoir reçu trois lettres il est assommant d'en lire une quatrième et celle-ci est mise de suite de côté. En outre on ne peut manquer d'être vexé par une phrase qui a l'air de vous faire un reproche, et l'on devient, sans le vouloir, ennemi de la maison qui fait une réclame aussi maladroite.

Il y a également inhibition quand on oublie l'unité de sujet. Dans la rédaction, nous réclamons de la précision et de la concision; mais ces qualités perdent de leur valeur si la lettre veut traiter plus d'un sujet. Ainsi, l'éditeur qui lance deux revues, l'une d'utilité générale, l'autre spéciale, commet une erreur grave en faisant de la réclame en même temps pour les deux publications. Celui qui lit, est intéressé et apprécie leur valeur, mais ne prend pas de décision. Le rendement extrêmement faible des lettres et des circulaires qui veulent vendre trop de choses disparates est un fait bien souvent contrôlé. Il vaut donc mieux s'en tenir à un sujet par lettre.

Nous terminons ces conseils sur la lettre. Les novices, en matière de réclame, pourraient croire que nous sommes entrés dans des détails trop secondaires et qui n'ont pas une réelle importance. Ce serait une erreur de le penser, car c'est souvent pour des détails, pour des riens, qu'une publicité ne porte pas tous ses fruits.

La brochure. — La brochure est un élément essentiel du M. O. B. C'est elle qui expose complètement le sujet qui n'a été qu'amorcé par la lettre. Son but est tellement important qu'elle a fait, dans ce livre, l'objet d'une étude spéciale.

La plaquette. — La plaquette est un diminutif de la brochure ou booklet. Celui-ci est souvent d'un prix élevé, en raison de son importance d'abord et de son exécution artistique ensuite. On ne peut donc, en général, l'envoyer avec chaque lettre de rappel : ce serait un moyen trop coûteux.

La plaquette remédie à cet inconvénient. Elle offre, en outre, l'avantage d'apporter une note nouvelle qui modifie et augmente l'impression du booklet.

Elle se compose d'habitude d'une feuille qui peut être pliée en plusieurs volets sans aucune reliure.

Tout ce qui a trait au choix du papier, à l'illustration et la rédaction de la brochure s'applique aussi à la plaquette. Son caractère particulier réside dans son originalité ou son ingéniosité. Là, tout est possible, et les combinaisons les plus variées sont employées pour attirer l'attention.

On utilise souvent un format long et étroit qui donne à la plaquette un cachet spécial. Parfois elle est à trois volets et n'est imprimée que sur les pages de l'intérieur. On obtient ainsi un triptyque d'effet heureux.

L'illustration et la rédaction sont mises à contribution, pour lui donner une allure moins documentaire que la brochure, dont elle n'est que l'auxiliaire et sur laquelle elle doit ramener l'attention.

La plaquette tient, en somme, le milieu entre la brochure et l'invention agréable.

MODE OPÉRATOIRE

L'abord par la lettre. — Nous avons vu qu'on peut opérer avec le M. O. B. seul, ou bien en lui adjoignant le concours de la publicité générale et, en particulier, de l'annonce. Dans les deux cas, le mode opératoire est le même, quoique la source de l'adresse du client possible soit différente. Ce dernier point n'influe, en effet, que sur la rédaction de la lettre d'entrée en matière.

A part les grandes maisons qui prospectent, non le client, mais l'affaire à l'aide du catalogue ou prix courant, le premier pas dans un M. O. B. est fait par une lettre. Celle-ci est préférable, pour débuter, à la brochure et à la plaquette. Ces deux moyens sont trop impersonnels pour produire un effet utile. Ils n'ont pas l'air d'être adressés à la personne qui les reçoit, parce qu'ils ne contiennent pas une phrase qui puisse le faire supposer. Aussi, n'auront-ils guère, comme résultats, que d'être gardés s'ils sont luxueux et présentés avec goût. Le plus souvent, ils ne seront même pas examinés.

L'effet est tout autre quand le destinataire est averti par une lettre qu'il recevra un booklet. Ce dernier n'arrive plus en inconnu. La lettre l'a présenté ; elle a su éveiller l'attention, la curiosité ou le besoin du client, suivant les circonstances. Ce qu'elle annonce est donc un complément de renseignements et une suite naturelle à ce qu'elle contenait. Le lecteur fait alors involontairement et sans effort le rapprochement entre la missive de la maison et sa brochure ; son attention se porte de l'un à l'autre et produit une action puissante qui accroît la valeur séparée de chaque moyen employé.

L'intensification par la lettre. — Toutefois, une lettre n'est pas toujours indispensable pour accompagner et introduire le booklet. Quand une personne le demande directement sur le vu d'une annonce ou sur le conseil de quelqu'un, il peut se passer d'un introducteur auprès du demandeur. Néanmoins, même dans ce cas, nous sommes d'avis d'appuyer la brochure par quelques lignes qui en fassent ressortir l'intérêt. Il ne faut jamais perdre l'occasion d'accroître la suggestion quand on le peut. Or, un envoi à un client possible est un moment propice pour intensifier la valeur de la réclame.

Dans le M. O. B., les opérations doivent donc commencer par l'envoi d'une lettre annonçant la brochure.

Les rappels limités. — Si les personnes qui ont été prospectées répondent et demandent des renseignements complémentaires, nous tombons dans la correspondance commerciale proprement dite. Si elles gardent le silence, c'est le moment d'employer des lettres de rappel et de les faire suivre, le cas échéant, de plaquettes simples, mais suggestives.

Les lettres de rappel ou les plaquettes doivent être utilisées tant qu'elles peuvent donner un rendement qui paie leurs frais. En fait, l'expérience a démontré qu'il fallait employer deux ou trois lettres ou plaquettes, à intervalles variés, d'après les produits offerts. Si vous vendez, par exemple, des machines dont le besoin se fait sentir toute l'année, vous pourrez espacer largement vos lettres de rappel et ne les envoyer que tous les mois. Au contraire, un tailleur devra agir plus rapidement auprès de sa clientèle. Il y a une question d'opportunité dont il faut tenir compte. On commande surtout des vêtements à deux époques de l'année. Il faut que les rappels arrivent à temps. Trop tard, ils sont perdus ; trop tôt, ils restent sans effet.

Il ne faut pas perdre de vue, dans la mise en pratique du « follow-up », que les rappels ne sont que secondaires. C'est la brochure qui est la base du M. O. B. Or, il est possible qu'une personne prospectée égare ou perde la brochure. La lettre de rappel doit prévoir ce point et proposer l'envoi d'un nouvel exemplaire. Le rappel est simplement destiné à appeler l'attention sur la chose elle-même et sur les arguments en faveur de sa vente, en utilisant la brochure comme référence.

Les rappels illimités. — En limitant à un chiffre minime le nombre des lettres de rappel et de plaquettes, nous n'avions en vue que des produits dont la consommation ne se renouvelle pas.

Pour ceux qui donnent lieu à des ventes courantes, le nombre en est indéterminé. Dans ce cas, il y a des habitudes déjà prises et il est plus difficile de les modifier que de convaincre un homme qui veut acheter une machine et qui n'a jamais fait usage d'appareils similaires. Ainsi, lorsque l'on veut lancer une liqueur par le M. O. B., il faut une grande persévérance. Chacun est, en effet, plus ou moins attaché à une marque à laquelle il attribue des vertus qu'elle a ou n'a pas. Pour faire goûter votre liqueur, vous aurez de grandes difficultés que vous ne pourrez guère surmonter qu'en offrant l'échantillon gratuit.

Cet exemple montre que le nombre des rappels est variable suivant les arguments qu'ils contiennent. Dans le cas cité, un échantillon bien présenté et une lettre valent mieux que dix rappels sans échantillon. Quant à l'espace de temps qui doit s'écouler entre l'envoi de chacun d'eux, il est fonction de l'opportunité.

En résumé, la manière d'utiliser le M. O. B. est simple en principe. En fait, le point délicat et qui est une question à étudier pour chaque cas est de savoir à quel moment il faut cesser la sollicitation de celui qui n'est point encore un client.

LES TARIFS

Timbres à 2, à 5 ou à 10 centimes. — Une question très grave se pose à tous ceux qui font la vente par correspondance, c'est celle du port. Doit-on timbrer à 2 centimes sous bandes, à 5 centimes sous enveloppes ouvertes, ou à 10 centimes sous enveloppes fermées? Cette appréhension est d'autant plus compréhensible que le port forme la grosse partie des frais qui viennent grever la vente par correspondance.

Si nous étions au début de la publicité, nous dirions qu'il est indifférent d'employer l'un ou l'autre de ces tarifs, pourvu que la lettre ou la circulaire soit conçue en vue de ces tarifs. La circulaire devrait avoir quelque chose qui attire l'œil immédiatement; la lettre sous enveloppe ouverte serait dans le même cas; quant à la lettre fermée, son ingéniosité serait évidemment moins grande. Aujourd'hui, vu la quantité d'imprimés qu'il reçoit, il faut obliger le public à lire et pour ceci l'enveloppe fermée s'impose, venant augmenter la dépense à faire. Encore, n'est-on pas sûr que, malgré la présentation la plus soignée, vous n'aurez pas 50 0/0 de vos lettres qui ne soient jetées au panier dès les premières lignes. Nous connaissons l'une des plus importantes maisons de machines à écrire de Paris qui, autrefois, envoyait ses imprimés à 2 centimes. Elle est passée de l'imprimé sous bande à l'imprimé sous enveloppe ouverte;

le résultat s'est amélioré. Elle a essayé de l'enveloppe à 10 centimes, et le résultat lui a prouvé qu'elle devait persévérer dans cette voie.

A moins de rares exceptions et d'exigences budgétaires insolubles, c'est vers l'imprimé à 10 centimes qu'il faut aller.

Seule, la plaquette, en raison de son luxe ou de son ingéniosité, peut permettre l'envoi à 2 centimes. Vous obtenez ainsi un rappel écono-mique, tout en présentant à nouveau vos offres d'une façon plus discrète, mais souvent plus vivante et plus originale.

CONTROLE

Nous ferons remarquer qu'en exposant la théorie et la pratique du M. O. B., nous n'avons pas indiqué de moyens comptables de contrôle, ni de systèmes spéciaux pour la tenue des fiches nécessaires à un follow-up.

Nous estimons, en effet, que ce n'est pas notre rôle. Il existe de nombreuses maisons qui se sont spécialisées dans ces questions de classement. Elles fournissent un matériel spécial dont on peut fréquemment se passer en le créant soi-même.

* * *

En résumé, le M. O. B. est un moyen de réclame complet et qui se suffit à lui-même. Néanmoins, le plus souvent, il sert à continuer l'effet de la réclame générale et à ne pas laisser perdre des clients possibles, que la correspondance commerciale enregistre seulement quand ils sont en pourparlers avec la maison.

Il est donc un trait d'union indispensable.

XXXII

LE « HOUSE ORGAN » (H. O.)

La concurrence est le véritable créateur des moyens de
publicité.

Après avoir étudié le M. O. B., on peut se demander si une maison
importante n'aurait pas avantage à remplacer une grande partie de sa
volumineuse correspondance par un organe périodique qui la maintiendrait en contact avec ses clients. Le périodique serait le journal de la
maison ou le « House Organ » (H. O.).

Causes de son apparition. — Il paraît bien, à première vue, qu'une
telle publication ne peut manquer de supprimer des lettres de prospection ou de demande d'explications écrites. Son rôle nous semble, toutefois, plus important que d'être uniquement l'accessoire d'un M. O. B.

Pour s'en rendre compte, il n'y a qu'à examiner les dépenses nécessitées par la réclame.

A l'heure actuelle, la publicité devient de plus en plus coûteuse, au fur
et à mesure que tout le monde se rend compte de son absolue nécessité.
Les quotidiens et les revues font payer fort cher la surface qu'on leur
achète, et il est probable que leurs tarifs s'accroîtront encore. C'est un
fait résultant du développement de la réclame et auquel il n'est guère
possible d'apporter de remède direct.

En outre, cette élévation des prix n'étant qu'une conséquence de la
demande de la clientèle des annonceurs, les périodiques laissent une
plus grande surface à l'annonce qui rapporte et n'exige pas de frais de
rédaction pour le journal. Le nombre des annonceurs augmente ainsi dans
chaque périodique et fait connaître de nouvelles maisons au public. Il
en résulte que les anciennes, celles qui ont eu foi, dès l'abord, en la
publicité, se trouvent concurrencées dans les organes qui les avaient
lancées.

La situation, pour ces dernières, change donc considérablement, puisqu'on les attaque avec leurs propres moyens, et elles ne peuvent qu'éprouver une augmentation de dépenses de ce nouvel état de choses.

Cet inconvénient s'accroît encore si l'on songe que la multiplicité des annonces, faites trop souvent d'une manière un peu empirique, vient diminuer la visibilité et modifier l'état de réceptivité flottant du lecteur. La publicité devient ainsi de plus en plus difficile à faire dans les quotidiens et les revues, surtout quand on ne possède pas un « advertising manager » compétent.

D'autre part, lorsqu'une maison doit lancer à de courts intervalles un nombre très grand de circulaires, elle a intérêt à transformer celles-ci en un H. O. régulier qui leur enlèvera leur caractère d'intrusion et fera bénéficier l'annonceur de tarifs postaux avantageux. En outre les H. O. tendent à récupérer largement leurs frais d'impression par la publicité qu'ils peuvent obtenir.

Ce qu'est le H. O. — Les H. O. affectent le caractère des revues périodiques, généralement mensuelles, et sont rédigés en vue d'étendre les affaires des maisons qui les lancent.

Des annonces voisinent le texte et des sujets très variés y sont traités dans le but de rendre la lecture intéressante.

En un mot, à première vue, un H. O. ne ressemble pas, en général, à ce qu'il est réellement; il s'efforce de ne pas paraître un simple moyen de réclame, mais aussi un moyen d'intérêt commun.

Caractéristiques et modes d'action. — Ainsi compris, le H. O. appartient à la fois à la publicité générale et à la publicité individuelle : il est un peu hybride à ce point de vue. C'est qu'en effet, bien qu'envoyé à des personnes déterminées et à qui d'ailleurs, il est exclusivement destiné, il rayonnera forcément autour de son destinataire comme le fait toute revue. C'est ce que les journaux traduisent sous cette formule que, tirant à 20.000 exemplaires, ils ont 100.000 lecteurs. Par suite de cette action il appartient aux deux sortes de réclame.

Il offre également la particularité d'être un moyen et un medium.

Puisque le medium peut ici être subordonné par l'annonceur au moyen nous n'étudierons que celui-ci seulement. Nous ne tenons compte, en effet, des media que parce que nous ne pouvons pas agir efficacement sur eux.

Au début du livre III, nous n'avons pas comparé le H. O. aux autres moyens. Son développement est, en effet, trop récent et son usage trop restreint pour qu'il puisse être mis sur le même pied que l'annonce, l'affiche, le booklet, le M. O. B., etc... Il a pourtant de grands avantages sur les autres moyens individuels de réclame.

Tout comme un prospectus ou un booklet, il donne des renseignements sur les articles vendus par la maison, sur leurs avantages, la manière de les utiliser. Mais il existe, entre ces moyens, des différences considérables. Le prospectus ou le booklet ne s'applique, en général, qu'à un seul produit et il n'est pas périodique. On peut, il est vrai, lui donner ce dernier caractère, en le renvoyant aux clients à des époques déterminées, mais l'effet produit est loin d'être le même, car le client ignore la périodicité du booklet, et il ne l'attend pas toujours, comme il le fait pour le H. O.

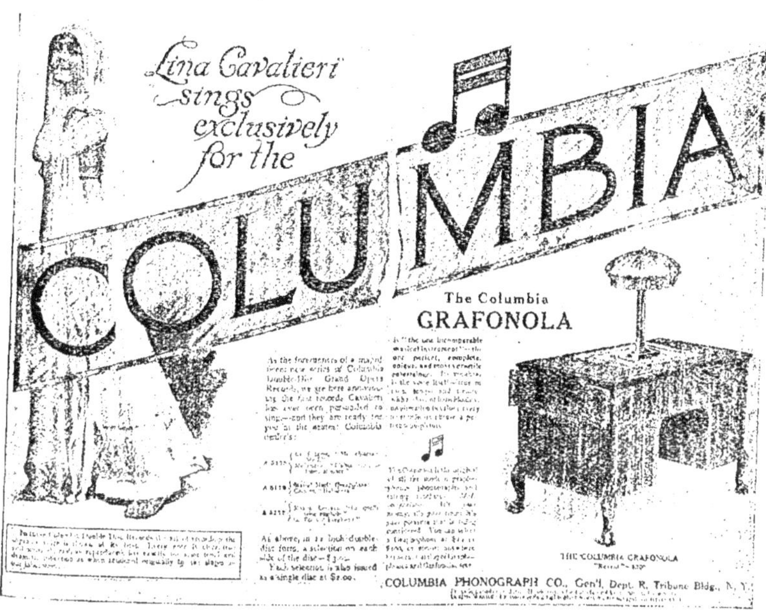

Fig. 150. — Hauteur des deux pages originales : 20 centimètres.

La question de la grandeur de l'annonce se limitait jusqu'ici à la page ou à ses fractions. L'annonce Columbia n'hésite pas à employer la double page. C'est à ce seul titre que nous l'examinons, laissant de côté les erreurs de théorie et de technique.

En outre, et c'est là un point capital, le public estime fort peu le prospectus. Il trouve qu'on l'ennuie avec cette débauche de papier qu'on lui envoie ou qu'on le force à prendre. Il en est saturé et n'arrive plus à les lire. Il a un peu plus d'estime pour le booklet qui se présente d'une manière plus luxueuse et plus agréable à l'œil. Il le lira si sa rédaction est facile et intéressante et le gardera si son illustration est harmonieuse. Mais ces deux moyens ont un point d'infériorité sur le H. O. tel que nous le comprenons. Le public voit qu'ils proviennent d'une maison qui lui dit avec toutes les formes désirables : « Prenez mon ours ». Instinctivement, le client devient méfiant en lisant le prospectus, et il faut que la rédaction en soit habilement faite pour vaincre le scepticisme ou la méfiance du public.

L'indépendance. — Le « House Organ » bien compris n'offre pas cet inconvénient. Bien qu'il soit édité par une maison de commerce ou par la direction commerciale d'une Société, on ne s'aperçoit pas, au premier abord, qu'il n'est qu'un prospectus développé. Il ressemble à une petite revue contenant des articles intéressants sur des sujets divers et, en particulier, sur les produits mis en vente par l'éditeur du journal. Bien entendu, pour que le public ne remarque pas le caractère particulier de cette publication, il faut prendre certaines précautions qui viennent à l'esprit de tous. On ouvre le H. O. à d'autres maisons qui ne concurrencent pas, soit directement, soit indirectement, les affaires faites par le propriétaire du journal, et les annonces leur sont largement ouvertes. En donnant de la variété aux matières publiées, l'organe apparaît indépendant et impartial à ceux qui le reçoivent. L'effet produit est ainsi plus puissant. Le client prospecté n'est pas méfiant quand il reçoit un périodique qui lui paraît indépendant et, si le journal est convenablement présenté, il le lira, ne serait-ce que par curiosité. Le H. O. se trouve donc en excellente posture pour conquérir le client sans qu'il s'en doute. La suggestion a une emprise plus facile sur un homme qui à confiance que sur celui dont la défiance est mise en éveil.

Le H. O. est donc excellent pour étendre les affaires.

Une fois la clientèle acquise, le H. O. est un moyen précieux pour la conserver. Sa périodicité, qui est au moins mensuelle, vient constamment entretenir le public de choses nouvelles et intéressantes. L'état de réceptivité des clients devient chaque fois plus favorable et plus facile à la réception de la suggestion. Bien entendu il est à présumer qu'un jour ou l'autre la plupart des lecteurs s'apercevront que l'organe est sous la dépendance d'une maison et qu'il en recommande surtout les produits. Mais, à ce moment, cette découverte n'aura aucun effet nuisible, car le client sera convaincu, depuis longtemps, de la valeur et du sérieux du H. O. Il trouvera simplement, dans son raisonnement rapide d'acheteur, que la maison X... est une grande maison puisqu'elle peut avoir une revue et il ne cherchera plus à mettre en doute la bonne foi du journal.

En résumé, l'indépendance est le caractère principal du H. O. et celui qui doit le distinguer particulièrement des autres moyens ordinaires de publicité.

Rédaction. Illustration. — Il n'y a rien de spécial à dire sur la rédaction et l'illustration d'un H. O.

Les conseils donnés précédemment pour chaque moyen de réclame doivent être naturellement suivis pour les annonces et les articles.

Quant à la partie qui est étrangère à la publicité, nous ne pouvons pas la traiter ici. Nous savons, par expérience, qu'elle doit être toujours intéressante et attractive tout en restant indépendante. Elle sera le fond du tableau qui fera ressortir ce que l'on veut faire voir au public. Par conséquent il faudra qu'il y ait unité entre le fond et le sujet principal.

Nous ferons remarquer qu'en sa qualité de medium le H. O. doit tenir compte de l'état de réceptivité de ses lecteurs dans sa ligne de conduite générale. Il peut, en effet, s'adresser à des intermédiaires ou à des clients directs.

Dans le premier cas, il faut insister sur les arguments qui intéressent l'intermédiaire, c'est-à-dire la commission, les facilités de livraison, la solidité des appareils qui n'entraînera pas d'ennuis ultérieurs.

Pour le client direct, c'est l'utilité, la nécessité ou l'intérêt de la chose qui doivent être mis en évidence avec opportunité.

Nous ne nous étendrons pas plus longuement sur ce point, et nous allons examiner quelques types de H. O.

Le journal-catalogue. — Actuellement il existe en France un certain nombre de H. O. fondés par des maisons très importantes. Le plus connu, peut-être, est celui de la manufacture d'armes de Saint-Étienne ; c'est d'ailleurs un des types du genre. Nous n'avons pas ici à faire son éloge, mais nous sommes obligés de reconnaitre qu'il contient une partie rédactionnelle très intéressante, surtout pour ceux qui vivent en province et que le journal a spécialement l'intention d'atteindre. Les annonces y sont très nombreuses et variées et sont encore un attrait pour le lecteur, en raison même de leur diversité. Sans doute il n'est pas brillamment illustré, mais l'abondance des matières le rend utile à beaucoup. C'est là le secret de sa vogue. Il est inutile de dire que la maison qui l'édite en tire un sérieux profit. Les annonces y sont nombreuses et bien présentées et le résultat n'en peut être douteux. Un point est à retenir dans ce H. O., c'est la manière dont sont rédigées les annonces. Elles ressemblent plutôt à des pages de catalogues qu'à des annonces proprement dites, comme nous avons l'habitude d'en voir dans les quotidiens. La rédaction de la publicité de l'organe tend ainsi à se confondre avec celle du catalogue de la maison. Cette répétition s'explique en partie par le grand nombre d'articles que cette maison présente au public. Sa manière d'opérer fait de son périodique un journal-catalogue, ce qui économise beaucoup de temps à ses employés, sans diminuer la puissance de sa publicité.

Le H. O. type. — La tendance actuelle est de créer des organes paraissant plus indépendants que celui dont nous venons de parler et laissant croire au public qu'il a affaire à une revue d'information où la publicité est plus discrète que celle du journal-catalogue. Conçu de cette manière, le H. O. acquiert l'intérêt maximum auquel il peut prétendre, surtout si l'illustration vient s'ajouter à une rédaction claire. Pour ne pas trop montrer le bout de l'oreille, la réclame de la maison intéressée se tient dans de justes limites et n'exagère pas trop son importance par rapport à la publicité des autres maisons qui annoncent. Il y a là une question de doigté qui doit faire l'objet des préoccupations du directeur de l'organe.

Un des meilleurs types du genre conçu et rédigé avec soin est le petit « Mécanicien Moderne » derrière lequel il est difficile de deviner une puissante Société française.

Avec une telle conception, le H. O. possède tous les avantages dont nous avons parlé plus haut. Il devient une arme efficace pour conquérir et garder la clientèle d'une maison. Fonctionnant avec un M. O. B. bien organisé, il doit rendre d'éminents services.

Le H. O. officiel. — En face de ces deux manières de comprendre un H. O., il en existe une troisième qui répond, peut-être par amour-propre, à la conception de quelques Sociétés. Celles-là n'estiment pas que l'indépendance de leur périodique puisse avoir une importance quelconque et, dans le titre du journal, elles font apparaître orgueilleusement leur nom. Comme nous l'avons déjà dit, ce système offre l'inconvénient de prédisposer le public à la méfiance et de lui faire considérer la revue comme un de ces prospectus dont on l'inonde.

Nous ne voulons pas dire que ce moyen de publicité soit sans effet. Mais nous pensons que, dans le cas actuel, sa valeur est fortement amoindrie, surtout au début. Peu à peu, c'est-à-dire au bout de quelques années, quand le H. O. aura fait ses preuves, il remontera le courant et arrivera à sa place. Mais, en attendant, ses débuts auront été très onéreux. Nous en avons sous les yeux un exemple qui confirme pleinement nos idées sur ce point. Une Société qui fait d'excellentes affaires dans de nombreux pays a fondé, il y a quelque temps, un journal avec son nom bien apparent. Le Directeur a été obligé de constater que, dans les débuts, le journal a eu un simple succès de curiosité. En bon français, ceci veut dire qu'il n'a pas eu de succès. Depuis, sa rédaction a fait des progrès et il tend à devenir un organe d'information. Il commence maintenant à récolter les fruits de sa campagne ; ils ont été tardifs.

Dans l'automobile, également, il existe un journal de ce genre bien connu. La maison qui l'édite aurait fait, à notre avis, une excellente affaire, si elle avait fondé une revue générale d'information. Nous ne croyons pas que son mode d'opérer ait rendu les services qu'elle en attendait.

H. O. et M. O. B. — Comme nous l'avons dit au début, le « House Organ » est très utile pour un M. O. B. On ne peut donc concevoir l'un sans l'autre. Le journal est, en effet, un rouage important de la vente par correspondance, puisque son but est de développer la clientèle avec qui l'on traite plutôt par écrit que de vive voix. Le M. O. B. possède ainsi un moyen plus efficace que l'envoi d'un catalogue ou d'une circulaire. Il est en effet plus facile de graduer ou de varier ses effets dans un journal qui paraît à époque fixe et qui est suivi par la clientèle que dans des feuilles ou brochures dont la lecture est actuellement assez douteuse, à moins qu'elles n'aient fait l'objet d'une demande de la part du public. En outre, le H. O. fait du rappel d'offres automatique dans la vente par correspondance et supprime ainsi des recherches longues et ennuyeuses. Toutefois, comme son envoi est surbordonné à son rende-ment, au bout d'une période déterminée, il nécessite la tenue de fiches qui se confondent avec celles du service du M. O. B.

Fig. 151. — Hauteur de l'original : 22 centimètres.
Suggestion illustrée directe par la chose en action. Le résultat est difficile à exprimer, car il s'agit de la lecture d'un livre. Suggestion indirecte parfaite par le milieu, la fraîcheur sympathique du sujet. Les mots « Ullstein Bücher » auraient dû être immédiatement au-dessus de 1 mark.

Le M. O. B., dont l'importance devient chaque jour plus grande, ne peut manquer de s'étendre encore davantage, par la vulgarisation des H. O. C'est un fait heureux pour les maisons de commerce, qui se rendront mieux compte du coût de leur publicité et de son rapport.

Abonnement. — Vous allez nous faire remarquer que le public s'abonnera difficilement au H. O., celui-ci restant une circulaire périodique.

Certains organes ont cru pouvoir négliger ce point et, comme nous l'avons vu, ont eu leurs débuts retardés.

Pour obtenir l'abonnement qui vient effacer l'effet d'intrusion du H. O., le premier moyen consiste à mettre un prix d'abonnement à la portée du milieu où il va. Ensuite il faut surtout, et c'est là qu'est la science du directeur de l'entreprise, que le H. O. ait une présentation et une rédaction telles qu'il s'impose et devienne une nécessité. Enfin, pour obtenir l'abonnement, surtout avec un H. O. à caractéristique définie, il n'y a qu'à rédiger des articles en série et à ne faire le service du journal que tous les deux ou trois numéros, de manière à le faire désirer et à montrer qu'il est réellement un journal et non une circulaire.

Rendement. — Pour être complet, nous devons dire que le H. O. a encore un avantage, dont nous n'avons pas tenu compte.

Quand une maison importante fait de la publicité sans journal ou revue qui lui soit propre, ses dépenses en réclame représentent le prix d'achat de sa clientèle, tout comme on achète la clientèle ou l'achalandage d'un fonds de commerce.

Si la même maison emploie la majeure partie de son budget de publicité à créer un H. O., que va-t-il arriver ? Cette maison acquerra comme précédemment une clientèle peut-être plus importante, mais surtout plus fidèle. Mais là ne s'arrêtera pas le bénéfice de la maison. Elle aura, en outre, un organe qui aura une valeur propre au bout d'un certain temps, surtout par la publicité que lui apporteront d'autres affaires qui ne posséderont pas leur journal.

La réclame aura ainsi accru son rendement, en créant une clientèle d'une part et une revue d'autre part.

Le H. O. paraît donc appelé à de grandes destinées.

XXXIII

LES PRIMES

L'usage d'octroyer une prime à tout acheteur se répand
de plus en plus. Beaucoup de maisons profitent de toutes
les occasions qui se présentent pour en offrir à leur
clientèle et pour tenter ceux qui ne « magasinent » pas
chez eux.

LA PRIME PUREMENT COMMERCIALE

La prime suit l'achat. — La prime est un moyen destiné à pousser à
la consommation les gens indécis, ou bien à amener chez soi des clients
nouveaux ou appartenant à un concurrent. Elle consiste essentiellement
en objets ou produits donnés directement ou indirectement, sous forme
de bons, à tout acheteur. La prime suppose un achat préalable.

S'il n'y avait pas achat, l'objet donné à un client ne serait pas une
prime, mais un objet-réclame ou un échantillon, suivant le cas.

La nature de la prime est devenue très variable depuis que son importance s'est accrue. Il existe des maisons qui se sont spécialisées dans la
fabrication d'objets destinés à cet usage et qui sont constamment à la
recherche de nouveautés pour leurs clients. La céramique, la maroqui-
nerie, le bois, le métal, le celluloïd, le papier, fournissent de nombreux
modèles de primes sous forme de crayons, agendas, miroirs, éventails,
articles pour fumeurs, statuettes, gravures, etc., etc...

En outre, le domaine des objets-primes est devenu beaucoup plus
considérable par l'emploi des bons-primes. Ces bons, remis au client lors
d'un achat, donnent droit, suivant leur nombre, à l'obtention des produits
les plus divers pris dans l'alimentation, l'ameublement, les articles de
sport, etc... ; de cette manière, tout peut servir de prime.

Utilité générale. — La prime poussant directement à la consommation trouve donc un emploi naturel dans toutes sortes de commerces. Elle
convient aussi bien au détaillant qu'aux grandes maisons pour lesquelles
se pose également le problème de la vente. Il faut donc l'utiliser.

Le commerce de détail s'en sert surtout pour lancer sa maison. Une épicerie, une boucherie, se fondent ou bien changent de propriétaire : aussitôt le patron se hâte de faire savoir à tous qu'il donnera une prime à tout acheteur le jour de l'ouverture de son magasin. Et ce jour-là, le public vient en foule, car les primes distribuées au moment du lancement sont, en général, avantageuses par rapport à l'achat effectué. Plus tard, pour retenir sa clientèle, le commerçant emploiera le même moyen : il est d'ailleurs indispensable de le faire à certaines époques, principalement au commencement de l'année. Le client français y est habitué, et ce serait risquer de le perdre que de déroger à ces traditions.

Les maisons plus importantes, à clientèle étendue, trouvent dans la prime un moyen de développer leurs affaires. Elle influe particulièrement dans la vente des objets n'ayant pas un certain caractère d'utilité. On achète ainsi des pièces d'horlogerie, des appareils photographiques, des livres, etc..., dont le besoin ne se fait pas impérieusement sentir, mais que l'on désire acquérir, séduit par l'attrait de la prime. Elle paraît au public un supplément exceptionnel qui ne lui coûte rien.

En général, la prime est donnée aux clients, directement par la maison intéressée. Il peut arriver toutefois qu'une société qui a des représentants ou des dépositaires leur donne des primes pour leurs acheteurs. La société ne profite pas entièrement de la dépense faite, car si elle augmente ses ventes, on ne peut pas dire qu'elle s'attache la clientèle de ses agents : ce sont plutôt ceux-ci qui augmentent leur rayon d'action. La prime perd donc de sa valeur.

C'est un point à envisager toutes les fois qu'on s'occupe de ce moyen de publicité.

Prime commerciale et prime spéculative. — La prime est commerciale quand elle tend à développer les ventes d'une manière progressive et qu'elle est peu importante comparée à l'achat. C'est une dépense de publicité comme l'annonce ou l'affiche et qui tend à un but analogue.

Elle devient spéculative si elle est donnée dans l'intention de faire vendre des objets dont la valeur est bien inférieure au prix demandé, et dans ce cas elle doit avoir une valeur propre assez considérable pour influencer l'esprit du client.

La valeur de la prime. — Ces quelques explications montrent quelle doit être la valeur de la prime par rapport au montant de l'achat. On peut dire qu'elle est inversement proportionnelle à la valeur des produits vendus et, par suite, la foule devrait d'autant plus se méfier qu'on lui donne, en supplément de son achat, un avantage plus important.

Toutefois il y a une règle qu'il importe de ne pas enfreindre. Quel

que soit l'objet donné, il faut qu'il soit présentable. Il vaut mieux ne
rien donner que d'offrir de la camelote. Le public croirait qu'on se
moque de lui et déserterait votre magasin.

Primes cumulatives. — Un point important et où l'on reconnaît le
flair commercial, c'est de trouver des primes intéressantes qui, prises
isolément, sont utilisables, mais qu'il est préférable d'avoir en série.
Ainsi les images-primes que les enfants et même les grandes personnes
collectionnent, décident souvent de l'achat dans tel magasin plutôt que
dans tel autre. De même la distribution séparée des pièces d'un service
à thé, à café, etc... incite le client — ou plutôt la cliente — à se servir
dans une maison déterminée. Nous en avons connu qui, pour avoir un
service complet, demandaient à toutes leurs amies de faire leurs emplettes dans un endroit déterminé. Elle remplissaient ainsi l'office de
courtières de la maison.

Le choix de la prime est donc un point à étudier.

FIG. 152. — Hauteur de l'original : 160 centimètres.

Affiche. — Suggestion illustrée directe par la chose, en action, avec ses résultats. La vitesse est en effet, évidente. Suggestion indirecte limitée à un milieu : le milieu militaire. Ligne d'orientation fausse. Le point de départ, en effet, se trouve sur l'automobile et son mouvement est d'autant plus impératif que sa vitesse semble plus grande.

Rendement important. — Le rendement donné par la prime ne fait
pas d'habitude l'objet d'un contrôle sérieux. La plupart des commerçants
ne s'en préoccupent pas. Néanmoins le rendement est considéré par tous
comme excellent, puisque des maisons qui estiment que la prime est immorale en arrivent à l'utiliser pour
elles-mêmes. Ceci montre qu'une partie du public se laisse tenter plus
facilement par un objet de peu de valeur que par une légère diminution
de prix. C'est un fait qu'un commerçant doit noter avec soin. Son succès
dans les affaires peut dépendre d'une remarque de ce genre.

La prime n'augmente pas les prix. — L'utilisation judicieuse de la
prime qui tire parti de l'état d'esprit actuel de la nature humaine ne
peut donc être en principe taxée d'immoralité. Certains disent : « La

marchandise a sa valeur propre, qui doit assurer sa vente ». Ces personnes ont dit la même chose, lors du développement de tous les moyens de publicité. Sans doute, la prime peut engendrer des abus, comme d'ailleurs l'annonce, l'affiche, etc... et induire le public en erreur. Nous le reconnaissons volontiers. Cela ne doit pas amener à conclure à l'immoralité d'un moyen qui rend des services à ceux qui savent l'employer et qui ne porte pas préjudice au public, puisque la concurrence se charge de niveler les prix de vente. Les détracteurs de la prime feraient mieux de dire qu'ils craignent la concurrence sous toutes ses formes et quand une nouvelle apparaît, ils voudraient bien la supprimer.

Ils n'y pourront rien, car le succès ou l'insuccès de la prime dépend uniquement de l'état psychologique du public.

Primes en nature, soldes et occasions. — Le point de vue psychologique est le même pour les occasions, soldes et primes en nature. Au lieu de donner quelque chose en supplément, on offre, en fait, au public, des marchandises au rabais. Celui-ci achète, car il croit toujours recevoir plus qu'il ne donne. Le succès de ce système est aussi brillant que celui des ventes avec primes.

Il est constamment employé par les grands magasins qui se débarrassent par ce moyen des marchandises dont ils tiennent à se défaire, ou qui attirent de nouveaux clients en offrant des objets à prix coûtant.

C'est une variante de la manière dont on peut donner des primes.

PRIMES ARTISTIQUES

Suggestion indirecte par l'art. — L'art intervient dans les primes pour créer des sujets intéressants que le public gardera volontiers, en raison de la beauté de l'exécution. La reproduction parfaite d'un tableau de genre, présentée avec goût, ne peut manquer de plaire. Or le client sera amené, sans s'en douter, à établir une relation entre son fournisseur et le cadeau offert. Si ce dernier est bien, le commerçant bénéficiera de la suggestion indirecte sur le client, qui aura pour lui plus d'estime et de considération. On fait agir le sentiment au lieu de l'intérêt.

Les primes artistiques ont donc une véritable importance, surtout en tant qu'elles s'appliquent à des calendriers et à des buvards.

Usage permanent. — Les calendriers et les buvards sont des objets d'usage courant pour l'homme d'affaires comme pour le rentier. C'est une grande habileté que de savoir tirer parti d'un objet qui frappe souvent la vue et qui, en somme, coûte peu : l'annonce ou l'affiche reviennent à des sommes autrement élevées.

Les trichromes dont on embellit ces moyens, choisis avec soin et montés sur des fonds appropriés donnent, aux calendriers, comme aux buvards, un caractère de grand luxe qui peut les faire accepter par les plus exigeants.

La discrétion. — Le seul point délicat est de savoir se limiter dans la publicité que l'on peut se permettre. Si l'on encombre le support du sujet d'une longue réclame, le cachet artistique disparaît. Si l'on ne met rien, le possesseur n'est plus sollicité que par le souvenir du don : c'est peu en publicité. L'expérience a montré que le nom et la profession du commerçant sont suffisants, et encore doivent-ils être très discrets pour qu'ils soient visibles sans ostentation. Ce sont là les qualités qui donneront à ces objets la prépondérance sur les autres calendriers ou buvards que votre client pourrait recevoir. Et c'est un but d'une assez grande utilité pour ne pas négliger tous les éléments de réussite pour l'atteindre.

Le calendrier. — N'oubliez pas, en effet, qu'un calendrier reste pendant un an sous les yeux d'une personne ou plutôt d'une famille. Et durant cette année, il est certain que d'autres personnes le verront, l'admireront et s'informeront du nom du fournisseur, si par hasard elles ne l'avaient pas vu. Suivant les cas, ce seront dix consommateurs ou cent fois plus qui se seront extasiés devant le calendrier, car il sera d'autant mieux placé qu'il sera mieux exécuté. L'on a ainsi un affichage gratuit, qui répand votre nom dans le public. Votre client, très heureux de voir l'effet produit, fera souvent votre éloge. N'est-ce pas la meilleure des publicités ?

Le buvard. — Le buvard artistique présente les mêmes avantages, mais il est plus éphémère. Il dure une semaine, un mois et c'est tout. Pendant ce temps, il est bien en vue pour celui qui s'en sert, mais de lui seul. Quand il a servi, on le garde encore pour le sujet, comme on garde des gravures intéressantes, mais il disparaît de la circulation et son action devient nulle. Malgré cela, son emploi est très efficace, surtout si on a en vue de seconder l'action du premier moyen : il enfonce également le clou et deux marteaux valent mieux qu'un.

Comment les utiliser. — En dépit de ces avantages, les primes artistiques sont assez peu répandues en France. C'est aux Etats-Unis qu'elles ont acquis un essor considérable et il est une maison à notre connaissance qui a merveilleusement perfectionné ce moyen dans des points d détail que beaucoup estimeront secondaires, mais qui, au contraire, sont très importants et montrent une connaissance approfondie de la psychologie humaine.

Cette maison a pour principe de vendre des calendriers et des buvards qui sont en réalité des objets d'art. Pour en assurer la valeur artistique, elle n'utilise que des tableaux de maîtres, dont elle s'assure l'exclusivité du droit de reproduction pour la publicité.

Puis, étant donné que le public ne se rend pas toujours compte de la valeur artistique d'un tableau, elle a cherché à éduquer le public pour lui faire apprécier les chefs-d'œuvre qu'elle lui présentait. Elle y est arrivée en accompagnant le calendrier d'une notice fort bien écrite, donnant des renseignements tant sur l'auteur du tableau que sur l'œuvre elle-même et montrant les différents points qui peuvent être mis en valeur par un critique.

Le client apprécie davantage la reproduction de l'œuvre d'art, car il croit l'admirer en connaissance de cause et en voir lui-même les beautés. En outre, la notice qui a fait son éducation peut être détachée sans laisser de traces, et le possesseur du calendrier est alors tout heureux d'en signaler la valeur artistique aux personnes qu'il reçoit et de les étonner par ses réflexions qui lui donnent l'apparence d'un connaisseur. On tire un parti utile de la faiblesse et de la vanité humaines.

Aussi les calendriers de cette maison sont-ils préférés aux autres. Ils frappent, en effet, les clients avec plus d'intensité, et cette intensité a sa répercussion sur tous ceux qui les voient et qui reçoivent une impression beaucoup plus forte qu'en regardant simplement un autre calendrier.

Le résultat est de faire une publicité plus effective pour la maison qui s'en sert.

Le commerçant ou l'industriel a donc tout intérêt à s'adresser pour ses calendriers à un éditeur qui sait si bien le seconder.

En résumé, les primes artistiques sont un excellent instrument de réclame. Le détaillant a surtout intérêt à les utiliser partout où le public a un peu de goût et les grandes maisons elles-mêmes ont là un moyen pratique d'ancrer davantage leur nom dans l'esprit du public.

LES OBJETS-RÉCLAMES

L'objet-réclame, indépendant de l'achat. — A première vue, il ne paraît pas exister de différence entre les objets donnés en prime et ceux destinés à la réclame générale. Les objets peuvent servir indifféremment à l'un ou l'autre but. C'est leur emploi seul qui les fait classer séparément.

Si l'objet est donné à l'occasion d'un achat il devient une prime. Dans tout autre cas, c'est un objet-réclame.

L'objet réclame amorce. — Il offre un certain intérêt, parce qu'il peut servir comme moyen de contrôle. C'est surtout à ce titre que nous l'examinons. Lorsque vous faites des annonces, vous désireriez bien savoir ce que rapporte chacune d'elles, tout au moins chaque série. L'offre d'un objet permet de suite de se rendre compte d'où viennent les demandes. Il suffit de prévoir des mots ou des formules dont l'inscription par le client entraînera l'envoi du produit offert. On est ainsi certain de distinguer l'annonce qui rapporte ou le medium dans lequel a été lue la réclame. C'est donc un moyen bien supérieur aux adresses variées, que le public a tendance à ne pas reproduire, tendance qui fait disparaître toute trace de contrôle.

Accessoirement, l'objet-réclame peut être le point de départ d'un follow-up, car son envoi peut inciter certaines personnes à s'adresser à une maison. Il faut toutefois tenir compte que le rendement d'un tel follow-up doit être bien infime. En effet, le but qui a poussé la personne à écrire est l'attrait d'un objet offert gratuitement. On ne peut donc espérer qu'il sera un acheteur éventuel. Aussi vaut-il mieux ne pas faire état d'un avantage qui est plus théorique que pratique.

Fɪɢ. 153. — Grandeur naturelle.

Suggestion illustrée directe par la chose. Ni action, ni résultat. Pas de suggestion indirecte. Ligne d'orientation presque bonne, suivant le mouvement du pâtissier. Les mots « les meilleurs pâtés » auraient cependant gagné à être plus apparents. Cette annonce a l'inconvénient de mentionner, en dehors du cadre, un catalogue. Il y a toute chance que cette mention passe inaperçue.

Le cadeau. — Son action est, par contre, d'un effet très heureux auprès des consommateurs qui fréquentent les restaurants, les cafés et établissements analogues. Le détaillant n'oublie pas que « les petits cadeaux entretiennent l'amitié », et le don d'un article de fumeur ou d'un objet quelconque amène toujours un sourire sur le visage du client. C'est ainsi que l'on conserve une clientèle qu'il est si pénible d'acquérir. Certainement, vous avez tous en vue des exemples vécus qui viennent confirmer la valeur de l'objet-réclame.

L'action sur l'enfant. — Par exemple, beaucoup se servent de l'instinct paternel ou maternel en donnant aux enfants des objets de valeur insignifiante et qui leur font tant de plaisir. Nous avons vu une « farine lactée » qui offrait une petite brochure dont la couverture permettait de faire une petite poupée très originale, puis de l'habiller et de la coiffer. La dépense était à peu près nulle. Elle suffisait à faire garder la brochure et à rendre heureuses les petites filles et leurs mères, qui ne manquaient pas ensuite de s'adresser à cette maison.

Dans le même ordre d'idées se trouve l'objet-réclame remis par le fournisseur au détaillant.

La mauvaise distribution. — En général, l'objet-réclame présente relativement peu d'intérêt pour les maisons importantes. Celles-ci ne le donnent pas directement. Elles emploient d'ordinaire l'intermédiaire d'un représentant ou d'un dépositaire et la distribution en est souvent faite d'une manière déplorable. On en fait cadeau à des amis, à des camarades à qui il n'est nullement destiné : c'est un moyen pour un agent de faire plaisir aux personnes de sa connaissance ; il en résulte un gâchis et une perte pour l'intéressé.

Bien donné, l'objet-réclame a un grand poids, car ici la façon de donner vaut plus que ce qu'on donne. Laissons-le donc à ceux qui ont cette qualité, c'est-à-dire aux petits patrons intelligents qui sont en contact journalier avec leur clientèle.

XXXIV

L'ÉCHANTILLON

*L'échantillon est excellent en lui-même. Le point délicat
est de savoir le présenter et le donner.*

Suggestion par la chose. — Le principe suggestif de l'échantillon est celui de la suggestion par la chose elle-même.

Il est, en réalité, illogique, au point de vue théorique, d'examiner ce moyen après ceux que nous avons déjà vus, mais nous sommes forcés de donner cette place à l'échantillon parce qu'il ne peut pas être employé dans tous les cas et parce qu'il est obligé, pour être connu, d'utiliser les autres moyens qui précèdent.

Il faut, en effet, presque toujours la circulaire, l'annonce ou le catalogue, pour que l'échantillon soit utilisé.

Malgré cela, l'échantillon devra se trouver à la base de toute opération de publicité ayant pour but de faire connaître la valeur d'un produit.

L'action sur les sens. — S'il s'agit d'un produit d'alimentation, il est nécessaire de le présenter à celui des sens qui l'intéresse, c'est-à-dire au goût. L'échantillon, dans ces conditions, donnera le maximum de suggestion, puisque non seulement il incitera à l'acte, mais encore il provoquera en petit un essai de cet acte. Goûter un échantillon est le premier pas vers l'achat.

S'il s'agit d'un fil à coudre, l'échantillon sera encore utile, car il tombera sous les sens — vue et toucher — de la femme qui coud. Elle se rendra compte des qualités du fil, de sa facilité à glisser dans l'étoffe, et il suggérera par lui-même.

Les produits pharmaceutiques utilisent avantageusement la suggestion par l'échantillon. Nous ne pouvons que recommander son emploi d'une façon générale.

Les qualités et les défauts. — Cependant vous pourrez nous faire remarquer que, dans certains cas, l'échantillon suggère, mais présente, en même temps que les qualités, les défauts que peut avoir un produit.

La première réponse que nous avons à faire est celle-ci : si vous lancez sur le marché un produit nouveau, veillez à ce que celui-ci ne soit pas inférieur à ceux qui existent déjà car, quels que soient les efforts de votre publicité, la mauvaise qualité de votre produit, à l'usage, serait le meilleur moyen de vous entraîner dans de mauvaises affaires.

Si possible, le produit devra être supérieur aux autres. Mais, à égalité de qualité, l'échantillon viendra augmenter la suggestion constante des autres moyens, et la maison qui en donnera le plus entraînera, derrière la suggestion par l'objet, son nom. Celui-ci prédominera dans l'esprit du public.

Puis, l'échantillon, quel que soit son mode de distribution, laisse l'impression que la maison qui le donne est assez large, assez généreuse et dispose de fonds suffisants pour ce faire.

La quantité de l'échantillon. — Ceci nous amène à dire que l'échantillon ne devra pas être une simple partie minime de l'objet ou du produit à vendre permettant tout juste de l'identifier.

L'échantillon infinitésimal n'a qu'une valeur inférieure, car nous devons nous rappeler, pour lui, ce que nous avons vu plus haut au sujet de l'affirmation. Il ne suffit pas de le présenter, il faut le présenter avec intensité. Or, l'intensité pour l'échantillon, c'est sa masse.

Si nous prenons comme exemple un produit alimentaire en poudre, un cacao par exemple, ne limitez pas l'échantillon à une pincée mise dans un paquet analogue à ceux que les pharmaciens vous donnent sur l'ordonnance de votre médecin.

Le moins que vous puissiez faire, c'est de donner au public la quantité nécessaire pour déguster, au moins une fois copieusement, une tasse de ce cacao.

L'effort pécuniaire résultant de cette distribution est beaucoup plus grand, mais a l'avantage d'assurer des résultats autrement certains que lorsque l'échantillon ne fait que provoquer l'illusion.

Nous dirons même qu'une maison qui désire produire une impression très grande pourra faire bien, en donnant, non pas la quantité nécessaire pour un usage, mais une des boîtes courantes, vendues normalement.

Si elle ne peut en faire un cadeau absolu, il faudra qu'elle la vende à un prix dérisoire, et nous verrons pourquoi tout à l'heure.

L'avantage de l'échantillon assurant plusieurs usages, c'est de permettre un usage répété du produit. Il donne, par conséquent, le commencement d'habitude à l'usage futur. Le proverbe a raison : « L'habitude est une seconde nature. »

L'identification du produit par l'échantillon. — Cette façon de procéder a l'avantage de présenter l'échantillon comme un document représentant exactement le produit, tel qu'il est livré à la consommation. A ce sujet, faisons remarquer que la valeur d'un échantillon réside d'abord dans la suggestion du produit, mais également dans le moyen qu'il donne pour identifier ce produit.

Aussi, nous considérons comme inférieurs dans leur rendement tous les échantillons dont l'aspect extérieur, la présentation, le paquetage ne correspondent pas à celui du produit, tel qu'il est vendu.

L'échantillon et le lancement. — De ce qui précède, l'on voit que l'utilité de l'échantillon se manifeste surtout au moment du lancement d'un produit nouveau.

Il est rare que l'échantillon soit utilisé et utilisable pour entretenir la consommation.

Dans ces conditions, il faut que le premier lancement par échantillons soit fait d'une façon aussi intense que possible. Dans le cas où l'on ne pourrait pas inonder tout le marché d'échantillons, il faut procéder au lancement soit par villes, soit par régions déterminées, pour passer de l'une à l'autre. De cette manière l'action de l'échantillon n'est pas déflorée.

Fig. 154. — Hauteur de l'original : 20 centimètres. Suggestion illustrée directe par la chose, avant l'action, sans les résultats, car l'enfant, dans le coin en bas, joue un rôle trop effacé. Suggestion indirecte par le milieu : l'élégance de la table. Ligne d'orientation correcte.

Faites demander l'échantillon. — Nous avons dit plus haut qu'il pouvait être, dans certains cas, nécessaire de faire payer l'échantillon, étant donné que sa valeur peut comporter un sacrifice très grand de la part de l'annonceur. Nous avons ajouté que le prix devait être très minime. Nous n'envisagions donc pas, à ce moment, la nécessité pour l'annonceur de rentrer dans ses fonds. Nous mettions en jeu un principe, c'est que le public attache d'autant plus d'importance à ce qu'il possède qu'il a fait un effort plus grand pour l'acquérir.

L'action suggestive de l'échantillon est modifiée, en effet, par certains facteurs.

Lorsque l'on propose de distribuer au public cent mille savons purement gratis, il est évident que la suggestion créée par l'annonce n'est pas tant celle de la nécessité de l'usage du savon que la facilité de satisfaire sa curiosité et de bénéficier d'une chose qui ne coûte rien.

Cette tendance du public est constante et les lanceurs de produits par échantillons devront en tenir compte. Leur évaluation de rendement ne devra donc pas se porter sur le nombre d'individus ayant demandé le produit lorsque celui-ci est donné gratis, car il contient plus de curieux que d'acheteurs certains.

Dans les mêmes conditions, la distribution d'échantillons par les détaillants, directement au public, est d'une valeur notoirement secondaire.

Il est donc préférable de faire demander l'échantillon par le consommateur futur, et le moyen employé sera, suivant les cas, l'annonce ou le M. O. B. Nous préférons cependant de beaucoup l'annonce comme début, lorsqu'elle sera suivie et secondée par un rappel d'offres bien établi.

En faisant demander l'échantillon par la presse, le nombre de consommateurs qui se le procureront sera moins nombreux que lorsque la distribution est faite inconséquemment par le détaillant. Il ne dépend plus que de l'annonceur intelligent de faire réaliser l'achat.

Le modèle réduit. — L'échantillon a l'avantage de suggérer par la réalisation de l'acte lui-même et non pas par une des représentations de la chose. Il est des cas où il est impossible de faire essayer ou déguster certains produits.

Par contre, on peut très bien, au lieu de donner une représentation graphique de celui-ci, en donner une représentation objective et nous entrons dans une nouvelle classe d'échantillons.

Nous en trouvons fréquemment l'application dans le monde industriel qui, ne pouvant déplacer ses machines et en donner, dans le sens propre du mot, des échantillons, donne parfois des modèles réduits ou des représentations de modèles réduits, moulés dans de la fonte ou d'autres substances.

Ces objets, remis en cadeaux aux acheteurs éventuels de la machine elle-même, ont l'avantage de constituer une suggestion permanente, qu'il faudra utiliser chaque fois que cela sera possible. Ce dernier échantillon se rapproche comme action de l'objet-réclame.

Mais, lorsque l'on se servira de l'objet réduit, fonctionnant ou ne fonctionnant pas, il y aura lieu de bien se rappeler que le maximum de suggestion sera obtenu en lui donnant les formes qui altèrent le moins possible celles que l'objet a en réalité.

XXXV

ENSEIGNE ET ÉTALAGE

Tous ceux qui ont un magasin trouveront d'utiles conseils
dans ce chapitre.

L'ENSEIGNE

Le document avant l'art. — Avant d'examiner les moyens divers à
la disposition de l'annonceur, il est nécessaire d'étudier l'enseigne et
l'étalage.

Beaucoup d'artistes surtout semblent regretter la disparition de l'enseigne. Ils voient dans ce moyen quelque chose d'original, de spécial,
qui conservait un cachet du passé.

Si l'enseigne artistique n'offrait que ce seul intérêt, nous ne nous
occuperions pas d'elle et nous n'aurions qu'à la condamner, car au point
de vue commercial, nous ne pouvons considérer les choses que lorsqu'elles nous rendent des services.

En règle générale il est préférable d'avoir, chaque fois qu'on le pourra,
une enseigne artistique.

Nous devons toutefois classer l'enseigne en deux catégories : l'une
est à plat sur la devanture ; l'autre vient en saillie perpendiculairement à
celle-ci, happer l'attention du public. Les deux sont évidemment utiles.

Leur exécution sera différente, car celle qui s'étend sur la devanture
pourra disposer d'une place très grande.

Par contre, l'enseigne, au sens propre du mot, c'est-à-dire celle qui
souvent se balance sur un bras de fer, est de dimensions restreintes.

Cette dernière pourra comporter un sujet illustré, en rapport avec
l'objet du magasin ; mais, quel que soit le cas, nous estimons qu'avant
tout, l'enseigne doit être documentaire. Son but est de faire connaître
aux passants le genre d'affaires faites par une maison, ou le genre d'articles que l'on y trouve.

L'objet de la vente avant la raison sociale. — Faisons remarquer
que certains commerçants font leurs enseignes comme ils font leur

publicité, mettant surtout leur nom en avant. Or, à part de rares exceptions, le public ignore que Louis fabrique des chapeaux ou Durobert vend du quinquina.

Le commerçant devra donc mettre au premier plan ses opérations et faire passer au second son nom ou sa raison sociale.

Enseigne lumineuse. — La tendance actuelle à employer des signes

FIG. 155.

lumineux a amené certaines maisons à les utiliser pour leur enseigne. Ce moyen est très pratique et très bon, car le soir, il supplée à l'éclairage que les villes ne peuvent fournir pour mettre en valeur les enseignes.

Nos grands boulevards sont fertiles en échantillons de ce genre de travail, et l'ingéniosité, là, n'a aucune borne.

Une maison de machines à écrire a même installé un énorme clavier qui, le jour, est très visible et le soir (*fig.* 155) s'illumine, signalant ainsi sa présence d'une façon très suggestive.

Cet emploi très habile de la suggestion par la chose, dans l'enseigne, pour être nouvelle, n'en est pas moins très intéressante et est un indice de ce que l'on pourra faire dans l'avenir.

Rappelons, pour terminer, que l'enseigne en saillie sur la rue a comme but d'appeler l'attention du passant, de toute la longueur de la rue.

L'enseigne plate de la façade, comme l'étalage, ne peut avoir d'effet que sur le passant presque immédiat.

L'ÉTALAGE

Toute la suggestion directe. — L'étalage aura un énorme avantage sur l'enseigne, en ce sens qu'il pourra utiliser régulièrement la suggestion par la chose, parfois même la chose en action et aussi la chose en action avec ses résultats.

L'étalage est, en effet, un moyen puissant parce que, présentant le produit lui-même au public, il donne le maximum d'impression véridique créant la confiance. Aucun mode de présentation ou de représentation de l'objet ne peut atteindre le même degré d'exactitude. C'est l'échantillon sous une autre forme.

La suggestion par la chose est trop constante pour que nous ayons à en parler. C'est la seule raison d'être de l'étalage.

Étalage et publicité générale. — Il est même certains centres, où l'étalage constituera, à peu de choses près, le seul moyen de publicité des commerçants.

Lorsqu'une maison ne cherchera qu'un chiffre d'affaires purement local, dans une ville de peu d'importance, la publicité par la presse ou par affiches qu'elle pourrait faire ne lui vaudra certes pas celle qu'un étalage parfait peut lui constituer. Il est inutile, en principe, que ce commerçant se préoccupe d'aller chercher les clients, si son magasin est situé dans la rue principale de la ville, où tout le monde passe.

La publicité — presse et affiche — a sa raison d'être, lorsque le client n'est pas à votre portée, mais elle cesse d'être utile à l'exception de l'impression de notoriété qu'elle engendre, lorsque celui-ci passe tous les jours devant votre maison. Seulement, si votre maison ressemble à celle du commerçant voisin, le public ne saura s'arrêter.

Il y a donc lieu de le mettre en présence de suggestions immédiates, habiles, qui auront sur la publicité générale cet immense avantage de donner la présentation des choses au lieu de leur représentation.

Quels sont les éléments qui constituent la valeur d'un bon étalage ?

L'unité. — En premier lieu, c'est l'unité de la chose qui s'imposera ; ensuite la variété, puis le mouvement, auxquels viendront s'ajouter la parole, l'originalité, l'opportunité et la lumière.

Contrairement à l'opinion émise et prévalente, l'étalage ne suggérera qu'autant qu'une seule chose s'y trouvera.

Le principe de l'unité de l'objet est parfait ; mais il sera bon, parfois, comme pour l'affiche, d'avoir recours à la multiplicité de la même unité.

Il devient donc dangereux de mettre en étalage des objets de nature différente et dont les suggestions s'opposent l'une à l'autre.

Une vitrine, en principe, ne devrait contenir que des objets d'une même sorte ou d'une même catégorie, de façon à ce que ceux-ci puissent frapper l'attention du public.

Il est évident qu'une maison vendant des étoffes n'a aucun effort à faire pour créer des étalages constitués exclusivement par des draps, des soieries, comme par des cotonnades ; mais une quincaillerie peut répondre qu'en raison de la diversité des nombreux objets qu'elle vend, elle est obligée de documenter le public sur ceux-ci. Il y a là une erreur, car l'étalage se voit en même temps que l'enseigne. Or l'enseigne dans laquelle se trouve le mot « Quincaillerie » documente beaucoup plus, à ce sujet, que tous les objets qui pourraient être exposés en dessous.

LE DISQUE ASPIR

C'est la Voix humaine

Fig. 156. — Hauteur de l'original : 160 centimètres.

Affiche. — Suggestion illustrée directe par une partie de la chose seulement car, bien qu'il s'agisse du disque, le phono et son disque sont inséparables dans l'esprit du public. Les résultats de l'action sont indiqués d'une façon originale, avec mise en valeur artistique. Suggestion indirecte absente. Ligne d'orientation faussée : le titre « Disque Aspir » aurait dû être en bas, et ne pas être séparé du complément de la phrase dont il est trop loin. Malgré cela, bonne affiche originale et artistique.

Le mot « Quincaillerie », à lui seul, résume ce que fait et ce que pourrait faire le commerçant alors que son étalage, quel qu'il soit, ne peut en dire qu'une partie.

L'inconvénient même de l'étalage à produits divers, c'est que l'œil ne peut distinguer, un à un, tous les objets et se trouve pris au passage devant une masse qui ne signifie rien.

Donc, même dans ce cas, l'unité s'impose.

Ici, nous tenons à faire remarquer que l'unité n'exige pas toujours un seul sujet dans plusieurs devantures. Les grands magasins ont des vitrines immenses, leurs étalages avec un même sujet deviendraient monotones. Ce qu'il faut faire, dans ce cas, c'est diviser les devantures et ne faire des étalages que de quelques mètres de long, mais en appliquant soigneusement, dans chacun d'eux, la loi de l'unité que nous venons d'établir.

La variété. — Le principe de l'unité, si révolutionnaire, porte en soi sa correction.

Un étalage qui conserverait constamment le même sujet serait condamné à ne faire aucun effet, étant donné qu'en peu de temps le public y retrouverait une sensation habituelle et ne serait plus attiré.

Il faut donc varier, autant que possible, les objets mis en montre.

Si nous prenons une modiste, par exemple, celle-ci aura intérêt à ne montrer chaque jour qu'un ou deux chapeaux, ce qui mettra ceux-ci en valeur. Les femmes pourront les examiner dans tous leurs détails. Les unités exposées ne seront pas gênées par les chapeaux voisins. Le lendemain, d'autres chapeaux pourront remplacer ceux de la veille.

De cette façon, l'étalage changeant continuellement devient beaucoup plus attractif qu'avec l'ancien système consistant à laisser pendant des semaines, voire pendant des mois entiers, les objets perdre leur puissance suggestive.

Un étalage qui ne comporte qu'une chose peut, en effet, se manier facilement. On peut le recommencer tous les huit jours, tous les deux jours, tous les jours même, alors que l'étalage de nos pères étant un véritable amoncellement de matériaux édifié avec peine, était difficile à déplacer.

Les quincailleries que nous avons prises comme exemple et les étalages d'épiciers sont des témoins de ce que nous avançons.

La variété offre même l'avantage de ne pas laisser les objets longtemps en vitrine. Ils peuvent être entretenus soigneusement et, de cette façon, ne se détériorent pas comme avec les longs séjours.

Ainsi donc, dans l'étalage, le principe de l'unité de suggestion entraîne le renouvellement de la chose aussi fréquemment que possible, c'est-à-dire le renouvellement de la suggestion.

Le mouvement. — L'étalage comporte le mouvement et peut l'utiliser.

Lorsque les produits peuvent se mouvoir par eux-mêmes, on les mettra en marche. Les machines, plus particulièrement, réaliseront le principe de l'action et même celui du résultat de l'action.

Lorsque les objets ne se meuvent pas, il sera nécessaire de leur donner un peu de vie et, cette vie, ils peuvent l'avoir à l'aide de mécanismes spéciaux qui déplacent une partie du contenu des vitrines.

Parfois même le mouvement sera engendré par des accessoires du produit vendu.

C'est ainsi qu'une maison américaine a eu l'idée ingénieuse d'utiliser un ventilateur du centre duquel partaient des rubans de soie très légers, allant dans la direction de la devanture.

Nous ne retenons pas de cet étalage son originalité, mais seulement le mouvement qu'il apporte avec lui, car tout ce qui se meut, ce qui agit, se rapproche de nous et nous attire.

Lorsqu'il sera possible, on mettra l'être humain dans l'étalage.

Certaines professions, comme les coiffeurs, les marchands de confection, les tailleurs, l'ont déjà utilisé, sous la forme de la représentation humaine par mannequins.

Ceux-ci n'ont leur plein effet qu'à la condition qu'ils puissent réaliser les mouvements humains. Le simulacre de l'acte est beaucoup plus suggestif que l'immobilité.

Parfois même on pourra mettre l'être humain en personne dans l'étalage; mais ce procédé demande une grande délicatesse d'emploi et ne sera utilisé qu'occasionnellement.

La parole. — Les vitrines sans mouvement suggèrent peu. Il en est ainsi de celles qui sont muettes.

Il est curieux de constater comment les commerçants sont difficiles à sortir de leur torpeur pour faire des étalages nouveaux et utiles.

En dehors des fautes que nous venons de constater plus haut, la plupart ne savent pas faire ressortir ce qu'un étalage simple pourrait contenir. Ils y laissent l'objet sans aucune mention. Or, tenant compte du principe que l'étalage peut se substituer à la publicité générale, il n'est pas mauvais d'utiliser l'annonce à l'intérieur de celui-ci.

Un commerçant puissant d'Amérique, ayant eu des débuts très difficiles, eut l'idée d'appeler l'attention sur ses produits à l'aide de petites pancartes descriptives et suggestives.

M. Tom Murray qui inaugura ce système, à un moment où ses affaires manquaient d'ampleur, est arrivé à être le propriétaire de magasins que l'on cite parmi les plus puissants de l'Amérique.

A la suggestion par la chose, il joignit celle de la parole qui venait augmenter son effet.

Il est évident que, reprenant l'exemple de la modiste, celle-ci peut, dans un cadre très joli, mettre un petit carton disant : « Ce chapeau est d'un cachet tout particulier, vous pouvez admirer les fleurs qui l'ornent. Regardez même de près, elles vous donnent l'illusion du plus parfait naturel ». Il est certain que cette phrase ou des phrases ad hoc, employées dans toutes les circonstances possibles, viendront augmenter l'effet suggestif. Elles appellent l'attention sur les points particuliers que l'on désire mettre en valeur.

L'indication du prix sur ces pancartes complétera utilement leur rédaction. Le public qui voit un objet en devanture n'en connaît pas la valeur exacte. Il hésite d'habitude à entrer pour demander le renseignement et il n'achète pas.

Le prix est un élément qui ajoute à la suggestion et la rend effective, surtout quand il est relativement bas.

Même si l'on trouve que le produit est cher, il est bon d'en faire connaître la valeur. Le passant s'y habitue et arrive par la suite à trouver naturel le prix qui lui paraissait d'abord excessif.

L'originalité. — Il faut encore autre chose pour faire un bon étalage.

Si l'on se contentait de suivre ce que nous disons plus haut, les étalages resteraient presque tous les mêmes et seraient, à peu de chose près, purement documentaires.

L'originalité devra être la première qualité de l'étalagiste qui ne devra pas hésiter à rompre avec les traditions pour présenter des choses nouvelles.

Ceci peut être fait sans rompre avec l'esprit de sérieux qui convient à certaines maisons.

C'est ainsi que, dernièrement, une pharmacie de Paris, au lieu de faire l'étalage banal habituel, des nombreuses spécialités qu'elle vend, a changé complètement le contenu de sa devanture pour attirer l'attention du public en le documentant. Elle lui a montré comment il fallait opérer pour obtenir économiquement une boisson apéritive et rafraîchissante. Pour réaliser cette idée et lui donner l'intensité voulue, la devanture a été garnie d'un fond de couleur sombre ne pouvant pas capter l'œil. Ensuite, on a posé, au premier plan, les produits nécessaires à la boisson, dosés dans des récipients en cristal, sur lesquels des pancartes indiquent la nature, la quantité et le prix du contenu de chacun d'eux. Le public a remarqué, de suite, cet ensemble si original et si visible. Il a été intéressé, puis a lu les pancartes, puis la manière de mélanger les divers produits. Son dernier mouvement était de regarder le nom de la pharmacie qui avait eu une idée aussi originale.

La meilleure preuve de la valeur de cet étalage était donnée par les conversations des curieux, dont beaucoup manifestaient nettement leur approbation ; c'est la seule fois que nous ayons vu ce fait se produire, pour un étalage qui, nous le rappelons, était purement documentaire.

L'opportunité. — En outre, la réclame ci-dessus ayant été faite avec opportunité, c'est-à-dire au moment des grandes chaleurs, le pharmacien voyait entrer des clients qui préféraient acheter la boisson apéritive toute prête et ne pas se donner la peine de la préparer.

L'étalage avait donc bien porté, en amenant de suite des clients et en faisant connaître la maison à tous les passants qui circulaient depuis dix ans peut-être dans la rue, sans l'avoir jamais spécialement remarquée.

La lumière. — Nous pouvons dire en terminant que tous ces bons principes seraient inutiles, si l'on oubliait d'allumer la lanterne. Or, quantité d'étalages comme de magasins sont malheureusement sombres.

Si la lumière solaire ne peut s'y déverser à flots, employez la lumière artificielle, même dans la journée.

Il faut que le public voie ce que vous vendez et qu'il ait l'impression que, dans l'ombre, vous ne dissimulez pas les défauts de la marchandise. Quant à l'éclairage nocturne, il aura l'immense avantage, lorsqu'il sera très brillant, d'attirer le passant. Le public ne fréquente que les rues éclairées le soir et, même dans les quartiers populeux où l'obscurité est la règle, ce sont les bars à l'éclairage intensif qui voient graviter autour d'eux le peu de mouvement des rues de ce quartier.

La lumière entraîne toujours avec elle l'impression de bien-être et, par conséquent, crée une réceptivité qui facilite les suggestions.

La suggestion indirecte. — Dans les étalages comportant des mannequins ou l'être humain, la suggestion indirecte sera assurée par la création du milieu et la sympathie des visages.

.·.

En résumé, l'étalage bien compris est un moyen suggestif au plus haut chef.

Aussi beaucoup de maisons en font-elles, même en dehors de leurs magasins, dans des endroits très passagers. Des magasins de nouveautés, des fabricants d'automobiles, de produits photographiques placent leurs étalages à proximité des lieux de passage de leur clientèle, au lieu de déplacer leur magasin, souvent mal situé.

C'est une réclame qui, dans beaucoup de cas, notamment pour les grands magasins, doit donner de bons résultats, quoique l'effet ne soit pas aussi considérable que si le vendeur était derrière l'étalage.

XXXVI

L'EXPOSITION

Le public, dans l'exposition, ne voit que les effets extérieurs ; il ignore sa valeur réelle.

Publicité indirecte par la récompense. — L'Exposition internationale ou locale a été considérée pendant longtemps par le public comme le moyen le plus pratique d'acquérir de la notoriété. Au début, en effet, les expositions donnaient des récompenses qui représentaient, aux yeux de tous, la consécration pour la maison qui les recevait.

Les grands prix, les médailles d'or étaient fort rares, il y a trente ou quarante ans, et leur valeur était ainsi considérable. Les heureux possesseurs de ces titres de réclame ne manquaient pas de les mentionner toutes les fois qu'ils s'adressaient à leurs clients ou qu'ils faisaient de la prospection.

Abus des récompenses. — Depuis lors les expositions se sont multipliées avec une fécondité extraordinaire. Toute ville un peu importante veut en avoir une. C'est en effet, le plus souvent, une excellente affaire pour les commerçants de la cité qui peut attirer dans son sein de nombreux exposants et visiteurs, lesquels laissent finalement des sommes importantes à la ville qui les a reçus. Pour inciter de nombreux producteurs ou intermédiaires à prendre une part active aux expositions, les récompenses ont été fortement accrues et le nombre des grands prix et des médailles devient incalculable. On peut ainsi décerner des titres à tous ceux qui les désirent.

L'abondance des récompenses a fatalement amené leur avilissement ; elles sont devenues beaucoup trop communes. Il en est résulté que des maisons qui concouraient pour avoir des prix ayant une influence commerciale ont déserté les expositions en partie. Celles qui ont encore une légère pointe d'orgueil à satisfaire font volontiers une dépense d'installation et de frais divers qu'elles considèrent comme improductifs mais qui, pour elle, représentent le prix de leur satisfaction.

En un mot, beaucoup ne considèrent plus les expositions comme un un moyen de publicité, mais simplement comme un moyen de satisfaire la vanité humaine et d'amuser la foule. Nous ne sommes pas de cet avis.

L'exposition publicité directe. — Les expositions sont encore utiles. Les expositions sérieuses, organisées par des gens compétents et qui

Fig. 157. — Hauteur de l'original : 20 centimètres.

Suggestion illustrée directe par la chose avant ou après l'action ?... Les résultats sont difficiles à établir. Le texte, du reste, s'en charge. Suggestion indirecte par le milieu, la fraicheur du visage.

se préoccupent d'y amener un nombreux public, sont un des moyens de publicité les plus puissants pour ceux qui y prennent part. Ces derniers ont, en effet, une occasion exceptionnelle de prendre contact avec une quantité énorme de personnes qui peuvent être leurs clients et qu'ils n'auront plus l'occasion de revoir par la suite. Il y a des expositions qui amènent dans leur enceinte des millions d'acheteurs représentant non seulement tous les consommateurs d'un pays ou des pays voisins, mais encore les plus gros consommateurs de toutes les parties du monde. L'exposition fournit l'occasion inespérée de les conduire à proximité : c'est à vous de compléter cette attraction et de les attirer jusqu'à votre stand.

Les maisons sérieuses, mais jeunes encore, qui ont de la difficulté à se créer une clientèle par suite des formes parfois antiéconomiques que revêt la concurrence dans leur pays, se trouvent ainsi bien placées pour traiter d'intéressantes affaires.

Expositions générales. — L'exposition offre donc, en général, un champ d'action fort intéressant pour celui qui sait l'utiliser et faire, à ce moment, une réclame appropriée.

Avant d'entrer dans ce nouveau sujet, il est utile d'établir une distinction entre les expositions. Les unes s'adressent à tous ceux qui veulent y prendre part, ce sont les expositions générales; les autres ne s'appliquent qu'à certaines catégories de produits, ce sont les expositions spéciales.

Il semble que celles-ci soient beaucoup plus intéressantes que les premières. Le public qui les fréquente sait d'avance, approximativement, ce qu'il va voir. Il est ainsi dans un état de réceptivité beaucoup plus nettement déterminé que lorsqu'il circule à travers des pavillons contenant des objets entièrement différents. Dans une exposition générale, il n'est pas fixé sur ce qu'il va voir, et il passe de l'alimentation aux machines électriques, des bois bruts à la porcelaine, de la navigation à la filature. Son attention est surtout attirée par les choses qui l'étonnent ou piquent sa curiosité. En 1900, les machines qui fabriquaient l'air liquide ont eu un très gros succès auprès de gens qui n'étaient nullement industriels.

Expositions spéciales. — Au contraire, ceux qui visitent le Salon de l'automobile y vont dans un but défini. Aussi ce Salon a-t-il eu un succès considérable dès le début. On peut dire qu'il a attiré la grande majorité des consommateurs probables et même possibles. L'on sait quel chiffre important de transactions il permet de traiter. Il travaille ainsi non seulement pour le présent, mais encore pour l'avenir, car certains visiteurs peuvent ne devenir acheteurs que plus tard.

L'exposition spéciale paraît donc devoir être préférée pour ses résultats tangibles. Elle est surtout utile et intéressante pour le producteur qui ne s'adresse qu'à un nombre d'acheteurs restreint.

Choix de l'exposition. — Toutefois l'industriel qui peut avoir pour clientèle la grande masse du public, un fabricant de chocolats, par exemple, ne sera pas du même avis. Une exposition restreinte à l'alimentation n'amènerait pas devant son installation la même foule qu'une exposition générale. Or, comme tout le monde peut consommer son chocolat, il accordera toujours la préférence au moyen qui peut lui amener le plus de clients.

En un mot, l'exposition a, comme valeur, la qualité et le nombre de clients qu'elle peut amener aux exposants.

Publicité pour l'exposition. — Ce point établi, il faut bien remarquer que la foule qui visite une exposition ne regarde pas tout. Elle aurait trop à faire pour y arriver. Si vous voulez qu'elle voie votre stand, il faut l'y conduire, la canaliser vers vous par une publicité qui doit être aussi suggestive qu'attractive.

Votre installation dans une exposition correspond en somme à la devanture et à l'étalage de votre magasin. Pour les valoriser, pour seconder leur effet, vous faites de la réclame. Il faut opérer de même dans une exposition.

Il faut donc concevoir un plan de publicité pour chaque exposition. Comme tout plan, il comprendra deux faits :

1° L'emploi de moyens de publicité, pour décider le public à venir vous rendre visite ;

2° La composition d'un étalage et d'une installation appropriée, pour accroître la valeur de la réclame.

Au préalable, nous devons dire qu'on ne traite, en général, dans les expositions, que des affaires sur échantillons, même pour des produits de consommation courante et que l'on peut trouver partout. On ne fait pas de livraison commerciale au public.

La prospection par le prospectus. — Les procédés ordinaires de réclame peuvent être utilisés pour avoir des visiteurs. Dans leur emploi, il importe de tenir compte que les personnes que vous voulez toucher sont dans la même ville que vous et passent souvent à proximité de l'endroit où vous êtes.

Le prospectus paraît ainsi tout indiqué pour aiguiller les gens indécis ou qui ne connaissent pas encore suffisamment la topographie des lieux. Le point où il doit être distribué est très important pour son efficacité. Le prospectus est, d'habitude, donné aux portes d'entrée et à l'extérieur, un peu avant que l'on ne paie son ticket. C'est souvent un tort. L'homme qui s'occupe d'entrer, et cela n'est pas toujours très facile, ne songe pas à regarder un imprimé ou même à le conserver. Celui qui aura été remis à ce moment précis est donc du papier perdu.

Prospection par la presse. — L'annonce, l'affiche et l'article, c'est-à-dire les grands moyens de réclame, sont également d'un emploi courant. Pour l'annonce et l'article, il convient de noter que la foule qui se presse aux expositions lit peu. Elle a un guide, des notices, des plans, mais les périodiques sont dévorés avec beaucoup moins de soin qu'en temps ordinaire. Seule la rubrique « Exposition » est examinée, pour voir les choses intéressantes qui peuvent s'y passer et auxquelles on pourra assister. C'est donc dans cette partie qu'il faut faire de la réclame. Quelques lignes spéciales, ou mieux faisant corps avec les informations générales, seront très efficaces. Elles attireront sûrement la foule si elles sont bien rédigées et si elles contiennent des indications précises. Les maisons qui veulent s'adresser à la masse ont ainsi à leur disposition un excellent moyen. L'état de réceptivité du lecteur est connu, ainsi que son besoin ou son désir. L'effet de l'article sera immédiat et opérera avec beaucoup plus de force qu'en temps ordinaire.

L'annonce, au contraire, sera submergée à ce moment, par quantité d'autres annonces, et l'actualité, c'est-à-dire l'exposition, risque fort d'accaparer l'attention du public, au détriment de la quatrième page des journaux. Alors que d'habitude l'annonce est le pivot d'un plan de campagne, ici son rôle diminue. Toutefois elle sera encore très utile dans certaines publications. Dans les périodiques scientifiques, par exemple, elle trouvera toujours sa place, qui même devra être accrue : un fabricant de machines nouvelles a tout intérêt à éduquer par avance ses futurs visiteurs. Dans les guides, dans les indicateurs spéciaux, ceux de chemin de fer par exemple, elle ne devra pas manquer de s'installer. Leur consultation est si fréquente que le public ne peut manquer d'apercevoir votre réclame. Celle-ci doit être brève et s'inspirer, pour décider les gens à venir chez vous, du sentiment de la curiosité.

Prospection par l'affiche. — L'affiche, en temps d'exposition, ne soulève aucun problème nouveau. Il y a simplement lieu de porter à son maximum la loi d'opposition, en se distinguant, le plus possible, de toute la réclame murale environnante. Celle-ci est, en effet, considérable à ce moment-là et la visibilité devient plus difficile à obtenir. En outre, comme le public est sollicité de toutes parts, comme il est ou pressé ou bousculé, ou qu'il marche rapidement, l'affiche doit être rapidement suggestive, en même temps qu'elle doit indiquer le lieu sur lequel il faut se diriger.

Tous ces points ont été traités précédemment, nous ne faisons que les rappeler.

Telles sont, en résumé, les particularités que présente l'emploi des grands moyens de réclame, en temps d'exposition.

Moyens spéciaux. — A côté d'eux, il en est qui varient pour chaque catégorie d'industriels, mais dont l'efficacité doit être grande.

En effet, le public, pendant une exposition, est constamment sous pression. Il veut que ses frais de voyage soient bien employés. Par con-

FIG. 158. — Hauteur de l'original : 25 centimètres.

Suggestion illustrée directe par la chose, en action, avec le résultat. Suggestion indirecte par le visage agréable d'une laveuse placée dans un décor plaisant.

séquent, il circule beaucoup, il va vite et il est moins accessible que d'habitude à la réclame. Malgré cela, il est bien obligé de rester au repos dans nombre de cas, par exemple quand il prend ses repas, quand il se fait véhiculer ou bien à l'hôtel où il est descendu.

C'est là où l'on peut influencer le public le plus facilement, où il se prête le mieux à toutes les suggestions, parce qu'il est dans un calme relatif.

Aussi croyons-nous qu'une publicité dans les hôtels, qui toucherait les clients chaque matin, produirait un excellent résultat. On peut y arriver de plusieurs manières, soit en lançant des invitations aux personnes dont le nom vous a été remis, soit en envoyant une brochure luxueuse, soit en s'entendant avec d'autres maisons et en faisant imprimer une sorte de vade-mecum du visiteur, que l'on distribuerait gratuitement. Toutes ces idées ont leur valeur propre et peuvent être employées suivant les cas. Le vade-mecum ou guide serait celui qui aurait nos préférences si nous étions industriels. Il offre à la fois l'avantage de décider les gens à venir vous rendre visite et celui de répéter, par la suite, le premier effet suggestif, car un guide convenable sera gardé comme souvenir.

Enfin, le mieux serait de faire concourir le public à votre réclame. La chose n'est pas aussi difficile qu'elle le paraît de prime abord, des primes élégantes, distribuées en assez grand nombre, suffiront à ce résultat. C'est simplement une question de doigté.

L'étalage du stand. — Les moyens précédents amènent une foule énorme à votre stand. Il faut maintenant que celui-ci soit en rapport direct avec votre réclame et qu'il ne diminue pas sa valeur.

Une installation, dans une exposition, peut agir de deux manières, ainsi que nous l'avons souvent répété. L'une d'elles est la présentation directe de l'objet, en mouvement et avec ses résultats, si possible. On fait voir ce que l'on peut vendre : c'est un bon procédé pour effectuer des affaires sérieuses, contenter ses clients et les garder longtemps par la suite. Les chances d'erreur sur l'objet sont réduites au minimum et les ventes sont forcément loyales.

L'exposition permet à des gens de voir des appareils, comme dans votre magasin ou votre usine et sans elle, ils n'auraient peut-être jamais eu l'occasion de se rendre compte de visu, de la valeur de ce que vous fabriquez.

Pour intéresser le public, lui donner la confiance préalable, il est bon de ne pas compter sur la présentation de l'objet seul. Il faut savoir l'entourer, le faire ressortir, le mettre dans un milieu qui ne puisse que lui être avantageux, c'est-à-dire opérer par suggestion indirecte. Ainsi, supposons que vous présentiez une bicyclette nouvelle au public. C'est un instrument déjà connu depuis longtemps, et il n'attirera guère l'attention si vous l'exposez dans sa belle simplicité. Au contraire, mettez sur la selle un mannequin dont vous attacherez les pieds aux pédales. Donnez à ces pieds un mouvement alternatif, ce qui est facile, et des positions différentes au mannequin, suivant les cas. Composez un paysage qui lui serve de fond et vous aurez une bicyclette très attractive qui retiendra l'attention de votre public.

Le vendeur à ce moment — car le vendeur joue un grand rôle dans les expositions — n'aura plus qu'à profiter de la réclame pour continuer la suggestion et la rendre complètement opérante.

C'est, en résumé, le but auquel tend toute la réclame faite à l'occasion d'une exposition. Celle-ci attire un nombreux public. La publicité doit l'amener d'abord à l'installation que vous avez faite, ensuite, si cela est nécessaire, entre les mains de votre vendeur.

Un plan de campagne varie donc suivant chaque exposition et chaque sorte de maison.

Son établissement et son exécution ne sont qu'un coefficient, destiné à augmenter la valeur du moyen de publicité propre qu'est l'exposition.

XXXVII

MOYENS DIVERS

Nous entrons maintenant dans l'examen de moyens secondaires dont nous prétendons ne connaître ni l'action, ni les principes d'action ; la plupart ne résultent que de l'ingéniosité humaine et du besoin de faire différent ; ils ne sont effectifs, bien souvent, que par leur nouveauté.

LES HOMMES-SANDWICH

Publicité itinérante. — Les hommes-sandwich représentent, en réalité, la publicité itinérante, par homme ou voiture-réclame ou de toute autre façon.

Lorsque l'on parle réellement de l'homme-sandwich, c'est-à-dire de l'être humain portant un panneau, on peut dire qu'il s'agit de simples affiches mouvantes.

Ces affiches s'inspirent de l'esprit de multiplicité, dont nous avons parlé plus haut et n'agissent que de cette façon.

Ce moyen peut être employé utilement pour corroborer certains plans, dans des lancements par quartiers dans les grandes villes, ou par villes lorsque celles-ci ne sont pas trop grandes. Il viendra, dans ces conditions, intensifier l'action de la publicité générale.

Le medium et le moyen. — Mais ici, rappelons que le medium a une action sur le moyen. Or, en l'espèce, l'homme qui constitue le medium est en général des plus misérablement vêtu et d'allure peu engageante. La publicité de ce genre que nous avons vue est faite pour impressionner plutôt défavorablement. Ceux qui auront recours à l'homme-sandwich devront veiller à ce que l'affiche et son support soient irréprochables. Si possible, supports et affiches doivent être en rapport. Lorsque l'affiche parlera des colonies, le support sera utilement habillé en colonial. Suivant les produits annoncés, l'originalité interviendra pour donner au support une forme suggestive.

L'homme-sandwich n'est applicable que dans les grandes villes et n'aurait qu'un effet restreint dans les centres de faible importance.

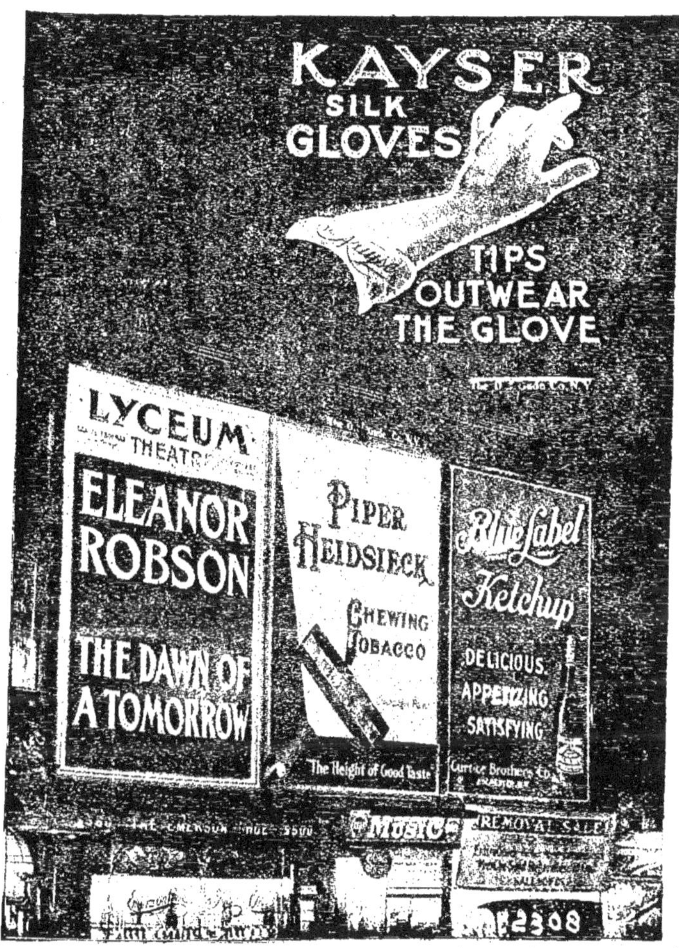

Fig. 159. — Panneaux américains d'annonces lumineuses.

La distribution des prospectus. — Le distributeur de prospectus gagnera toujours à être en même temps homme-sandwich, car l'affiche sera visible de beaucoup plus loin, et les gens qui ne prennent jamais le prospectus qu'on leur tend verront au moins le panneau et enregistreront plus ou moins la suggestion au passage.

L'ANNONCE LUMINEUSE

L'intensité inhibitrice. — Si l'homme-sandwich peut être considéré comme une affiche ambulante, l'annonce lumineuse ne peut prétendre participer, en aucune façon, à l'action de l'affiche.

Fig. 160. — Panneaux américains d'annonces lumineuses vus de jour et de nuit.

Il en est ainsi, même dans certains panneaux américains, où la masse vient créer une affirmation intense. La représentation du produit par une illustration schématique, captant l'œil agréablement, ne rapproche pas l'annonce lumineuse de l'affiche.

La théorie de celle-ci n'est jamais mise en jeu, car l'affiche a une action moins brutale sur le sens visuel et, par conséquent, est plus facilement admise que le panneau lumineux.

Nous avons vu, en ce qui concerne l'intensité, que plus le panneau lumineux est intéressant, plus il appelle l'attention sur lui-même et, par conséquent, plus il la détourne du produit annoncé.

Il faut donc une grande habileté et des dépenses considérables pour tirer du panneau lumineux mobile ou à éclairage alternatif tout ce que l'annonceur est en droit d'en attendre.

Les lois de la vision méconnues. — De plus, notons que le panneau lumineux, à part de rares exceptions, trouve sa place à la hauteur du sixième étage et que le recul, pour le voir dans un plan presque perpendiculaire, est rarement suffisant. On est donc obligé de le voir de biais, sous un angle très aigu, dans l'horizontale comme dans la verticale. Si l'on se rappelle les lois de la vision, un tel moyen perd, en général, rien que de ce fait, 50 0/0 de sa visibilité et de son effectivité.

Ce n'est donc que dans des endroits très rares, où des rues se croisent, qu'un pan de maison comportera des panneaux lumineux répondant aux lois élémentaires de la vision (*fig.* 160).

L'annonce-enseigne lumineuse. — Il faut cependant que nous fassions une distinction dans les panneaux lumineux.

Les uns sont placés sur des immeubles n'ayant aucun trait au produit vendu et n'offrent ainsi qu'un intérêt restreint. Par contre, ceux qui se trouvent au-dessus des établissements mêmes où le produit est détaillé, ne constituent, en réalité, que de simples enseignes nocturnes et, dans ces conditions, peuvent être considérés comme réellement utiles et efficaces. Il y a là une association de faits des plus intéressantes.

LA MARQUE

Il est nécessaire de dire quelques mots de la marque, non pas qu'elle soit en elle-même un moyen de publicité, mais en ce qu'elle constitue souvent l'individualité du produit vendu et que, vers elle, doivent souvent tendre tous les efforts de la publicité.

Une marque et un produit sont souvent plus connus que le nom du fabricant de ce produit.

La marque, du reste, est la garantie de l'authenticité du produit. Employée dans la réclame, pour celui-ci, elle est la garantie de l'authenticité de la publicité.

Ceci est important, car certains annonceurs n'hésitent pas à utiliser des subterfuges pour faire passer leur produit à la place de ceux des autres.

LES IMPRIMÉS DE L'ANNONCEUR

Rien n'est négligeable. — Les différents moyens que nous allons examiner ont tous trait aux affaires de l'annonceur et font partie inté-

Fig. 161.

grante des modes opératoires de vente. Ils sont, pour ainsi dire, obligatoires.

Le commerçant doit chercher à utiliser tous les moyens qui sont à sa disposition pour qu'ils plaident en sa faveur auprès des clients éventuels. Il ne doit pas négliger pour cela le client acquis avec lequel il est en relations et qui n'est pas encore définitivement assuré.

Dans ces conditions, les imprimés qui servent à la correspondance, le papier à lettres, les factures, les enveloppes, en un mot tout ce qui est point de contact avec l'individu sollicité doit participer à l'action de la publicité.

Le papier à lettre. — Le papier à lettre est un facteur de publicité de très haute importance, et cependant l'on ne s'en douterait pas à voir la façon dont il est conçu.

Nous demandons évidemment la sobriété, mais nous demandons malgré tout à y trouver tous les principes de la suggestion que nous avons exposés.

Si certains objets peuvent être reproduits en illustration, le papier à en-tête devra en comporter une; c'est le meilleur moyen de fixer l'attention et de suggérer par la chose. C'est le cas du papier de la maison Leresche (*fig.* 161), qui a même appliqué le principe de la multiplicité. Dans le cas où l'illustration ne pourra pas être employée, l'en-tête sera bref et précis, mais sollicitera d'une façon active.

Il faut que même cet imprimé puisse aider à la suggestion des phrases qu'il doit encadrer. Là, comme ailleurs, il y aura lieu de résumer en peu de mots tout l'ensemble des opérations faites par la maison.

Le papier à lettre, en général, doit suivre les lois de la ligne d'orientation en mettant dans le coin gauche, en haut, l'en-tête, et en le faisant courir parallèlement au bord de gauche comme au bord du haut. La suggestion indirecte sera avantageusement employée comme dans le papier Poret et Filet (*fig.* 162), où l'objet seul aurait été insuffisant pour capter l'attention.

Les enveloppes. — Si nous demandons que le papier à lettre suggère par lui-même, on doit exiger la même chose des enveloppes. Cependant, il est un cas où celles-ci devront être conçues en vue de ne pas trop éveiller l'attention. Ce cas serait celui d'un départ de M. O. B. En toutes autres circonstances, il est bon que la suggestion par l'illustration principalement soit employée; celle par le texte n'aurait qu'un effet secondaire et presque nul. Le papier à lettre reste en vue tout le temps qu'on lit le texte, il revient même plus tard sous les yeux, est classé dans des dossiers où il peut suggérer continuellement; par contre, l'enveloppe a une existence très éphémère et elle est jetée aussitôt ouverte, c'est-à-dire très rapidement.

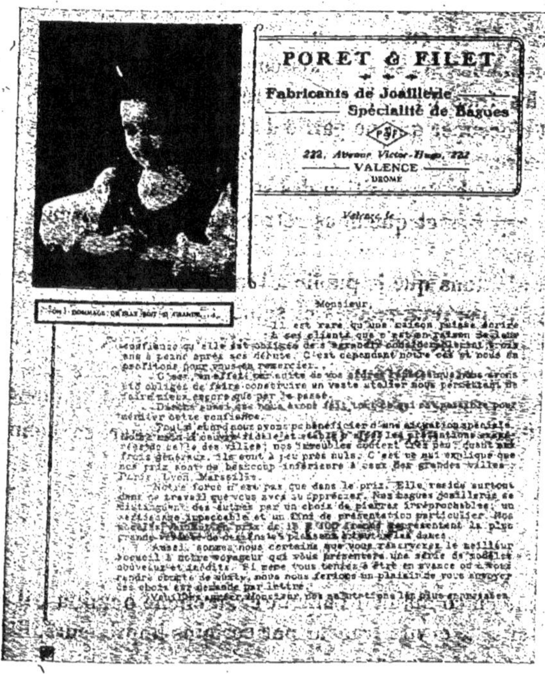

Fig. 162.

L'enveloppe en commun. — Cette utilité de la publicité sur les imprimés a été comprise par certains inventeurs qui, pour l'enveloppe, ont cherché à concentrer dans un même cadre la publicité de plusieurs maisons se faisant ainsi de la publicité entre elles auprès de leurs clients.

Si la chose pouvait être avantageuse pour ceux qui vendent les cases de cette publicité en commun, le résultat n'est pas identique pour les commerçants.

En effet, s'ils participent à une diffusion beaucoup plus grande, ils se trouvent infériorisés dans le rendement, par le fait du voisinage d'une quantité de suggestions s'opposant entre elles et annihilant l'effet cherché.

Cette publicité individuelle sera bonne si vous la faites pour vous-même, sur vos imprimés, dans un petit rayon. Elle sera de beaucoup moins bonne si vous la faites dans un plus grand rayon avec d'autres.

LA PUBLICITÉ EN COMMUN

Ce qui précède sur l'enveloppe nous amène à généraliser ce que nous disons de la publicité en commun.

Quelques annonceurs se sont laissés séduire par la possibilité d'économiser sur les frais d'affiches, en se réunissant à plusieurs, pour payer des frais et n'occuper qu'une partie d'un emplacement assez grand, sous un même cadre.

Le mécanisme de l'opposition des suggestions, dont nous avons parlé à plusieurs reprises et que nous retrouvons ci-dessus, vient inférioriser le rendement.

De plus, ajoutons que le public a l'impression que tous ceux qui font leur publicité par eux-mêmes et seuls sont puissants. Il ne juge pas ainsi ceux qui louent des espaces à d'autres maisons.

Par publicité en commun il ne faut pas comprendre des annonces à individualités propres dans un même journal. La publicité en commun enlève de l'individualité au moyen pour marquer sa connexité avec d'autres.

PUBLICITÉ OMNIBUS

De l'affiche en commun à l'affiche et au cliché omnibus, il n'y a qu'un pas. Celui-ci a été vite franchi par certains imprimeurs, lithographes, fondeurs et photograveurs.

Ces gens font faire des affiches et laissent en blanc le nom et du produit et de la maison, que l'on ajoute à chaque fois.

Il en résulte une économie notable pour le commerçant, qui n'a plus qu'à y porter son nom et payer un droit sur la composition artistique souvent douteuse. S'il y a économie, il y a aussi une infériorisation très grande. L'affiche-omnibus ne peut agir que sur des gens absolument sédentaires. En effet, ceux qui voyagent et qui retrouvent partout la même affiche pour des maisons différentes éprouvent dans leur esprit une confusion. Lorsqu'ils s'en aperçoivent, l'effet de l'affiche est absolument anéanti et détruit par le manque d'individualité de la réclame.

Il en est ainsi des clichés omnibus qui servent à illustrer les annonces.

Il faut bien se figurer aussi que toute publicité omnibus ne peut avoir une action suggestive profonde, car elle n'est jamais adaptée exactement aux besoins de chaque annonceur. Il ne s'agit là que d'approximations qui infériorisent le rendement de la publicité. Il faut, à notre époque, travailler pour soi, personnellement; cela coûte un peu plus, mais rend également davantage.

LES CONCOURS

Trop de concours. — Le besoin de faire travailler l'esprit des gens et d'appeler ainsi l'attention sur soi a amené certains annonceurs à utiliser les concours. Inutile de dire que ce principe est contraire à ceux que nous avons exposés. Cependant, s'il pouvait constamment rendre des services, nous serions prêts à nous incliner. Il n'en est pas ainsi.

La presse elle-même, pour se faire connaître, n'a pas eu faute d'utiliser ce moyen. Malheureusement, l'abus du concours en a de suite défloré la valeur, et son rendement est, aujourd'hui, tout à fait secondaire.

Le problème à résoudre. — Il faut, du reste, classer les concours en deux catégories.

Les uns sont réellement des problèmes à résoudre et alors, dans ces conditions, le nombre de chercheurs se trouve fatalement limité.

Fig. 163. — Hauteur de l'original : 120 centimètres.

Affiche. — Suggestion illustrée directe par la chose. Pas d'action, pas de résultats. Le texte est froidement documentaire. La suggestion indirecte n'est pas nécessaire. Ligne d'orientation faussée par les deux masses visuelles illustrées.

D'où réduction de l'intérêt du moyen de publicité, car la plupart de ceux qui semblent ne pas pouvoir résoudre la question abandonnent à la fois et le problème et la publicité qui le met en avant.

La loterie déguisée. — Un autre genre de concours consiste à donner, en apparence, un problème à résoudre, problème qui n'existe pas et dont la solution dépend du hasard ou est à la portée des plus ignorants. Ceci n'est qu'une loterie déguisée. C'est du reste ce dernier genre qui a été pratiqué le plus souvent.

En admettant même que les premiers concours de ce dernier genre aient eu des résultats efficaces, il nous faut les condamner comme les autres, en ce sens que seuls quelques individus sont appelés à bénéficier des prix offerts. Or, on se trouve ainsi avoir fait une publicité qui ne donne satisfaction qu'à de très rares individus. Le résultat est que, à la fin du concours, quantité de gens y ayant pris part sont déçus.

Or, la déception, en matière de publicité, est la chose la plus mauvaise que l'on puisse faire.

Le concours n'a donc qu'une action suggestive insignifiante. Il opère plus sur ceux qui n'y prennent pas part et qui voient simplement la réclame faite à ce sujet.

Le concours-prime. — Dans ces conditions, si l'on tient compte de ce qui précède, le concours n'a de valeur qu'à une condition, c'est qu'il soit ouvert entre des gens ayant déjà acheté une certaine quantité de produits; alors ils poussent à la consommation. Nous nous trouvons ainsi devant une prime commerciale.

Cependant, quelle que soit la façon de faire un concours, il laisse toujours derrière lui un gros déchet, en raison des déceptions qu'il entraîne.

CONFÉRENCES

Certains produits se trouvent à merveille de l'utilisation de conférences faites par des individus compétents.

Des produits industriels ont été lancés de cette façon. Les Allemands, plus particulièrement, ont utilisé la conférence avec succès.

La conférence représente, en somme, l'affirmation mise dans la bouche d'une autorité et, par conséquent, lui donne une valeur d'autant plus grande.

C'est un moyen dont l'emploi est malheureusement limité, et il demande, pour avoir son plein effet, à être manié discrètement. Il viendra précéder, dans la plupart des cas, un lancement par publicité générale. Le conférencier parlera du produit ou de l'appareil et de ses qualités; il donnera tout ce qui peut constituer la spécification de celui-ci, mais ne le nommera pas, de manière à ne pas montrer le but qu'il poursuit.

XXXVIII

LA PRESSE

L'énorme développement de la réclame est dû aux journaux qui ont su la diffuser dans toutes les parties du
monde.

GÉNÉRALITÉS

La réceptivité. — Jusqu'ici nous avons étudié les moyens dont le but est d'agir sur le public. Il nous faut voir maintenant comment nous pourrons les utiliser et, par suite, *il faut étudier les media dont le but est de transmettre au public les moyens de l'annonceur.* La presse est le medium le plus employé. Viennent ensuite les murs et les emplacements divers, intérieurs ou extérieurs.

Dans la technique et l'étude des moyens, nous avons appliqué ce qui a trait à la suggestion. Nous allons maintenant appliquer ce qui, dans la théorie, a trait à la réceptivité.

Lorsqu'un annonceur cherche un medium, un journal notamment, la première question qu'il se pose a trait au tirage de celui-ci.

Réceptivité ou tirage. — A première vue, un journal touchant 100.000 individus doit valoir 10 fois plus qu'un organe n'en touchant que 10.000. Si mathématique que soit cette appréciation, en matière de publicité elle est absolument fausse, car tout dépend de la qualité du lecteur.

La modalité du journal est exactement celle de son lecteur. Plus le lecteur choisit un organe en rapport avec ses goûts, plus l'organe agit sur lui. Au point de vue de l'annonceur, la couleur politique, sociale, économique de l'organe, est l'indice de la valeur du medium.

L'on peut dire que la valeur du medium est directement proportionnelle au rapport entre le produit et le medium.

Certains journaux ne sont lus que dans des milieux pauvres. Il est donc inutile d'y mettre de la publicité destinée à des gens riches. D'autres vont dans des milieux religieux. Il devient donc inutile d'y faire de la publicité pour des choses étrangères ou en opposition, par exemple pour des livres de propagande antireligieuse.

Nous tenons à bien poser ce principe, car il montre que l'annonceur ne doit envisager qu'une chose : la modalité du journal. Il arrivera ainsi qu'un simple journal tiré à 10.000 exemplaires rendra plus de services qu'un journal tirant à 50.000 ou 100.000 exemplaires.

La réceptivité engendrée par le journal est telle qu'il devient inutile de faire de la publicité dans certains organes.

C'est ainsi qu'un journal technique ou industriel est le plus mauvais medium que l'on puisse trouver pour lancer de la littérature.

La connaissance de la valeur de chaque catégorie de media intervient pour guider l'annonceur dans le rendement approximatif et dans la détermination de son budget.

LES QUOTIDIENS

Le quotidien politique. — Les journaux politiques quotidiens, dont la diffusion est très grande, semblent avoir une influence prépondérante et c'est à eux, en général, que se sont adressés les annonceurs.

Il est évident qu'en les utilisant, on a toute certitude d'entrer en rapport avec un grand nombre de consommateurs, mais le déchet se trouve parfois être appréciable.

L'homme qui prend un journal franchement politique ne le lit que pour avoir l'opinion des leaders et pour y puiser des éléments concernant ses vues purement politiques.

Par conséquent, à ce moment, sa réceptivité est fermée pour les choses d'ordre d'économie domestique, comme le vêtement, l'alimentation, etc.

C'est ainsi que, dans les journaux touchant une clientèle ouvrière préoccupée des discussions sociales et politiques, la publicité n'a qu'un effet très secondaire, surtout si elle a trait à des articles demandant une certaine capacité d'achat.

Les journaux touchant une clientèle riche, même franchement politique, sont légèrement supérieurs, d'abord parce que la capacité d'achat de l'individu est plus grande ; ensuite l'individu qui le lit est, d'une façon générale, détaché de la politique et n'accorde qu'une valeur secondaire à celle-ci dans son existence.

L'homme riche vit plusieurs vies diverses, alors que l'ouvrier se démène seulement entre le travail et la politique.

L'homme riche qui lit un politique reçoit également d'autres journaux.

L'homme du peuple qui lit son quotidien ne voit guère que celui-là et son attention se concentre sur la question traitée, pour n'envisager que celle-ci.

D'une façon générale, chaque fois qu'un quotidien politique sera à allure bien déterminée et agressive, si nous déterminons par 100 le coefficient maximum des quotidiens, nous ne lui accorderions plus que 10 comme coefficient.

Cependant ces journaux deviendront très bons chaque fois qu'il s'agira d'y lancer un produit ou une chose ayant trait à leur réceptivité immédiate.

Les ouvrages de lutte économique et sociale, les produits fabriqués par certaines coopératives d'avant-garde s'en trouveront très bien.

Du reste, la presse, comme nous l'avons vu, peut être contrôlée, et ceux qui voudraient se risquer à employer le journal franchement politique auront tôt fait d'établir des appréciations à son égard, de beaucoup moins avantageuses, peut-être, que celles que nous formulons ci-dessus.

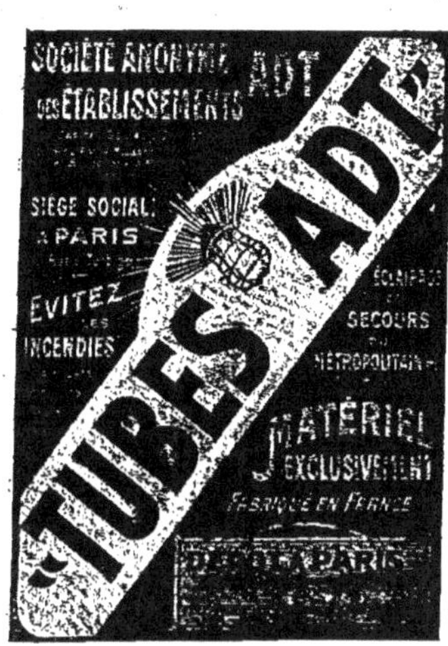

Fig. 164. — Hauteur de l'original : 120 centimètres.

Affiche très faiblement illustrée. Pas de suggestion illustrée directe par la chose, pas d'action, pas de résultats. Le texte remédie quelque peu à cette insuffisance d'illustration. La suggestion indirecte n'est pas nécessaire. La ligne d'orientation est faussée par la bande diagonale dans laquelle les mots « Tubes ADT » remontent.

Le *quotidien indépendant*. — Il n'est heureusement pas que des journaux de discussion et de passion. Quelques-uns de ceux que nous lisons tous les jours peuvent prétendre être neutres. Nous disons prétendre, car, en matière de presse, on peut toujours soupçonner une tendance quelconque plus ou moins déguisée. Cependant la masse qui ne discute pas et voit simplement l'affirmation suggestive du titre du journal admet que celui-ci est indépendant lorsqu'il le déclare.

Ces journaux sont très bons pour le rendement des articles et des annonces qu'on y insère. On peut dire, en réalité, qu'ils touchent toutes les réceptivités politiques, économiques et sociales.

Toutefois, s'ils les touchent, ce n'est qu'en les effleurant, et ils n'entraînent derrière eux aucune réceptivité spéciale.

Donc, dans les journaux indépendants, il y aura lieu de se méfier de ceux qui n'ont qu'une faible diffusion pour avoir recours à ceux dont la diffusion est immense. Ils rattrapent, par le nombre d'individus touchés, le manque d'effet par suite de l'absence de réceptivité spéciale.

Les Américains ont fait des expériences très longues et très suivies sur ce que l'homme d'affaires demande à son journal, et l'on est arrivé à trouver que ce que l'on réclame surtout, ce sont des nouvelles et des faits sans commentaires.

Si tel est le désir du monde commercial et même du lecteur en général, les journaux n'y répondent pas toujours. L'esprit d'indépendance dont quelques-uns se targuent peut y remédier en partie.

Le quotidien indépendant s'impose pour tous les produits à consommation renouvelée facilement ou pour les produits à consommation saisonnière n'ayant aucune réceptivité particulière.

Si l'on prend particulièrement les médicaments, il est évident que nous ne trouvons, pour le public, dans la presse, aucun organe qui engendre une réceptivité particulière. Les journaux d'hygiène, de médecine, sont lus par les seuls intéressés et non par le public.

Le quotidien, dans ces conditions, doit et peut être utilisé avantageusement pour tous les produits n'ayant pas à leur disposition un journal engendrant une réceptivité particulière. L'article y sera fait, comme nous l'avons dit, quatre ou cinq fois par an, au maximum ; quant à l'annonce, pour avoir sa pleine valeur, elle doit être renouvelée continuellement. Il y a intérêt à la placer dans des journaux qui cherchent à améliorer la présentation de l'annonce

Le quotidien spécialisé. — Dans cette catégorie, nous pouvons placer les journaux de commerce, de bourse et de sport dont le nombre, du reste, est très restreint.

Ces journaux ont une valeur très grande lorsqu'il s'agit de produits touchant la réceptivité qu'ils engendrent ; mais, en réalité, leur étude ne doit pas être faite avec celle des quotidiens. Il y aura lieu de leur appliquer ce qui a trait aux journaux techniques, périodiques ou non.

RÉFLEXIONS SUR LA PRESSE

Les chroniques. — L'étude de la presse quotidienne nous amène à examiner, dès maintenant, certains points dont quelques-uns s'appliquent plus particulièrement à elle, mais qui s'appliquent aussi à la presse périodique, quelle que soit sa nature.

Depuis quelque temps les journaux ont pris, dans le but de s'assurer des ressources, l'habitude d'affermer certaines de leurs colonnes, sous forme de chroniques documentaires ou autres, à des intéressés qui en tirent le meilleur parti qu'ils peuvent.

Plusieurs rédacteurs, dans les grands quotidiens, ont intensifié le genre en lui donnant une allure vive, prenante, spéciale.

Tant que l'annonceur ou le chroniqueur restent dans la note purement documentaire, la chose a un très bon effet et l'article employé de cette façon est d'une suggestion puissante. Mais, lorsque le même individu passe tous les huit jours en revue des articles totalement opposés, si ce n'est concurrents, le moyen perd de sa valeur.

La chronique annonce. — Certaines autres rubriques affermées au moment des expositions ou d'autres événements semblent s'inspirer du même principe.

Cependant elles participent à tout ce qui est publicité en commun où l'effet suggestif produit par l'un nuit à l'effet suggestif de l'autre.

En effet, dans ces rubriques, les produits les plus divers sont examinés. Il ne faut pas confondre avec elles certaines annonces ou certains articles périodiques à allure documentaire.

Ces derniers procédés ne sont que des annonces intelligemment faites en vue d'augmenter par leur périodicité l'effet suggestif. La répétition a en effet une valeur d'autant plus grande que la périodicité est régulière.

Le séjour des annonces. — En somme, les diverses façons d'utiliser la presse sont plus ou moins bonnes en elles-mêmes, mais nous devons appeler votre attention sur des points de détail qui ont une grosse influence et qui échappent à l'attention générale.

Lorsque vous allez faire de la publicité dans un organe, commencez d'abord par étudier rétrospectivement la durée du séjour des annonces qui y passent. De cette façon, vous aurez ainsi un indice approximatif du rendement.

Il faudra tenir compte dans vos appréciations que certains annonceurs ont abandonné la publicité, parce qu'ils n'avaient pas les fonds nécessaires. Toutefois, dans la moitié des cas, les annonceurs n'abandonnent un organe que parce que la publicité qu'ils y ont faite ne leur a pas rendu suffisamment. Or, une annonce dans le genre du produit que vous vendez, faite depuis longtemps dans un journal, surtout si l'annonceur n'emploie que ce moyen, est une preuve de la valeur de l'organe.

La mentalité nuisible de l'annonce voisine. — Puis, en étudiant les annonces d'un medium, vous verrez que la mentalité d'une annonce influe sur sa voisine et même modifie la réceptivité du journal.

Les journaux ont pris l'habitude d'accueillir à peu près tout ce qu'on leur remet, et certaines annonces ont une valeur morale douteuse.

L'on pourrait objecter que ceci ne nuit pas aux voisines. Malheureusement il n'en est pas ainsi. Nous affirmons que toute annonce d'allure morale douteuse influe sur celles qui l'entourent.

Si vous pouviez en douter, nous vous conseillons de remettre un journal à une femme, en la priant de parcourir devant vous la page des annonces. Vous remarquerez alors que le regard s'arrêtera longuement sur les annonces qui n'ont rien de particulier, mais qu'il glissera très rapidement sur certaines annonces mauvaises.

Or, le regard, en glissant sur ces annonces, dévie immédiatement des annonces voisines qui peuvent être bonnes.

Pour notre part, nous vous conseillons vivement de réclamer que vos annonces ne soient jamais mises à côté d'annonces de sages-femmes ou de marchands de sortilèges.

Tout ce qui atteint la morale ou qui peut faire des dupes entraînera sur l'annonce voisine une impression défavorable. Vous ne devez pas en subir l'influence. Vous devez réclamer au journal à qui vous louez un emplacement la libre et parfaite jouissance de celui-ci et protester contre les troubles occasionnés par les voisins.

Influence mauvaise de l'annonce défectueuse. — Certaines annonces honnêtes, mais mal faites au point de vue de la technique et de leur composition artistique, nuisent parfois à d'autres annonces bien faites. Lorsque le mal n'est pas très grand, ces annonces défectueuses servent simplement de repoussoirs à l'entourage.

Cependant il est des cas où l'intensité de suggestion défavorable, constituée par la mauvaise annonce, influe sur ses voisines qui ne peuvent disposer des mêmes moyens pour se mettre en valeur.

A cet égard, l'annonce Béri-Béri (*fig.* 165) est de nature à nuire à son entourage. Il est évident que les attributs mortuaires et macabres dont elle s'orne laissent une impression défavorable dont se trouvent gênés les eaux de Vittel, le filtre Mallié et les pilules du Dr Guillié.

Les mœurs de la publicité n'ont pas permis jusqu'ici d'exiger la suppression des annonces mauvaises ou défectueuses. C'est une question à envisager dans les contrats et que nous vous conseillons de ne pas perdre de vue dans l'avenir.

Le trop de publicité. — Cette question de la publicité mauvaise est tellement importante que nous avons vu certains journaux chercher à justifier auprès de leurs lecteurs de la nécessité dans laquelle ils se trouvaient de prendre de la publicité dans l'intérêt commun.

Un journal, entre autres, qui se défendait ainsi, avait reçu des plaintes de ses lecteurs pour la trop grande quantité d'annonces qu'il contenait.

Or, quoi qu'on en dise, l'annonce est considérée, même en France,

Fig. 165.

comme une documentation utile et parfois agréable. Dans certains organes, elle est feuilletée très attentivement. C'est le cas du journal qui nous intéresse. Mais, malgré sa bonne foi, certaines annonces de charlatans s'étaient glissées parmi les autres.

Ces charlatans avaient dupé les lecteurs, et ceux-ci considéraient, in petto, le journal comme complice.

Or, comme personne n'aime à s'avouer dupe, le public, au lieu d'incriminer la qualité de la publicité, ne faisait porter sa plainte que sur la quantité. Évidemment il y avait trop de publicité ou tout au moins trop de mauvaise publicité, une seule annonce douteuse suffisant pour compromettre la réputation d'un organe.

Si le public enregistre de cette façon les effets des mauvaises annonces, l'annonceur lui-même doit en tirer des arguments et des conclusions relativement au voisinage dans lequel il se trouve.

EMPLACEMENTS

La place de l'article. — Quel est le meilleur emplacement pour une annonce ou pour un article ?

Voici une question maintes fois agitée et dont la solution semble, en apparence, difficile.

En ce qui concerne l'article, celui-ci, presque toujours mis dans le corps du journal, demandera à être placé plutôt parmi les premières pages de texte que parmi les dernières. Mais quelques-uns se demandent s'il n'est pas préférable d'avoir la première colonne ou la seconde, la tête de la colonne plutôt que le bas.

Disons de suite que ceci a pour nous une influence secondaire, car tout est dans le titre de l'article.

Si celui-ci est suffisamment suggestif et mis en valeur par des caractères typographiques qui ne sortent pas trop des usages habituels, mais d'un point légèrement supérieur, l'effet sera suffisant.

Il est évident qu'il serait désastreux de commencer un article dans un bas de page surtout à la dernière colonne, ce qui peut laisser l'impression qu'il ne s'agit que d'un entrefilet de quelques lignes. Mais, en dehors du tiers inférieur d'une colonne, que nous considérons comme mauvais, nous ne soulevons aucune objection en ce qui concerne l'emplacement de l'article. Les chroniques périodiques surtout, ayant un même emplacement, ne sont pas gênées par la situation de celui-ci.

La place de l'annonce minuscule. — Ceux qui font des annonces ont plus de raisons de se trouver embarrassés. En principe, les annonces sont imprimées dans la dernière partie du journal et chaque annonce doit lutter pour elle-même.

L'individu qui fait une annonce de quelques lignes, noyée dans une grande masse, n'a pas à se demander quelle est la place où elle sera car,

quel que soit le cas, le rendement sera presque toujours insignifiant et.
pour obtenir de la valeur, elle doit surtout s'inspirer du principe de la
répétition.

Les meilleures pages pour l'annonce. — Les journaux, en augmentant les tarifs de certaines pages, ont créé l'impression qu'elles étaient
meilleures que d'autres.

S'il s'agit d'annonces isolées, évidemment plus elles sont près du texte,
mieux cela vaudra.

Fig. 166. — Hauteur de l'original : 11 centimètres.

Visibilité agréable. Suggestion illustrée directe par la chose. Ni action, ni résultat.
Suggestion indirecte par la riche présentation de l'objet dans son écrin. Ligne
d'orientation complètement défectueuse.

Mais celui qui fera une campagne d'annonces précises, incisives, originales et puissamment suggestives, se moque de l'emplacement où il se
trouve, surtout s'il peut disposer d'un format suffisant pour exposer ses
pensées.

Certaines annonces mises en dernière page, appartenant à une série
spécialement enchaînée seront vues et recherchées. Or, dans ces conditions, nous considérons comme très secondaire la question de l'emplacement.

Lorsqu'un technicien de publicité fait la rédaction et la composition, il sait imposer au public sa facture et l'on recherche son annonce
quel que soit l'emplacement où elle se trouve. Nous parlons ici par
expérience.

Le bord du recto. — Toutefois, lorsque le journal aura un certain nombre de pages, que son format ne sera pas trop grand, il y aura intérêt à préférer le recto au verso et les colonnes voisinant le côté droit de ce recto.

En dehors de cela, nous n'avons aucune considération particulière à envisager.

Ce que nous disons ici de la presse quotidienne s'appliquera également à toute la presse en général, qu'elle soit périodique, illustrée ou technique.

PRESSE PÉRIODIQUE

Le milieu restreint, mais amélioré. — Après la presse quotidienne, nous avons à étudier séparément la presse périodique illustrée et la presse technique.

Bien que les deux participent à une même action en ce sens qu'elles représentent des réceptivités nettement sériées, elles appartiennent à des mondes trop différents pour les assimiler complètement l'une à l'autre. Dans la presse illustrée périodique, se trouvent les grands journaux illustrés hebdomadaires, bi-hebdomadaires, mensuels, dont quelques-uns sont désignés sous le nom américain de « magazines ».

La presse quotidienne a, comme nous l'avons vu, à la fois l'avantage et l'inconvénient de s'adresser à une clientèle tout-venant dont la mentalité n'est nullement déterminée et dont la réceptivité est banale. Celui qui lit le quotidien n'y cherche que des nouvelles et des informations et assimile les produits faisant de la réclame à cet esprit d'enquête, documentaire par lui-même.

Les réceptivités délimitées. — Par contre, les journaux illustrés offrent l'avantage de représenter une réceptivité particulière, très bonne, affirmée, qui facilite l'effort suggestif de l'annonceur.

Les uns ont trait aux choses féminines, et dans les choses féminines ils se subdivisent en mode, lingerie, travaux d'aiguilles, etc... Ils ont trait également aux choses mondaines et théâtrales, à la musique, aux sports, au délassement. A chaque fois, ils créent une réceptivité adéquate, dont l'annonce bénéficiera.

Il est évident que, lorsqu'on a une réclame à faire pour un produit concernant la beauté, sa place est indiquée dans un journal à réceptivité féminine et non pas à réceptivité sportive masculine. Le champ d'action est limité par le journal, mais cette action se trouve intensifiée de ce fait.

La presse périodique offre l'avantage d'être plus luxueusement illustrée. Son papier est de qualité adaptée à ce besoin. L'annonceur peut en profiter pour joindre à la suggestion directe du texte celle de l'illustration luxueuse, qui permet l'emploi du décor par un joli dessin.

Détermination de la réceptivité. — Il est inutile de faire, dans les périodiques, de la publicité pour des produits n'étant pas en rapport avec la réceptivité qu'ils engendrent. Cependant certains produits de consommation seront très bien placés dans leurs colonnes, car, en dehors de quelques réceptivités nettement déterminées, comme le sport ou la musique, ces périodiques ont une réceptivité générale de délassement.

En effet, si le quotidien est lu à la hâte et rejeté aussitôt, le périodique illustré est lu par fragments, feuilleté plusieurs fois, lu à nouveau, et son action est par conséquent plus profonde. Dans beaucoup de cas, ces journaux étant destinés à la femme, ou à la famille représentée par la femme, tout ce qui aura trait aux achats domestiques, décidés par la femme, y aura une place tout indiquée.

Si nous prenons par exemple le journal Femina, dont la réceptivité semble être plutôt celle des choses mondaines extérieures, un produit d'alimentation ne semble pas, à première vue, être à sa place comme annonce.

Cependant, si l'on examine avec soin, l'on verra que la femme, décidant des achats des produits d'alimentation chez elle, se trouvera plus particulièrement touchée par l'annonce de ce produit. Il ne faudra pas exagérer cette tendance et en tirer, comme conclusion, que l'on peut faire des annonces, dans les périodiques illustrés, en dehors de la réceptivité immédiate ou connexe engendrée.

C'est ainsi que nous avons vu dans le journal Culina, organe nettement dédié aux besoins de la table des gens riches, des annonces pour des sociétés de constructions économiques qui étaient là complètement déplacées. Il n'y a aucun lien, proche ou éloigné, entre la cuisine et la construction de maisons démontables.

Par contre, ces dernières annonces auraient été placées à merveille dans des journaux comme la Vie à la Campagne, Fermes et Châteaux où la réceptivité est entièrement à la construction et à l'amélioration de la construction.

Nous ne pouvons passer en revue tous les journaux, mais il suffit de prendre leur titre, d'en lire deux ou trois numéros pour être fixé sur les réceptivités qu'ils engendrent et pour déterminer, en conséquence, leur champ d'action.

Spécialisation dans l'annonce. — Ici, ouvrons une parenthèse pour les journaux. Ceux-ci ne doivent pas croire qu'en ayant seulement des annonces adéquates à leur but, ils verront leurs ressources diminuer. Au contraire, si l'esprit de rationalité préside à la recherche des annonces, ils auront la certitude de trouver des annonceurs en quantité. Beaucoup, en effet, hésitent et refusent de donner des ordres d'insertion en citant des annonces qui ne sont point à leur place. Ils donneraient leurs ordres, s'ils sentaient que l'organe n'est fait que pour ceux qui consomment leurs produits. La meilleure preuve est trouvée dans certains journaux techniques qui, ne prenant que des annonces ayant trait à leur réceptivité, en sont littéralement bondés. L'annonce qui n'est pas à sa place ne rapporte pas à l'annonceur. Elle séjourne quelque temps, puis disparaît. Il faut, comme il est dit dans l'introduction de cet ouvrage, ne pas perdre de vue que l'intérêt du journal est celui de l'annonceur. Prendre des annonces qui ne sont pas en harmonie avec la réceptivité du journal c'est se nuire à soi-même.

Rapports du *tirage* et de la *réceptivité*. — C'est pour les journaux à réceptivité affirmée que le tirage a une importance relative, car la diminution du champ est compensée largement par l'intensité dont nous avons parlé plus haut. Certains organes ne touchant pas plus de un à deux mille personnes rendront beaucoup plus de services pour une annonce adéquate que si la même annonce était mise dans un quotidien tirant à dix mille, par exemple.

Nous avons dit que, parmi les périodiques illustrés, quelques-uns avaient comme réceptivité générale celle du délassement et que, par conséquent, à peu près tous les produits en rapport avec cette réceptivité et celles connexes auraient trouvé avantage à s'y annoncer. L'on comprend ainsi que le journal l'Illustration, type en France du genre disposant d'un très grand tirage, soit un organe merveilleux, d'un rendement appréciable.

Action de la *périodicité*. — Dans les périodiques, la question de leur périodicité est assez importante. Vaut-il mieux un hebdomadaire, un bi-mensuel ou un mensuel? Nous devons dire que nous n'avons aucune préférence marquée. Plus la périodicité est fréquente, plus l'action du journal se rapproche de celle du quotidien, c'est-à-dire plus elle a tendance à être éphémère, portant en soi le correctif, puisqu'elle est renouvelée plus souvent.

Action *fugace* de l'*hebdomadaire*. — Un journal que l'on reçoit tous les huit jours est lu dans le courant de la semaine et, à peine est-il arrivé que son impression est chassée par celle créée par un autre journal.

Dans ces conditions, une publicité dans un hebdomadaire qui ne serait pas soutenue continuellement serait défectueuse, car les suggestions créées par d'autres produits viendraient effacer aussitôt celle créée par le vôtre.

Par conséquent, il n'y a pas lieu de se demander si, dans un hebdomadaire, on doit faire de la publicité tous les quinze jours ou tous les mois. La seule bonne solution est d'en faire à chaque numéro.

Cependant là, comme dans les quotidiens, un parti sage sera de faire, de temps en temps, des annonces très massives, imposantes, qui montrent votre force, et de les soutenir à chaque numéro par des annonces de valeur moindre, mais suffisamment suggestives.

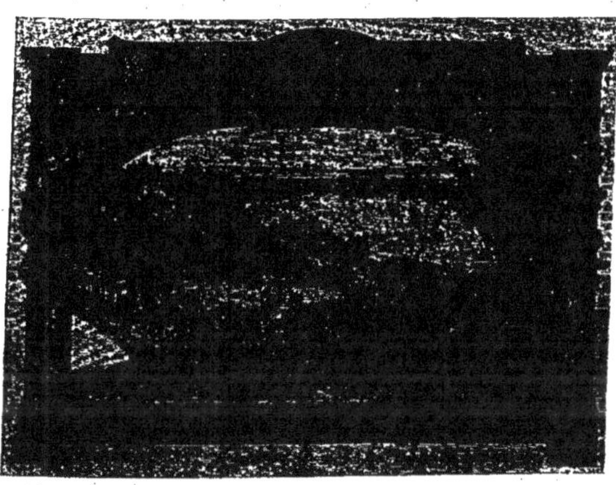

Fig. 167. — Hauteur de l'original : 120 centimètres.

Affiche. — Utilisation du cadre décoratif, mais écrasant et entrainant une perte énorme d'emplacement. Suggestion illustrée directe par la chose, en action, avec les résultats. Suggestion indirecte par le milieu : le paysage, admirablement choisi. Le mot Decauville aurait dû être reporté au-dessous du paysage avec le texte complémentaire, dont l'importance est par trop réduite.

Action plus lente du mensuel. — Nous passerons directement de l'hebdomadaire au mensuel, de manière à bien montrer la façon d'opérer.

Le journal mensuel est un peu ce que les allopathes appellent la méthode des doses fractionnées et, en fait, l'action est identique, car on lit ce journal, article par article, à tête reposée et, à chaque fois, l'on voit les annonces. Celles-ci restent plus longtemps sous les yeux, car le lecteur n'est pas gêné par l'arrivée d'un numéro qui revient immédiatement après ; mais alors, là comme dans le cas de l'hebdomadaire, si l'on veut conserver un effet, il est bon de ne pas laisser deux numéros sans annonces, car la périodicité de celles-ci serait par trop éloignée.

La continuité. — L'annonce dans l'hebdomadaire est vue peut-être une fois sur les huit jours qu'elle reste sous vos yeux, alors que, dans le mensuel, elle est vue certainement un nombre de fois beaucoup plus considérable.

Il faut donc conclure que, dans la presse périodique, on ne peut sauter deux numéros, et c'est la continuité la plus absolue qui s'impose.

Annonce face au texte. — Dans ces journaux, comme dans la presse quotidienne, les questions d'emplacement sont vivement discutées.

Il est évident que la première page faisant face au texte a une valeur, mais ceci est encore relatif. Pour notre part, nous estimons que chaque fois qu'une série de clichés sera intéressante, originale et suggestive, peu importe sa place. Elle portera, sera lue et recherchée, au même titre que les illustrations intéressantes du journal lui-même.

Dans ces conditions, la seule chose que puisse demander un annonceur habile, c'est d'avoir la première annonce, face au texte et d'appeler l'attention sur la série qui suivra. Lorsque l'on ne peut arriver à être placé avantageusement la première fois, il est nécessaire de faire plusieurs annonces de début très massives. Alors peu importe l'emplacement.

Les paquets de tête et de queue. — Notre goût français ne nous permet pas d'intercaler des feuilles de réclame dans le texte d'une jolie revue. D'autre part, étant donné le principe que nous venons d'émettre, à savoir que l'emplacement importe peu, nous trouvons cette disposition de goût justifiée par la rationalité de notre technique.

La publicité se trouve donc répartie, dans nos périodiques, en paquet à la tête et en paquet à la queue.

Lequel des deux est préférable ?

Le paquet de tête semblerait peut-être légèrement meilleur, étant donné que les gens ont pris l'habitude de s'appesantir sur le début de leur journal, où les choses les plus intéressantes sont massées. Mais, comme il feuillette aussi bien la fin, la moins-value des dernières pages peut être compensée, comme nous venons de voir, par une attraction spéciale particulière.

La dernière page. — Là où nous ne serions pas d'accord avec nos contemporains, c'est en ce qui concerne la valeur donnée à la dernière page de la couverture. Certains journaux même, tenant compte de cette appréciation ou même l'ayant créée à dessein, vendent plus cher cette dernière page.

Or, bien que l'on prétende qu'il y ait chances égales pour que le journal soit posé sur une table la face en dessus ou en dessous, comme lorsqu'on joue à pile ou face, nous estimons que le mouvement instinctif de l'être humain est de placer toutes choses rationnellement.

Donc, intrinsèquement, la dernière page de la couverture ne vaut pas plus que celles du texte, peut-être moins, car si l'on feuillette dans un sens ou dans l'autre, on regarde plus le texte que la couverture. Celle-ci, dans les périodiques comme dans les livres, semble être un protecteur du texte et non une partie intégrante de celui-ci.

L'annonce plutôt que l'article. — Nous n'avons examiné jusqu'ici que la possibilité de faire des annonces dans les périodiques illustrés. Nous voyons, par contre, d'autant moins la nécessité d'utiliser l'article que l'annonce peut, par l'utilisation d'un long texte et par l'illustration, suggérer autant que l'article.

En effet, un moyen comme l'article, qui demande une délicatesse de doigté extrême, pourrait révéler son origine et, s'il ne nuisait pas à l'annonceur, il nuirait par contre au journal qui doit avoir l'air aussi impartial que possible.

Dans la presse illustrée, l'article, lorsqu'on l'emploiera, aura donc une allure purement instructive ou documentaire et se détachera, autant que possible, de la commercialité du produit.

Rapports de la longueur et de la périodicité. — Etant donné la lecture rapide du quotidien, et son action éphémère d'autre part, l'annonce y sera courte et brève, en général; par contre, les périodiques auront des annonces d'autant plus longues que leur périodicité sera plus espacée. Dans les deux cas, il faut naturellement appliquer les principes de la théorie et de la technique générale.

PRESSE TECHNIQUE ET SCIENTIFIQUE

Sous cette rubrique doivent être envisagés tous les journaux professionnels, quels qu'ils soient.

C'est ainsi que les journaux de sport, de mode, les journaux quotidiens de commerce et de bourse sont de cette catégorie. Ceci en raison de leur réceptivité absolument étroite qui leur donne un même mode d'action.

Clientèle active et clientèle passive. — Ici, nous devons signaler que, parmi les journaux techniques et scientifiques, les uns ont une clientèle active et les autres une clientèle passive. Seule l'expérience peut déterminer la valeur des deux.

Certains journaux ont une réceptivité parfaite et une clientèle adéquate à celle-ci ; mais cette clientèle adéquate, au lieu d'être acheteuse, est simplement curieuse.

C'est ainsi que, par l'expérience, nous avons pu enregistrer, dans certains journaux de vulgarisation scientifique, des quantités de demandes entraînant rarement l'achat, alors que des journaux moindres comme tirage et plus étroits dans leur réceptivité donnaient moins de demandes et plus d'achats.

Nous avons fort bien compris la raison de ceci, car nous nous sommes souvenus, qu'étant enfants, nous étions abonnés à l'une de ces revues. Notre grand plaisir était de demander régulièrement les catalogues de tous les annonceurs, pour être ainsi au courant des dernières nouveautés scientifiques.

Or, il était rare que nous achetions les objets ou les produits, sur lesquels nous faisions une enquête purement documentaire.

Les journaux de vulgarisation participeront tous à cet effet, qui est créé par leur mentalité propre.

Les journaux de valeur sont ceux qui sont purement techniques et qui, au lieu de s'adresser à un public en quête de nouveautés, s'adressent à un public en quête d'objets, de produits ou de machines, qui sont nécessaires pour ses affaires.

Ce qui s'applique aux journaux de vulgarisation scientifique est vrai pour les journaux de vulgarisation sportive et pour tout ce qui a trait à la diffusion envisageant le point de vue éducatif plutôt que l'intérêt immédiat.

Nous avons dit que les journaux de sport peuvent être considérés comme des journaux techniques, en raison du cadre exigu de la réceptivité créée. Seuls, les produits qui y ont trait devront y figurer. Comme le sport comporte des subdivisions, il sera inutile d'annoncer dans un journal de foot-ball des balles pour golf ou inversement des chaussures de foot-ball dans un journal destiné au tennis.

Journaux techniques et journaux commerciaux. — Dans les journaux techniques, les uns sont hautement scientifiques et s'inspirent de la technique pure, alors que les autres sont plus pratiquement commerciaux.

Les uns et les autres sont bons, mais dans les premiers, il faudra surtout faire des annonces touchant l'ingénieur et dans les derniers des annonces touchant le sens commercial du directeur de la maison.

C'est ainsi qu'une revue dans le genre de « Commerce et Industrie » qui s'occupe des méthodes modernes d'affaires doit être utilisée par ceux qui veulent faire connaître le mobilier de classement, les machines nou-

velles à écrire ou à reproduire. Dans un journal comme « La Publicité »
on doit s'attendre à trouver exclusivement des annonces ayant trait à
cette spécialité, c'est-à-dire des annonces d'afficheurs, de journaux,
d'imprimeurs, en un mot des fournisseurs de l'annonceur.

Les réceptivités parallèles. — Certains journaux techniques professionnels, bien qu'envisageant une profession délimitée, peuvent avoir un
champ d'action plus grand que leur cadre immédiat et l'annonceur intelligent saura en profiter pour dévelop-
per son industrie.

Si nous prenons, par exemple, un journal comme le
« Moniteur de la Bijouterie et de l'Horlogerie », qui s'adresse plus particulièrement aux horlogers, il est évi-

FIG. 168. — Hauteur de l'original : 120 centimètres.

Affiche. — Suggestion illustrée directe par la chose. Ni action,
ni résultats. Texte documentaire réduit au minimum. La suggestion indirecte n'était pas nécessaire. Il aurait été préférable, pour une bonne ligne d'orientation d'avoir l'illustration au-dessus des mots « Force Motrice ».

dent que l'on pourra glisser dans celui-ci des annonces ayant trait à des
phonographes. L'on sait que certains horlogers de province sont heureux d'augmenter leur chiffre d'affaires par l'exercice d'un commerce
qui n'est pas absolument opposé à celui qu'ils ont déjà.

Dans le même ordre d'idées, le « Bulletin de la Machine à coudre »
recevra très bien des annonces de cycles, car le marchand ou l'agent de
machines à coudre a intérêt à développer ses affaires par d'autres similaires.

Dans ce cas, ce n'est pas la réceptivité immédiate que l'on envisage,
mais la réceptivité connexe dont on bénéficie.

Dans le même ordre d'idées, certains journaux commerciaux sont d'un
ordre spécial et limité. Le « Bulletin des Halles et des Marchés » est surtout employé par ceux qui s'occupent des grains et des farines, mais
peut indirectement être utilisé pour les professions en rapport.

Les journaux de mutualité. — On peut considérer comme journaux
techniques les journaux de mutualité qui ont une tendance à se développer aujourd'hui.

Lorsqu'ils auront une grande diffusion, ils seront utilisés non seulement pour ce qui a trait à leurs vues immédiates, mais pour tout ce qui en découle.

La mutualité envisage l'économie domestique, le confort, l'hygiène. Tout ce qui vise ces branches spéciales sera utilement annoncé dans des journaux mutualistes, s'ils sont intelligemment rédigés et dirigés.

La chose la plus essentielle dans ces journaux est l'annonce, mais l'article sera fréquemment employé avec avantage, à la condition de le sortir des conceptions habituelles. Nous désirerions le voir purement documentaire, ne citant même pas le nom de la maison vendant le produit. Il sera suivi et même au besoin précédé d'une campagne très active et très précise d'annonces bien faites.

Les pages d'annonces et leur emplacement. — Les journaux techniques, industriels et scientifiques, en raison de ce que leur réceptivité ne semble pas être celle du luxe, peuvent avoir des pages d'annonces dans le texte.

Cet usage a été assez fréquemment adopté. Nous n'y voyons aucun avantage, d'autant plus qu'à notre avis, pour qu'un journal technique porte, il faut qu'il soit édité aussi luxueusement que possible sur un papier aussi joli que faire se pourra et avec des illustrations artistiques.

Dans ces conditions, l'intérêt consiste à placer les annonces en tête et en queue et, bien faites, elles porteront mieux que dans le texte si le journal est à allure piteuse.

Certains journaux industriels, de commerce moderne, de technique et d'impression l'ont, du reste, fort bien compris.

LES ANNUAIRES

On pourrait nous reprocher de n'avoir point parlé du medium que le public appelle les annuaires et les guides. Ce sont, en somme, des publications périodiques le plus souvent annuelles. Leur réceptivité varie avec leur genre. Certains annuaires sont généraux; le « Bottin » et « France-Adresses » par exemple. D'autres sont spéciaux à une seule profession. Il n'y a rien de particulier à dire des insertions que l'on y fait et qui obéissent aux lois de l'annonce pour la technique et aux lois de la réceptivité pour la théorie.

XXXIX

LES MURS

La publicité, dans sa marche progressive et victorieuse, tend à utiliser tout emplacement bien visible et à le recouvrir de couleurs voyantes et de formes vivantes. Sous le titre de « murs », nous étudierons les emplacements de publicité générale autant à l'intérieur qu'à l'extérieur.

GÉNÉRALITÉS

Mur urbain et suburbain. — Les murs urbains et suburbains, l'emplacement du mur en lui-même doivent être soigneusement envisagés et si, à première vue, un produit peut se mettre sur n'importe quel mur, nous verrons que quelques-uns ont une clientèle absolument particulière.

Si nous étudions la valeur d'un mur dans un quartier luxueux du côté des Champs-Élysées par exemple, bien que tout le monde puisse y passer, il est évident que c'est à la clientèle locale que ce mur s'adresse. Une affiche industrielle serait très mal placée dans cet endroit.

Si nous allons aux grands boulevards où toute la population, quelle qu'elle soit, est appelée à défiler et où la réceptivité est un peu tout-venant, l'on pourra poser des affiches pour n'importe quel produit, mais leur effectivité sera moins grande.

Par contre, lorsqu'il s'agira de produits industriels, de machines-outils, de moteurs à gaz, c'est dans les arrondissements de l'est et de la périphérie de Paris que l'affiche aura sa valeur.

Le mur a donc une clientèle tout comme le journal, et sa réceptivité découle du milieu où elle se trouve. Les régions elles-mêmes influent sur la valeur du mur. Il en est dont la réceptivité est industrielle, d'autres agricole. Des villes comme Nancy ont l'âme artistique.

Les murs et les lois de la vision. — L'affiche, en général, est mise dans les voies où l'on passe, à l'intérieur comme à l'extérieur, ou bien le long des voies de communication.

La réceptivité pour les produits de consommation ou d'autre nature semble n'exister qu'autant que l'on est dans une agglomération où la nécessité de ces choses peut se manifester. C'est ce qui explique que les affiches ont de l'effet aux abords ou à l'intérieur des centres populeux et perdent de leur effectivité lorsqu'elles sont sur les routes.

Quel que soit le cas, avant de donner l'ordre de poser des affiches, il y a lieu de s'assurer non seulement d'un emplacement au point de vue de sa réceptivité, mais également au point de vue de la visibilité.

Si votre affiche est à la hauteur d'un sixième étage et qu'il n'y ait que la largeur d'une rue aussi étroite que la rue Chauchat pour l'examiner, c'est de l'argent dépensé inutilement.

En dehors de la hauteur et du recul nécessaires, pour assurer l'effet de l'affiche, il y a lieu de vérifier, dans le cas où il y aurait un contrat de durée de pose, que l'affiche, ne sera pas masquée à un moment donné.

Certaines affiches sont apposées en hiver et sont visibles, alors que l'été elles sont masquées par les arbres. D'autres se trouvent être oblité-rées par des palissades qui se sont élevées entre temps. Il y a lieu de veiller à ce que l'exécution du contrat soit pleine et entière.

Pose libre et pose réservée. — Au sujet de la pose des affiches, nous devons dire qu'il y a deux façons d'opérer. La première consiste à affer-mer un espace, à le sous-louer d'un fermier, ce qui est le plus commode.

La deuxième façon consiste à apposer les affiches là où l'on peut, quitte à ce qu'elles soient recouvertes presque immédiatement par d'autres.

Nous croyons que c'est à la première façon de faire qu'il faut se ratta-cher. Nous verrons avec plaisir les sociétés, non pas d'affichage, mais fermières d'emplacements, rechercher ceux-ci et louer des panneaux au mois ou à l'année.

L'affichage au petit bonheur ne devrait jamais être pratiqué. Comme l'annonceur ne peut pas s'assurer par lui-même de tous les emplacements libres, il est nécessaire que des entreprises spéciales s'en chargent. De la concurrence entre ces sociétés, ainsi que de l'exercice de la loi de l'offre et de la demande, s'établit un prix raisonnable.

LES MOYENS DE TRANSPORT

Les chemins de fer. — Nous allons examiner, maintenant, la publi-cité le long de la voie ferrée et par suite toute celle qui concerne les chemins de fer, bien que l'action soit souvent différente suivant les emplacements.

Les premières affiches posées dans les gares étaient destinées aux salles d'attente. Il y a quelque trente ou quarante ans, le public n'était pas très accoutumé à prendre les trains et il venait longtemps à l'avance. En outre, la correspondance des différents services était si mal faite qu'il fallait attendre, bon ou mal gré, jusqu'à plusieurs heures dans une gare.

La salle d'attente. — La publicité des salles d'attente a donc été parfaite au début. Elle a certainement opéré car, si la réceptivité de ce lieu est celle de l'ennui et de l'impatience, l'effet de l'affiche a été un palliatif. C'est pourquoi, alors même que le produit annoncé ne concordait pas avec la réceptivité, l'affiche a pu produire quelques bons résultats. Mais, dès qu'une chose semble bonne, l'esprit humain, paresseux, au lieu de s'ingénier à trouver du nouveau ne fait qu'imiter et, à la suite des premières affiches sont venues des quantités d'autres qui ont encombré les salles d'attente et ont rendu celles-ci désagréables à l'œil.

De plus, comme les annonceurs n'avaient aucun souci de la réceptivité, ce sont les produits les plus divers qui ont voisiné entre eux.

Un fromage est à côté d'un moteur à gaz, une maison de deuil côtoie un ferblantier.

De toutes ces suggestions par trop variées, il en est résulté une inhibition à peu près totale, ceci d'autant mieux que presque tous les cadres d'affiches étaient de dimensions identiques et restreintes.

Le quai des gares. — D'autre part, le public est maintenant habitué à prendre le train quelques instants avant le départ de celui-ci; les correspondances sont plus régulières. L'affichage dans les salles d'attente a donc perdu de sa valeur; aussi a-t-on cherché à le transporter sur les quais des gares.

Là encore, les affiches ont été utiles, mais le rendement s'est affaibli petit à petit, ce d'autant mieux que les compagnies ont songé à utiliser pour elles leur emplacement. Elles ont compris que la réceptivité « voyage » était plus forte que jamais, alors que l'individu est en déplacement.

Les bords de la voie. — Il a donc fallu transporter les petits panneaux le long de la voie ferrée et les agrandir.

Quelques fautes ont été commises. C'est ainsi qu'à quelques centaines de mètres des gares on trouve des panneaux de formes carrées, c'est-à-dire d'environ 3 ou 4 mètres sur la même dimension. Or, à ce moment, les trains passent avec une vitesse telle que le panneau est tout au plus perceptible.

Lorsque l'on aura à faire de la publicité le long de la voie ferrée, il faudra absolument, étant donné le court espace de temps accordé à la vision, faire des panneaux excessivement longs lorsqu'ils seront en bordure, ou les reporter très en recul de la voie ferrée.

Les dépendances des gares. — A l'heure actuelle, quelques annonceurs habitués à l'affichage sur la voie ferrée nous ont fait part de leur désir d'utiliser les dépendances des gares plutôt que les gares elles-mêmes. C'est ainsi que les bâtiments de dépôt des machines, des gares de marchandises sont mis à contribution.

Ceci est bon pour l'instant, mais est également relatif, car du jour où l'on se sera précipité sur ces emplacements, les suggestions contraires s'opposeront et n'auront plus de résultat.

Si, à l'extérieur des dépendances, l'affiche est d'une valeur relative, elle peut être, dans certains cas très bonne à l'intérieur. C'est ainsi que tous les produits de consommation courante auront un effet particulier dans les salles de buffet. Nous savons que, pour notre part, notre connaissance avec certains chocolats est due à l'affichage dans les buffets des gares et des halls de départ de paquebots.

Les abords des gares. — Lorsque nous avons parlé de la publicité le long des voies ferrées ou dans les gares, nous avons eu en vue la publicité extra-locale.

Lorsqu'il s'agit de la publicité locale, son effet sera beaucoup plus grand et, à dire vrai, ce sont les annonceurs du pays où se trouve la station qui seuls devraient utiliser les murs de celle-ci, car ils ont ainsi un moyen de documenter les gens qui viennent dans le pays, au moment précis où ils y arrivent. Les abords de la gare participent, du reste, à cette action, et il en est ainsi de tous les points d'entrée dans une ville.

L'intérieur des wagons. — La publicité dans le monde des chemins de fer nous amène à parler de celle faite à l'intérieur des véhicules.

Les Compagnies se sont réservé, dans certains cas, le monopole de la petite affiche, de manière à mettre en valeur les points intéressants de leurs lignes. On ne peut que les en féliciter. Elles se trouvent dans le cas d'un magasin qui s'ouvre et qui, disposant d'une palissade, au lieu de la louer à d'autres, en bénéficie pour lui-même. Ceci est évidemment plus sage.

Seules, les lignes de ceinture et de banlieue ont vu leurs voitures utiliser l'affiche commerciale réduite, posée sur leurs parois.

Nous croyons quelque peu à l'effet de cette publicité, car le public transporté est toujours le même et les suggestions mises en face de lui peuvent avoir un certain effet par suite de la répétition fréquente.

Le guide à l'intérieur du wagon. — Les compagnies de chemins de fer ont, du reste, fort bien compris qu'elles pouvaient disposer d'autres moyens pour elles-mêmes, et ont eu recours au guide-album tenu à la disposition des voyageurs et ont créé ainsi un moyen de publicité bien supérieur à l'affiche.

En effet elles ont eu de cette façon une espèce d'organe illustré, à réceptivité de délassement. Dans les quelques centaines de feuilles où elles intéressent le public par des histoires, elles ont pu encore, tout en mettant en valeur leur réseau, recueillir de la publicité rémunératrice à la fois pour elles et pour ceux qui la faisaient.

Le Métropolitain. — La publicité le long des quais du Métro n'est bonne que pour les produits qui peuvent se consommer à Paris et ne peuvent toucher que la clientèle locale. Ceci est compréhensible, les personnes transportées appartenant au point de vue consommation presque exclusivement à la ville.

La valeur effective des emplacements dans le Métro varie suivant les stations et suivant certains endroits. C'est ainsi que les quartiers de la périphérie n'ont presque pas de valeur au point de vue publicité pour les articles de luxe, tandis que, dans les gares du centre, les affiches devront surtout solliciter pour les articles riches.

Dans le Métro comme sur les quais d'une gare, c'est surtout l'annonce du quai opposé que l'on voit et principalement celles du milieu qui sont vues. Ce principe ne devra pas être oublié par les annonceurs.

Intérieur des tramways et omnibus. — M. W.-D. Scott, dans un chapitre de sa « Psychology of advertising », a essayé de montrer que le « Street car advertising », c'est-à-dire la publicité dans les tramways, était très effectif en Amérique. Nous aurions voulu que les raisonnements mis en avant, fort intéressants, fussent soutenus par des chiffres établis sur les résultats d'une publicité n'utilisant que ce moyen.

Ceci malheureusement n'est pas, et nous nous voyons obligés pour l'instant de dire qu'en France notamment la publicité dans les omnibus et dans les tramways est à peu de chose près inopérante.

En effet, les séjours à l'intérieur des voitures sont beaucoup moins longs qu'en Amérique, sans doute. Puis, des observations précises que nous avons faites, nous avons constaté que la plupart des gens lisaient leur journal ou se regardaient entre eux. La galanterie de notre pays fait que les hommes cherchent toujours un visage agréable et l'habitude des femmes est de se documenter de visu, sur les nouveautés de mode qu'elles peuvent trouver sur le dos ou la tête de leurs voisines pendant le trajet.

Nous avons fait souvent, intentionnellement, le parcours Batignolles-Clichy-Odéon et, pratiquement, pas une personne pour cent ne levait les yeux au plafond.

D'autre part, pour celui qui ne fait pas le trajet régulièrement et qui n'éprouve pas le besoin de rompre la monotonie de celui-ci, les yeux se portent continuellement sur le paysage extérieur dont la mobilité et le mouvement, en raison des gens qui s'y déplacent, sont plus suggestifs que les petits panneaux invisibles et mal faits qui se trouvent à l'intérieur du tramway.

En étudiant les lois de la vision, nous avons vu qu'il faut faire un effort manifestement volontaire et fatigant pour regarder seulement la moitié des annonces que l'on a au-dessus de sa tête.

Nous ne pouvons, à notre grand regret, conclure, en France, à l'effectivité de ce medium, à moins que l'on ne modifie la forme de nos voitures et la façon de s'y asseoir.

Extérieur des tramways et omnibus. — Par contre, nous serions beaucoup plus persuadés de la valeur de l'affiche posée à l'extérieur du moyen de locomotion. En effet, toute chose qui se meut est regardée, soit parce qu'elle attire en elle-même, soit parce que l'on regarde le moyen de transport pour l'éviter.

Or, tout ce qui est à l'extérieur est vu, et une affiche intéressante est examinée.

De plus, il y a là un moyen de publicité ambulant constant de beaucoup supérieur à l'homme-sandwich.

Pour nous, la publicité doit être sortie de l'intérieur et reportée franchement à l'extérieur.

Divers. — Parmi les murs, il faut également envisager la publicité sur les stores-bannes.

En effet, certains annonceurs ont trouvé le moyen de combiner l'enseigne de leurs détaillants avec leurs produits, et ils ont fait eux-mêmes les frais d'impression sur des bandes d'étoffe.

Ce procédé est assez bon.

Les rideaux de théâtres ont été utilisés, mais leur effet nous paraît devoir être secondaire, étant donné leur réceptivité particulière de plaisir et de luxe.

Les seules choses ayant trait immédiatement à cette réceptivité devront être placées sur le rideau.

La palissade est un medium dont les annonceurs perdent le profit en la louant à des entreprises ou à des particuliers, au lieu de l'utiliser pour eux, ce qui peut être souvent fait avantageusement.

Il serait, du reste, fastidieux d'examiner l'un après l'autre tous les media où l'on peut apposer les affiches. Il suffit de rappeler que les grandes règles sont celles qui précèdent, et que l'effectivité du moyen est en rapport direct avec la réceptivité engendrée par le medium. Il s'agit de s'assurer que l'effectivité du medium n'est entravée par aucune cause extérieure.

XL

LES TARIFS

JOURNAUX ET AFFICHES

Méfiez-vous du bon marché. — Dans un ouvrage de publicité qui a la prétention d'être pratique, il semblerait à première vue utile d'y trouver les tarifs des principaux journaux. Évidemment, il y aurait là une documentation, mais nous avons estimé inutile de la donner : d'abord parce que la valeur de la publicité varie d'année en année, ensuite parce que cette documentation est du domaine de ceux qui nous lisent. Il suffit d'une demande de renseignements aux intéressés pour être fixé.

FIG. 169. — Suggestion illustrée directe par la chose. Ni action, ni résultat. Ligne d'orientation élémentaire mais bonne.

L'esprit de notre ouvrage est de porter à votre connaissance les choses qui ne sont pas du domaine courant.

La seule recommandation que nous ayons à faire, c'est que vous attachiez moins d'importance au prix qui vous est demandé qu'à la réceptivité du journal, secondée par un bon tirage.

A première vue, ne soyez pas tenté de rejeter les organes très chers. Ceux-ci ont établi leurs prix en raison des services qu'ils peuvent rendre. Il faut porter plutôt votre méfiance sur les organes bon marché, qui rendent très rarement des services. C'est même en faisant de la publicité dans des organes à bon marché que les annonceurs éprouvent des désillusions.

L'agent utile. — Du reste, vous avez, pour toute votre publicité, intérêt à avoir recours actuellement aux offices de l'agent de publicité.

Si les connaissances techniques de beaucoup d'entre eux ne leur permettent pas de valoriser la publicité comme des techniciens spécialisés, leur rôle est très utile en ce sens qu'ils surveillent l'exécution de vos ordres et peuvent, par suite de contrats spéciaux, assurer des emplacements particuliers à ceux qui les désirent et des prix sensiblement réduits.

L'agent, du reste, a pris l'habitude de faire bénéficier l'annonceur d'une partie des remises qui lui sont accordées comme intermédiaire. L'annonceur ne pourrait bénéficier de cet avantage s'il traitait seul.

Ce point est exact en ce qui concerne la presse générale, mais est moins rigoureux en ce qui concerne la presse technique et scientifique.

Les unités des tarifs. — Au sujet du tarif des journaux, faisons remarquer que les unités d'évaluation sont quelque peu différentes. Il nous est permis de regretter que la presse, qui a tant fait pour aider à la propagation du système métrique et par conséquent du système décimal, se soit obstinée, comme par une ironie des choses, à employer des unités qui sont excessivement éloignées du système décimal, métrique.

Le lignage et la justification se mesurent en cicéros et en points.

Le résultat de cette ancienne habitude est que certains journaux louent leur emplacement à la ligne. Or les uns la comptent en 7 points et d'autres en 8, comme ils pourraient aussi bien la compter en 6. L'étalon est donc instable.

Quant à la justification, elle varie depuis des colonnes de 3 centimètres, dans certains journaux de province, jusqu'aux colonnes de près de 80 millimètres de large, dans certaines revues.

Il en résulte que l'annonceur doit modifier continuellement le format de ses annonces et de ses clichés.

Nous devons cependant dire que quelques rares journaux, rompant avec la tradition, ont amélioré le système. Nous sommes heureux de citer « le Bâtiment », qui prend pour unité le centimètre de hauteur sur la ligne en largeur.

Nous devons même une mention tout à fait particulière au journal « la Nature », dont le fermier de publicité, très accommodant, accepte comme unité de base le centimètre carré. Ces tendances peuvent surprendre le monde de l'impression ; mais pour nous, si elles émanent de précurseurs, elles représentent en réalité l'avenir.

La concurrence. — Ceci exposé, nous pouvons dire que, pour un annonceur faisant une grosse publicité, le meilleur moyen d'obtenir les tarifs les plus avantageux consiste à mettre en concurrence plusieurs agences, et à ne donner sa préférence qu'à celui qui fait les offres les meilleures. C'est le principe de toute opération commerciale.

Toutefois il ne faudrait pas exagérer cette façon d'opérer, car il en est en matière de publicité comme d'autre chose. Il y a des gens qui avilissent les prix et qui font subir cet avilissement au travail de surveillance, dont ils sont chargés.

Affichage. — Les tarifs d'affichage ne suivent pas les mêmes lois au point de vue du tarif ; mais il y a lieu de procéder en matière d'affiche comme en matières d'annonces, c'est-à-dire en mettant en opposition, lorsque cela sera possible, deux maisons différentes.

PHYSIONOMIES DE LA PUBLICITÉ

Il est nécessaire, maintenant, que nous disions quelles sont les principales figures que l'on rencontre dans le monde de la publicité.

Directeurs de publicité. — En premier lieu, se trouvent les directeurs des services de publicité des journaux. Nous n'avons rien de particulier à dire en ce qui les concerne. Ce sont des vendeurs qui doivent chercher à obtenir le maximum des emplacements qu'ils louent. La seule chose que nous leur demanderions serait de prendre l'habitude de ne pas masquer le tirage exact de leurs media.

Le fermier. — A côté d'eux se trouvent les fermiers qui, comme leur nom l'indique, représentent des entreprises qui prennent à leur charge la publicité d'un ou plusieurs organes et en tirent le meilleur profit.

Le fermier a eu un rôle très utile au début. Il a été, on peut le dire, un des premiers agents propagateurs de la publicité. C'est lui qui l'a fait pénétrer dans le monde commercial. Sortant du rôle du service de publicité des journaux, que l'on a considéré à tort comme étant celui de l'expectative, il est allé trouver l'annonceur chez lui. Il était ainsi à la fois le journal et l'agent de publicité.

Au fur et à mesure que la publicité se développera, l'importance du fermier se trouvera diminuée, de par le fait des choses. Les journaux auront de plus en plus tendance à exploiter eux-mêmes, parce que toute tractation de publicité, comme toutes les opérations commerciales, gagne à se faire avec le moins d'intermédiaires possibles.

L'agent. — A côté du fermier et opérant comme lui, avec cette différence qu'il ne dispose pas d'organe propre, se trouve l'agent de publicité.

Le rôle de l'agent consiste à être l'intermédiaire entre l'annonceur et le journal ou le fermier. Il est surtout le surveillant des ordres d'annonces déterminés par l'annonceur, d'accord avec lui.

Si, à première vue, le rôle de l'agent de publicité pourrait être ramené à celui d'un courtier, il y a cependant une grosse différence, car l'agent ne transmet pas seulement les ordres qu'on lui passe, mais il en surveille l'exécution et est un éducateur de certains commerçants. Surveillant souvent avec ses commettants les résultats obtenus, il acquiert une certaine expérience et peut donner d'utiles conseils.

Le courtier. — Nous trouvons encore le courtier qui est, en somme, un démarcheur au service du fermier comme de l'agent, comme du journal.

C'est lui qui sonde, qui voit et qui, au besoin, traite certaines affaires.

Conseil en publicité. — Si nous reconnaissons que les personnes ci-dessus ont un rôle très utile, nous devons dire que leur organisation et leurs fonctions ne répondent pas entièrement aux besoins des développements de la publicité. Nous désirerions voir à côté des agents se développer les conseils en publicité. Eux seuls peuvent être des conseillers impartiaux. Les agents, ne vivant que par la presse, il leur est difficile de parler en faveur de moyens comme le M. O. B., qui sont parfois en opposition avec leurs intérêts, mais indispensables à l'annonceur.

Le conseil, rémunéré par l'annonceur seul, peut prendre la défense complète de ses intérêts, assurer à sa publicité une parfaite technique,

Fig. 170. — Hauteur de l'original : 15 centimètres.

Annonce ingénieuse. Visibilité créée par des oppositions de lumière et d'ombre. Suggestion illustrée directe par la chose. Ni action, ni résultat. Suggestion indirecte par l'allure du consommateur. Ligne d'orientation écartant du texte très court.

ce qui ne supprime pas du reste l'intervention de l'agent dans là passation et la surveillance des ordres d'annonces.

*
* *

Finissons ce chapitre en réhabilitant un peu les figures de la publicité. Pendant longtemps, on n'a vu dans ceux qui s'occupaient de réclame que des forbans prêts à tous les mauvais coups et surtout à étrangler l'annonceur. Ceci est inexact. Certains escrocs se sont servi de la publicité, comme ils se servent de tout. Ce n'est pas là une raison pour juger défavorablement le monde des intermédiaires. Si même encore certaines erreurs de vues persistent, on peut déclarer que le monde de la publicité comporte des têtes remarquables et honorables. Et l'on ne peut qu'être heureux de voir la réussite de quelques-uns d'entre eux : s'ils ont été des précurseurs risquant gros, il est juste qu'ils aient eu leur récompense.

XLI

DOCUMENTATION

La documentation est nécessaire pour faire un travail
utile et rapide.

L'homme ne peut créer sans cesse. — L'annonceur soucieux de
faire de la bonne publicité ne peut se fier exclusivement à son cerveau,
si fertile soit-il, pour obtenir une publicité originale, puissante et
efficace.

L'homme ne peut pas toujours inventer et perfectionner lui-même.
Nous avons vu, en outre, que nos actes et nos pensées ne sont que les
réactions des actes et des pensées d'autrui sur nous-mêmes. Il est donc
de notre intérêt d'enrichir notre source de réactions.

Dans ces conditions, la bonne publicité sera faite surtout par celui qui
aura une documentation abondante, laquelle viendra inciter son cerveau
à faire des choses nouvelles, résultant de choses précédentes.

Si nous vous demandons de vous documenter aussi abondamment que
possible, n'envisagez pas ceci comme une façon pour vous d'imiter ce
qui s'est fait, mais au contraire, comme un moyen de faire mieux et différemment des choses passées.

Il faut envisager deux sortes de documentation : l'une générale, sur
tous les moyens de publicité, quel que soit leur mode, sur les media, etc.;
l'autre qui consiste à étudier ce que font vos concurrents. Ces deux
documentations sont d'ordres divers. Alors que la première vise surtout
votre instruction, la seconde a pour but de vous tenir au courant de ce
que font vos concurrents et de lutter contre eux d'une façon plus efficace.

Journaux et livres de publicité. — A la base de la documentation se
trouve l'étude des journaux techniques de publicité, à l'heure actuelle
peu nombreux en France. On peut cependant citer et recommander le
doyen d'entre eux, le journal « la Publicité » dirigé par M. D.-C.-A. Hémet
qui, depuis neuf ans, a fait pénétrer beaucoup de bonnes idées. On peut

dire que M. D.-C.-A. Hémet, grâce à sa persévérance et à sa ténacité, a fait beaucoup pour la cause de la publicité. La vitalité de son organe, que de mauvais prophètes au début avaient cru précaire, a été la preuve vivante qu'il y avait un public réceptif aux choses de la publicité.

Derrière lui la revue « Commerce et Industrie », moins spécialisée, a cependant, dans sa rubrique spéciale, depuis cinq ans, répandu le même enseignement. A côté nous trouvons des publications encore intéressantes comme « Mon Bureau » qui a été en France le premier propagateur d'une heureuse exposition d'organisation commerciale. Nous pouvons citer également la « Revue internationale de l'Etalage » qui développe dans notre pays le goût des étalages rationnels et suggestifs. Enfin « Atlas » clôt la liste des organes français s'occupant de publicité.

A ceux qui manient les langues étrangères, nous conseillerons l'étude de tous les journaux étrangers anglais et américains, comme « System », l'un des premiers journaux d'affaires, « Advertising », « The Billposter and Distributor », « Agricultural Advertising », « Advertising World », « Practical Advertising », « The Mail Order Weekly », « Brains », « Printer's Ink », « Ad Sense », « Advertising Magazine », « Advertising News », « Progressive Advertising », « American Advertiser », « Profitable Advertising », « Advertising and Selling », « The British Advertiser », « Selling Magazine, Organizer », etc, cités au hasard et dont quelques-uns ont peut-être cessé déjà d'exister. Ce n'est pas que ces journaux soient supérieurs au point de vue théorique, à nos journaux français, mais leur documentation en annonces et en affiches porte sur quantités d'unités plus nombreuses dont la valeur est en général plus grande.

En dehors de ces journaux, nous recommandons à ceux qui ont l'habitude des langues étrangères les ouvrages de M. W.-D. Scott en anglais et celui du Dr Mataja en allemand.

Ces ouvrages, envisagés, les premiers au point de vue de la psychologie pure et l'autre au point de vue économique surtout, sont d'une grande valeur. Nous avons été précédés en France par un ouvrage de M. Arren et en Belgique par les opuscules de M. Mosselmans, lesquels se tenant sur le terrain documentaire seul ont fourni des données intéressantes.

Recueils d'annonces. — La lecture de tout ce qui s'imprime sur la publicité est insuffisante pour documenter l'annonceur.

En ce qui concerne les moyens dont se sert l'étranger, leur adaptation chez nous demande quelques modifications. Il est nécessaire d'être renseigné sur ce que les Français font eux-mêmes.

Tout annonceur soucieux de faire besogne utile devra avoir un album contenant les bonnes annonces qu'il pourra recueillir par lui-même. Seulement, cet album n'aura de la valeur qu'à la condition que l'étude de chaque annonce soit faite aux points de vue : 1° de la suggestion directe par la chose ; 2° de la suggestion indirecte ; 3° de la ligne d'orientation ; 4° de la technique.

Commentez les annonces. — Collectionner les annonces, sans les disséquer et les commenter, consiste à accepter d'avance les suggestions mauvaises qu'elles peuvent contenir.

Or, certaines annonces ou affiches sont très agréables à l'œil, mais mauvaises au point de vue de la théorie et de la technique.

Quelques belles annonces illustrées de notre époque savent tout juste diffuser à peine le produit, sans le faire acheter. L'esprit de l'annonceur ne doit retenir, des annonces collectionnées, que le point utile.

La documentation s'étendra également aux brochures, aux imprimés de toutes sortes, aux moyens les plus divers et les plus bizarres que l'on pourra rencontrer.

Instruction et non copie. — Maintenant il nous faut appeler votre attention sur un point essentiel, c'est que, si vous entassez des documents, c'est uniquement dans le but d'éviter, autant que possible, de faire ce qui a été fait.

Le jour où vous vous inspirez de ces documents pour les imiter, vous ne pouvez arriver qu'à un résultat mauvais, car c'est les amoindrir.

En effet, une idée pensée par un individu est difficilement réalisée par un autre individu dont la façon de voir et la mentalité sont différentes.

Ainsi donc, avant de composer une annonce ou une affiche, avant de rédiger une brochure et de la mettre en place, ne regardez jamais vos documents à cette intention. Ayez soin, au contraire, de les étudier le plus souvent possible, au moment où vous êtes au repos, de manière à ce que, de tout l'ensemble des documents amassés, vous vous fassiez une individualité de publicité bien personnelle, qui se traduise ensuite dans vos travaux.

L'esprit d'invention de l'annonceur ne peut pas être engendré par l'imitation plus ou moins démarquée de ce qui a été fait, mais par l'enseignement général qu'il aura acquis de toutes parts.

Donc, avant de faire de la publicité et d'entreprendre une campagne active, étudiez bien au préalable tout ce qui s'est fait et, ensuite, mettez-vous à l'œuvre en faisant un travail bien personnel.

Ce qui précède nous amène fatalement à vous souligner du doigt que la publicité n'est pas, comme beaucoup le croient, une chose qui se fait en s'amusant et au petit bonheur. Avant d'être annonceur, il faut étudier la publicité et ceci entraîne du travail, non seulement avant, pour la préparer, mais après, pour en surveiller l'exécution.

L'introduction de la publicité effective et rationnelle dans une maison est un surcroît de travail quelquefois considérable, mais qui n'est pas à regretter du moment qu'il entraîne, derrière lui, une augmentation de bénéfices.

XLII

CAMPAGNE DE PUBLICITÉ

Le plan d'une campagne de publicité est la coordination
de tous les conseils contenus dans ce livre.

Le chiffre du budget. — L'établissement d'une campagne est, en général, une chose très difficultueuse, parce que le choix des divers moyens et media est très délicat et parce qu'un facteur très important vient, en général, limiter la bonne volonté de l'annonceur.

Ce facteur, c'est le chiffre du budget, c'est la dépense.

Le plan. — Comment doit-on établir un plan de campagne?

Evidemment, ceci dépend des besoins de chaque annonceur, des produits, des milieux visés, de quantité d'autres conditions relevant de chaque cas particulier que nous ne pouvons déterminer ici.

La seule chose que nous demandions est la cohésion la plus absolue, l'enchaînement le plus parfait entre les diverses unités du plan et la continuité de celui-ci.

Nous avons vu, au chapitre de la conception, la nécessité d'enchaîner l'action de l'annonce à celle de l'affiche, celle de l'annonce à celle de la brochure, de manière à éviter une juxtaposition pure et simple d'unités différentes.

Inutilité de l'essai. — Beaucoup d'annonceurs se figurent que, pour bien déterminer une campagne de publicité, ils doivent d'abord commencer par faire un essai. L'essai, au sens propre du mot, est, en matière de publicité, la chose la plus désastreuse que l'on puisse imaginer.

Bien souvent on ne peut employer tous les moyens voulus et les conclusions que l'on peut tirer dans ce cas sont presque toujours fausses.

Les données des essais seront presque toujours pessimistes et inférieures au rendement réel qu'une campagne suivie pourrait produire. Dans d'autres cas, par suite d'une chance inespérée, de circonstances imprévues, le rendement sera très bon et pourrait encourager à des prévisions optimistes, que les faits viendraient détruire immédiatement.

Détermination du budget. — Quelques annonceurs se sont figurés que, pour faire une campagne, il fallait prélever x % sur les bénéfices précédents et les affecter à leur publicité.

La comparaison que nous avons faite au début de cet ouvrage, mettant sur un pied d'égalité l'action de la publicité et celle du vendeur, nous fait dire qu'il est aussi irrationnel de déterminer l'importance d'un budget de publicité en prenant un pourcentage de bénéfices que de calculer le nombre des employés sur une même base. En effet les bénéfices acquis ne sont nullement en rapport avec ce que peut faire la publicité future.

Par contre, ce qu'il sera intéressant de faire, une fois qu'une campagne est établie, c'est de constater la part qu'elle a dans les frais généraux et de vérifier, parallèlement, l'augmentation des bénéfices qui peut en résulter. Encore, de ceci, ne tirera-t-on aucune conclusion immédiate, car certaines circonstances modifient le rendement.

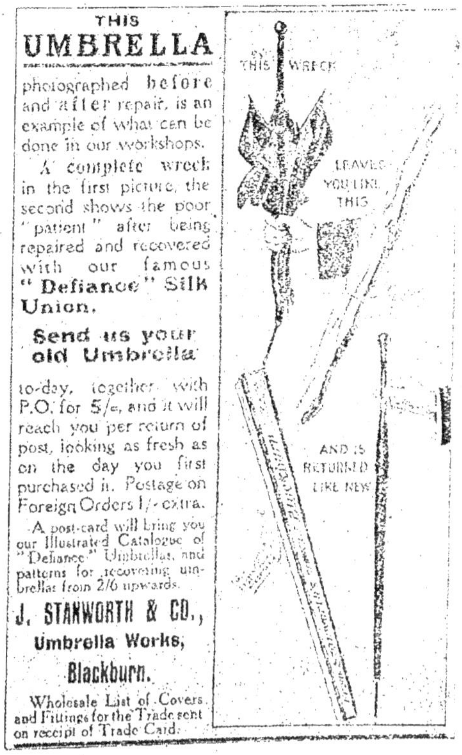

Fig. 171. — Grandeur naturelle.

Umbrella. — Suggestion illustrée directe par la chose : le parapluie abîmé et les résultats : le parapluie réparé. Aucune suggestion indirecte. Ligne d'orientation fausse, l'illustration devant être à droite. Étant donné même qu'il s'agit d'objets en longueur et donnant une direction, l'illustration aurait gagné à être en dessus du texte, l'un des parapluies pointant sur le point de départ du texte.

Un annonceur qui tiendrait pendant dix ans un graphique de ses dépenses de publicité et de l'augmentation parallèle des bénéfices devrait enregistrer, en outre, les différentes causes qui valorisent ou rendent inférieur le rendement de sa réclame. C'est ainsi que les événements, l'occasion, le passage d'un roi, une fête, peuvent augmenter le rendement de la publicité et ne pas se reproduire dans l'existence.

Par contre, certaines années mauvaises, des perturbations atmosphériques très grandes peuvent diminuer la capacité d'achat de la clientèle, ce à quoi la publicité ne peut remédier.

Dans ces conditions, puisque le bénéfice ne peut pas servir de base à l'estimation de la dépense de la publicité, comment doit-on procéder?

Comme nous le verrons au chapitre de la comptabilité et comme nous avons pu le voir également au début de ce livre, la publicité représente, lorsqu'elle contribue à un lancement, l'achat de la clientèle. Dans d'autres cas, elle représente le maintien de celle-ci et son augmentation.

Il faut donc y affecter les mêmes fonds que l'on consacrerait réciproquement à l'achat d'un fonds de commerce de même valeur, ou à l'augmentation de ce fonds par l'achat de maisons identiques.

Détermination du plan. — Contrairement à l'opinion courante, ce n'est pas le chiffre du budget qu'il faut d'abord envisager, mais la campagne en elle-même et se dire ceci : « J'ai à lancer un produit sur un marché déterminé, pour un public déterminé, quels sont, en conséquence, les moyens que je dois employer ? » L'annonceur doit se mettre au travail sans tenir compte des contingences et du cas dans lequel il se trouve.

Il doit solutionner le problème comme s'il avait à sa disposition les ressources les plus grandes et envisager un plan comportant l'emploi de presque tous les moyens.

Lorsque le plan est composé, l'annonceur met en face les chiffres et, si la somme est trop forte, il cherche à éliminer ceux des moyens qui n'amènent pas une conclusion immédiate.

Cependant, dans cet ordre d'idées, il faudra bien se garder d'aller à l'extrême et de ramener le plan à l'un des moyens seulement, ce qui équivaudrait à faire un essai de publicité sur ce moyen seulement.

La patience. — La principale qualité de l'annonceur est surtout la patience. Il ne faut pas juger du rendement d'une campagne sur l'emploi des premières unités ou des premiers moyens. Ce n'est que lorsque tous ceux-ci sont employés que l'on peut juger du travail produit.

Impossibilité de donner des exemples. — Il nous est assez difficile de citer ici des exemples vécus, c'est-à-dire de vous donner des plans de campagne réalisés avec avantage par telle ou telle entreprise. Comme nous l'avons exposé par ailleurs, ce qui est bon à l'un peut être mauvais pour l'autre. Comme il est quantité de facteurs indépendants de la publicité qui assurent la stabilité et le développement d'une maison, nous ne pouvons pas vous mettre devant des exemples qu'il nous serait difficile de justifier, au point de vue de la publicité seulement.

Votre connaissance de la théorie et de la technique vous mettra à même d'établir le diagnostic de votre situation, comme un médecin devant son malade, et de soigner vos affaires suivant le besoin qu'elles ont et non par analogie.

LA PUBLICITÉ DU DÉTAILLANT

Le détaillant fait sa propre publicité. — Qu'il nous soit permis, avant de terminer la partie de ce livre ayant trait à la publicité en elle-même, de résoudre la question de la position du détaillant vis-à-vis du fabricant ou du marchand de gros.

En principe, partisans de la théorie purement individuelle, estimant que chacun doit percer à l'aide de ses propres moyens et par sa propre volonté dans le monde des affaires comme ailleurs, nous estimons que le détaillant qui veut être autre chose qu'un détaillant doit faire sa publicité lui-même. Ce simple fait décèle son esprit d'initiative et montre qu'il est à même de marcher seul.

Le petit magasin qui aura l'audace de faire de la publicité par lui-même et pour lui-même, en s'inspirant des préceptes que nous lui avons donnés, cessera d'être petit magasin pour devenir un jour ou l'autre le possesseur d'une grosse entreprise.

Mais il est des détaillants qui ne resteront que des intermédiaires. Leur but est de suivre le cours de leur existence paisiblement, en faisant le moins d'efforts possible. Bien que notre désir serait de les sortir de leur torpeur, ce n'est point là notre rôle et, comme nombreux sont ces intermédiaires, il est nécessaire de déterminer à qui incombe le soin de faire la publicité des produits qu'ils transmettent au public.

Le produit à marque et le détaillant. — En général, lorsqu'il s'agit d'un produit à marque, tout le monde est d'accord pour dire que c'est au fabricant ou marchand de gros qu'incombe la charge de payer la publicité.

Celui-ci remplit son rôle, en faisant de la publicité générale : affiches, annonces. Il utilise la publicité individuelle par la brochure envoyée à domicile ou remise à l'acheteur au moment où il vient chez le détaillant.

A cela viennent s'ajouter des tableaux, des primes et quantité d'autres moyens divers. Mais, en opérant de cette façon, le fabricant ne remplit que la moitié de sa tâche. En effet, en procédant ainsi, il diffuse sa marque, mais il ne favorise pas le détaillant qui la vend.

Quelques-uns ont compris, toutefois, qu'il y avait intérêt à associer à leur marque les noms de ceux qui la vendent et, pour ce, ont fait faire des annonces et des affiches au nom des détaillants.

Nous estimons qu'il faut aller encore plus loin. Le lien qui unit le détaillant au fabricant est très étroit et, plus le détaillant vendra, plus le commerçant en gros fera de bénéfices. C'est pour cela que nous estimons que, sortant de la voie courante, les commerçants de gros devront donner à leurs détaillants les moyens de faire de la publicité individuelle, des circulaires allant trouver chaque client à domicile, par exemple. Ces mêmes marchands de gros devront faire l'éducation du détaillant en ce qui concerne l'étalage. Mieux encore, ils devront lui donner tous les moyens de réaliser ces améliorations. C'est ainsi qu'en dehors des échantillons mis en montre, c'est à eux qu'incombe le soin de fournir tous les moyens ingénieux de publicité que le détaillant ne peut se procurer.

Un des moyens pratiques pour l'annonceur, en ce qui concerne l'étalage, est d'avoir un moyen attractif qu'il fait voyager de localité en localité.

Nous savons, en effet, qu'un moyen ingénieux ou original perd très rapidement de sa valeur. On le laissera donc à chaque fois le temps suffisant pour produire de l'effet, puis on le passera à une autre ville.

De cette façon on évite les dépenses qu'entraînerait l'application simultanée du moyen à tous les détaillants.

Nous ne pouvons malheureusement donner ici un plan d'ensemble de l'application de tels moyens.

Le produit sans marque et le détaillant. — Le commerçant ou fabricant qui vend sans marque peut nous faire observer qu'il n'a pas intérêt à seconder le détaillant, étant donné que celui-ci est un être absolument indépendant de lui.

Pour être antique, cette opinion n'en est pas moins erronée. La vie commerciale du négociant sans marque est étroitement liée avec les opérations faites par le détaillant. Toute maison sans marque qui voudra développer ses affaires aura intérêt à payer au revendeur de ses produits des moyens de publicité au même titre que les maisons qui vendent avec marque.

Les moyens ne seront pas toujours identiques, puisqu'il est impossible d'utiliser les mêmes arguments.

En ayant l'air de faire une œuvre désintéressée, le marchand de gros s'attachera les détaillants, ceux-ci préférant se servir dans une maison où ils sont aidés et secondés plutôt que dans une maison où on les abandonne à eux-mêmes.

Fig. 172. — Hauteur de l'original : 25 centimètres.

Annonce ingénieuse. La suggestion illustrée directe était difficile. La ligne d'orientation est faussée par l'emploi d'une flèche qui amène dans le bas de l'annonce, avant que l'on ait vu le reste.

L'éducation du détaillant. — L'éducation du détaillant, au point de vue commercial, vient seconder l'aide qu'on lui apporte.

Les Américains l'ont fort bien compris, en établissant pour leurs revendeurs ou leurs acheteurs, dans certains cas, des brochures de luxe dont la couverture portait le nom des destinataires et donnait toutes les façons de mettre en valeur auprès du public le produit vendu.

Du reste, l'avenir semble être du côté des produits à marque, et ce sera donc de plus en plus au fabricant de gros qu'incombera le soin de diriger, faire et payer la publicité.

LIVRE IV

LA PUBLICITÉ JURIDIQUE
ET COMPTABLE

XLIII

LA PUBLICITÉ ET LE DROIT

> La publicité est entrée trop nouvellement dans les mœurs
> commerciales pour qu'une jurisprudence ait pu se fixer
> à son sujet et que la doctrine ait pu établir une théorie
> juridique.
>
> Néanmoins, étant donné l'importance des intérêts mis en
> cause, qui se chiffrent annuellement par des milliards, il
> était nécessaire de solutionner les futurs litiges que la
> publicité pourra faire naître.
>
> C'est pour répondre à ce besoin que nous avons confié
> l'étude juridique de la publicité à un spécialiste en la
> matière, M⁰ Guillemot Saint-Vinebault, avocat à la cour
> d'appel.
>
> O.-J. G. et C. E.

M⁰ GUILLEMOT SAINT-VINEBAULT.

Après avoir étudié l'annonce (¹) au point de vue technique, il est nécessaire de la considérer au point de vue juridique pour déterminer quelles

---

(¹) Pour donner plus de clarté à la première partie de son étude, M⁰ Guillemot Saint-
Vinebault l'a restreinte à l'annonce, car elle est le plus important moyen de publicité
Les développements que l'on va lire sur l'annonce s'appliquent aussi à tous les autres
moyens, en tenant compte des différences qui les séparent.

sont les obligations et les droits nés du fait de sa publication au profit et à la charge de l'annonceur.

Il nous faudra ensuite rechercher quelles sont les limites à fixer à la liberté de la publicité qui, sans frein, pourrait être l'instrument délictueux de concurrence déloyale ou même d'escroquerie.

Enfin, dans une troisième partie, quittant l'annonce en elle-même pour l'annonceur, nous étudierons la formation, les modalités et les conséquences du contrat de publicité passé directement ou par intermédiaire.

CARACTÈRE JURIDIQUE DE L'ANNONCE

L'annonce est une offre, soit de marchandises, soit de services, à vendre ou à acheter. C'est l'acte unilatéral de l'annonceur, stérile s'il est inaccepté, mais qui, s'il rencontre une acceptation, donnera naissance à un contrat. Ce contrat est le lien juridique générateur d'obligations réciproques qui naît de la rencontre et de l'accord des deux volontés: celle de l'annonceur offrant, celle du lecteur de publicité acceptant. Dans le langage courant, le contrat est essentiellement l'instrument de preuve, l'écrit, l'acte qui précise les conditions de l'accord des co-contractants ; mais il faut bien savoir que, question de preuve mise à part, le contrat n'est pas ce titre matériel qui ne fait en quelque sorte qu'enregistrer l'accord des parties, le contrat est le lien juridique qui se forme dès l'instant où les contractants sont d'accord sur les conditions de leur convention ; dès cet instant, les obligations réciproques naissent à la charge des parties qui ne pourront s'en libérer, refuser de s'y soumettre et de les exécuter, à peine de dommages-intérêts.

Autrement dit, le contrat en droit français, et sauf quelques exceptions ne touchant pas à notre matière, est consensuel : le seul consentement des contractants suffit à sa formation.

L'annonce est une offre. — L'annonce, qui est une offre, constitue le premier élément du contrat possible.

Quelles sont les conditions nécessaires pour qu'elle puisse produire un effet juridique ?

L'offre doit d'abord être manifestée. Une volonté intime n'est pas suffisante, mais peu importe la manifestation extérieure de l'offre : objets mis en montre, boniment du commis qui fait la porte, annonce dans un journal, lettre circulaire, affiche, etc.

La question naît alors de savoir à quel moment l'offre est formée. Cela dépend justement de la façon extérieure dont elle se manifeste.

L'offre orale étant individuelle et immédiate ne présente pas de difficultés, mais pour l'offre écrite, à partir de quel moment lie-t-elle l'offrant? A partir de quel moment ne peut-il plus la rétracter et est-il obligé d'exécuter le contrat si son offre a trouvé une acceptation?

L'offre ne peut avoir d'effet que lorsqu'elle a touché le client éventuel, elle peut donc être annulée tant qu'elle n'a pas été reçue; ainsi une lettre d'offres de services qui liera son expéditeur si le destinataire accepte, peut être annulée par une autre lettre distribuée au même courrier ou un télégramme qui la devancera.

Nous avons ainsi déterminé que l'annonce doit être une offre manifestée et non révoquée; elle doit aussi être certaine, c'est-à-dire être non équivoque sur la nature de l'obligation qu'elle engendrera et sur l'objet auquel elle s'applique.

En retour, elle n'a pas besoin d'être déterminée quant à la personne à qui elle s'adresse. L'annonce ou l'affiche visent une personne indéterminée, et il suffira que quelqu'un manifeste son acceptation pour que le contrat se forme obligeant l'offrant. Il n'en serait pas de même pour une offre faite à personne déterminée de vive voix ou par lettre.

Ainsi, pratiquement, un rabais consenti à un client ne saurait donner de droit acquis à un acheteur quelconque. Il en serait différemment d'un rabais publié par l'annonce.

Obligation de maintenir l'offre. — Notre annonce est maintenant publiée, nous savons qu'elle constitue une offre valable, susceptible de donner naissance à un contrat, car elle est l'expression manifestée extérieurement, précise et non rétractée de notre volonté. Quel est le résultat immédiat?

L'obligation de maintenir notre offre pendant un certain temps.

Il se peut d'abord que l'annonce stipule elle-même le délai pendant lequel son offre tiendra; dans ce cas, puisque le contrat ne peut se former que si les contractants sont d'accord sur toutes les conditions du marché, le délai s'impose à l'acceptant; en effet, si l'acceptation intervient après le délai prévu, par hypothèse, l'offre alors n'existe plus et le contrat ne peut se former.

La question ne présente donc quelques difficultés que lorsque l'annonce ne prévoit aucune limitation de durée pour l'offre faite. Celle-ci, nous l'avons vu, est permanente et s'adresse à une personne indéterminée; elle tient donc tant que l'offrant n'aura pas manifesté sa volonté de nouveau, mais cette fois pour révoquer son offre. Tant que cette révocation n'aura pas touché le client éventuel, celui-ci pourra accepter une offre qui existe encore pour lui, et un contrat pourra naître.

Pour que cette révocation de l'offre soit présumée avoir atteint tous ceux que l'offre avait touchés, il faut donc que la même publicité soit donnée à la révocation qu'à l'offre antérieure.

Au contraire, pour une offre à personne déterminée, par lettre et pour une opération précise, il sera présumé que dans l'intention de l'offrant, la réponse devait être donnée immédiatement et qu'à défaut de réponse l'offre serait considérée comme non acceptée et retirée.

Causes d'extinction de l'offre. — Ainsi l'annonce qui est une offre permanente, faite à personne indéterminée, exige une révocation expresse, du moins en principe; car on ne saurait pousser la règle à l'absurde, et la pratique rend nécessaire l'extinction de l'offre, en dehors de toute révocation, par l'écoulement d'un certain temps.

Aucune précision ne peut être ici apportée. La durée du temps passé, par lequel l'offrant sera délié de son obligation, ne peut qu'être arbitrairement fixée par les tribunaux dans chaque espèce, suivant les circonstances et l'intention probable des parties. Ainsi un catalogue de confection d'été ne vaudra que pour la saison, l'annonce d'un produit importé faite avant la modification d'un tarif douanier ne vaudra pas après cette modification.

Disparition de l'objet de l'offre. — D'autre part, l'offre pourra s'éteindre par suite de la disparition de l'objet proposé. Le contrat qui suppose nécessairement l'existence de cet objet (art. 1101, C. civ.) ne pourrait en pareille hypothèse se former. Toutefois remarquons que si l'objet avait disparu postérieurement à une acceptation de l'offre, c'est-à-dire à un moment où le contrat était déjà formé, l'offrant pourrait être responsable de sa faute si elle avait causé la perte de l'objet du contrat (art. 1302, C. civ.). Il en serait de même au cas où l'offrant aurait fixé un délai pour l'acceptation et où par sa faute l'objet aurait disparu avant l'expiration de ce délai.

A cette disparition de la chose offerte, susceptible d'entraîner la responsabilité de l'offrant, il faut rattacher le cas de l'offre de marchandises dont le stock est épuisé alors que des acceptants touchés par une large publicité passent encore des commandes. Dans cette hypothèse, chaque acceptation arrivée postérieurement à l'épuisement du stock lie-t-elle cependant l'offrant? Des contrats en résultent-ils pour l'annonceur qui, s'il ne peut les exécuter, devra des dommages-intérêts?

Nous répondrons que c'est une question d'espèce où il y a lieu de considérer la nature de la marchandise, les termes de l'offre, la qualité de l'offrant, l'importance de la publicité faite relativement à l'importance du stock, etc... Ainsi, un marchand de grains ou de sucre sera tenu à l'infini, car son offre portait sur des denrées fongibles qu'il pourra toujours se procurer pour satisfaire les commandes, quel qu'en soit le nombre. Il en sera différemment pour un libraire qui aura mis en distribution un catalogue de livres d'occasion qu'il ne possède qu'en petit nombre.

Suivant les cas, on pourra donc décider qu'il y a eu ou non faute de l'annonceur et par suite l'obliger ou non à exécuter le contrat.

Droit naissant au profit de l'annonceur du seul fait de sa publicité. — Nous avons jusqu'ici examiné les obligations naissant à la charge de l'annonceur du seul fait de son offre. De ce seul fait, une obligation quelconque peut-elle être imposée par lui aux tiers touchés par sa publicité ? Un éditeur du journal qui, pour lancer sa publication, la distribue gratuitement, puis au bout de quelques jours publie un avis aux termes duquel, sauf avis contraire ou sauf retour d'un exemplaire, le lecteur sera considéré comme abonné et se verra présenter quittance, peut-il exiger le paiement de celle-ci ?

Non. L'annonce ne donne à son auteur aucun droit contre les tiers ; l'offre résultant de la publicité ne donne naissance à un contrat, ne crée d'obligations réciproques que par l'acceptation.

Toutefois, signalons une sorte d'acquisition de propriété pouvant résulter du seul fait de l'annonce et susceptible d'être ensuite opposée aux tiers. Le procédé est semblable à celui de l'occupation qui vaut titre pour une terre sans maître. L'annonce d'une enseigne commerciale, d'une dénomination de produit, d'un titre de journal est la manifestation extérieure de la volonté de l'annonceur, marquant au regard des tiers son intention de s'approprier une chose n'appartenant jusque-là à personne ; ce mode d'appropriation résultant de sa seule publicité lui constitue un droit privatif opposable aux tiers.

L'acceptation des qualités nécessaires. — Voici maintenant l'acceptation qui est l'acte volontaire du lecteur de publicité. Pour que le contrat naisse, pour que des obligations puissent en résulter, il faut d'abord que l'accord soit complet sur les conditions et modalités diverses du marché, et il faut que l'acceptation soit connue de l'offrant. Par suite, dans le cas de contrat par correspondance, la même solution que pour l'offre est à donner, tant que l'acceptation n'a pas touché l'offrant ; elle peut être révoquée par son auteur, soit par une lettre qui arrivera en même temps que la lettre de commande, soit par un télégramme qui devancera celle-ci.

Il faut, disons-nous, que l'accord des deux contractants soit parfait sur tous les points du marché, mais souvent la publicité ne contiendra pas tous les éléments nécessaires à la conclusion du contrat : par exemple une affiche illustrée qui ne fait qu'indiquer la nature et les mérites du produit d'un fabricant ou qui affirme que ce produit est le meilleur du monde. On ne peut considérer cette publicité — annonce de diffusion plutôt qu'annonce d'offre — comme une offre, car elle ne soumet au client possible aucun des éléments essentiels du marché éventuel : prix, poids, dimensions, conditions de transport, d'escompte, garantie, etc...

Dans ce cas, il n'y a pas d'offre remplissant les qualités de précision que nous avons exigées d'elle, l'acceptation et la formation d'un contrat sont donc impossibles. C'est seulement sur cette publicité qu'une offre pourra se greffer, soit qu'elle émane du fabricant, à qui on aura demandé catalogues et prix courant, soit qu'elle émane du lecteur de publicité qui aura fait offre au fabricant d'un certain prix pour tel produit bien spécifié.

Dans ces diverses hypothèses, c'est seulement sur ces offres bien précises que l'acceptation pourra se faire dans les conditions et avec les conséquences que nous avons vues. D'ailleurs, la distinction entre la réclame, qui n'est pas une offre, mais peut seulement en provoquer, et l'annonce, qui, elle, est bien une offre, peut dans la pratique être parfois difficile à tracer : c'est une question de fait qu'il appartient aux tribunaux de trancher suivant les circonstances.

RESPONSABILITÉS DE L'ANNONCE

Nous avons maintenant à rechercher quelle responsabilité peut naître de l'annonce. La publicité peut porter atteinte au droit de propriété de concurrents ou même se faire l'instrument de délits. Par suite deux sortes de responsabilités peuvent résulter pour un annonceur de sa publicité, pénale et civile, et souvent elles pourront co-exister.

Responsabilité pénale. — Au point de vue de la responsabilité pénale, nous distinguerons les délits de droit commun et ceux prévus par des textes visant spécialement la publicité.

Éléments constitutifs du délit d'escroquerie. — L'escroquerie est un délit prévu et puni par l'article 405 du Code pénal. Il est commis par quiconque se fait remettre ou tente de se faire remettre des fonds, promesses ou quittances, soit en faisant usage de faux noms ou de fausses qualités, soit en employant des manœuvres frauduleuses pour persuader l'existence de fausses entreprises, d'un pouvoir imaginaire ou pour faire naître l'espérance, la crainte d'un succès, d'un accident ou de tout autre événement chimérique.

On voit qu'un des éléments essentiels du délit est l'emploi de manœuvres frauduleuses destinées à capter la confiance de la victime, et par suite ne suffiront pas à la constitution du délit de simples allégations mensongères, il faut une mise en scène extérieure. C'est dans ce domaine que plusieurs décisions de jurisprudence ont considéré comme une manœuvre suffisante, pour l'application de l'article 405 du Code pénal, une publicité mensongère large et fréquente, susceptible d'impressionner vivement le public. C'est surtout en matière financière que ces condamnations ont été prononcées, et il faut bien préciser que la publicité était faite dans des journaux indépendants du banquier inculpé; au cas contraire, si l'allégation mensongère avait été insérée seulement dans l'organe de la banque, il y eût eu simple affirmation fausse et non manœuvre frauduleuse; sans doute à responsabilité civile, mais non pas pénale.

Diffamation et critique commerciale possible. — La diffamation est un autre délit possible pour un annonceur. Il est prévu par l'article 29 de la loi sur la presse du 29 juillet 1881 et consiste dans l'allégation ou l'imputation d'un fait qui porte atteinte à l'honneur ou à la considération de quelqu'un. Le fait peut être vrai, de notoriété publique, le délit n'en existe pas moins: la vie privée de chacun doit être rigoureusement protégée. Mais on peut soutenir que pour un commerçant ou un industriel, à côté de sa vie privée, existent ses rapports avec le public pour lesquels il s'expose au blâme et à la critique verbale ou imprimée qui, dans des limites de modération et de bonne foi, ne sauraient être considérées comme diffamatoires. En fait, les tribunaux, tenant compte des réalités commerciales et de la bonne foi de l'annonceur, ont parfois refusé de voir une diffamation dans le fait par celui-ci d'user de la seule arme qu'il ait contre la publicité mensongère de concurrents peu scrupuleux, à savoir une publicité correspondante, rétorquant les erreurs et précisant des agissements dolosifs ou des fraudes.

Délits spéciaux en matière de publicité. — Nous arrivons à des textes spéciaux créant des infractions et des pénalités visant particulièrement la publicité. Nous ne citerons que les principaux.

La loi du 21 mai 1836 prohibe les loteries et toutes combinaisons de primes commerciales dont la distribution est basée sur le hasard, ainsi que la publicité qui en serait faite.

L'article 36 de la loi de germinal an XI prohibe l'annonce de remèdes secrets, c'est-à-dire de remèdes dont la formule n'a pas été rédigée et publiée ou ne s'applique pas uniquement à un cas particulier sur ordonnance spéciale d'un médecin.

Les règles relatives à l'emploi exclusif du système métrique pour la dénomination des poids et mesures doivent être observées par la publicité (art. 5 de la loi du 4 juillet 1837).

La loi du 5 juillet 1844 permet aux seuls détenteurs d'un brevet de publier leur nom avec la qualité de breveté et exige la mention : « Sans garantie du Gouvernement ».

La loi du 29 juillet 1881 (art. 15) interdit l'affichage sur les emplacements destinés à recevoir les actes de l'autorité publique et renouvelle la défense d'imprimer des affiches sur papier blanc ; cette défense ne s'applique pas aux affiches manuscrites. D'une façon générale, cette loi de 1881 sur la presse, au point de vue des prospectus et catalogues, réglemente l'impression, le colportage et la distribution.

La loi du 2 août 1882 punit l'affichage et la distribution d'écrits et dessins obscènes ou contraires aux bonnes mœurs.

La loi du 16 mars 1898 punit l'annonce de livres analogues.

La loi du 11 juillet 1885 interdit de donner aux prospectus envoyés ou distribués une apparence présentant quelque ressemblance avec les billets de banque, titres de rente, timbres et valeurs fiduciaires en général.

La loi du 30 décembre 1906 interdit sans autorisation du maire les ventes de marchandises neuves annoncées comme soldes, liquidations ou déballages.

Réglementation locale. — Enfin les maires, en vertu des pouvoirs de police qu'ils tiennent de la loi municipale de 1884, et le préfet de police à Paris peuvent, dans l'intérêt de la facilité et de la sécurité de la circulation, intervenir en matière de distribution de prospectus et d'affichage, réglementation des voitures-réclames, des hommes-sandwich, des annonces lumineuses, des enseignes, etc...

Il n'est pas jusqu'à l'administration des postes que l'annonceur ne puisse voir se dresser devant lui pour la distribution de ses prospectus. La déclaration du 8 juillet 1859 a établi le monopole postal, et des lois postérieures sont venues le confirmer en réglementant la procédure des poursuites et les sanctions ; mais une jurisprudence récente a décidé qu'un commerçant pouvait librement faire distribuer par ses employés des plis émanant exclusivement de sa maison.

En dehors de toute responsabilité pénale, mais seulement comme une autre restriction au principe de la liberté de l'affichage, nous indiquerons de suite ici celle qu'on tire du droit de propriété. On ne peut sans autorisation du propriétaire placarder une affiche sur un mur, alors même qu'aucune « défense d'afficher » ne serait exprimée. Il en résulte que le propriétaire est autorisé à enlever, lacérer les affiches posées sans son autorisation ; il ne fait qu'user de son droit et n'encourt de ce chef aucune responsabilité, sans qu'il y ait à distinguer s'il habite ou non l'immeuble, s'il exécute lui-même la lacération ou s'il en a chargé un tiers.

Responsabilité civile de l'annonceur vis-à-vis de ses concurrents. — Il nous reste à voir la responsabilité civile qui peut résulter pour un annonceur de sa publicité, c'est-à-dire des compensations pécuniaires qu'il peut devoir à des tiers lésés.

Au cas d'escroquerie ou de diffamation, le dommage éprouvé par les victimes du délit pourra, suivant qu'il y aura eu ou non poursuites, être réparé par une condamnation prononcée par le tribunal correctionnel, qui connaîtra de l'infraction, ou par la voie civile, que nous avons maintenant à étudier.

Double élément nécessaire. — La base de toute action en responsabilité civile nous est donnée par l'article 1382 du Code civil : « Tout fait quelconque de l'homme qui cause à autrui un dommage oblige celui par la faute duquel il est arrivé à le réparer ». Dès maintenant, nous pouvons donc dégager les deux éléments nécessaires : il faut une faute, il faut un dommage. Sans doute le commerçant cause-t-il normalement, par son activité même, un dommage à ses concurrents auxquels il dispute la clientèle ; du moins, dans la lutte des affaires, les armes doivent être loyales, et si la publicité sert à une concurrence qui ne l'est pas, la responsabilité de l'annonceur est engagée.

Innombrables sont les hypothèses de procédés discourtois que la pratique révèle chaque jour. Il en est certains, en quelque sorte classiques, et pour lesquels la jurisprudence n'hésite pas à prononcer des dommages-intérêts et qui peuvent être cités.

Le principe qu'il convient tout d'abord de rappeler est celui de la liberté du commerce et de l'industrie posé par la loi du 2 mars 1791 et qui veut que, sauf dérogation légale expresse, tout commerçant puisse gérer son établissement comme il l'entend, mais bien entendu avec le respect et l'inviolabilité du droit d'autrui qui est égal au sien. Voyons comment en pratique concilier ces deux principes.

Annonce mensongère. — Et d'abord, l'annonce mensongère que nous avons vu échapper aux sanctions de l'article 405 du Code pénal, est évidemment une faute susceptible d'engager la responsabilité de son auteur, si elle cause un préjudice. Sans doute on ne peut demander à la publicité une rigueur d'expression et une réserve modeste qui jurent avec son but et ses procédés. L'annonce par définition est laudative et pompeuse, mais elle deviendra mensongère lorsqu'elle citera un fait précis et erroné : dire que le chocolat X... est « the best in the world » est une hâblerie qui ne peut tromper personne, mais dire, alors que c'est inexact, que le chocolat X... est le seul médaillé à telle Exposition est un acte de concurrence déloyale qui nuit aux autres concurrents également médaillés à cette Exposition en les disqualifiant. Il en serait de même de toute autre usurpation de récompense, publication de rapports de jury et approbation de corps savants.

A cet égard, nous avons vu que la loi du 30 décembre 1906, sur les ventes de soldes, avait eu pour but d'interdire d'autres allégations mensongères susceptibles de tromper le public, en visant spécialement des forains qui annonçaient de pseudo-liquidations, et par suite faisaient aux commerçants locaux une concurrence déloyale.

Dénigrement. — Mais il faut aller plus loin, de même que nous avons vu qu'il y a délit de diffamation dans le fait d'imputer à autrui une action même vraie, il y a faute de dénigrement dans le fait d'établir nommément une comparaison entre un produit que l'on fabrique ou vend et celui d'un concurrent, même si le rapport établi entre les deux est exact et contrôlable.

L'annonce, si elle peut causer un préjudice volontaire à un concurrent, peut également nuire au simple particulier touché par la publicité. Ainsi il a été jugé, conformément à la loi du 2 août 1882 précédemment citée que, si le fait d'envoyer un prospectus est un délit, des dommages-intérêts sont dus à celui qui l'a reçu et en a éprouvé un préjudice.

Responsabilité civile vis-à-vis de l'acheteur. — Mais c'est surtout lorsque l'offre de l'annonce mensongère aura été suivie d'une acceptation et qu'un contrat en sera résulté qu'une action en dommages-intérêts sera possible contre l'annonceur, qui a ainsi sciemment trompé son acheteur, à supposer que les conditions assez strictes du Code civil (art. 1109 et suivants) ne permettent pas la résolution de la vente.

C'est l'application des principes généraux exposés plus haut, mais on ne saurait aller au delà. L'élément de faute de l'annonceur est indispensable, et c'est à l'acheteur qui prétend avoir été trompé de le prouver. Cela fut souvent jugé en matière de publicité financière, vis-à-vis d'intermédiaires transmettant de bonne foi, à leur clientèle, des prospectus fallacieux à eux remis par des émetteurs de valeurs hypothétiques. Pour que la responsabilité de ces intermédiaires puisse être engagée, il eût fallu prouver leur complicité avec l'auteur des allégations mensongères du prospectus, ou au moins leur faute lourde, étant donné leur compétence spéciale, de n'avoir pas remarqué et signalé à leurs clients des erreurs grossières.

En résumé, en cette matière de responsabilité civile, l'article 1382 du Code civil s'applique de la façon la plus large, sans que cependant on puisse suppléer à l'élément de faute qu'il exige.

LE CONTRAT DE PUBLICITÉ

Il nous reste à étudier le contrat de publicité intervenant entre l'annonceur et un directeur de journal ou une agence de distribution ou d'affichage, soit directement, soit par l'intermédiaire d'un courtier.

Sa nature juridique. — C'est là un contrat de louage d'ouvrage ou de services selon la définition de l'article 1710 du Code civil : le louage d'ouvrage est un contrat par lequel l'une des parties s'engage à faire quelque chose pour l'autre, moyennant un prix convenu entre elles. Mais le Code prévoit diverses espèces de louages d'ouvrage ou d'industrie, cette distinction est à appliquer en notre matière. Le contrat de publicité passé avec un journal est un contrat de louage d'ouvrage proprement dit, analogue à celui passé avec un entrepreneur de construction (art. 1787 et suiv. C. civ.). Le contrat de publicité passé avec une agence de distribution ou d'affichage est, au contraire, un contrat de louage de services, analogue à celui passé avec un employé (art. 1780 et suiv. C. civ.).

Cette distinction n'apparaîtra pas seulement d'intérêt théorique, si on se rappelle qu'au point de vue de la prescription, trente ans sont nécessaires pour éteindre une dette résultant d'un marché, tandis que l'article 2271 du Code civil réduit à six mois la prescription en matière de salaires.

Obligation du journal (¹). — Voyons maintenant quelles sont les obligations réciproques naissant du contrat de publicité.

Celui qui accueille l'annonce doit exécuter son engagement, c'est-à-dire publier les clichés qui lui sont confiés, apposer les affiches qui lui sont remises, dans les conditions de forme, d'emplacement, de temps, prévues par le contrat, et cela de la façon la plus stricte, à peine de résolution de contrat ou de dommages-intérêts.

Spécialement, au point de vue du tirage, à supposer que le publiciste

---

(¹) Pour plus de commodité, Mᵉ Guillemot Saint-Vinebault donne le nom de publiciste à l'individu réprésentant le journal et l'afficheur, c'est-à-dire, le propriétaire du medium.

ait garanti par contrat un certain chiffre à l'annonceur, celui-ci devra en justifier ; mais, à défaut de cette clause conventionnelle et exceptionnelle, l'annonceur ne peut rien exiger. Pour admettre une action en révocation basée sur une fausse déclaration de tirage, à défaut de toute garantie expresse, il faudrait supposer des manœuvres frauduleuses, destinées à persuader l'existence du tirage faux, et cela pourrait aller jusqu'à l'escroquerie.

Pas d'immixtion de l'annonceur dans le journal. — C'est le publiciste lui-même qui doit exécuter le contrat. Nous avons vu que l'annonce est, en général, une offre faite à personne indéterminée et que la personnalité de l'acceptant est indifférente pour la formation du contrat. Ici, il n'en est évidemment pas de même ; la personnalité du publiciste est un des éléments essentiels du contrat. C'est avec tel journal dont on connaît le public, et non avec un autre, qu'il traite ; mais l'annonceur ne peut exiger davantage, et sauf toujours clause expresse de son contrat, ne peut s'immiscer dans le détail du journal.

En effet, en déterminant la nature du contrat de publicité, nous avons indiqué qu'il était un contrat de louage d'ouvrage et non de choses. Une conséquence intéressante en résulte : au cas de contrat de louage de choses, l'article 1723 du Code civil précise que le bailleur ne peut rien changer dans la forme de la chose louée, à peine de résolution de contrat et de dommages-intérêts. Au cas d'un contrat de louage de services et d'ouvrage, comme le contrat de publicité, au contraire, il n'en est plus ainsi, et l'annonceur ne saurait demander la résolution de son contrat pour cette raison que des changements ont été apportés dans la rédaction ou l'administration du journal dont la diffusion en serait diminuée.

Texte critiquant l'annonce. — Une autre conséquence de cette même distinction, c'est que le publiciste n'est pas tenu, comme le bailleur d'immeuble, du trouble qu'il peut apporter à la jouissance de son co-contractant.

Ainsi un propriétaire ne peut (art. 1719, C. civ.) troubler la jouissance de son locataire commerçant en louant dans son immeuble à un concurrent; au contraire et sauf convention expresse, le publiciste peut insérer, à côté de la vôtre, l'annonce d'un concurrent. Il peut aussi, d'après la jurisprudence, faire dans ce même journal qui publie votre annonce, usage de son droit général de critique, même si cela vous atteint, les cas de mauvaise foi et de dénigrement systématique étant, bien entendu, réservés et susceptibles d'être solutionnés par une allocation de dommages-intérêts.

Formation du contrat. — Quant à la formation même du contrat de publicité dont nous avons déterminé la nature juridique et les obligations résultant de celle-ci, en principe il nous suffira de renvoyer le lecteur à ce que nous avons dit précédemment au sujet du mécanisme de l'offre sur laquelle vient se greffer l'acceptation pour donner naissance au contrat.

Ce contrat naît donc de l'accord de l'annonceur et du publiciste. Si la convention sort d'une discussion entre les deux contractants, chacun d'eux, au cours des pourparlers, connaîtra les conditions dans lesquelles l'autre projette d'exécuter le contrat, l'accord intervient donc en connaissance de cause, et l'une des parties serait mal fondée, à prétendre après coup, avoir voulu faire des réserves qui ne seraient pas insérées à l'acte. D'autre part, c'est le droit absolu du publiciste, quand les choses se présentent ainsi, de refuser ses services, sans qu'il ait à motiver sa détermination.

Mais souvent le contrat se conclut différemment : le publiciste fait une offre de publicité en

Fig. 173. — Hauteur de l'original : 36 centimètres.
Cliché n'utilisant que la suggestion indirecte par le paysage agréable et un peu l'originalité par une association de faits très lointaine. A regretter que la suggestion directe par la chose, la chose en action et les résultats n'y figurent pas.

donnant son tarif d'annonces en tête de son journal et, en ne le subordonnant à aucune réserve, il nous suffit d'appliquer à ce cas particulier les principes posés dans notre étude de l'offre. Il suffira à l'annonceur de passer sa commande, se référant au tarif publié pour qu'aussitôt cette acceptation reçue par le journal, le contrat de publicité soit réalisé, liant les deux parties.

Refus d'insérer du publiciste. — Toutefois nous devons signaler quelques réserves présumées tacites en la matière et tenant à la nature même de l'objet auquel s'applique le contrat. Un journal ayant par exemple une nuance politique ou une orientation commerciale bien caractérisée pourra refuser une publicité, alors même que l'annonceur ne demanderait que l'application pure et simple d'un tarif d'annonces. Il semble qu'il y ait dans l'esprit même du journal une réserve tacite de ne consentir l'hospitalité de ses colonnes qu'à ses amis ; il en serait de même pour l'organe avéré d'un industriel qui pourrait se refuser à insérer la publicité d'un concurrent ; mais, pour un organe d'information, de documentation, de vulgarisation, etc., s'il publie sans réserves son tarif d'annonces, aucun refus ne saurait être admis ; il devrait être considéré comme la rupture d'un contrat, et entraîner l'allocation de dommages-intérêts ou même l'insertion forcée à peine d'une astreinte de tant par jour de retard.

Au contraire, on conçoit très bien qu'un journal puisse refuser légitimement une publicité qui, dans les conditions que nous avons étudiées, entraînerait pour lui une responsabilité pénale ou civile.

Enfin, le publiciste pourra encore ne pas exécuter la convention pour cette raison que l'objet auquel s'applique le contrat n'existe plus : un journal ne paraît plus, on retire au propriétaire d'un kiosque de publicité sa concession sur la voie publique, etc. La responsabilité civile du publiciste ne sera engagée que s'il y a faute de sa part, le cas de force majeure ne lui sera pas opposable : il y aura faute et responsabilité si le journal cesse purement et simplement de paraître, si le retrait de la concession est causé par un abus de jouissance ou le défaut de paiement de la taxe municipale par le propriétaire du kiosque. Au contraire, il y aurait cas fortuit et exonération de responsabilité, si l'impression du journal avait été arrêtée par un accident de machine, une grève, ou si le retrait de concession du kiosque était un acte d'autorité administrative.

Obligations de l'annonceur. — Il nous reste à indiquer quelles sont, en retour, les obligations de l'annonceur. Tout d'abord il doit payer le prix convenu et, d'après l'article 1184 du Code civil, le non-paiement pourra entraîner la résolution du contrat et des dommages-intérêts à sa charge.

Comme garantie du paiement, le publiciste a-t-il un droit de rétention sur les clichés, imprimés, affiches qui lui ont été confiés ? Nous ne le pensons pas, étant donné la nature juridique que nous avons vu être celle du contrat de publicité.

L'annonceur est aussi débiteur responsable vis-à-vis du fisc des amendes prononcées pour défaut de timbre des affiches, avec recours ou non contre son co-contractant suivant que, d'après la convention, le timbre était ou non à la charge de celui-ci.

Enfin, aux termes de l'article 1794 du Code civil, l'annonceur peut, par sa seule volonté et à tous moments, résilier le contrat, en dédommageant le publiciste de toutes ses dépenses et du manque à gagner résultant pour lui de cette résiliation.

Les intermédiaires. — Il nous reste à examiner le cas où l'annonceur ne traite pas directement son contrat de publicité, mais par intermédiaires.

Agence de publicité. — Cet intermédiaire peut d'abord être une agence de publicité ; le rôle de celle-ci est dans la pratique très divers ; le plus souvent elle agit comme mandataire, surveillant pour l'annonceur la bonne exécution du contrat et parfois la garantissant ; pour le détail des obligations réciproques des deux parties, il nous suffira de nous reporter alors à ce qui a été dit au sujet du contrat passé directement.

Courtier d'annonces. — L'annonceur peut aussi traiter par l'intermédiaire d'un courtier ; celui-ci ne traite pas pour son compte, il ne fait qu'apporter des affaires au publiciste ou agent et trouve sa rémunération, non plus dans la différence du prix que lui paie l'annonceur et de celui qu'il paie au publiciste, comme le fait parfois l'agence, mais dans les courtages ou remises qui lui sont consentis. Il peut d'ailleurs être le courtier attitré d'un publiciste, dont il n'est alors que le préposé, ou bien il peut agir de façon indépendante et remettre à qui lui convient la publicité dont il dispose, suivant le désir de ses annonceurs ou les remises plus ou moins fortes qui lui sont faites par tel ou tel publiciste ou agent. En tous cas, le courtier de publicité n'est que le trait d'union qui met en rapport annonceur et publiciste ou agent et facilite leur accord, mais sans s'interposer entre eux.

Nous avons ainsi terminé cette trop rapide étude de la publicité en matière juridique. Nous n'avons pu, dans les limites qui nous étaient fixées, descendre dans le détail des espèces, variables d'ailleurs à l'infini ; du moins, les principes posés doivent-ils permettre à l'annonceur de déterminer dans la plupart des cas l'étendue de ses droits et de ses obligations vis-à-vis du public, de la loi, du publiciste ou de ses intermédiaires.

GUILLEMOT SAINT-VINEBAULT,
Docteur en droit,
Avocat à la Cour d'appel de Paris.

XLIV

LA PUBLICITÉ DANS SES RAPPORTS
AVEC LA COMPTABILITÉ

Répartition des dépenses de publicité. — La publicité engendre des dépenses, d'une part, sous forme d'annonces, d'affiches, de vente par correspondance, etc...; elle amène des recettes, d'autre part, en accroissant directement ou indirectement le chiffre de vente.

La comptabilité, qui est une science d'enregistrement, note ces recettes et ces dépenses. Les contrôles de publicité n'étant pas suffisamment précis, on ne peut pas établir les recettes qui sont le fait de la publicité. Elles sont passées en bloc par le comptable avec celles qui proviennent d'autres causes. L'enregistrement des recettes ne soulève donc aucun problème de comptabilité, aucune application intéressante. Leur variation seule peut donner lieu à d'utiles observations pour déterminer le rendement approximatif de la publicité.

Division des dépenses dans le courant de l'exercice. — Au cours de l'exercice, la division des dépenses de publicité soulève des questions intéressantes. Ces dépenses sont entièrement connues et faciles à classer par catégories, si on le désire. Quand le budget de publicité est important, on crée un ou plusieurs comptes spéciaux pour noter ces dépenses. Il est, en effet, d'un très grand intérêt, pour un chef de maison, de pouvoir suivre avec soin l'emploi des sommes qu'il accorde à la réclame. Il est ainsi à même de se rendre compte de la manière dont l'argent est dépensé, des économies à réaliser, et des changements à effectuer dans le plan de campagne suivant. La comptabilité permet de tirer de ses livres des enseignements, secondaires sans doute, au point de vue réclame, mais qu'il ne faut pas négliger.

Le ou les titres des comptes à créer pour faire ces remarques sont faciles à trouver. On peut prendre le titre « Publicité » pour le compte général. Il n'y a pas à craindre d'ambiguïté dans cette expression, puisque la publicité n'engendre que des dépenses. Si ce compte est d'une grande ampleur, il est utile de le faire détailler sur un livre auxiliaire pour savoir ce qui est dépensé en annonces, en affiches, etc..., chacun de ces moyens faisant l'objet d'une rubrique spéciale.

Dans une affaire où la réclame s'élève à un chiffre important, on peut également créer des comptes particuliers pour l'annonce, le prospectus, les catalogues, etc... Il n'y a pas de règle fixe; tout dépend des renseignements que l'on veut obtenir de la comptabilité.

Bien entendu, il ne faut mettre dans cette rubrique que les dépenses de publicité seule, c'est-à-dire celles qui servent à trouver le client, à faire de la prospection. Du jour où l'on correspond avec celui-ci, les frais doivent être supportés par le compte de la correspondance commerciale. Nous faisons cette observation, parce que dans de nombreuses maisons, on a pris l'habitude de mettre au compte « Publicité » des dépenses qui ne devraient pas y figurer et qui faussent le rendement de la réclame.

Quel que soit le cas, nous estimons qu'il est toujours utile de séparer les dépenses en deux parties : celles qui incombent à la publicité générale, et celles qui incombent à la publicité individuelle.

La publicité générale s'adresse à la foule, à la masse, à une collectivité d'une manière générale.

La publicité individuelle, au contraire, touche l'individu pris séparément, par le catalogue, le booklet, la circulaire, etc... Les dépenses qu'elle nécessite sont donc d'un ordre d'idées différent.

Leur attribution en fin d'exercice. — Jusqu'ici, nous n'avons envisagé que l'enregistrement des dépenses dans le courant de l'exercice. point qui n'offre aucune difficulté particulière.

En fin d'année, nous nous trouvons devant un problème différent. A quel compte ou sous quelle rubrique, doivent figurer au bilan les frais de publicité. Il peut paraître à certains que c'est une question oiseuse, alors que, bien au contraire, elle est de la plus haute importance.

Il y a, en effet, deux manières totalement différentes de résoudre ce problème, et qui influent fortement sur les résultats.

La première consiste à solder toutes les dépenses de publicité par le compte Profits et Pertes, en les considérant comme faisant partie des dépenses de l'année.

La deuxième considère que ces dépenses, pour des raisons diverses, ne doivent pas grever l'exercice; on les porte alors à un compte de l'actif, tel que : Frais de premier établissement, Fonds de commerce ou tout autre compte similaire.

L'emploi de l'une de ces deux solutions ne peut être indifférent, par suite de leur complète opposition.

Quelle est donc celle qu'il convient de choisir?

La règle est simple. Toutes les fois qu'une dépense de publicité crée un actif de valeur correspondante, cette dépense doit continuer à figurer à l'actif, sinon elle rentre dans les frais généraux.

En fait, la question est plus difficile à résoudre.

Aussi, pour rendre sa solution claire, le mieux est de passer en revue les cas principaux qui peuvent se présenter, par exemple celui d'une maison qui existe et celui d'une affaire nouvelle qui cherche à se lancer.

Nous dirons, en passant, que l'importance de cette question est telle qu'elle ne peut être confiée à un employé subalterne. Seul, le patron, ou tout au plus le chef de service compétent, doivent la résoudre. Il faut, en effet, une grande habitude de la publicité et une connaissance réelle des affaires de la maison pour faire une affectation correcte des dépenses.

Le cas normal. — Une maison établie depuis longtemps fait des affaires qui ne s'augmentent guère ou qui même ont tendance à diminuer. Pour arrêter cette diminution et se développer en même temps, elle fait de la réclame. Elle dépense à cet effet une somme annuelle de 50.000 francs par exemple.

En fin d'année, le chef de maison considérera que cette dépense rentre dans ses frais généraux et la portera en déduction des bénéfices. C'est la manière d'opérer qui paraît préférable, quoiqu'elle ne soit pas d'une complète exactitude. Il ne faut pas oublier, en effet, que la publicité, en vous amenant de nouveaux clients et en accroissant vos affaires, augmente par cela même la valeur de votre fonds de commerce. Ainsi, un commerçant qui a quadruplé les affaires de sa maison la vendra certainement beaucoup plus cher qu'il ne l'a achetée, car la valeur de sa maison s'est considérablement accrue. Si c'est la publicité qui est cause de ce développement, les dépenses qu'elle a entraînées n'ont donc pas été inutiles, puisqu'elles ont engendré à leur suite un actif qui est pratiquement réalisable.

Ainsi il n'est pas logique de solder chaque année toutes les dépenses de publicité par le compte de profits et pertes ou de frais généraux. Ces dépenses ont fait augmenter, sans doute, les bénéfices provenant des opérations de vente, mais elles ont occasionné un autre bénéfice provisoirement invisible, résidant dans la plus-value de l'affaire. En bonne logique, les sommes absorbées par la réclame devraient être supportées proportionnellement par les deux branches de bénéfices.

En fait, il est difficile de connaître la variation de la valeur du fonds, car il dépend d'autres causes économiques, qu'il n'est pas possible de juger avec précision, telles que sécurité, taux de capitalisation, concurrence ou entente, situation de place, etc... Le chef de maison se contentera donc, dans ce cas, et s'il n'a pas affecté à la publicité une somme importante relativement à son chiffre d'affaires, de faire supporter à l'exercice la totalité des dépenses de publicité.

Toutefois il peut se présenter des cas spéciaux, où il convient de s'écarter de cette règle empirique. Ceci arrive quand il y a des causes de dépenses extraordinaires de publicité. Ainsi, au moment des expositions, l'on profite du public réuni pour faire une publicité intense. Le cas s'est présenté pour de nombreuses sociétés à l'Exposition universelle de Paris de l'année 1900.

Si la maison que nous avons prise comme exemple avait porté cette année-là son budget de publicité à 150.000 francs, il est certain qu'en voulant amortir ce chiffre la même année les bénéfices auraient été réduits. Il ne faut pas oublier que la réclame ne porte pas tous ses fruits immédiatement, et par suite on ne peut pas charger un exercice de dépenses dont il n'a pas uniquement profité.

Par conséquent, il était de bonne gestion, dans ce cas, de séparer les dépenses extraordinaires de publicité de celles effectuées couramment jusqu'alors. Il restait alors une somme de 100.000 francs qu'il n'y avait qu'à affecter à un compte d'actif quelconque destiné ou non à être amorti par la suite.

Une maison déjà existante peut, en outre, chercher à créer de nouveaux rayons ou de nouveaux débouchés dans des régions où elle n'est pas connue. Nous estimons que ce cas rentre dans l'espèce suivante que nous allons examiner et qui a trait au lancement entier d'une maison ou bien à celui d'une de ses parties. Le principe est le même dans les deux cas.

Lancement d'une maison. — Avant d'examiner quel est le compte qui doit supporter les dépenses de publicité, nous croyons indispensable de faire l'observation suivante.

Quand un commerçant achète une maison de commerce 100.000 francs, par exemple, il débourse ce prix pour diverses choses qui sont énumérées dans l'acte de vente, mais qui se résument, en fait, à ceci : la clientèle vaut 100.000 francs. Le commerçant a payé le « pas de porte » ou l'achalandage de la maison.

Supposez que ce commerçant, au lieu d'acheter un fonds déjà ancien, en crée un entièrement nouveau et que, après avoir fait 100.000 francs de publicité, il ait une clientèle de même importance que dans le cas précédent. Il est arrivé par des moyens différents au même résultat, celui de posséder une clientèle qui a la même valeur. Or, s'il a acheté un fonds, il fera figurer ce prix à l'actif, sous le titre de fonds de commerce, soit 100.000 francs. Si le même chiffre de dépenses de publicité a donné à sa maison une valeur égale, n'est-il pas juste de passer cette dépense au même compte au lieu de vouloir la faire figurer aux frais généraux ?

En un mot, il ne faut pas croire, parce que le prix de la réclame n'est pas récupéré immédiatement, que l'on ait fait une perte. Son effet n'est pas instantané. Elle exige, pour donner son maximum, un cycle qu'il faut atteindre, sinon les dépenses préalables seront à peu près perdues.

Prenons un exemple : Vous voulez lancer un nouveau chocolat, et vous dépensez pour cela 200.000 francs en un an. Au bout de cette période, vous vous apercevez que vous n'avez pas récupéré vos frais de réclame, et vous abandonnez le lancement. Il est probable que vous aurez perdu ainsi votre temps et votre argent. Une marque de chocolat est longue à faire pénétrer dans le public : un an n'est pas suffisant pour cela.

Il faut prévoir une période beaucoup plus longue, quatre ou cinq ans par exemple, avant que le chocolat puisse arriver à payer ses dépenses de réclame. Les dépenses préliminaires auront servi à créer pratiquement la marque et à lui donner de la valeur.

Il faut donc un certain temps pour lancer un produit, et les dépenses effectuées pendant cette période représentent en grande partie la valeur de l'achalandage.

En résumé, employer une somme à acheter une clientèle directement à un commerçant ou indirectement par la publicité, c'est la même chose. Toutefois il faut ajouter comme corollaire que la publicité doit être faite sérieusement pour qu'il y ait équivalence dans les deux cas.

Ce principe posé, il semble que l'attribution des frais de publicité est maintenant très claire. Dans tout lancement d'affaire, les dépenses de réclame sont portées aux « dépenses de premier établissement » jusqu'à ce que les bénéfices annuels soient capables de supporter les sommes octroyées à la publicité.

L'enregistrement des dépenses sera donc simple.

Les prévisions à faire sont plus délicates. Le chef de maison doit pouvoir établir, en effet, quel sera le laps de temps nécessaire pendant lequel sa publicité ne paiera pas. Si les prévisions sont optimistes, il sera trop tôt à court d'argent et sa publicité restera inachevée et sans grande valeur. S'il est pessimiste, il s'encombre d'un capital trop élevé ou bien il ne donnera pas à sa réclame l'ampleur voulue.

Nous ne faisons que montrer la difficulté ; nous ne la résoudrons pas, car elle ne rentre pas dans ce chapitre et ressort d'ailleurs du domaine du technicien de publicité.

Brusque variation dans les bénéfices. — Nous venons d'examiner la manière de répartir les dépenses de publicité dans une affaire qui se lance.

En pratique, il y a des modalités importantes qui viennent se greffer sur ce cas. Dans ce qui suit, nous supposerons toujours qu'on n'a pas fait erreur sur le temps nécessaire au lancement.

Supposons qu'il faille cinq ans de publicité à un produit pharmaceutique, « le Radiofère », avant que son budget puisse supporter les frais de réclame. Si le pharmacien qui lance ce produit applique intégralement la règle ci-dessus, il considérera que la publicité des cinq premières années, et celle-là seule, rentre dans les frais de premier établissement.

Or, pendant ce temps, il effectue des ventes lui laissant des bénéfices qui atteindront par exemple 60.000 francs la cinquième année, alors que ses dépenses annuelles de publicité s'élèvent à 65.000 francs.

La sixième année arrive : c'est la première année normale. Le budget de cet exercice, comme le précédent, est grevé de 65.000 francs de frais de réclame. Supposons que les bénéfices bruts aient passé de 60.000 à 70.000 francs, les bénéfices nets ne s'élèveront plus qu'à 5.000 francs, c'est-à-dire à un chiffre inférieur à celui de l'exercice précédent.

C'est illogique, les bénéfices ne doivent pas paraître réduits, puisque l'affaire prospère.

On pourrait présenter la situation que nous venons d'exposer par le graphique suivant :

	DÉPENSES DE PUBLICITÉ	ATTRIBUTION FONDS DE COMMERCE	ATTRIBUTION FRAIS GÉNÉRAUX	BÉNÉFICE
Première année........	65.000	65.000	0	10.000
Deuxième année	65.000	65.000	0	20.000
Troisième année	65.000	65.000	0	30.000
Quatrième année.......	65.000	65.000	0	40.000
Cinquième année.......	65.000	65.000	0	60.000
Sixième année.........	65.000	0	65.000	5.000

Le système précédent présenterait donc une brusque diminution des bénéfices. Ce point n'a qu'un inconvénient secondaire, quand la maison appartient à une seule personne. Il en est autrement dans une société anonyme. L'annonce d'un résultat décevant par rapport à l'année précédente, résultat qu'on ne peut contrôler tout d'abord, bien que tout le monde en ait le droit, peut influencer fortement le marché d'un titre. Ce système est donc mauvais en pratique comme en théorie.

Il vaut mieux agir prudemment et appliquer les soi-disant bénéfices des premières années à l'amortissement des frais de réclame; ou bien, si l'on tient à distribuer rapidement des dividendes, on peut ne passer les frais de publicité, à partir de la sixième année, que par tranches dans les frais généraux : les bénéfices en souffrent moins. Inutile de dire que nous préférerions, en règle générale, employer la première manière.

Fig. 174. — Hauteur de l'original : 10 centimètres.

Annonce artistique, visible, sympathique. La suggestion illustrée directe ne donne ni la chose, ni l'action, ni les résultats. Les moutons peuvent être une allusion à la chose lavée, étant donné qu'il s'agit de « Lux qui ne rétrécit pas la laine ». Suggestion directe par le texte donnant la chose et le résultat de son action « la laine qui ne se rétrécit pas ». Suggestion indirecte par la sympathie. Ligne d'orientation bonne, la direction du regard de l'enfant amenant droit sur le panneau qui est lui-même très visible.

Dépenses qu'il faut toujours amortir. — Une autre modalité intervient encore dans la répartition des frais de publicité. Reprenons l'exemple du « Radiofère ». La première année, il a dépensé 65.000 francs, dont une partie a été de la publicité générale, soit 50.000 francs, et l'autre de la publicité individuelle, soit 15.000 francs — voir plus haut pour la définition de ces deux sortes de publicité. — La première a un effet cumulatif qui se fera sentir à la longue ; la deuxième, au contraire, a un effet à peu près immédiat : la personne sollicitée individuellement doit devenir dans l'année un client, ou bien on a perdu son temps vis-à-vis d'elle. Il faudrait donc amortir cette partie de la publicité individuelle, qui n'a pas rempli son rôle.

C'est pour cela qu'au début nous préconisions la division des dépenses en deux parties, dans le but de permettre de passer aux frais généraux une partie des frais de publicité individuelle. Le solde représenterait plus exactement la réclame qui agit encore.

Bien entendu, cet exemple ne s'applique qu'à un produit dont la consommation se renouvelle. La solution ne serait pas la même dans un autre cas.

Conclusion. — En résumé, on voit que la répartition des dépenses de publicité est une question d'application très importante. Quand on a à son actif 500.000 francs de frais de publicité, il faut savoir si ce sont des frais qui représentent un actif de cette valeur; sinon il y aurait une perte simplement masquée.

D'autre part, le cas inverse peut se présenter. On peut avoir fait beaucoup de publicité et ne pas avoir sa contre-partie à l'actif. Il ne faut pas oublier d'en tenir compte le jour où l'on cède sa maison, car une clientèle obtenue par la publicité devrait s'acheter à un prix plus élevé qu'une clientèle que l'on ne tient que par des intermédiaires.

PLANS ET CAMPAGNES DE PUBLICITÉ

Leurs rapports avec l'Organisation Commerciale

(Conférence faite par O.-J. Gérin à l'Exposition d'Organisation Commerciale le 28 Octobre 1913)

PREMIÈRE PARTIE

PRÉLIMINAIRES

Je vous aurais peut-être intéressés davantage en mettant en avant le côté artistique ou psychologique de la publicité. Mais ce domaine a déjà été exploré, et je crois vous être aujourd'hui plus utile en vous présentant la réclame dans ses rapports avec cette organisation commerciale dont les rouages vous ont été exposés ces jours derniers par des conférenciers plus experts que moi (1).

Si les rapports de la publicité et de l'organisation sont un côté spécial de l'étude de la vente à distance, ils n'en sont pas moins un côté primordial. Et, c'est en négligeant ou en ignorant les rapports étroits de ces deux branches des affaires, que des commerçants brillants sont arrivés à des désastres retentissants dont ils se sont souvent demandé en vain l'origine. Ces échecs discréditent la publicité, car la masse n'accuse pas le chercheur de succès, mais bien le moyen employé.

Je pense donc réhabiliter la publicité, sur ce point, en montrant que la plupart des échecs passés indûment au débit de son compte, sont le fait d'erreurs grossières.

La publicité est une force commerciale. Comme toute force, elle demande à être étudiée, recueillie, concentrée, dirigée pour donner des résultats utiles et bienfaisants. Mais, comme toute force, la publicité cesse d'être agissante, devient stérile et peut même être dangereuse, suivant qu'elle s'applique dans de bonnes ou mauvaises conditions.

Ce sont ces conditions de travail de la publicité que nous allons examiner ensemble.

(1) Une série de conférences avait été faite pendant l'exposition.

PLANS DE CAMPAGNE

Il y a encore beaucoup de commerçants qui font leur publicité au gré des événements et de leurs inspirations, sans aucun plan de campagne.

Ces mêmes commerçants chasseraient avec raison un comptable travaillant dans de semblables conditions. Or, tandis que la comptabilité enregistre les faits, la publicité les provoque. Il y a donc plus de raisons encore, pour que ce service productif ne fonctionne pas au petit bonheur.

Je sais vos objections : les grandes entreprises ont des services de publicité où tout est organisé. — Soit. Mais, je puis dire que la plupart de ces entreprises, qui font des campagnes dont le plan a été déterminé au préalable, n'ont pas toujours établi ces campagnes sur des faits précis, sur des indications formelles, sur des chiffres contrôlés.

En dehors des questions générales de marché, de psychologie de l'acheteur, de besoin du produit, il y a des quantités de facteurs influant sur la vente.

Parmi les facteurs qui peuvent enrayer les effets de la publicité, il en est deux qui sont d'une importance première et contre lesquels on ne peut rien.

Le premier s'appelle : la situation géographique ; le deuxième se nomme : l'emplacement local.

SITUATION GÉOGRAPHIQUE

Voyons d'abord la question de la situation géographique et illustrons-la d'un exemple vécu dont nous déduirons par la suite le principe.

Seraing est une ville belge d'environ 40.000 habitants, et dont la capacité d'achat peut être portée à 60.000 habitants du fait du voisinage immédiat de Jemeppe. Un jour, un commerçant de cette ville qui trouvait sa publicité infructueuse me demanda ce qu'il pouvait faire pour obtenir des résultats meilleurs.

L'examen de la situation géographique eut tôt fait de démontrer que la publicité ne pouvait être faite utilement à Seraing et que les meilleurs textes des meilleurs techniciens de publicité resteraient impuissants.

En effet, Seraing est situé à très peu de distance de Liége, ville beaucoup plus importante. En dix minutes de chemin de fer, vingt minutes de tramway, une demi-heure de bateau, les habitants de Seraing sont à Liége.

Rappelons que les grandes villes ont une puissance d'attraction formidable, puissance que j'ai déjà soulignée dans la revue *Mon Bureau*. Cette puissance s'exerce surtout dans leur champ d'action immédiat. Ce champ d'action se mesure à la facilité d'accès par les moyens de transport.

En conséquence, toute entreprise d'une petite ville trop proche d'une grande ville voit sa clientèle absorbée par les entreprises similaires de la plus grande ville proche, alors même que ces dernières seraient moins bien organisées, moins bien secondées en capitaux et en personnel.

Contre cette tendance de l'acheteur, la publicité est impuissante. Le commerçant qui s'est mis dans une situation géographique défavorable est condamné à végéter.

Je vous ferai grâce des nombreux cas de ce genre, lesquels nous permettent de formuler le principe suivant :

La publicité perd d'autant plus de sa puissance d'action que la localité dans laquelle elle est faite se rapproche d'un centre plus important.

C'est ainsi que la publicité des grands magasins de Paris annihile presque totalement celle des magasins de banlieue. Celle-ci se restreint presque à leur seul étalage, et doit céder le pas à celle des gros magasins de Paris, non tant du fait des capitaux y consacrés, mais surtout en raison de la proximité trop grande de la capitale.

Et, comme corollaire du principe précédent, nous pouvons dire que :

à ville d'importance et de richesse égales, la publicité rend plus dans la ville la plus éloignée d'un grand centre et la mieux desservie par des moyens de communication.

EMPLACEMENT LOCAL

Le principe que nous venons de formuler est aussi vrai pour une entreprise générale que pour une entreprise de détail. Il s'applique également à la question de l'emplacement local du magasin de détail.

Précisons en premier lieu que la publicité du magasin de détail a, comme aboutissant, le magasin. Le but unique de la publicité est d'amener au magasin le prospecté qui sera transformé en client. La publicité du détaillant s'effectue, pour une certaine partie, par l'étalage, lequel objective, au moment opportun, les propositions de la publicité.

Si le magasin se trouve situé dans un emplacement incommode, d'accès difficile, la publicité ne saura jamais remédier à la difficulté d'accès. Elle aura beau convier le public à s'extasier devant les étalages, personne n'ira parce qu'il faut faire un effort spécial.

D'où le principe : *la publicité du magasin de détail perd d'autant plus de sa force que ce magasin se trouve dans un endroit plus éloigné du centre des affaires ainsi que des moyens de locomotion et de communication*

Ceux qui ont ignoré ou oublié les lois qui précèdent ne connaissent pas l'organisation commerciale, dont le premier soin doit être l'étude de la situation géographique et de l'emplacement de leur magasin.

CHAMP D'ACTION

Un autre facteur intéressant et qui est la résultante des précédents, c'est la limite du *champ d'action*.

La maison qui *vend par correspondance* semble n'avoir pas de limites à son champ d'action. Cependant *certains frais de transport* peuvent l'amener à restreindre sa publicité au strict rayon où les frais de port ne sont pas prohibitifs. Et, à oublier cette chose élémentaire, bien des entreprises font inutilement de publicité, là où elles ne peuvent livrer.

Il en est de même des entreprises de gros qui sollicitent par publicité des détaillants que leurs voyageurs ne pourront pas aller voir.

Une partie de leurs efforts perd de sa valeur.

Mais le cas où l'acheteur doit se déplacer et venir lui-même au magasin, entraîne un examen plus approfondi encore de la limite du champ d'action.

Là aussi les moyens de transport et l'importance des centres voisins ont une influence prépondérante à laquelle vient s'ajouter la catégorie des clients recherchés.

Que de fois ai-je entendu des commerçants très sérieux demander :

« Combien dois-je envoyer de catalogues, de circulaires? » Cette question n'a pas sa raison d'être, car le nombre d'imprimés à envoyer se détermine Bottin en mains et dépend essentiellement :

1° *Des limites du champ d'action;*

2° *Du nombre de consommateurs intéressés par la chose à vendre résidant dans ce champ d'action. Ce nombre doit être ramené, bien entendu, à celui des foyers, alors même qu'il y aurait plusieurs consommateurs par foyer.*

En procédant ainsi, on n'envoie ni trop, ni trop peu de circulaires, et la publicité atteint, pour un effort minimum, un maximum de rendement.

DISTRIBUTION

En dehors de ces questions préliminaires, d'autres viennent souvent entraver les efforts de la publicité.

L'une des plus importantes a trait au défaut d'organisation de la vente.

Vous avez remarqué que certains produits sont lancés par une publicité intensive, alors que d'autres meurent de cette même publicité intensive. Ces derniers disparaissent rapidement de la circulation après avoir fait une éphémère apparition sur nos murs ou dans nos journaux et sans jamais avoir été dans les mains des consommateurs.

Entre le brillant succès des uns et le lamentable échec des autres, il y a cette chose indispensable qui s'appelle l'*Organisation de la distribution*. Le fabricant ou le producteur ont un produit; la publicité l'offre au consommateur. Mais le consommateur ne pourra l'acheter que lorsque la distribution en sera assurée.

Je fais allusion, présentement, aux entreprises vendant par l'intermédiaire du détaillant. Mes paroles ne s'appliquent pas aux producteurs faisant des offres directes.

Que j'en ai vu d'industriels, de commerçants, de pharmaciens surtout, sombrer dans un effort de publicité où ils engloutissaient tous leurs bénéfices antérieurs, tous les fruits des labeurs de longues années !

Ces gens avaient des vues courtes et manquaient de raisonnement.

Ils voyaient des entreprises réussir par la publicité et ils voulaient imiter ces entreprises dans leur réussite. Or, ils n'imitaient, dans leurs actes, que ce qu'ils voyaient; ils n'imitaient que l'effort et la dépense publicitaires qui, au lieu de leur assurer une belle envolée, les précipitaient durement au sol dès les premiers coups d'ailes.

Ces gens, ces insensés, avaient pensé qu'il suffisait d'offrir un produit au public Ils croyaient que le public briserait toutes les résistances. Hélas, le public ne brise les résistances des intermédiaires qu'autant que le producteur lui a facilité sa tâche.

Faire de la publicité auprès des consommateurs sans en avoir fait auprès des détaillants, sans avoir approvisionné les détaillants et les grossistes, ceci équivaut à offrir un bonbon à un enfant, à la condition qu'il traverse la Seine à la nage. Le consommateur demande bien le produit qu'on lui offre mais, ne le trouvant pas chez le distributeur habituel, chez le détaillant, retourne à ses anciennes habitudes.

Or, le détaillant est l'ultime, mais la plus dangereuse barrière à franchir dans la distribution d'un produit au consommateur.

Cette faute que je signale est, selon le terme allemand, colossale, mais n'en est pas moins courante. Rappelez-vous bien qu'aucune campagne ne doit être mise en œuvre auprès du consommateur qu'autant que vos voyageurs, vos grossistes, que toute une publicité spéciale auprès du détaillant, auront transformé ce dernier, d'adversaire qu'il était, en auxiliaire du produit que vous vendez.

Que vos campagnes de publicité soient précédées d'une campagne de distribution parfaite. Alors vous aurez le succès, sinon c'est la ruine.

LES STATISTIQUES.

Voyons une autre cause d'échec en publicité.

Pour décider de la publicité que l'on va faire, de son opportunité saisonnière, des articles ou produits qu'il faut mettre en avant, la maison qui se crée de toutes pièces est obligée de se baser sur des à peu près et de se livrer à des tâtonnements fâcheux. Tout au plus peut-elle s'inspirer de ce qu'ont fait ses prédécesseurs dans d'autres maisons et remédier à l'absence d'expérience spéciale par des raisonnements logiques.

Par contre, l'entreprise qui compte plusieurs années d'existence a déjà en mains des éléments qui, pour imager ma pensée, permettent de rectifier son tir.

Et, *je dis qu'une maison qui veut valoriser sa publicité doit déterminer ses campagnes en se basant sur les chiffres d'affaires précédents de chacune de ses branches de vente.*

J'ai vu, non pas une, mais cent erreurs se produire sur l'époque du lancement de la publicité, sur l'article à mettre en avant et à pousser spécialement, parce que l'on marchait sur des appréciations insuffisantes, sur des formules professionnelles surannées, sur une mauvaise détermination des branches de l'entreprise.

CLASSEMENT DES RAYONS

Prenons d'abord cette dernière question, celle des branches de l'entreprise que nous appelons les rayons, et nous allons voir à quels insuccès l'on expose la publicité lorsque les rayons sont mal déterminés.

C'est ainsi que j'ai vu des maisons d'une certaine importance ne faire qu'un rayon d'articles, en apparence similaires et de même origine de production, mais n'ayant aucune relation immédiate de vente entre eux, Je prends comme exemple la bonneterie d'été que l'on classe souvent avec la bonneterie d'hiver. La publicité faite pour un tel rayon est fatalement infériorisée, car aucune démarcation précise n'existant, on pousse toujours la bonneterie en général, sans être certain que celle d'hiver rend plus que celle d'été.

Des erreurs plus grossières sont commises par des maisons sérieuses. Sous prétexte que certains rayons sont secondaires on réunit, dans certaines maisons à articles multiples, les soieries et les fourrures dont la vente n'est nullement identique.

Lorsqu'on pousse la fourrure, il est évident que la soierie ne s'en ressent pas. Or, comment apprécier exactement et utilement les résultats de l'effort, puisque les chiffres des deux parties du rayon se totalisent.

J'ai retrouvé la même faute dans les commerces industriels.

Là où les fournitures, les pièces détachées, forment les rayons essentiellement différents dans la vente de l'automobile et du cycle, je les ai vu réunis sans aucune possibilité d'arriver à constater les résultats séparés, et conséquemment sans possibilité de tirer d'utiles déductions pour l'avenir.

Le grand principe qui doit régir l'établissement des rayons, de manière à favoriser le développement de la publicité, est le suivant :

L'origine de la marchandise, sa fabrication, ne doivent pas guider le classement. Il faut, au contraire, ne classer ensemble que des marchandises répondant à un même besoin du consommateur, et à de mêmes influences de vente, et non pas aux influences d'achat.

L'entreprise qui multiplie ses rayons de vente augmente ses possibilité de contrôle et, permettant de faire une publicité plus adéquate à chaque rayon, assure des résultats plus profitables pour l'ensemble.

Il devient donc nécessaire, pour le conseil en publicité tout comme pour le chef d'entreprise, de connaitre les variations du chiffre d'affaires non seulement dans son ensemble, mais aussi dans ses détails, non seulement par année, mais mois par mois, quelquefois jour par jour, certains jours du mois étant plus favorables à la vente que d'autres.

Et, lorsque je réclame ces indications, notez bien que ces chiffres sont insuffisamment éloquents, car ils deviennent trop difficiles à contrôler entre eux d'une façon immédiate.

Seuls les graphiques, dont vous parlait mon éminent collègue Gabriel

Faure (1), permettent d'avoir une vue d'ensemble immédiate et efficace dont il est possible de tirer des déductions.

LOIS DES TENDANCES

Avant d'examiner les déductions que l'on peut tirer des graphiques, en vue de valoriser une campagne je dois, au préalable, rappeler une loi trop souvent oubliée.

Supposant que les rayons soient bien déterminés dans une entreprise, il y a des constatations de faits dont on doit tenir compte. Certains négociants s'obstinent à vouloir relever un rayon en baisse et s'épuisent ainsi en efforts vains alors que, s'ils savaient tirer parti des indications du passé, ils s'abstiendraient d'une tentative frappée d'avance d'insuccès. J'objectiverai la chose en prenant l'exemple le plus tangible qu'il m'ait été donné d'enregistrer.

Sans apprécier la valeur économique et morale du fait, il est constaté à l'heure actuelle, que dans les maisons faisant à la fois des tissus ou de la toile au mètre et de la lingerie ou des vêtements confectionnés, les tissus baissent alors que la confection se développe. Je puis même citer le cas type d'une grosse maison de blanc et trousseaux qui, il y a vingt ans, faisait les 9/10 de son chiffre d'affaires en toile au mètre et qui, aujourd'hui, fait au contraire les 9/10 en lingerie confectionnée. Cette observation n'est pas unique, je l'ai faite dans vingt entreprises peut-être. Elle s'atténue à la campagne, mais s'affirme à la ville.

Or, malgré ces indications claires, il y a des commerçants qui s'obstinent à vouloir relever le rayon qui baisse : le rayon de métrage.

Disons que, dans un semblable cas, il n'y a rien à faire. Il y a un courant de mœurs, d'opinion, un courant social qui s'est formé; on ne coud plus à la maison, on s'habille de choses toutes faites. Et voici le printemps qui apparaît net :

En publicité, n'allez jamais à l'encontre des courants de mœurs, d'opinion, des tendances générales du consommateur, car vos efforts resteraient stériles. Au contraire, devancez ces tendances et votre publicité rendra.

---

(1) Allusion à la conférence faite quelques jours au préalable à la même Exposition par M. Gabriel Faure, sur la Comptabilité.

DEUXIÈME PARTIE

EXAMEN DES GRAPHIQUES

Passons maintenant à l'examen des graphiques qui peuvent être utiles à la publicité future. Les graphiques qui vont défiler sous vos yeux, bien qu'authentiques, restent anonymes, étant donné leur caractère essentiellement confidentiel.

I

Le graphique I montre, rayon par rayon, les variations mensuelles d'une entreprise vendant des appareils destinés à l'industrie. Il appert nettement de ces graphiques que, *contrairement à l'opinion générale*, les mois de rentrée, octobre et novembre ne sont pas spécialement favorables. Il s'en déduit donc qu'il ne faut pas baser la publicité sur une influence saisonnière inexistante, mais bien sur d'autres faits que nous n'avons pas à examiner ici.

II

Le graphique II donne une comparaison intéressante. Il s'agit d'une maison d'eaux-de-vie dont les chiffres d'affaires des 12 mois de 1904 et 1912 sont rapprochés. L'influence saisonnière se manifeste dans les deux années à l'époque des travaux de culture d'été et se précise surtout en décembre. Le relèvement de la consommation en octobre n'est pas constant dans les deux années et ne sera indicatif d'un effort à faire qu'autant qu'il sera confirmé par la suite.

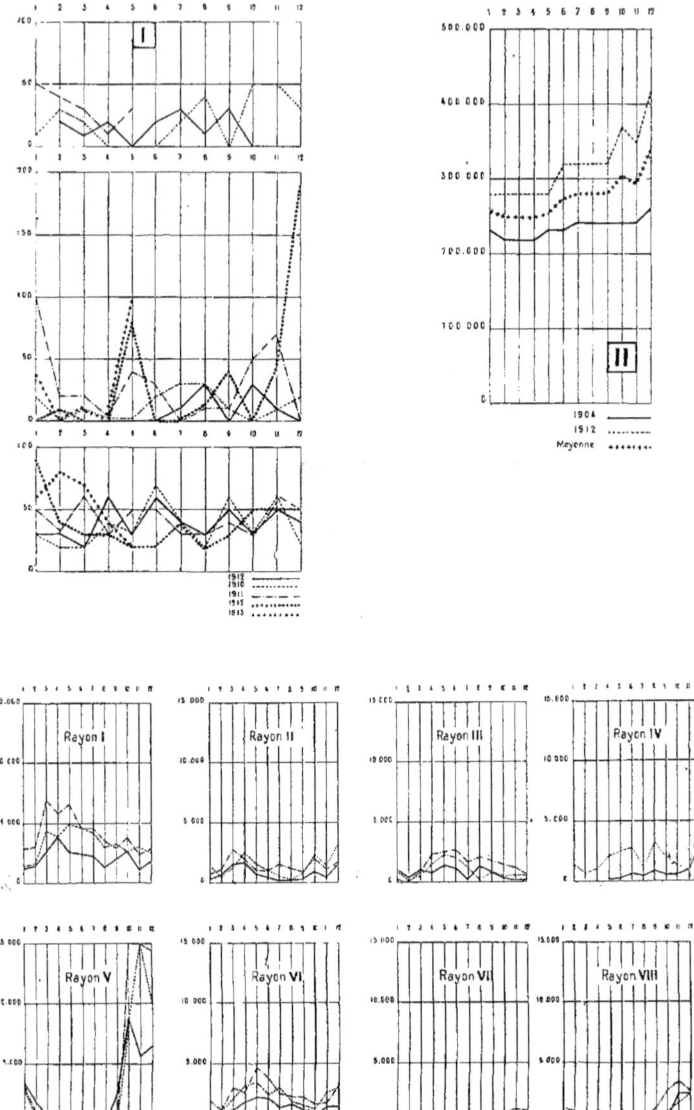

Les chiffres en face des lignes horizontales indiquent les mouvements en unités ou en francs. Les chiffres au-dessus des 12 lignes verticales correspondent aux 12 mois de l'année.

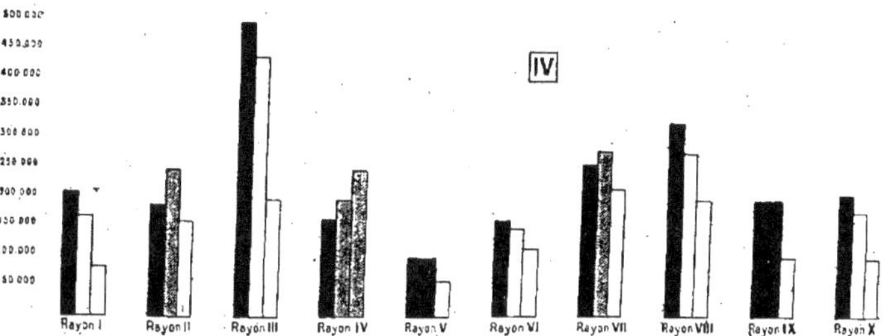

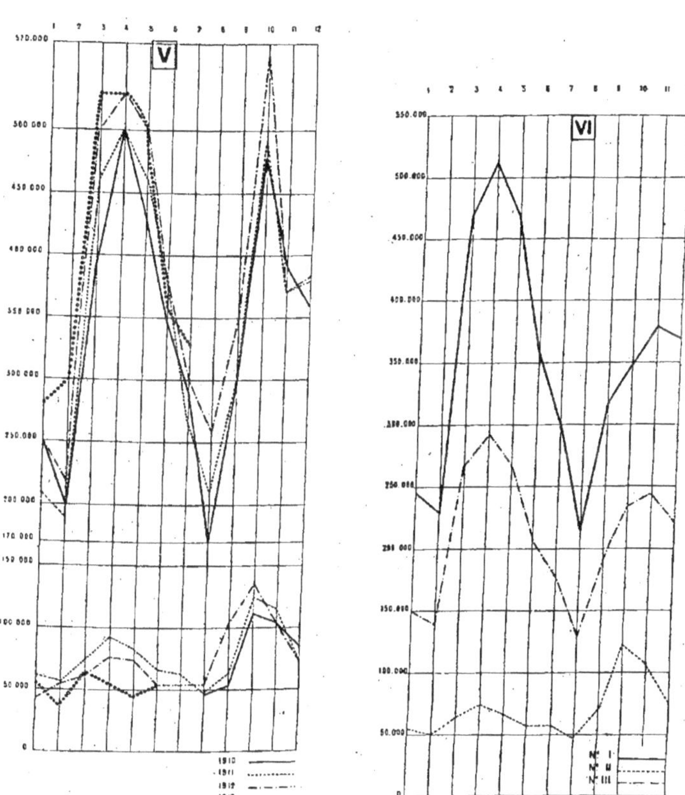

Les chiffres en face des lignes horizontales indiquent les mouvements en unités ou en francs. Les chiffres au-dessus des lignes verticales correspondent aux 12 mois de l'année.

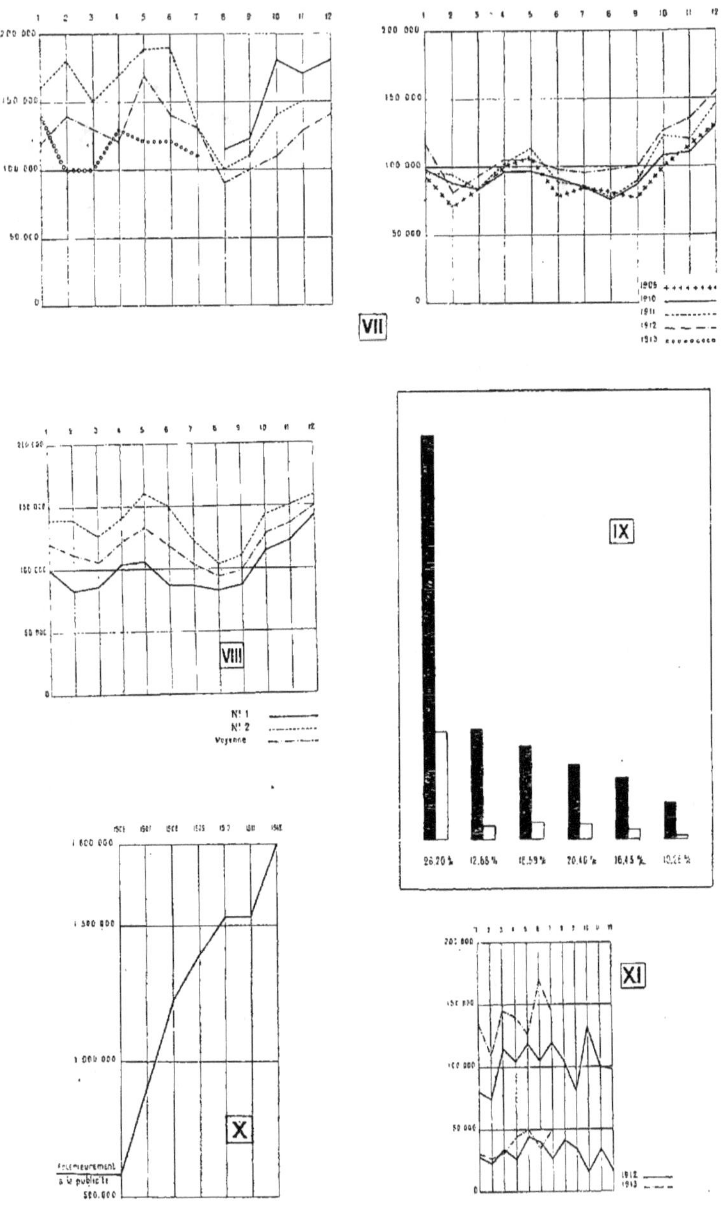

Les chiffres en face des lignes horizontales indiquent les mouvements en unités ou en francs. Les chiffres au-dessus des lignes verticales correspondent aux 12 mois de l'année.

III

Avec l'ensemble des graphiques III, nous pouvons remarquer les variations mensuelles des rayons d'une entreprise où chaque rayon est soumis à une influence saisonnière différente et demande, conséquemment, une publicité saisonnière spéciale. Il s'agit ici d'une grande maison de lingerie de luxe, faisant également la fourrure, représentée dans le rayon V, alors que le corset est représenté par le rayon VI. Remarquez comment la saison du corset, pendant trois années, se précise, en avril, mai et juin, alors qu'en juin, juillet et août les fourrures sont à zéro. Ce qui est évident pour la fourrure, l'était moins pour le corset, et le graphique que voilà a permis de situer toute une intéressante campagne de publicité pour le corset.

Je m'empresse d'ajouter que ces graphiques n'ont de valeur positive que pour l'entreprise qu'ils intéressent et une valeur simplement relative pour toutes entreprises situées en d'autres lieux, climats, etc...

IV

Le graphique IV n'a d'autre intérêt que de prouver que, dans une entreprise qui décline, tous les rayons ne suivent pas la même chute. Le rayon IV permet des efforts publicitaires de relèvement, lesquels seraient téméraires dans le rayon III.

**

INFLUENCE SAISONNIÈRE

Ici je dois bien faire remarquer un point d'une importance extrême, trop souvent négligé.

La plupart des entreprises sont soumises à une influence saisonnière. Or, n'oubliez pas à ce sujet le principe suivant : La publicité porte d'autant plus que le maximum d'efforts est assuré au moment où la consommation est à son maximum.

Une campagne cumulative reportée sur toute l'année pourra seconder mais n'aura pas la valeur d'une fraction de campagne franchement intensive faite au moment du maximum de consommation.

Il est des époques où les gens ont coutume d'avoir besoin de certaines choses et où ils ont su réserver l'argent nécessaire à l'achat de ces choses. Frapper après, c'est arriver trop tard ; frapper pendant est de bonne guerre, à la condition d'avoir préparé l'opinion.

Ceci explique tout le soin que j'apporte, lorsque je le puis, à l'étude de l'influence saisonnière.

V - VI

La graphique V compare deux entreprises similaires, mais d'importance différente.

Les variations mensuelles des chiffres sont loin d'avoir les mêmes proportions, mais ce qui reste indicatif dans les deux cas, c'est l'augmentation des mois d'avril et de mars entre lesquels oscille un gros chiffre. Mais les indications positives absolues sont la chute constante du mois de septembre et l'enregistrement non moins constant d'un fort chiffre au mois d'octobre dans les deux cas.

Ces indications résumées en moyenne propre et en moyenne comparative, dans le graphique VI donnent une approximation que l'on peut considérer comme la plus proche de la loi des saisons, dans les entreprises pour lesquelles elles ont été relevées, avant toute publicité, hâtons-nous de le dire

*
* *

VII-VIII

L'ensemble des graphiques VII et du graphique VIII donnent, de même façon, des indications de même valeur, pour des entreprises similaires, différentes des deux précédentes. Ce qu'il importe surtout de constater, c'est la *superposition presque fidèle des fluctuations des deux entreprises*.

IX

Si nous poursuivons notre étude de la publicité dans l'organisation, nous voyons qu'il est nécessaire, avant de décider de l'effort à faire, de connaître les ressources dont on peut disposer. Il faut donc faire une incursion dans le domaine des frais généraux. J'avoue que sur ce point, faute d'organisation sérieuse. faute de contrôle précis, certaines entreprises, mêmes importantes, n'ont pas toujours à leur disposition, pour leur publicité, des sommes correspondant à leur chiffre d'affaires.

J'ai fait relever, avant toute publicité et toute organisation, pour trois années successives, les variations comparatives des chiffres d'affaires et des frais généraux de six entreprises similaires et j'ai obtenu cette variation extraordinaire que vous constatez dans le résumé central du graphique IX.

Des deux entreprises extrêmes, l'une fait dix fois plus de chiffre d'affaires que l'autre mais a, par contre, un pourcentage de frais généraux dépassant le double de l'autre.

Enfin, sur les quatre entreprises moyennes, l'une se grève de 12 0/0 de frais généraux, alors que l'autre en a pour 20 0/0. Il devient évident que la première des deux, mieux organisée, ayant su limiter ses frais généraux, pourra faire une publicité plus puissante que la seconde.

Voilà comment la détermination du chiffre de la publicité ne peut se faire qu'après une sérieuse incursion dans la comptabilité reflétant l'organisation d'une maison.

X

Mais je m'estimerais fautif et incomplet si, après avoir montré des études avant publicité, je ne vous montrais quelques exemples des résultats obtenus par la publicité.

Le graphique X est d'un langage merveilleux. Le chiffre d'affaires stationne pendant des années. La publicité lui donne une impulsion vigoureuse. En 1910, on ralentit la publicité et le chiffre devient à nouveau stationnaire pour ne reprendre sa superbe marche ascendante qu'en 1912, avec une nouvelle publicité.

XI

Enfin pour vous faire grâce de tous autres chiffres et vous faire rester sous une impression favorable, voilà, dans le graphique XI, la comparaison entre les chiffres d'affaires d'une entreprise d'outillage et ses frais généraux en 1912 et 1913. La publicité augmente à peine les frais généraux, mais ceux-ci ont été contrôlés au préalable. Tandis que le chiffre augmente très sensiblement, les frais généraux varient peu et restent dans la limite voulue pour assurer une augmentation sérieuse des bénéfices.

TROISIÈME PARTIE

———

L'ORGANISATION DE LA PUBLICITÉ

Laissons maintenant l'aridité des chiffres et continuons à voir comment l'organisation se met au service de la publicité, assure à celle-ci un rendement qu'elle n'obtiendrait jamais sans la méthode.

Précisons à nouveau qu'elle a révolutionné les moyens de vente. Jadis le voyageur travaillait seul chez le détaillant. La publicité l'y précède maintenant, l'y accompagne. Elle travaille plus loin que le voyageur et le détaillant, et va pénétrer dans l'intimité du consommateur.

Elle met le vendeur en rapport avec des milliers de consommateurs de tous genres. Souvent ces rapports sont directs.

Mais à quoi vous servirait, dans ce cas, d'avoir soulevé l'intérêt et provoqué des demandes de catalogues si, une fois le catalogue envoyé, vous ne vous rappeliez à ceux qui vous les ont demandés ? Et comment lutterez-vous contre la concurrence si vous n'entretenez automatiquement de bonnes relations avec les clients acquis ? Il vous faut donc un lien entre le consommateur et vous.

Jadis, alors que le commerçant travaillait avec quelques centaines de clients, il pouvait se fier à sa mémoire, à son activité. Aujourd'hui, il doit satisfaire des dizaines de milliers de clients. Ceci ce n'est pas un homme, ni une équipe d'hommes qui peut le faire, mais seulement un *système*, une *organisation*.

Le système s'appelle un rappel d'offres. Pour le pratiquer, les fiches mobiles ou reliées (¹) dont on vous a si éloquemment parlé deviennent indispensables, les cavaliers seront des prolongements intangibles de

———

(¹) Allusion à la conférence faite quelques jours avant par M. Borgeaud sur les fiches.

votre mémoire et votre pensée directrice. Les meubles que vous avez vus vous aideront à classer vos documents.

Si donc vous voulez profiter de la publicité et en tirer tous ses fruits, si donc vous ne voulez pas perdre les deux tiers de votre récolte, ayez à votre disposition la plus perfectionnée des organisations. Sans cela, la correspondance s'entasserait dans vos dossiers, y enfouissant des bénéfices futurs, et vous seriez alors comme celui qui jette ses déblais sur le meilleur filon, le cachant à tout jamais.

*
* *

Maintenant que vous avez prévu, que vous avez organisé, que tout marche, qui vous assurera que, malgré vos précautions, vous n'avez pas semé sur un dur roc? Ce sont les contrôles qui, reportés sur des fiches spéciales, vous permettront de savoir qui vous a le plus rendu, de la presse ou de l'imprimé postal, ou de l'affiche? Ce sont ces contrôles qui vous diront le journal qu'il faut évincer et celui à qui vous pouvez doubler vos ordres.

*
* *

Nous voici donc à la conclusion : Vous savez quoi faire pour que l'ordre et la méthode remplacent le chaos.

Qui eut songé, voici quelques années, quelques mois peut-être, que la publicité avait des rapports si étroits avec l'organisation. Qui eût cru qu'elle fût un facteur de réorganisation du commerce, parce qu'elle oblige à l'investigation, à l'ordre, au contrôle. Certes aux premiers temps, lorsque deux ou trois individus isolés faisaient de la publicité, les plus grosses bourdes techniques, de même que les plus grosses erreurs de plan n'avaient pas d'importance, la publicité rapportait parce que les annonces étaient isolées, parce que les consommateurs étaient vierges de toute empreinte et parce que le fait de faire de la publicité se suffisait à lui-même.

Mais aujourd'hui, où les annonceurs sont foule, où le consommateur fuit de l'annonce à l'affiche, en essayant d'esquiver l'imprimé, le succès ne peut appartenir qu'à celui qui a concentré dans ses mains tous les éléments du succès, qui se résument en deux mots, la *Publicité Organisée*.

Grâce à elle, vous n'êtes plus de simples acheteurs de lignes, vous n'êtes plus les approvisionneurs bénévoles des imprimeurs et des lithographes, vous êtes l'annonceur conscient qui travaille avec discernement et s'enrichit avec méthode. Et ceci, vous le devez à tous les vaillants précurseurs qui m'ont précédé à cette tribune, dont on a dit à leurs débuts qu'ils étaient des fous, et que l'on félicite maintenant avec envie.

Ils ont eu, ces jours-ci, leur récompense. Aussi, qu'il me soit permis en terminant cette soirée de clôture, et en vous donnant rendez-vous à l'an prochain, de remercier, en vous, cette foule immense de visiteurs qui se pressa dans cette enceinte.

Vous avez assuré notre succès; vous avez consacré nos méthodes, mieux encore, vous avez inauguré en France, une ère de commerce organisé, c'est-à-dire une ère de prospérité pour notre Nation.

O.-J. Gérin.

TABLE ALPHABÉTIQUE DES MATIÈRES

B

TABLE ANALYTIQUE DES MATIÈRES

LIVRE I

GÉNÉRALITÉS

CHAPITRE I

Pourquoi ce livre ?

CHAPITRE II

Ce dont nous parlons.

LA PUBLICITÉ

CHAPITRE III

Son historique.

HISTORIQUE GÉNÉRAL

CARACTÈRE NATIONAL

CHAPITRE IV

Son utilité.

LA PUBLICITÉ SUGGESTIVE.

LIVRE II

LA THÉORIE

CHAPITRE V

La recherche des lois.

LA SUGGESTION PRÉCISÉE

CHAPITRE VI

Suggestion.

EN PSYCHOLOGIE

EN PUBLICITÉ

AFFIRMATION

L'INTENSITÉ

LA RÉPÉTITION

CHAPITRE VII

Suggestion directe.

LES DEUX SUGGESTIONS

LA CHOSE

RÉCEPTIVITÉ ET MEDIUM

CHAPITRE X

Inhibitions.

ERREURS

INHIBITIONS DIRECTES

INHIBITIONS INDIRECTES

LIVRE III

TECHNIQUE GÉNÉRALE ET APPLIQUÉE

CHAPITRE XI

Le technicien de publicité.

RÔLE NOUVEAU

CHAPITRE XII

Lois de la vision.

CHAPITRE XIII

Lois de la lecture.

CHAPITRE XIV

Ligne d'orientation.

CHAPITRE XV

Lois de l'opposition.

CHAPITRE XVI

Conception.

CHAPITRE XVII

Originalité.

CHAPITRE XVIII

L'illustration artistique.

CHAPITRE XIX

Choix des moyens.

L'ARTICLE

L'ANNONCE

CHAPITRE XXIII

La typographie dans l'annonce.

CHAPITRE XXIV

Rédaction de l'annonce.

CHAPITRE XXV

Les autres moyens de presse.

CONTRÔLES

CHAPITRE XVI

L'affiche.

GÉNÉRALITÉS

CHAPITRE XVII

Tableau-réclame.

CHAPITRE XVIII

Unité. — Multiplicité.

CHAPITRE XXIX

Jugement progressif.

CHAPITRE XXX

Brochure. — Booklet. — Catalogue.

GÉNÉRALITÉS

CHAPITRE XXXI

Vente par correspondance

ou

« Mail order business ».

DÉFINITION ET RÔLE

PSYCHOLOGIE

CHAPITRE XXXII

House organ.

CHAPITRE XXXIII

Les primes.

LES PRIMES PUREMENT COMMERCIALES

PRIMES ARTISTIQUES

LES OBJETS-RÉCLAMES

CHAPITRE XXXIV

L'échantillon.

CHAPITRE XXXV

Enseigne et étalage.

L'ENSEIGNE

L'ÉTALAGE

CHAPITRE XXXVI

L'exposition.

CHAPITRE XXXVII

Moyens divers.

LES HOMMES-SANDWICH

L'ANNONCE LUMINEUSE

LA MARQUE 365

LES IMPRIMÉS DE L'ANNONCEUR

LA PUBLICITÉ EN COMMUN 368

LA PUBLICITÉ OMNIBUS 368

LES CONCOURS

CONFÉRENCES 370

CHAPITRE XXXVIII

La Presse.

GÉNÉRALITÉS

CHAPITRE XXXIX

Les murs.

GÉNÉRALITÉS

CHAPITRE XL

Les tarifs.

JOURNAUX ET AFFICHES

PHYSIONOMIES DE LA PUBLICITÉ

CHAPITRE XLI

Documentation.

CHAPITRE XLII

Campagne de publicité.

LA PUBLICITÉ DU DÉTAILLANT

LIVRE IV

LA PUBLICITÉ JURIDIQUE ET COMPTABLE

CHAPITRE XLIII

La publicité et le droit.

CARACTÈRE JURIDIQUE DE L'ANNONCE

RESPONSABILITÉ DE L'ANNONCE

ILLUSTRATIONS

Nota. — Les illustrations de cet ouvrage ont été, autant que possible, empruntées à la publicité étrangère. Il ne faut pas conclure, de ce fait, que les productions françaises sont inférieures à celles de l'Angleterre ou des États-Unis. Notre décision a eu en vue de laisser à la partie objective de la publicité le soin d'opérer tout l'effort suggestif, un certain nombre de nos compatriotes ne lisant les langues étrangères qu'avec difficulté. L'appréciation portée sur le sujet est d'autant meilleure qu'elle se base sur un fait brutal, synthétique.

La plupart des illustrations sont citées dans le texte; elles y sont commentées. Nos commentaires ne portent alors que sur le point spécialement visé et n'autorisent pas le lecteur à en inférer que le reste est bon ou mauvais suivant que nos appréciations ont été formulées dans tel ou tel sens sur le point visé.

Les autres illustrations sont accompagnées d'une courte analyse, très sommaire, mettant en relief les qualités ou les erreurs les plus apparentes. Tous les jugements émis sont justifiés, soit par la théorie, soit par la technique. Rien n'est apprécié arbitrairement.

O.-J. G.
C. E.

BIBLIOTHEQUE NATIONALE DE FRANCE

3 7502 01812078 4

www.ingramcontent.com/pod-product-compliance
Lightning Source LLC
LaVergne TN
LVHW020940050726
842519LV00001B/89